Advanced Soil Mechanics

高 等 土 力 学

薛守义 编著

中国建材工业出版社

图书在版编目（CIP）数据

高等土力学/薛守义编著 .—北京：中国建材工业出版社，2007.10（2017.6 重印）

ISBN 978-7-80227-341-2

Ⅰ. 高… Ⅱ. 薛… Ⅲ. 土力学－研究生－教材 Ⅳ.TU43

中国版本图书馆 CIP 数据核字（2007）第 151682 号

内 容 简 介

本书系统、深入地阐述了土力学的基本概念、基本理论和基本方法，内容大致分为三个部分：第一部分介绍土的基本力学性质、强度理论和本构理论；第二部分论述土力学计算理论与方法，包括土体渗流计算、土体强度计算和土体变形计算；第三部分属于特种土力学，即土体动力分析、土体流变分析、土体可靠性分析及非饱和土体分析。

本书可作为教材，供岩土工程、地质工程、结构工程、道路与桥隧工程、环境工程等专业的研究生使用，也可作为科研人员和工程师的参考书。

高等土力学

薛守义　编著

出版发行：中国建材工业出版社

地　　址：	北京市海淀区三里河路 1 号
邮　　编：	100044
经　　销：	全国各地新华书店
印　　刷：	北京鑫正大印刷有限公司
开　　本：	787mm×960mm　1/16
印　　张：	21.5
字　　数：	414 千字
版　　次：	2007 年 10 月第 1 版
印　　次：	2017 年 6 月第 2 次
书　　号：	ISBN 978-7-80227-341-2
定　　价：	58.00 元

本社网址：www.jccbs.com.cn

本书如出现印装质量问题，由我社发行部负责调换。**联系电话：**（010）88386906

前　言

在工程活动中，人类一直在同地表土层打交道，土力学就是伴随着工程实践发展起来的一门应用力学分支。但作为独立学科的土力学却是一门新学科，它诞生于 1925 年并从 60 年代起进入现代发展阶段。该学科发展至今，其内容已相当广泛，但仍未形成成熟而完整的理论体系。例如，许多理论问题特别是土的本构关系仍处于探索阶段；土动力学、土流变学、可靠性分析、非饱和土力学等领域的研究不够普遍和深入；解决实际问题的能力也很有限，有时不得不主要凭经验行事。可以这样说，原有的基本问题还没有很好地解决，实践又源源不断地提出新的土力学问题，如高土石坝的裂缝问题；深大基坑的变形与稳定问题；筏基、箱基和桩基的地基承载力问题；重型厂房和超高层建筑的地基变形问题等等。

本书旨在对高等土力学进行系统总结与阐释。所谓高等土力学是相对于初等土力学而言的。初等土力学主要包含经典土力学的基本部分，可用于解决饱和土的一些静力学问题，而且解决问题所采用的理论和方法都比较简单。高等土力学的理论与方法会更加全面、系统和深刻，尤其包括初等土力学所不能容纳的非饱和土力学、土动力学、土流变学以及可靠性分析等复杂内容。很显然，为了保持学科理论体系的完整性和系统性，在《高等土力学》中部分重复初等土力学的内容是必要的。

土力学是为建筑工程、水利工程、交通工程、地下工程、地质灾害防治工程等许多专业领域服务的技术基础学科。众所周知，在不同的领域中，土力学理论的应用可能有明显的差别，而且与土力学有关的专业技术标准很多，我国技术标准的稳定性又较差，将理论与应用兼顾起来是有困难的。《高等土力学》作为教程应具有相对的稳定性和通用性，并反映带有共性的基本原理和方法。本书重点阐述基本概念、理论和方法，同时传递研究与设计中的重要信息；反映国内外最新学术成就，并指出仍需进一步深入研究的问题与方法。编著者的意图在于使本书既可作为岩土工程、地质工程、结构工程、道路与桥隧工程、环境工程等专业的研究生教材，也可作为科研人员和工程师的参考书。

土力学文献汗牛充栋，本书只列出权威性或开创性的文献。笔者对被引用文献的作者或未被引用却给予启发的文献的作者表示诚挚的谢意。

薛守义

2007 年 8 月

目　　录

第 1 章

基本概念与原理

　　任何学科都有自己独特的概念框架,这框架是由该学科的基本概念、基本假设和基本原理构成的。作为学科的基础,概念框架在很大程度上决定着学科的理论体系。致力于全面把握学科体系、促进学科发展的人,必须高度重视概念框架的合理性。

　　土力学(soil mechanics)作为力学的一个分支学科,当然要以一般力学原理为基础。但**土**(soil)作为材料不同于一般的工程材料,**土体**(soil mass)作为结构也不同于一般的工程结构,所以土力学必有其特殊的基本假设和原理。本章的任务就是阐释土力学的基本概念与框架,以利于从总体上把握学科的轮廓。

1.1　土体的基本特征

　　所谓**土体**是指建筑、水利、交通、地下、地质灾害防治等工程涉及到的那部分松散的**地质体**(geological body),包括**地基**(foundations)、**边坡**(slopes)、**填土**(fillings)等,它们多与建筑结构相互作用形成**土体-结构系统**。土体与其他结构物相比具有怎样的特殊性呢?

1.1.1　天然地质体

　　被视为工程结构物的土体可以是天然的,也可以是人工填筑的。填土由人为控制,其组成和结构相当清楚,因而与其他建筑材料和结构没有明显区别。而**天然土体**则是自然形成的,可定义为具有一定物质组成、结构形式和赋存环境的地质体。

　　土体的力学性能取决于土体的地质特征。如果不把地质特征搞清楚,输入不可靠的地质数据,那么任何高深的力学理论与精确计算都将失去意义。土力学研究者必须根据地质勘察资料分析各地质要素的规律性,找出工程力学上重要的特征并定量地表达它们,以便将其理想化地纳入分析模型。

1.1.2　土体与结构

将土体作为建筑物并合理设计,这与其他建筑物没有什么不同。然而,作为结构物的天然土体同一般建筑结构物相比却具有显著的区别。一般结构物的材料性质、构件类型、几何尺寸及结构形式都是清晰确定的,是人为安排的,因此其力学分析相对说容易得多。而土体就困难得多了:①土体的地质历史过程、物质组成和结构型式都无法彻底搞清楚,具有明显的不确定性;②土体材料一般极不均匀,具有显著的空间变异性,而且不可能用确定别种工程材料性质的同样精度来确定土的性质;③土体赋存在复杂的地质环境中且没有明确的边界,必须人为地加以划定;④通常情况下,土体是多相体系(即由固相、液相和气相组成),承受应力场、温度场和渗流场的共同及耦合作用,问题非常复杂;⑤土的组成(特别是三相比例)和性质均受外界影响而容易发生显著的变化,这就是土的易变性或时间变异性。

由于土性的**不确定性**、**空间变异性**和**时间易变性**都非常明显,加之现场条件与室内试验条件的差异,要想高质量地把握土的性质相当不容易。因此,土力学问题不可能获得唯一解和精确解,而且将解答应用于实际时必须结合经验做出综合判断。

1.1.3　土体与岩体

从前岩土是不分家的,基本上是把两者都看作是由矿物和有机物颗粒组成的地质材料,至多存在如下区别:岩石中的颗粒是胶结在一起的;而土则被认为是松散的。实际上,土体与岩体有明显的区别。首先,岩体具有不连续性,即存在断层、节理、层面等地质不连续面,因此通常为不连续介质,岩体力学问题应该用不连续介质力学分析,只有少数情况下才能用连续介质力学;而土体一般是被看作连续介质并用连续介质理论进行分析的。其次,岩体与土体中的水力学作用不同。例如,不连续面使岩体的渗透性具有强烈的方向性,而土体中的渗流可以沿任何方向进行;水在岩体内形成定向的节理水压,而在土体内则形成各向同性的孔隙压力。再次,岩体和土体的变形破坏机制一般是不同的,这主要也是由于岩体的不连续性。岩体中的岩块一般沿不连续面滑动,而对内部转动的约束则大得多,即岩块可以承受力矩的作用,因而不能自由转动;而土颗粒在其所处的位置上几乎可以自由转动。

当然,天然的岩体与土体之间并不存在清楚而截然的区别。一方面,有些岩体虽然也存在着不连续面,但它们对岩体力学特性而言并不是最薄弱的环节。例如,在第三纪脆性砂岩中,砂粒间的胶结是那样地微弱以至于通过岩石材料本身的破坏比沿节理或层面发生的滑移破坏容易得多。处于成岩过程中的沉积物是岩体与土体之间的过渡。被强烈节理化的岩体呈散体结构时,与土体更无本质的不同。另一方面,天然土体常含有节理、层理、裂隙以及软弱夹层等地质界面,土与基岩之间的交界面也可视为土体的结构特征,这些不连续面可能会控制其稳定性。因此土体也不是理想的连续介质,室内试验结果用于土体力学分析时也需格外小心。但一般情况下,岩体与土体的确存在着明显的区别,要求采用不同的方法解决力学问题。

1.1.4　土体与材料

土体是由土组成的并具有宏观的结构特征,其中的节理、层理、裂隙、软弱夹层、透镜体等决定土体的结构性。土作为结构材料或力学介质,其基本特征是**多相性、碎散性和变异性**。土是多相体系(multiphase system),**其骨架**由土颗粒堆积而成,**孔隙**通常为液体(水或水溶液)和气体(空气等)所充填。如果我们把土体视为结构物,则土就是结构材料。

土的力学性质取决于其**地质成因**、**物质组成**和**结构特征**,包括土的成因及历史、各相物质的性质、各相之间的相对比例、颗粒排列及其联结特征等。土的成因类型也在物质组成与结构上留下痕迹,因此组成和结构特征与工程性质之间的关系始终是学者们研究的重要内容。然而由于影响因素众多,且各因素的影响难以分离,至今仍未达到完全定量的水平,而且完全根据组成与结构定量地预测土的力学性质似乎是不现实的。尽管如此,充分了解土的物理特征对掌握土性以及做出正确的工程判断至关重要。

1.2　土的组成与结构

通常土是由固体颗粒、水和空气组成的三相体系,这些物质的性质及相对比例、结构特征决定着土的力学性质。本节重点介绍土颗粒的性质、土颗粒与水相互作用形成的体系以及土的结构特征。

1.2.1　土中的固体颗粒

土的固相是粒状材料或颗粒集合体,通常以矿物颗粒为主,含有少量的动植物腐殖质。矿物颗粒是岩石风化的产物,其成分按生成条件可分为**原生矿物**和**次生矿物**两大类。原生矿物由岩浆冷凝而成,如石英、长石、辉石、云母、角闪石等。次生矿物由原生矿物经化学风化作用而直接生成,如由长石风化而成的高岭石,或在水溶液中析出生成,如水溶液析出的方解石和石膏等。

(1)非黏土矿物颗粒

土中的原生矿物以石英为主,含有少量的长石、云母。石英是由结合成螺旋式结构的硅氧四面体聚合群组成的。这种螺旋式结构没有节理面,具有很高的稳定性和硬度。长石是一种具有空间框架结构的硅酸盐矿物,含有节理面,其硬度只能达到中等,容易破碎,因此长石在土中较为缺乏。

土中的次生矿物包括黏土矿物、游离氧化物、次生二氧化硅、水溶盐等。游离氧化物为含水倍半氧化物,例如三氧化二铁、三氧化二铝。它们是硅酸盐矿物分解后的残留物,大多呈凝胶状,颗粒极细,粒径一般小于 $0.1\mu m$,亲水性强,可以不同形式存在,例如呈分散状的颗粒,或包裹土粒表面,或作为颗粒间的胶结物。次生二氧化硅也是由硅酸盐矿物分解析出的,颗粒细小并呈凝胶状,但亲水性较弱。水溶盐有硫酸盐、碳酸盐等。

土中的有机质是动植物分解后的残骸。分解彻底的称为腐殖质,其颗粒极细,粒径小于 $0.1\mu m$,呈凝胶状,带有电荷,具有极强的吸附性。有机质含量对土性的影响比蒙脱石还大,如土中含有 1%~2%有机质时,对液限和塑限的影响相当于 10%~20%的蒙脱石。

(2)黏土矿物颗粒

黏土矿物是次生矿物的主要部分,也是黏粒组中的主要矿物成分。这方面的知识可参见格里姆的《黏土矿物学》(1960)。黏土矿物种类繁多,以晶体矿物为主,其中**高岭石**(kaolinite)、**伊利石**(illite)和**蒙脱石**(montmorillonite)在土中最为常见也最为重要。它们是由各种硅酸盐类矿物分解形成的,其基本单元有**硅氧四面体**和**铝氢氧八面体**。作为基本单元的硅氧四面体由 4 个氧原子(O)构成等边四面体,硅原子(Si)位于其间(图 1.1a);四面体沿平面展布形成**硅氧晶片**(图1.1c)。铝氢氧八面体由 6 个氧或羟基(OH)等距排列成八面体,铝离子居中(图1.1b);八面体沿平面展布,形成**铝氢氧晶片**(图 1.1c)。在基本单元内部,原子间靠共价键和离子键联结。这些**化学键**称为**强键**,其联结力很强。此外,基本单元之间交接处的原子为相邻单元公用。因此基本单元本身及单元间联结的强度很高。

硅氧晶片和铝氢氧晶片组合成**结构单元**或**晶胞**,而若干结构单元组叠成**黏土片状颗粒**。结构单元的形式有两种:**1:1 型**,即一个硅氧晶片和一个铝氢氧晶片;**2:1 型**,即两个硅氧晶片中间夹一个铝氢氧晶片。结构单元内晶片之间为O—OH 联结。它属于**氢键**,即永久偶极子(带相反电荷)之间吸引所成的键且偶极的正端为氢,其强度虽不如强键,但也具有较强的联结力。

黏土矿物颗粒由结构单元堆叠而成。例如高岭石(图 1.1d)是 1:1 型的,其结构单位层之间仍由氢键联结。由于氢键强度较大,所以水分子不易进入高岭石的晶胞内。此外,组成高岭石黏土片的晶胞可多达百个以上,所以高岭石黏土颗粒较大,约为 $0.3\sim 3\mu m$,厚约为 $0.03\sim 0.3\mu m$,呈较规则的六边形或多边形叠片状。

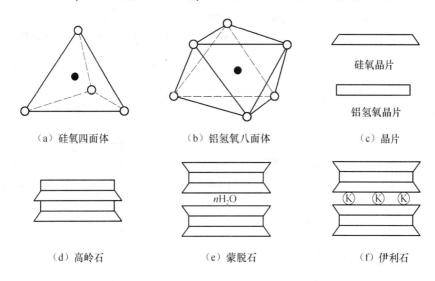

（a）硅氧四面体　　　　（b）铝氢氧八面体　　　　（c）晶片

（d）高岭石　　　　（e）蒙脱石　　　　（f）伊利石

图 1.1　黏土矿物的结构

蒙脱石(图 1.1e)为 2:1 型,结构单元之间为 O—O 联结。这种联结属于**范德华键**或范德华力,即变动的偶极子吸引所成的分子键,其影响范围大,而键力则比氢键的低 1 个数量级,比其他化学键低 $1\sim 2$ 个数量级。由于键力强度极弱,晶胞间容易为水分子所分开并吸附大量水分子。所以蒙脱石的亲水能力强,吸水显著膨胀、失水显著收缩。此外,蒙脱石黏土片组叠的层数只有几层,颗粒大小约为 $0.1\sim 1\mu m$,厚约为 $0.001\sim 0.01\mu m$,呈曲片状。由于颗粒极小,不容易获得清晰的扫描电镜图像。

伊利石(图 1.1f)也是由 2:1 型结构单位层堆叠而成的,但其层间除了范德华键外,还有钾离子起联结作用,这使得其层间联结强度介于高岭石和蒙脱石之间。在扫描电镜下,伊利石颗粒呈平直状或稍弯曲状。

黏土矿物颗粒多呈片状,且颗粒表面带负电荷。带负电荷的原因有**同晶置换**和**晶格缺陷**等。所谓同晶置换就是四面体中的硅为铝或其他低价离子置换,八面体中的铝为镁或其他低价离子置换,但不改变晶体的结构。被低价阳离子置换以后,原来结构电荷平衡的晶体呈负电性,即晶体表面出现多余的负电荷。为了取得新的平衡,一部分氧离子换成羟基,另外在晶层间或晶体表面出现一些补偿性阳离子。这些离子是不稳定的,可以被其他阳离子取代,所以称为**可交换性阳离子**。晶格缺陷是指某位置缺少一个硅或铝而引起不平衡电荷。此外,黏土片边缘处总有断开的地方即破键,此处既可以带负电荷,也可以带正电荷。

通常土中黏土矿物含量并不多,但其类型和含量却控制着大多数细粒土的性状。这与黏土矿物晶格特性,以及颗粒极微小、**比表面积**(specific surface)非常高有关。所谓比表面积就是单位重量颗粒的表面积之和,与颗粒直径相关。例如当直径为 0.1mm 时,颗粒的比表面积约为 0.03m²/g。高岭石、伊利石和蒙脱石的比表面积见表 1.1。颗粒的比表面积越高,其亲水性越强。一般蒙脱石含量在 5% 以上,就会有明显的膨胀性。

表 1.1　主要黏土矿物的性质

矿物类型	结构类型	晶胞厚度(Å)	比表面积(m²/g)
高岭石	1:1 型	7.2	10 ~ 20
伊利石	2:1 型	10	80 ~ 100
蒙脱石	2:1 型	14	800

1.2.2　土颗粒与孔隙水

黏土矿物颗粒表面带负电荷并形成电场,与极性水分子发生相互作用。在电场影响下,极性水分子将被吸附到颗粒表面附近并定向排列,定向程度随电场强度减小而减弱(图 1.2)。根据与电场相互作用的强弱,土中的水被分为**结合水**和**自由水**,其中的结合水又分为**强结合水**和**弱结合水**。强结合水是吸附在土粒表面的薄膜水,厚度为几个水分子层,它主要受电场引力作用,性质与固体类似,不能传递静水压力,可视为土颗粒的一部分。黏土中只含有强结合水时,呈固体状态,磨碎后呈粉末状态。弱结合水的黏滞性比自由水高,也不能传递静水压力,它是黏性土的黏聚性和可塑性的物质基础。自由水则主要受重力或毛细力作用,并能在土中自由流动。

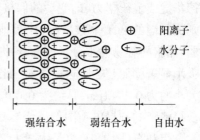

图 1.2　水的类型

除了电场吸引外,水与土粒相互作用的机制还包括氢键和范德华力联结。黏土矿物颗粒表面通常由一层氧或羟基组成,氧吸引水分子的正角,羟基吸引水分子的负角,从而产生氢键联结。范德华力也能够把水分子吸引到颗粒表面,但联结力比氢键小。平行排列的水化黏土片状颗粒之间存在着很大的斥力,去除最后一层水分子所需的压力高达 4×10^5kPa。因此单靠压力并不能将黏土片间的全部水分挤出。

由于黏粒表面通常带负电荷,故在静电引力作用下,水溶液中的阳离子被吸引到土粒表面来,从而形成**双电层**(diffuse double layer):颗粒表面的负电荷构成内层,而被吸引的阳离子云构成外层。随着离土粒表面距离的增加,静电引力从而阳离子浓度降低,直至浓度正常为止。这个阳离子层称为**反离子层**。此外,水分子被吸引到阳离子上,从而导致离子水化。在干燥的黏土中,被吸附的阳离子占据黏土表面的空穴的位置;在湿土中,被水化的阳离子连同其水化膜迁移到黏土颗粒的中间区。由于静电斥力的作用,阴离子浓度随离土粒表面的距离而增大,直至达到正常浓度。

1.2.3 土的微观结构特征

谈到结构总是想到组成部分及其相互联结。组成部分称为**结构单元**,它们是具有一定轮廓界限的受力单元;结构就是指结构单元的大小、形状、排列与相互联结特征。土的结构单元可以是**单粒体**,例如粒状颗粒、片状颗粒;可以是由黏土颗粒、胶粒状物质和极细粒状颗粒聚集而成的聚集体或凝块;也可以是由单粒体外包裹黏土颗粒而形成的**复合体颗粒**。聚集体和复合体颗粒可统称为**团粒**。

结构的定量研究(谭罗荣,1983;薛守义,1984;胡瑞林等,1995)已经取得相当进展。采用计算机图像处理技术,可以对扫描电镜图像上的颗粒、孔隙等微结构特征进行统计分析,得到颗粒定向度等信息。采用 X 射线衍射仪也可以测量颗粒定向度。现在,利用 CT 技术已能够观察试样受力变形过程中微观结构的变化,为将微观结构特征与力学性质联系起来创造了良好的条件。

土的结构对其力学性质具有重要影响,原状试样与重塑试样具有不同的力学性质可充分说明这一点,因为两者的物质组成和密实程度完全相同,力学性质上的差异显然源于结构上的差异。

(1)结构形式

粗粒土具有**单粒结构**,呈疏松或紧密状态。由于颗粒较大,粒间作用力比重力小得多,所以粗粒土单个下沉并形成单粒结构,颗粒之间几乎没有结构联结。研究表明,砂土结构具有各向异性,各向异性的程度取决于颗粒的细长比(颗粒的长轴与短轴之比)、细长颗粒含量以及应力历史等。粗粒土密实度增大时颗粒择优定向的程度降低。粉粒在水中沉积时,基本上是以单个颗粒下沉。当碰上已沉积的土粒时,由于粒间引力大于重力,故土粒就停留在最初的接触点上不再下沉,形成具有很大孔隙的**蜂窝结构**。

到目前为止,对黏性土中颗粒间接触的性质并不很清楚。单个黏粒能够长期悬浮在水中,故通常是黏粒凝聚成集合体下沉。微观结构研究表明,黏土片通常是若干个堆叠在一起形成黏土畴。畴内黏土片之间的联结力较弱,但一般不易被分离。畴的尺寸也很小,只有用电子显微镜才能清楚地加以观察。黏土畴的表面也带有负电荷,电荷来源于表面几层黏土片。此外,黏土颗粒通常包裹在粗颗粒的表面。根据黏土片之间的关系,可以划分出两种典型的结构,即**絮凝结构**和**分散结构**。絮凝结构也称为片架结构,其特点是黏土片以边-面联结,颗粒呈随机排列。分散结构也称为片堆结构,特点是以面-面联结为主,片状颗粒呈定向排列。

黏粒间的作用力既有吸引力又有排斥力,而且是随粒间距离而变化的。当总的吸引力大于排斥力时表现为净吸力,反之为净斥力。如果是净吸力,则颗粒相互絮凝为集合体下沉;否则就不会絮凝,而是呈分散状态。通常黏粒表面带负电荷,断口处带正电荷,故容易形成边-面接触。在高含盐量的海水中沉积时,粒间作用为净引力,片状颗粒絮凝成集合体下沉。在淡水中沉积时,由于断口正电荷与表面负电荷的静电吸引,也可能产生絮凝;但黏粒间的排斥力因缺少盐类而得以充分发挥,故颗粒定向或半定向排列;而且由于静电吸引效应,颗粒多以错开的形式面-面联结。一般说来,淡水相黏土的集合体比较小而多孔,且被小孔隙所分隔。海相黏土的集合体较大而致密,且被大孔隙所分隔。

通常集合体是非等维的,它们之间可以定向排列,也可以随机排列。此外,黏性土中也含有一些砂粒和粉粒,其周围常包裹一些黏粒,使粗粒之间不直接接触。

(2)颗粒级配

土颗粒大多是结晶矿物颗粒,但作为颗粒集合物的土本身不是金属那样的晶体材料,而是松散的粒状材料。天然土的粒径范围可以很大,例如可从漂石到只有借助电子显微镜才能观察的微粒。矿物成分决定土颗粒的大小、形状和表面特征。砾石、砂粒及大部分粉粒都是由非黏土矿物组成的,它们之间的相互作用以及同水的相互作用是物理性质的,表现为惰性体系。虽然并非所有的黏土矿物颗粒都小于 $2\mu m$,也不是所有的非黏土矿物颗粒都大于 $2\mu m$,但一般说来,非黏土颗粒可以看作惰性较大的物质。黏粒的矿物成分主要有黏土矿物、氧化物、氢氧化物及各种难溶盐类等。粗粒多呈块状或粒状,而黏粒呈片状或针状。通常将黏粒与黏土矿物颗粒等同起来。一般情况下,土中黏土矿物或黏粒的相对含量较小,但它们对土性的影响却相当显著。

土的**颗粒级配**就是土中各粒组的相对含量,由不均匀系数 C_u 和曲率系数 C_c 两个指标表示。级配可以在一定程度上反映土的某些性质。例如作为填方工程的土料,级配良好意味着较粗颗粒间的孔隙可被较细的颗粒所填充,因而比较容易获得较大的密实度,从而土的强度和稳定性较好,透水性和压缩性也比较小。此外,对于粗粒土,C_u 和 C_c 是评价渗透稳定性的重要指标。

(3)孔隙分布

黏性土中的孔隙主要有架空孔隙、粒间孔隙、粒内孔隙等(图 1.3)。采用压汞法可获取土的孔径分布曲线,从而了解土中的孔隙结构。须指出,土的孔隙结构是指不同大小的孔隙所占比例的分布情况,而非孔隙的空间分布特征。以 d 表示孔隙直径,大于 d 的孔隙体积为 $V(d)$,总孔隙体积为 V_z,大于 d 的孔隙体积百分含量为 $p(d)=(V/V_z)\times100\%$。根据压汞试验资料,可在双对数纸上绘制孔径分布曲线,即 $\lg p\text{-}\lg d$ 曲线。

研究表明(孔令伟等,1994),$\lg p\text{-}\lg d$ 曲线上存在直线段,表明该直线段范围内土的孔隙具有分形特征,即具有相同的形态特征和性质。若直线段的斜率为 b,则其范围内孔隙的分维值为 $D = 3 - b$。通常土的孔径分布曲线存在若干直线段,表明不同孔径范围的孔隙具有不同的分形特征(图 1.4)。

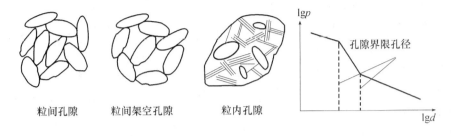

图 1.3　各种孔隙示意图　　　　图 1.4　孔径分布曲线

(4)结构联结

结构联结是指结构单元之间的联结,主要形式有**范德华键**、**水胶联结**、**胶结联结**、**毛细水联结**等。土颗粒表面存在不饱和的引力场,这些不平衡力可以通过多种途径消除。例如,与相邻相间分子吸引产生的吸附作用;相同物质表面间的黏聚作用。范德华力既存在于土颗粒内部的分子之间,也存在于土颗粒之间。在细粒土中,范德华键是黏聚力的重要来源。在粗粒土中,相对重力而言,范德华力微不足道。

当两个颗粒靠近时,双电层重叠,反离子层中的阳离子为两个土粒表面的负电荷所共同吸引。这种相互吸引力叫离子-静电力,也称为水胶联结。如果接触应力高,则大颗粒之间将相互接触。如果接触应力很小,则黏土颗粒之间的接触不是矿物接触,而是吸附水膜溶合在一起。这些接触面积与荷载大小成正比。颗粒间极高的接触压力可以挤掉被吸附的水和阳离子,使矿物表面紧靠在一起,这也许提供了"冷焊"的机会。此外,极细的黏土矿物颗粒、有机质、各种盐类、游离氧化物等都可以在较大颗粒或团粒之间起胶结作用,从而形成胶结联结。

1.3　连续介质力学原理

连续介质力学(continuum mechanics)特别是**弹塑性力学**(elastoplastic mechanics)是土力学的基础理论。本节介绍连续介质力学的基本假设,并列出符合土力学习惯的基本方程。

1.3.1　基本假设

通常情况下,土力学将土体视为连续介质,即引入**连续性假设**。该假设有两层含义:①物质点无空隙地分布于物体所占据的整个空间;②物体在变形过程中仍保持连续性,不出现开裂或重叠现象。显然,在连续性假定下,表征物体变形和内力的量可以表示为坐标的连续函数。这样,我们在进行弹塑性力学分析时,就可以应用数学分析这个强有力的工具。

连续性假设显然与介质由不连续的粒子所组成这一事实相矛盾。但是,采用连续性假设不仅是为了避免数学上的困难,更重要的是根据它所做出的力学分析,被广泛的实践证明是正确的。事实上,从统计学的观点来看,只要物体的尺寸足够大,与晶体材料的晶粒或混合材料的颗粒相比数量级悬殊,就可以当作连续介质来处理。

为了便于问题的求解,通常需要引入**辅助性假设**,例如**均匀性假设**、**各向同性假设**、**小变形假设**等。其中均匀性假设认为,物体内各点处的物理力学性质相同,即性质参数不随位置坐标而变化。各向同性假设认为材料的性质与方向无关,即性质参数不随方向而变化。不过,土体的非均质性和各向异性通常是比较明显的,必须加以考虑。小变形假设指物体在外力作用下产生的变形与其本身几何尺寸相比很小,可以不考虑因变形而引起的尺寸变化。这样,就可以用变形以前的几何尺寸来建立各种方程。此外,应变的二阶微量可以忽略不计,从而使得几何方程线性化。然而,对于大变形问题,必须考虑几何关系中的高阶非线性项,平衡方程也该在变形后的物体上列出。

鉴于土力学问题的复杂性,在不同场合或针对不同问题,需要对土体做出不同假设,把土抽象为不同类型的介质。例如在渗流分析中,假设土骨架为不变形的刚体;在固结计算中,通常假定土体为多孔弹性介质体;在强度问题或极限平衡分析中,假设土体是理想刚塑性的;在地基应力和沉降计算中,假定土体为线性弹性体或弹塑性体。多种多样的假定使得土力学异常复杂,而且很容易引起混乱。

1.3.2 基本方程

在弹塑性力学中,通过对微元的分析已建立起连续介质力学的基本方程。考虑到土力学问题的实际情况,通常正应力以压为正、拉为负;正应变以线段缩短为正、伸长为负。为此,本书规定不论是正应力还是剪应力,**正面上的应力与坐标轴负向相同时为正,反之为负;负面上的应力与坐标轴正向相同时为正,反之为负**。所谓正面就是外法线与坐标轴正向相同的面,负面是外法线与坐标轴负向相同的面。此外,**体力**(body force)、**面力**(surface force)和**位移**(displacement)仍以沿坐标轴正向为正、沿坐标轴负向为负。

(1)平衡方程
平衡微分方程(differential equations of equilibrium)简称**平衡方程**,它表达的是

土体域 Ω 内应力 σ_{ij} 和体力 f_i 之间的关系。注意到应力、体力和位移正负号的规定,有

$$
\left.\begin{aligned}
\frac{\partial \sigma_x}{\partial x} + \frac{\partial \tau_{yx}}{\partial y} + \frac{\partial \tau_{zx}}{\partial z} - X + \rho \ddot{u}_x = 0 \\[2mm]
\frac{\partial \tau_{xy}}{\partial x} + \frac{\partial \sigma_y}{\partial y} + \frac{\partial \tau_{zy}}{\partial z} - Y + \rho \ddot{u}_y = 0 \\[2mm]
\frac{\partial \tau_{xz}}{\partial x} + \frac{\partial \tau_{yz}}{\partial y} + \frac{\partial \sigma_z}{\partial z} - Z + \rho \ddot{u}_z = 0
\end{aligned}\right\}
\tag{1.1a}
$$

$$
\sigma_{ji,j} - f_i + \rho \ddot{u}_i = 0 \qquad (i,j = 1,2,3)
\tag{1.1b}
$$

其中 $f_1 = X, f_2 = Y, f_3 = Z$ 分别为体力沿 x, y, z 轴的分量;$u_1 = u_x, u_2 = u_y, u_3 = u_z$ 分别为位移沿 x, y, z 轴的分量;$\ddot{u}_i$ 为沿第 i 轴的加速度分量。

(2)几何方程

几何方程表达土体域 Ω 内应变 ε_{ij} 和位移 u_i 之间的关系。注意到应变和位移正负号的规定,有

$$
\left.\begin{aligned}
\varepsilon_x = -\frac{\partial u_x}{\partial x}, &\qquad \gamma_{xy} = -\left(\frac{\partial u_y}{\partial x} + \frac{\partial u_x}{\partial y}\right) \\[2mm]
\varepsilon_y = -\frac{\partial u_y}{\partial y}, &\qquad \gamma_{yz} = -\left(\frac{\partial u_z}{\partial y} + \frac{\partial u_y}{\partial z}\right) \\[2mm]
\varepsilon_z = -\frac{\partial u_z}{\partial z}, &\qquad \gamma_{zx} = -\left(\frac{\partial u_x}{\partial z} + \frac{\partial u_z}{\partial x}\right)
\end{aligned}\right\}
\tag{1.2a}
$$

$$
\varepsilon_{ij} = -\frac{1}{2}(u_{i,j} + u_{j,i}) \qquad (i,j = 1,2,3)
\tag{1.2b}
$$

(3)本构方程

仅平衡方程和几何方程不足以求解连续介质力学问题,还必须建构应力 σ_{ij} 与应变 ε_{ij} 之间的关系,即所谓**本构方程**(constitutive equation)。如果土被视为各向同性的**线性弹性介质**,则本构方程为广义 Hooke 定律,即

$$
\left.\begin{aligned}
\sigma_x = \lambda \varepsilon_v + 2G\varepsilon_x, &\qquad \tau_{xy} = G\gamma_{xy} \\[2mm]
\sigma_y = \lambda \varepsilon_v + 2G\varepsilon_y, &\qquad \tau_{yz} = G\gamma_{yz} \\[2mm]
\sigma_z = \lambda \varepsilon_v + 2G\varepsilon_z, &\qquad \tau_{zx} = G\gamma_{zx}
\end{aligned}\right\}
\tag{1.3a}
$$

$$
\sigma_{ij} = \lambda \varepsilon_v \delta_{ij} + 2G\varepsilon_{ij} \qquad (i,j = 1,2,3)
\tag{1.3b}
$$

$$
\boldsymbol{\sigma} = \boldsymbol{D}\boldsymbol{\varepsilon}
\tag{1.3c}
$$

其中 $\boldsymbol{D}$ 为弹性矩阵;应力向量 $\boldsymbol{\sigma}$、应变向量 $\boldsymbol{\varepsilon}$ 分别为

$$
\left.\begin{aligned}
\boldsymbol{\sigma} = \begin{bmatrix} \sigma_x & \sigma_y & \sigma_z & \tau_{xy} & \tau_{yz} & \tau_{zx} \end{bmatrix}^{\mathrm{T}} \\[2mm]
\boldsymbol{\varepsilon} = \begin{bmatrix} \varepsilon_x & \varepsilon_y & \varepsilon_z & \gamma_{xy} & \gamma_{yz} & \gamma_{zx} \end{bmatrix}^{\mathrm{T}}
\end{aligned}\right\}
\tag{1.4}
$$

如果土体为**非线性弹性体**,则增量形式的本构方程为

$$
\mathrm{d}\boldsymbol{\sigma} = \boldsymbol{D}_{\mathrm{t}}\mathrm{d}\boldsymbol{\varepsilon}
\tag{1.5a}
$$

其中 $\boldsymbol{D}_t$ 为切线弹性矩阵。如果土体为**弹塑性体**,则本构方程为

$$\mathrm{d}\boldsymbol{\sigma} = \boldsymbol{D}_{ep}\mathrm{d}\boldsymbol{\varepsilon} \qquad (1.5b)$$

其中 $\boldsymbol{D}_{ep}$ 为弹塑性矩阵。各种情况下土的本构方程见第 4 章。

(4)边界条件

上述控制方程与特定的**边界条件**(boundary condition)相结合,可以求得特定问题的解答。结构物的边界包括位移边界和面力边界。在位移边界 $\varGamma_u$ 上,需满足位移边界条件

$$u_i = \overline{u}_i \qquad (i,j = 1,2,3) \qquad (1.6)$$

其中 $\overline{u}_i$ 为已知的位移分量。在面力边界 $\varGamma_\sigma$ 上,需满足应力边界条件

$$\left.\begin{array}{l} l\sigma_x + m\tau_{yx} + n\tau_{zx} = -\overline{X} \\ l\tau_{xy} + m\sigma_y + n\sigma_{zy} = -\overline{Y} \\ l\tau_{xz} + m\tau_{yz} + n\sigma_z = -\overline{Z} \end{array}\right\} \qquad (1.7a)$$

$$n_j\sigma_{ji} = -\overline{p}_i \qquad (i,j = 1,2,3) \qquad (1.7b)$$

1.4　有效应力原理

众所周知,水是土体的组成部分;饱和土是由土颗粒和孔隙水两相物质组成的,作用于土体上的外部荷载由土骨架和孔隙水共同承担。有经验的工程师注意到孔隙水对土体力学行为的决定性影响,特别重视水所起的作用。这种观察导致 K.Terzaghi 于 1923 年提出**有效应力原理**(principle of effective stress)。

有效应力原理在土力学中具有重要地位:既是土力学的组成部分,又是土力学理论与方法的基础。人们之所以把 Terzaghi 当作土力学的奠基人,当然与他首先重视土的工程性质和试验有关,但更重要的是他提出了有效应力原理。这个原理对土力学的贡献非同小可,因为有了它,许多复杂现象都得到了合理解释,而且能够将土的应力、应变、强度和时间等因素相互联系起来,并有效地用于解决土工问题。例如,饱和黏土地基的变形随时间而缓慢发展、强度在固结过程中逐渐增大;饱和砂土地基可以承受相当大的静荷载,但在地震时却突然液化,这些都与有效应力或孔隙水压力的变化直接相关。

1.4.1　Terzaghi 有效应力原理

有效应力原理是 Terzaghi 于 1923 年提出来的。他在 1936 年论述饱和土抗剪强度的论文中指出,饱和土体单元所受的总应力由两部分构成,一是各向等值作用于土粒和水的压力 u,称为中性压力或孔隙水压力(pore water pressure);二

是超过中性压力而仅作用于土骨架上的差值部分 σ'，称为**有效应力**（effective stress）。土受力后的变形以及抗剪强度的变化都是由于有效应力的变化所造成的，与孔隙水压力无关。这就是著名的有效应力原理，总应力 σ、有效应力 σ' 与孔隙水压力 u 之间的关系为

$$\sigma = \sigma' + u \tag{1.8}$$

所谓有效是针对土的变形和强度而言的。沈珠江（2000b）指出，饱和土承受外荷时，将同时产生总应力和孔隙压力，把这两种应力归并成一种等效应力，使土的强度和应力应变关系仍旧可以用无孔隙压力时适用的公式来表达，这就是有效应力原理的基本思想。

1.4.2　有效应力原理的修正

曾经有一种理解，认为有效应力是粒间接触应力的总和与土的总截面面积之比。按照这种理解，式（1.8）不能精确满足。因为根据土截面上的受力平衡条件（图 1.5），不难导出饱和土的表达式

$$\sigma = \alpha\sigma_s + (1 - \alpha)u$$

其中 $\alpha = A_s/A$，即固相截面面积 A_s 与总截面面积 A 之比；σ_s 为固相截面上的平均应力。如果把 $\alpha\sigma_s$ 视为骨架应力或有效应力，则

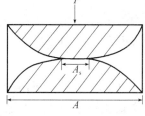

图 1.5　颗粒接触

$$\sigma = \sigma' + (1 - \alpha)u$$

一般认为土的 α 很小。令 $\alpha \approx 0$，则上式变为式（1.8）。

很显然，上述理解并不符合 Terzaghi 有效应力的概念。按照 Terzaghi 有效应力的概念，式（1.8）作为平衡方程是精确的，但有效应力原理却并非精确。以下讨论对有效应力原理提出的修正。

(1)强度与有效应力

在没有孔隙水压力 u 的情况下，土的抗剪强度为

$$\tau_f = c + \sigma\tan\varphi \tag{1.9}$$

当存在 u 时，剪切面上的法向应力 σ 可以人为地分解为 $\sigma - u$ 和 u，相应的强度也将包括两者的贡献。这样，强度便包括三部分，即（考虑到水不能承受剪应力）

$$\tau_f = c' + (\sigma - u)\tan\varphi' + \alpha u\tan\varphi_s$$

其中 c' 为有效黏聚力；φ' 为有效内摩擦角；φ_s 为粒间摩擦角。若将上式写成

$$\tau_f = c' + \sigma'\tan\varphi'$$

则对强度有效的有效应力 σ' 为

$$\sigma' = \sigma - u(1 - \alpha \cdot \tan\varphi_s/\tan\varphi') \tag{1.10}$$

Skempton(1961)指出,就土而言,α 值极小且 $\tan\varphi_s/\tan\varphi'$ 也只在 $0.15 \sim 0.3$ 之间,因而 $\alpha \cdot \tan\varphi_s/\tan\varphi'$ 是可以忽略不计的。这样,式(1.10)就变为式(1.8)。由于水不能承受剪应力,即剪应力作用下的抗剪强度与孔隙水压力无关,故对强度有效的有效应力表达式为

$$\sigma'_{ij} = \sigma_{ij} - u\delta_{ij} \tag{1.11}$$

(2)变形与有效应力

饱和土在允许排水的条件下,受荷变形要经历一个时间过程,这是由于水流动并排出土体需要一定的时间。孔隙水逐渐排出、土骨架不断变形的过程称为**固结**(consolidation)。固结变形过程也就是孔隙水压力逐渐消散、有效应力相应增大的过程。当施加的应力全部转变为有效应力时,土体便固结稳定。

类似关于强度的分析,在没有孔隙水压力 u 的情况下,土在应力 $\boldsymbol{\sigma}$ 作用下的变形为

$$\boldsymbol{\varepsilon} = \boldsymbol{C}\boldsymbol{\sigma} \tag{1.12}$$

当存在孔隙水压力 u 时,将 $\boldsymbol{\sigma}$ 人为地分解为净应力向量$(\boldsymbol{\sigma} - u\boldsymbol{\delta})$和等向压力向量 $u\boldsymbol{\delta}$,$\boldsymbol{\delta} = \begin{bmatrix} 1 & 1 & 1 & 0 & 0 & 0 \end{bmatrix}^{\mathrm{T}}$ 为单位向量。于是,$\boldsymbol{\sigma}$ 引起的变形可以写成

$$\boldsymbol{\varepsilon} = \boldsymbol{C}_1(\boldsymbol{\sigma} - u\boldsymbol{\delta}) + C_0 u\boldsymbol{\delta} \tag{1.13}$$

其中 $\boldsymbol{C}_1$ 为与$(\boldsymbol{\sigma} - u\boldsymbol{\delta})$有关的柔度矩阵,反映土骨架的压缩性;$C_0$ 为与等向压力相关的土颗粒和孔隙水压缩系数。将上式写成

$$\boldsymbol{\varepsilon} = \boldsymbol{C}_1 \boldsymbol{\sigma}'$$

则对变形有效的有效应力 $\boldsymbol{\sigma}'$ 为

$$\boldsymbol{\sigma}' = \boldsymbol{\sigma} - u\left(1 - \frac{C_0}{C_1}\right)\boldsymbol{\delta} \tag{1.14}$$

研究表明,土颗粒和水的压缩性 C_0 远远小于土骨架的压缩性 C_1。于是有

$$\boldsymbol{\sigma}' = \boldsymbol{\sigma} - u\boldsymbol{\delta} \tag{1.15a}$$

或

$$\sigma'_{ij} = \sigma_{ij} - u\delta_{ij} \tag{1.15b}$$

可见,对强度和变形有效的有效应力表达式是相同的。此外,有效应力原理表明,用单一的有效应力状态就可描述饱和土的力学性状。但必须指出,当土粒或孔隙水可压缩时,还需增加一个应力状态 $u\delta_{ij}$。

1.5 土力学的课题

根据现代工程观念,土体被视为建筑物或建筑物系统的一部分。工程师必须根据工程要求对土体做出合理的设计,而合理设计必须基于可靠的土力学分

析与计算。在涉及土体的工程活动中，人们可能会遇到各种问题，例如堤坝及天然边坡的变形与稳定性、建筑地基的沉降变形与失稳滑动、地下空间周围介质的变形与稳定性、软土地区城市地面沉降、采空区地面变形与塌陷等。设计对土工结构物的基本要求可归结为：

(1)作用于土体上的荷载不超过其承载能力，保证土体在防止整体破坏方面有足够的安全储备；

(2)控制土体变形使之不超过允许值，保证结构系统不因土体变形而损坏或者影响其正常使用；

(3)在渗流作用下，土体必须是稳定的，有时渗流量也要受到限制。

作为实用性很强的理论学科，土力学感兴趣的问题是土体在施工和运营期间的力学行为，包括三个基本课题，即**变形问题**、**强度问题**和**渗流问题**，其核心是**变形与破坏**。为了预测土体的变形和破坏，必须研究土的力学性质、土体计算理论和数值分析方法。此外，为了将理论与实践有效地联系起来，对土力学知识的应用研究是非常重要的。

1.5.1　土的性质与土工试验

土的性质主要指物理性质和力学性质。土力学理论计算是重要的，但土性参数更为重要。在 Terzaghi 之前，人们对土性的了解非常有限，设计堤坝、地基和边坡等土工结构物完全是凭经验进行的。Terzaghi 作为土力学的奠基人是第一个重视土的性质和土工试验的人。相对于其他材料，要获取可靠的土性参数困难得多。此外，土的性状不仅因土类不同而不同，而且随环境因素的变化而变化。必须以发展变化的眼光来研究土的性状。由于土的力学性质的复杂性，目前对分析模型的研究和计算参数的确定仍落后于计算技术的发展，这方面的不当所引起的误差通常远大于计算方法本身的误差。

就土的力学性质乃至整个土力学而言，本构特性是关键。广义地说，描述材料力学性质的数学表达式均称为**本构方程**（constitutive relation），说明材料力学特性的理论称为**本构理论**，它包括机理的**基本假定**（basic assumption）、本构方程的建立和特性参数规律性的研究。例如应力与应变之间的关系、破坏状态下应力或应变分量之间的关系（即强度条件）、渗流速度与水力坡降之间的关系（即渗流定律）等都属于本构方程。在本书中，本构方程仅指反映材料变形性质的数学关系，特别是应力与应变之间的关系，这也是该术语最通常的用法。

在试验基础上建构的本构理论是唯象的，即描述材料宏观力学现象。"唯象理论的合理性在于所依据的是宏观试验，而所得结论仍然用于宏观实际；也就是以宏观世界作为出发点，建立宏观理论，反回来又用于宏观世界，并由宏观世界来检验其正确性。"(郭仲衡，1980)毫无疑问，通过宏观试验掌握土的力学性质是重要的,但仅仅停留在唯象的描述上却是不够的。对土的基本现象和土的性质从内在机制上做出说明非常重要。换句话说,对于土的性质,不仅要知其然,还要知其所以然。这就要求必须弄清土的成因、组成、结构及外部作用是怎样影响土的力学性质的。

为了研究土的力学性质,土力学试验是必需的,而且试验技术的改进至关重要。人们早已发现,土工试验成果会因试验方法和技巧的不同而有较大出入,由此引起的计算误差通常比不同计算方法引起的误差为大。因此,有经验的工程师对选择有代表性的试样、选用符合实际的试验方法和提高试验技巧及精度,比对分析计算更为重视。自土力学诞生以来,人们在土性试验研究方面付出了异常艰苦的劳动,能够更好地模拟现场条件的新型试验技术不断涌现。例如除了常规室内试验外,发展了大型高压三轴试验、平面应变试验、高压固结试验、大型直剪试验、应力路径控制三轴试验等。但复杂应力状态下的试验技术仍有待发展。

1.5.2　理论研究与数值分析

饱和土由固体颗粒、水两种物质组分构成。颗粒形成骨架,水充填于固体颗粒之间的孔隙中。在外力作用下,各组分中产生的应力存在着相互约束关系,各组分的变形也存在相互约束关系。前者采用有效应力原理来描述,后者用连续方程来反映。对土体进行力学分析时,可以采用两种基本方法,即有效应力分析法和总应力分析法。前者将土骨架和孔隙水分开考虑,采用土的排水指标即有效应力指标进行分析;而后者则将土体视为单质固体,分析方法与普通固体力学没有什么区别。

从力学角度而言,土体被视为连续介质就意味着它服从连续介质力学的普遍规律,即变形和应力都是连续的,且满足:①平衡微分方程;②几何方程;③本构方程;④连续方程;⑤定解条件。此外,根据分析结果,可用材料的强度理论判断其是否破坏。连续介质力学理论及计算方法都已相当成熟,特别是结合有限单元法等数值方法以后,复杂的本构方程、不规则的边界条件、材料的不均匀性及各向异性都已不成问题。但是,土力学问题有其特殊性,必须有针对性地发展计算理论与方法。

在现代土力学中,**数值方法**(numerical method)特别是有限单元法获得了广泛应用。事实上,许多复杂的土力学问题都不能获得解析解,必须借助现代计算技术。例如,人们对施工过程中土体的力学行为越来越关注,而这种过程只能靠数值模拟才能预先了解。采用数值方法分析土力学问题是可行的,但其应用尚不成熟。目前还无法做到准确的定量分析,数值结果通常只能定性地应用,但数值计算能使我们了解土体哪些部位薄弱,可能出现什么问题,这样的信息在工程决策中具有不可替代的导向作用。在我国土石坝设计规范中,已规定高土石坝要做有限元应力变形计算。经典土力学计算方法简便、直观,这是工程师喜欢的主要原因。若能在较完善分析和丰富经验的基础上做出合理修正,经典计算方法将具有更大的实用价值。在这方面,数值方法可望做出自己的重要贡献。

1.5.3　模型试验与现场观测

地质力学模型试验属于结构模型试验技术的范围。这种方法在 20 世纪 70 年代以后得到广泛应用,特别是对于那些重要的复杂岩土工程,常常同时采用模型试验和数值计算两种方法进行研究。在数值计算技术还不发达的时期,人们曾经对模型试验方法抱有很大希望。即使是在数值方法较为成熟之后,人们似乎仍然具有如下比较普遍的看法:模型试验与数值方法各具特点,相辅相成,可以互相补充和验证,两者相结合能够比较全面地分析工程问题。

模型试验是把土体变形与破坏问题当作边值问题进行试验研究。但是,模型试验解决实际问题所面临的难度并不比数值方法小,因为它不仅要求清楚地知道土体的地质特征和材料特性,还要求选择合适的模型材料,而有时模型与原型在几何、应力、材料力学参数等方面的比尺很难达到协调、相容。显然,如果数值方法本身的适用性和精度没有问题,它确实可以取代模型试验,而且(李宁等,1997)模型试验方法在许多发达国家已经被数值方法所取代。不过,数值计算并不能完全替代模型试验,因为有些复杂材料与结构可以相当好地进行物理模拟,而对其力学性状特别是不明的地方则不能很好地数值模拟。事实上,对于复杂的土力学问题,至少数值方法本身的适用性与精度需要用模型试验的结果来验证。

坚韧细致的现场观测和调查研究十分重要。现场观测可以用来检验本构模型和计算理论,并对其做出必要的修正。此外,现场观测资料也可直接为工程提供服务。例如了解软土地基排水预压达到的固结度,以便确定卸载的日期;利用观测位移反分析土性参数,用于同种土体的变形计算。

1.5.4　应用研究与智能预测

从宏观的角度看,岩土工程问题是个系统课题,土力学的贡献只是其中的一部分。土力学的理论目标自然是尽可能全面而准确地描述和预测土体的各种力学现象,其中包含大量的旨在描述现象、揭示原因、查明机理的理论研究。但土力学是实用性很强的学科,其最终目的在于指导土工实践。毫无疑问,土力学就是随着土工实践发展起来的应用学科,而且工程师乐于采用可靠易行的方法。研究的最终结果落实到实用上,必然是由博返约。虽然比较可靠的复杂分析可直接用于重要工程,但更有意义的是把这种分析当作衡量标准,去创建便于应用的简化模型或方法,或对原有计算方法进行修正。

人们早已发现,土体的力学行为非常复杂,期望对它们做出精确描述和预测是不切实际的。例如,饱和软土地基在荷载作用下的沉降问题应当说是相对简单的课题,已有大量的研究成果,但问题似乎仍未完全解决。对许多土工问题,直到现在还未能建立起一般的分析和设计方法,仍过多地依赖经验。此外,人们在建构理论和计算方法时不得不引入较多的假定。这就意味着任何理论和方法都有其适用范围,对此必须予以特别注意。考虑到理论分析与计算中引入的高度理想化假设,将土力学应用于工程实际,经验公式和修正系数是不可缺少的。换句话说,为了更好地应用土力学知识,必须建立一套理论计算、现场观测及工程经验相结合的计算方法。H.G.Poulos曾长期研究桩基沉降问题,他得出结论说:可行的途径是首先固定计算方法、参数室内试验方法;然后将计算得到的沉降与大量实际工程观测结果进行对比分析,针对不同地区提出与计算方法相应的修正系数。这种方法当然不是新的,目前我国地基沉降计算中规范分层总和法就引入了沉降计算修正系数。卢肇钧(1989,1998)多次指出:目前还没有任何一种土力学计算理论能在一次计算中概括土的全部复杂性质。每一种理论都是在某些简化假定的前提下建立的。而且无论计算技术如何精确,实际计算结果不可能超过其参数测定的精度。因此在运用任何一种计算理论去分析土力学问题的同时,还需要考虑这种理论所未曾计入的其他因素及其影响,并进行综合分析判断。这里所建议的综合分析判断,应包括从不同角度用不同理论所进行的分析,并以大量工程实录和各种试验结果为参考所做出的判断。

前述课题基本上属于经典力学的范围,长期以来土力学也是沿着这条道路前进的。然而,人们早就发现许多实际问题仅仅依靠清晰的力学分析是不能彻底解决的。土力学处理的实际问题属于数据有限或定义不良的问题。在地质资料、变形破坏机制、材料本构模型与参数的确定等方面都遇到了很大的、有时似乎是难以克服的困难。面对这种复杂介质与结构的力学问题,除了对经典力学加以改造和发展外,人们还逐渐将现代非线性系统科学引入土力学,建立非线性静力和动力系统理论。

稍加分析就会发现,经典力学途径也是把土体作为系统看待的:在根据微分方程及理论求解的情况下,土体被视为无限自由度系统;在采用有限元等数值方法求解的情况下,土体被视为有限自由度系统。实际上,经典力学途径与系统科学途径的根本区别在于前者把土体视为白箱系统,而后者则视为灰箱系统或黑箱系统。大量研究表明,包括专家系统、神经网络、混沌动力学(或时序分析)、灰色系统预报在内的智能科学方法的确是进行土工问题预测的一条可行途径。本书没有包括这些内容,关于这些方法的基本原理、实质以及初步评论可参见郑颖人等(2002)和薛守义等(2002)。

1.6　本书内容安排

　　在影响材料变形的各种因素当中,加载速率和温度特别重要。当温度超过一定值后,温度升高将使材料强度降低而塑性变形能力提高,且表现出蠕变现象即应力不变而应变随时间不断增长。当加载速率比通常静力试验时的速率高几个数量级时,会发现强度提高而塑性变形能力降低。根据荷载、温度与变形速率,土力学问题可划分为静力问题、动力问题和流变问题。在温度不高、时间不长的情况下,可以忽略蠕变效应;在加载速率不大的情况下,可以忽略其对变形的影响。这样的问题就是所谓**静力问题**。当材料变形的稳定时间较长时,需要考虑时间因素,即作为**流变问题**处理。当加载速率较大时,动力因素对材料变形的影响不可忽略。在与此相应的实际问题中,惯性力和阻尼力与弹性恢复力相比不可忽略,这种问题属于**动力问题**。

　　本书的主体部分为静力问题,而动力问题和流变问题则单独处理。静力学部分依次阐述土的基本力学性质、强度理论、本构理论、渗流计算、强度计算和变形计算。上述内容均针对饱和土,至于非饱和土力学问题则单独阐述。此外,本书还介绍了土体可靠性分析理论与方法。

第2章

土的基本力学特性

作用于土体上的外部荷载将引起土体中应力状态的改变，从而使土体发生**变形**(deformation)，甚至**破坏**(failure)而失去稳定。众所周知，变形和破坏是最基本的工程力学现象，所以土的主要力学性质是**变形特性**和与破坏相关的**强度特性**。弄清这些性质既是力学分析和稳定性评价的前提条件，又是分析结果可靠与否的关键因素，因而备受学者和工程师们的关注。

所谓土的力学特性是指土在其力学行为中表现出来的性质，通常需要经试验确定。土受力后的变形与破坏现象十分复杂，这不仅仅是由于土的种类繁多、行为表现各异，还因为它与饱和状况、加荷方式、排水条件、约束情况、温度等诸多因素有关。如果再考虑到天然土体固有的空间变异性、因环境条件变化而导致的时间变异性，那么要正确把握土的力学性质将是一件非常困难的事情。事实上，合理确定土的力学性质指标一直是研究者和工程师们面临的一项严峻挑战，直到现在面对这项任务时也没有感到轻松多少。

简单应力状态下土的变形和强度特性可以由试验确定，而复杂应力状态下的性质则通常只能通过理论模型来研究。本章根据典型的试验资料介绍土的基本力学特性，并就其机理做出尽可能详细的说明。至于复杂应力状态下土的强度理论和本构理论，则将在接下来的两章中分别加以阐述。

2.1　基本试验资料

众所周知，材料特性是针对具有代表性的**材料单元**建立起来的，研究它们需要对材料单元进行试验。何谓材料单元？连续介质假设是大多数近代工程力学以及物理学大部的基础并能与实际相符。这主要是由于在实际分析中所采用的材料特性代表了介质单元的某种平均特性，而不是点的特性。实际上，相当于对介质进行了等效连续处理。可以将在物理力学性质方面能代表介质特征的最小单元称为"基本单元"，这样的土单元包括足够数量的颗粒和孔隙，其尺寸需通过试验确定。如果要研究土的力学反应，用于力学特性研究的试样即材料单元必须大于或等于基本单元,从而试验结果可以代表土的性质。将这样的性质用于土体力学分析,所得结果也是单元体的平均反应,而不是结构中某一点的反应。

在土工试验中,涉及到试样的固结状态概念,它取决于试样历史上所受的最大有效应力与试验中所施加的有效应力之比。当前者大于后者时,试样处于超固结状态,此时的土称为**超固结土**;当两者相等时,试样处于正常固结状态,此时土称为**正常固结土**。这些概念在第 7 章中还将进一步阐明。

在土的变形和强度特性研究中,常用的室内试验有直剪试验、固结试验、常规三轴试验。此外,还有一些特种试验,例如真三轴试验、平面应变试验和扭剪试验等。本节简要介绍各种典型的试验曲线,它们是确定力学性质参数、建构模型的基础。

2.1.1　直剪试验

在**直剪试验**(direct shear test)中,试样在一定法向应力 σ 作用下沿固定的剪切面被剪切至破坏。这种试验主要用于确定土的抗剪强度,也可用来研究土与其他材料接触面的应力应变关系。直剪试样的固结状态由其历史上所受最大有效法向应力与试验中施加的有效法向应力之关系确定。试验表明,松砂或正常固结黏土的剪应力随剪应变而增大,这种现象称为**硬化**(hardening)(图 2.1),而密砂或超固结黏土的剪应力与剪应变曲线则出现峰值而后下降,这种现象称为**软化**(softening)(图 2.2)。在一定法向应力下,硬化曲线可用双曲线模拟

$$\tau = \frac{\gamma}{a + b\gamma} \tag{2.1}$$

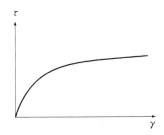

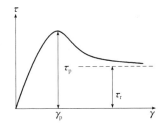

图 2.1　松砂或正常固结黏土　　　　　　图 2.2　密砂或超固结黏土

其中 a, b 为试验常数。软化曲线可表示为

$$\tau = \frac{\gamma(a + c\gamma)}{(a + b\gamma)^2} \tag{2.2}$$

其中 a, b, c 为试验常数,且与峰值剪应变 γ_p、峰值剪应力 τ_p 和残余剪应力 τ_r 具有如下关系

$$\tau_r = \frac{c}{b^2}, \qquad \tau_p = \frac{1}{4(b - c)}, \qquad \gamma_p = \frac{a}{b - 2c} \tag{2.3}$$

2.1.2　固结试验

土的**固结试验**(consolidation test)有两种(图 2.3),即各向等压固结试验和单向固结试验。前者是 $p = \sigma_1 = \sigma_2 = \sigma_3$ 的排水压缩试验,通过这种试验可得到体积应变 ε_v 或孔隙比 e 与静水压力 p 之间的关系;后者是土样在完全侧限条件下的单向压缩试验,试验求得的应力应变曲线为孔隙比 e 与竖向压力 p 之间的关系。如果将试验数据整理成 e-$\ln p$ 曲线,则在实用压力范围内呈直线,即压缩性指标不随压力而变。此时,两种试验结果均可表示为

$$e = e_a - \lambda(\ln p - \ln p_a) \tag{2.4}$$

其中 λ 为压缩指数;e_a 为与 p_a 对应的孔隙比,而 p_a 为试样的初始应力或先期固结压力。有时 p_a 取为大气压,此时 e_a 并非原状试样的初始孔隙比,应根据试验曲线外推得出。此外,卸载再加载曲线为

$$e = e_\kappa - \kappa(\ln p - \ln p_a) \tag{2.5}$$

其中 κ 为膨胀指数;e_κ 为卸荷至 p_a 时的孔隙比。

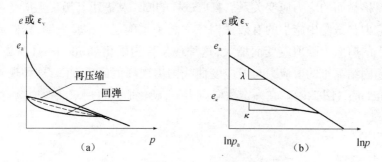

图 2.3　固结试验曲线

在单向固结试验中,侧向应变 $\varepsilon_2 = \varepsilon_3 = 0$,而体积应变等于轴向应变,即 $\varepsilon_v = \varepsilon_1 + \varepsilon_2 + \varepsilon_3 = \varepsilon_1$。

2.1.3　常规三轴试验

在常规三轴试验中,分别施加周围压力(confining pressure)和轴向压力(triaxial pressure),它们简称**围压**和**轴压**。这种试验主要用于确定土的抗剪强度参数和应力应变关系,包括**三轴压缩试验**(triaxial compression test)和**三轴伸长试验**(triaxial extension test),它们各自又有几种方法。例如,在三轴压缩试验中($\sigma_1 > \sigma_2 = \sigma_3$),保持围压 σ_3 不变,增加轴压直至破坏;或保持轴压不变,减小围压直至破坏。在三轴伸长试验中($\sigma_1 = \sigma_2 > \sigma_3$),保持围压不变,减小轴压直至破坏;或保持轴压不变,增加围压直至破坏。

　　常规三轴试样的固结状态是从围压的角度考虑的,例如当试验中施加的固结围压大于试样的先期固结压力时,试样便处于正常固结状态。试验表明,对于正常**固结黏土**、**松砂**及**中密砂**,不排水剪切试验中产生正的孔隙水压力,排水试验中体积发生收缩即**剪缩**。此外,材料表现出应变硬化的特征,偏应力与轴向应变之间的关系为双曲线(图 2.4),可表示为(Kondner,1963)

$$q = \sigma_1 - \sigma_3 = \frac{\varepsilon_1}{a + b\varepsilon_1} \tag{2.6}$$

其中 $q = \sigma_1 - \sigma_3$ 为偏应力; ε_1 为轴向应变; a,b 为试验常数。

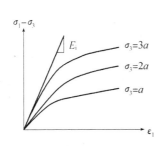

图 2.4　三轴试验曲线

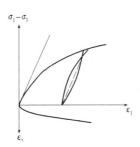

图 2.5　正常固结黏土或松砂

　　对于**超固结黏土**和**密砂**,试验时应力差超过峰值强度后急剧下降,直至一极限值,即土的残余强度。在不排水剪试验中,强超固结黏土或密砂产生负的孔隙水压力;在排水剪试验中体积最初略收缩,以后便大量膨胀,即出现**剪胀**(dilatncy)。此外,应力应变曲线为驼峰形,即存在应变软化现象(图 2.6),可用下式表示

$$q = \sigma_1 - \sigma_3 = \frac{\varepsilon_1(a + c\varepsilon_1)}{(a + b\varepsilon_1)^2} \tag{2.7}$$

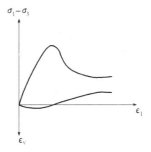

图 2.6　超固结黏土或密砂

其中 a,b,c 为试验常数。

　　试验表明(图 2.5),土的应变可分为**弹性应变**(elastic strain)和**塑性应变**(plastic strain)两部分。此外,密砂的剪胀和软化是低围压下的表现,而在高围压下所有土都表现为剪缩,且应力应变曲线是硬化型的。这主要是由于高压下土粒破碎的缘故。

2.1.4　真三轴试验

　　常规三轴试验并不能充分反映土的应力变形特性,因为这种试验没有考虑中间主应力 σ_2 的影响。为此,人们发展了真三轴试验,即三个方向上应力不等

的三轴试验($\sigma_1 > \sigma_2 > \sigma_3$)。在真三轴试验研究中,可用下列参数表示 σ_2 的影响

$$\mu_\sigma = \frac{2\sigma_2 - \sigma_1 - \sigma_3}{\sigma_1 - \sigma_3} \tag{2.8}$$

μ_σ 称为 **Lode 参数**(其意义见第 3 章)。Bishop(1966)则采用 b 值来反映中间主应力的影响,b 的定义为

$$b = \frac{\sigma_2 - \sigma_3}{\sigma_1 - \sigma_3} \tag{2.9}$$

不难看出,μ_σ 与 b 具有如下关系

$$\mu_\sigma = 2\frac{\sigma_2 - \sigma_3}{\sigma_1 - \sigma_3} - 1 = 2b - 1 \tag{2.10}$$

b 表示 σ_2 在 σ_1 和 σ_3 之间的位置。

　　真三轴试验表明(图 2.7),随 b 的增大,应力应变曲线越来越陡,$\sigma_1 - \sigma_3$ 的峰值点提前,材料的破坏更接近于脆性破坏。此外,平面应变试验($\sigma_2 > \sigma_3$)也显示出 σ_2 的影响。在同一 σ_3 下进行常规三轴试验和平面应变试验,前者的应力应变曲线总是在后者的下方。

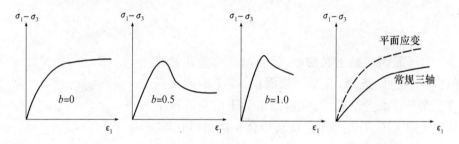

图 2.7　中间主应力 σ_2 的影响

2.2　土的变形特性

　　经典弹塑性力学基于两个基本试验,即金属材料的单向拉伸试验和静水压力试验。试验的基本结论归结为:变形可分为弹性阶段和塑性阶段,初始屈服极限比较明显;初始拉压屈服极限(强度)相等;进入塑性阶段后表现出应变硬化或理想塑性特征,属于稳定材料;体积变形基本上是弹性的;静水压力对屈服极限的影响可以忽略;剪切不引起体积变形;材料的弹性系数基本上与塑性变形无关,即弹塑性不耦合。

　　试验表明,相对于金属材料,土的变形具有一系列特殊性,例如压硬性、剪胀性、等压屈服、非正交性、非关联性、路径相关性、硬化和软化等。根据沈珠江的

观点,压硬性和剪胀性是土的基本力学特性,即对所有土类和主要受力阶段都有重要影响的力学性质。换句话说,它们是土区别于其他工程材料的标志,因而土可定义为具有压硬性和剪胀性的材料。事实上,土的非线性、弹塑性和等压屈服也是比较独特的,故在基本特性中加以介绍。

2.2.1　基本变形特性

(1)非线性和弹塑性

在常见的工程荷载范围内,土表现出比较明显的**非线性**(non-linear)和**弹塑性**(elastoplasticity)。所受荷载较大时,金属材料的应力应变关系也呈非线性,但它具有明显的线性弹性阶段。而土的应力应变曲线的直线段很短,特别是对于松砂和正常固结黏土,变形几乎从开始就是非线性的,且包括塑性成分。此外,试验曲线图 2.3 和图 2.5 表明,卸荷再加荷会出现滞回环,它表明卸荷再加荷过程中能量消耗了,需要给予能量补充。

(2)压硬性

金属材料是无摩擦材料,即内摩擦角为零;而土具有内摩擦角,其强度和刚度随压力的增大而增大。这种性质就是压硬性。例如,初始模量 E_i 和土的强度 $(\sigma_1 - \sigma_3)_f$ 随围压 σ_3 的增大而增大(图 2.4)就是压硬性的表现,土的抗剪强度公式 $\tau_f = c + \sigma\tan\varphi$ 对 σ 的考虑是对压硬性的表达。人们较早认识到土的压硬性,而且自觉和不自觉地考虑了土的这一特性。软土地基的排水固结处理、软土地基上填土慢速施工的要求是实践中应用压硬性的明显事例。

(3)剪胀性

对于金属材料,剪应力与体积应变无关;而土在剪切时则产生体积膨胀或收缩,即所谓剪胀。粗略地说,超固结黏土和密砂发生剪胀现象,而正常固结土和松砂则发生剪缩。确切地说,密实无黏性土在低围压下剪切时,剪胀变形出现很早,甚至一开始就出现;而疏松的无黏性土在较高围压下剪切时,剪切后期才出现剪胀,甚至不出现。

为什么会出现剪胀或剪缩? 对于松砂,受剪后某些颗粒被挤入孔隙中,体积减小;密砂的原始孔隙体积较小,受剪切时,某些颗粒必须上抬才能绕过前面的颗粒而产生错动,于是体积膨胀。

(4)等压屈服

在各向等压或静水压力作用下,金属材料的体积变形是弹性的;而土不仅产生弹性的体积变形,还将产生塑性体积变形(图 2.3)。这就是等压屈服现象,它是 1957 年 Drucker 等人首先指出的。要想恰当地估算土的塑性变形,必须考虑体积屈服。

2.2.2　一般变形特性

(1)硬化和软化

金属材料是应变硬化材料;而土的变形不仅可以表现出硬化特征(对于松砂和正常固结黏土,图2.5),也可以表现出软化特征(对于密砂和超固结黏土,图2.6)。硬化与剪缩有关,软化与剪胀有关。密砂颗粒排列紧密,受剪时一部分颗粒要滚过另一部分颗粒必须克服较大的咬合作用力,故表现出较高的抗剪强度。而一旦某些颗粒绕过了另一些颗粒,结构将变松,抗剪能力减小,从而表现为软化。超固结黏土剪切破坏后,结构联结力丧失,强度也会降低,表现为软化。对于松砂和正常固结黏土,剪切过程中变得紧密,一般表现为剪缩,因而呈硬化特征。

(2)各向异性

各向异性是指材料性质随方向而异,包括初始各向异性和诱导各向异性。前者是土在沉积及后期地质作用过程中形成的,后者则是在外荷作用下由应力和变形导致的。检验各向异性影响的一种简单方法是进行三轴等压固结试验,将轴向应变 ε_1 和体积应变 ε_v 作比较。若 $\varepsilon_v = 3\varepsilon_1$,表示该土为各向同性,否则就是各向异性的。

沿不同方向切取试样进行试验,容易发现变形模量的各向异性。试验表明,粗粒土的各向异性对变形模量有显著影响,而且对模量的影响比对强度的影响更大,不同方向模量的差异可达 $2 \sim 3$ 倍。结构各向异性对力学性质的影响主要是通过变形时对体积变化趋势的影响而体现出来的(Mitchell,1976)。

(3)路径相关

在施加荷载的过程中,一点的应力状态不断变化,这一变化过程称为该点的**应力路径**(stress paths)。在常规三轴试验中,试样的应力状态常通过最大剪应力面上的应力之路径来反映,即用 Mohr 应力圆顶点的轨迹表示应力路径。例如在三轴压缩试验中,试样是在围压 σ_3 保持不变的条件下逐渐增加 σ_1 而被剪破的,故总应力路径(简称 TSP)是一条从 $A(\sigma = \sigma_3, \tau = 0)$ 点出发、与 σ 轴逆时针成45°角的直线(图2.8)。

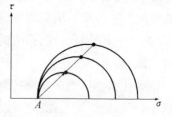

图 2.8　应力路径

对于弹性材料,应变大小仅取决于应力的最后状态,与达到该状态的应力路径无关。而土的应力应变曲线则与应力路径相关联(图2.9)。变形并不仅仅取决于当前的应力状态,而是与达到该应力状态之前的**应力历史**(stress history)和路径有关。换句话说,即便初始和最终的应力状态相同,应力路径不同,变形也将不同。

(4)弹塑性耦合

土具有弹塑性耦合特性(coupled elastoplasticity),即如果对土进行卸载再加载试验,可发现当应力进入塑性阶段后,塑性变形的增加引起弹性性质的变化(即弹性模量下降),这种变化在变形的非稳定阶段更为明显(图 2.10)。

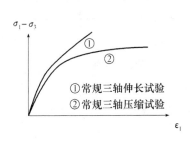

①常规三轴伸长试验
②常规三轴压缩试验

图 2.9 路径相关   图 2.10 弹塑性耦合

有些学者对弹塑性耦合的提法有不同意见,他们认为并不存在耦合问题。但从机理上讲,产生塑性变形后,土的结构发生了变化;而与这种结构相对应的初始弹性自然有所改变,因此耦合是存在的。不过,在本构理论研究中通常不考虑弹塑性耦合。

(5)非关联性

金属材料的塑性应变增量方向总是垂直屈服面,因而可以采用**相关联流动法则**(associated flow rule),即塑性势函数等于屈服函数。而试验表明,土的塑性应变增量方向与屈服面通常并不正交,此时应采用**非关联流动法则**(non-associated flow rule),选用与屈服函数不同的塑性势函数。

(6)主轴旋转

适用于金属材料的传统塑性位势理论表明,塑性应变增量方向唯一地取决于应力状态而与应力增量无关,而土的塑性应变增量方向与应力增量方向有关。基于金属材料发展起来的传统塑性理论没有考虑应力主轴旋转的影响,而主轴旋转可引起新的塑性变形。

2.2.3 土的变形机制

(1)弹性和塑性

任何固体材料的变形都具有**弹性**、**塑性**和**黏性**成分,而且这几种力学性质之间只存在模糊界限。弹性是指物体在外力作用下产生变形,而撤去外力后立即恢复到它原有的形状和尺寸的性质,**弹性变形**是卸荷后可恢复的变形。塑性指应力超过屈服极限时仍能继续变形而不断裂,撤去外力后变形又不能恢复的性质,**塑性变形**就是卸荷后残留下来的变形。瞬时变形是在加荷的瞬间完成的变形,包括弹性变形和塑性变形。一般地说,瞬时变形随着应力水平提高而增大。流动变形是随时间而发展的变形,这种性质就是**黏性**或**黏滞性**(viscosity)。此外,**塑性流动**概念出现在塑性理论中,它表示荷载达到某个极限时(流动极限)塑性变形无限制发展。

对于具有晶体结构的金属材料,其弹性性质常用物质质点间的相互作用力来说明。根据固体物理学,材料之所以能够平衡是因为原子之间存在着相互平衡的力(吸引力和排斥力)。荷载作用改变了质点间距,相应产生了变形,同时也建立了新的平衡。一旦荷载消失,质点随即产生位移,返回到原来的平衡位置。晶体材料的塑性变形与晶体内部原子层间发生相对滑动密切相关。试验表明,塑性变形的基本机理是滑移,即当滑移平面上沿着滑移方向的剪应力达到某临界值时便发生错动。

土的变形通常也包含弹性、塑性和黏性这三种成分,但由于它是多相摩擦型材料,所以其变形机制要比金属材料复杂得多。例如,骨架整体压缩或歪斜,而颗粒之间不发生滑移;小颗粒被挤入孔隙中;颗粒之间的相对滑移;颗粒旋转和重新排列;颗粒弯曲或被压碎;在排水条件下,孔隙水和气体被挤出。其中,由土颗粒弹性变形构成的土骨架整体变形表现为弹性变形,而其他成分则均导致塑性变形。理论分析表明,在极小的剪切作用下,土颗粒接触处便可发生滑动。

(2)压缩性构成

所谓**压缩性**(compressibility)就是物体在压力作用下体积减小的性质。在各向等压条件下,从宏观上说试样并不受剪切作用;但在微观上,局部剪切作用不可避免,所以颗粒间有相互错动。各种因素对土体压缩变形的相对影响不同,Scott(1963)就此进行过定量研究。结果表明:土颗粒的压缩性远比水的为小,完全可以忽略不计;在饱和土中,孔隙水的压缩量与土骨架的压缩量相比很小。此外,与黏土骨架的压缩量比较,砂土及一定程度上粉土的骨架压缩量要小得多。因此对于黏土与砂土相间的地基,黏土层的变形是沉降的主要来源。

2.3 土的强度特性

土的强度是土的重要力学性质之一,是确定挡土墙土压力、地基承载力以及土坡稳定安全系数所必需的参数。因此人们对其进行了大量的试验研究。但由于成因、组成、结构千差万别,再加上外部条件的影响,欲合理地确定土的强度也并不容易。

2.3.1 土的破坏与强度

强度是指物体抵抗**破坏**的**最大抗力**。就材料而言,强度就是材料破坏时的应力状态。一般地说,如果在特定的条件下施加某一应力分量值直至破坏发生,那么破坏时的应力值就叫做该条件下的材料强度。所施加外力的性质不同,其强度也不相同。按照外力作用的方式,材料的强度分为抗压强度、抗拉强度和抗剪强度等等。

在连续介质力学中,对材料破坏并没有严格的定义。曾经有人提出材料破坏就是"变形不连续"。这样的观点似乎容易理解,但很多情况不能用此定义加以说明。例如,塑性较大的材料可能产生很大的变形而不显现出破裂的痕迹,这种情况下的变形是连续的,但从工程实际角度讲材料已经是破坏了。塔罗勃(1957)指出,任何不允许的变形都会造成广义上的破坏。有时很难确定产生什么样的变形将成为不允许的变形,因此破坏的定义远不是严格的,强度的定义同样是有条件的,每种情况下都需要更合理地规定。可见,破坏应被理解成为一个功能性概念。也就是说,**破坏是变形过程的一个特殊阶段**,具体在哪一点上算破坏,需要根据允许的限度人为地加以限定。

众所周知,材料特性必须采用试验方法进行研究。通常是在实验室或现场通过各种试验方法测定应力与应变或位移曲线来确定强度。强度只涉及最终的破坏状态,受力变形过程则由本构模型描述。土的破坏通常是**剪切破坏**(shear failure),因此**抗剪强度**(shear strength)特别重要。常采用的试验有直接剪切试验和常规三轴试验。此外,平面应变试验和真三轴试验也可用来研究强度。图2.11 所示为常规三轴试验或直剪试验的两种典型结果。

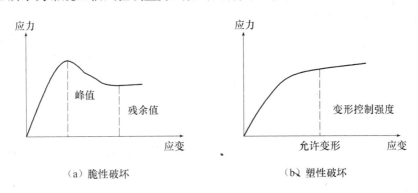

图 2.11　土的破坏与强度

土的剪切破坏主要有两种方式,即**脆性破坏**和**塑性破坏**(图 2.11)。前者应力应变曲线有峰值,而后者则没有。当材料脆性破坏时,一般将最大应力值即**峰值强度**(peak strength)定为破坏强度,将最后稳定值定为**残余强度**(residual strength)。有些土的变形性质不同于上述曲线,例如软黏土的应力-应变曲线在较大的应变下仍未达到极限值,此时必须结合工程对象的**允许变形**来决定强度。

2.3.2 抗剪强度公式

就土体中的一点或土体单元而言,发生剪切破坏一定是由于**通过该点某个面上的剪应力达到了抗剪强度**。土的抗剪强度 τ_f 就是土抵抗剪切作用所能承受的极限剪应力。Coulomb(1773)基于砂土剪切试验提出了土的**抗剪强度定律**,通常被表示为(图 2.12)

$$\tau_f = \sigma \tan\varphi \qquad (2.11)$$

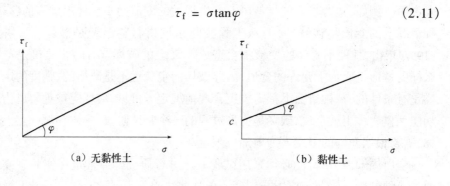

（a）无黏性土　　　　　　　　（b）黏性土

图 2.12　Coulomb 强度线

推广到黏性土,有

$$\tau_f = c + \sigma \tan\varphi \qquad (2.12)$$

其中 c 和 φ 分别称为**黏聚力**或**凝聚力**(cohesion)、**内摩擦角**(angle of internal friction),也称为**强度指标**或**强度参数**。

更一般地,O. Mohr(1900)认为材料的抗剪强度是剪切面上正应力的函数

$$\tau_f = f(\sigma) \qquad (2.13)$$

这就是 Mohr 强度包线,通常是一条曲线,可采用常规三轴试验的方法求得。如果 Mohr 包络线是直线,则 Mohr 公式便与 Coulomb 公式等价,尽管它们的物理背景不同。

由于式(2.11)和式(2.12)中的 σ 为总应力,故 c, φ 被称为土的**总应力强度指标**。由于水不能承受剪应力,故作用于剪切面上的水压力不提供土的强度。换句话说,抗剪强度的摩擦分量只能由作用于土骨架上的应力提供。根据有效应力原理,Terzaghi 将饱和土的 Coulomb 强度公式写成

$$\tau_f = c' + \sigma' \tan\varphi' \qquad (2.14)$$

其中 σ' 为作用于剪切面上的法向有效应力;c', φ' 为**有效应力强度指标**。

2.3.3 黏性土的强度

采用常规三轴试验确定黏性土的强度,通常在三种排水剪切条件下进行,即不固结不排水、固结不排水和固结排水。我们知道,土体中的应力包括自重应力

$(\sigma_{1c}, \sigma_{3c})$和附加应力$(\Delta\sigma_1, \Delta\sigma_3)$,而且土层在自重作用下通常已经固结稳定。因此对于原状试样,首先是施加其自重应力(通常用围压 σ_{3c} 模拟)并使其固结稳定,然后施加围压 $\Delta\sigma_3$ 并保持不变,最后施加轴向偏压 $\Delta\sigma_1 - \Delta\sigma_3$ 直至试样被剪破(图 2.13)。确定强度参数的依据是极限应力圆与抗剪强度包线相切。

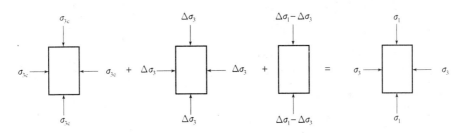

图 2.13　常规三轴试验加荷

(1)不固结不排水强度(UU)

在**不固结不排水剪试验**(Unconsolidated and Undrained Shear,简称 UU 试验)中,施加围压 $\Delta\sigma_3$ 不允许固结,然后在不排水条件下施加轴向偏应力 $q = \sigma_1 - \sigma_3 = \Delta\sigma_1 - \Delta\sigma_3$ 剪切至破坏。绘制应力路径时,通常将总应力轴和有效应力轴放在一起。在这种图上不仅能表示有效应力路径(ESP)和总应力路径(TSP),而且还能表示孔隙水压力的大小。

在不同的 σ_3 下,将得到不同的偏应力破坏值 $q_f = (\sigma_1 - \sigma_3)_f$ 和破坏时的孔隙水压力 u_f。但由于试样剪切之前不固结、剪切过程中不排水,所以其有效应力基本保持不变,从而抗剪强度不随 σ_3 而改变,强度包线为一水平线(图 2.14),即

$$\tau_f = c_u = \frac{1}{2}(\sigma_1 - \sigma_3)_f \tag{2.15}$$

其中 c_u 称为不排水强度。

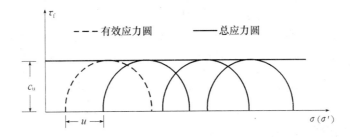

图 2.14　饱和土不固结不排水试验

天然土层中,有效固结压力 p_c 是随深度而增大的,故不排水强度也随深度

而增大。试验表明,正常固结黏土的不排水强度随深度而线性增大。此外,c_u/p_c 还与土的**塑性指数**(plasticity index)I_p 有关,Skempton(1957)给出经验公式

$$\frac{c_u}{p_c} = 0.11 + 0.037 I_p \tag{2.16}$$

(2)固结不排水强度(CU)

固结不排水剪试验(Consolidated and Undrained Shear,简称 CU 试验)是指试样在允许排水的条件下施加围压 σ_3 固结,固结完成后在不排水条件下施加轴向偏应力剪切至破坏。试验中测定孔隙水压力,试样的总应力路径和有效应力路径如图 2.15 所示,强度包线如图 2.16 所示。由于不同试样在偏压剪切时的初始有效应力不同,有效应力圆的半径将随 σ_3 而增大。黏性土 CU 试验所得强度包线是微弯的曲线,通常可简化为直线。强度可以用总应力表示,也可以用有效应力表示,相应的公式分别为

$$\tau_f = c_{cu} + \sigma \tan\varphi_{cu} \tag{2.17}$$

$$\tau_f = c' + \sigma' \tan\varphi' \tag{2.18}$$

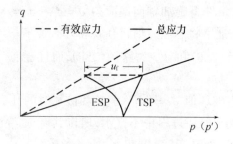

图 2.15　CU 试验应力路径

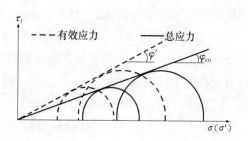

图 2.16　CU 试验强度包线

试验表明,正常固结黏土的总应力强度包线和有效应力强度包线都是通过原点的直线,而且有效应力圆位于总应力圆的左边,从而 $\varphi' > \varphi_{cu}$(图 2.16)。此外,从天然土层取出的试样或人工制备的试样已在某压力下发生过固结,因此在零围压下总是有一定的强度。超固结黏土的固结不排水强度包线如图 2.17 所示。当围压 σ_3 小于先期固结压力 p_c 时,试样处于超固结状态;而当 $\sigma_3 > p_c$ 时,试样转为正常固结状态。超固结段强度包线的截距为 c_{cu};而且 p_c 越大,c_{cu} 也越大。试样转入正常固结状态以后,强度包线为通过原点的直线,其摩擦角 φ_{cu} 大于超固结段的 φ_{cu}。

(3)固结排水强度(CD)

固结排水剪试验(Consolidated and Drained Shear,简称 CD 试验)是指试样在允许排水的条件下施加围压 σ_3 固结,固结完成后在排水条件下施加轴向偏应力剪切至破坏。在整个试验过程中,孔隙水压力均为零,故有效应力路径与总应力

路径相同。为了实现 CD 试验条件,砂土可按正常速度剪切,而黏性土则需以非常缓慢的速率剪切。CD 试验的强度公式为(图 2.18)

$$\tau_f = c_d + \sigma \tan\varphi_d \qquad (2.19)$$

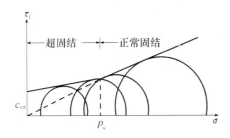

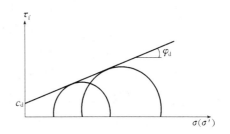

图 2.17 饱和土固结不排水试验   图 2.18 固结排水试验强度包线

试验表明,CD 试验指标 c_d, φ_d 与 CU 试验得到的有效应力强度指标 c', φ' 相差不大。这样就可以用比较省时的 CU 试验代替 CD 试验。

(4)抗拉和残余强度

金属材料的抗拉压强度相等,而土的抗压强度则显著地大于拉伸条件下的相应值,这一事实被称为 **SD 效应**(Strength Difference Effect)。土体破坏多为剪切破坏,所以人们特别重视土的抗剪强度,而很少关注其他破坏形式及强度。但土坡在破坏前,靠近地面往往产生张拉裂缝,这种裂缝对土坡失稳有很大影响。特别地,在高土石坝中常设置黏土心墙防渗体,心墙是否开裂是个关键问题。裂缝出现与否与受力状态及黏土的抗拉性能有关,因此土的**抗拉强度**(tensile strength)也是非常重要的。黏性土抗拉强度的测定可以采用多种方法,例如三轴拉伸、单轴拉伸、土梁弯曲、径向压裂、轴向压裂等。对上述各种方法的原理与典型结果,卞富宗(参见黄文熙,1983)作过系统分析与总结。研究表明,黏性土的抗拉强度 σ_t 随干密度 ρ_d 增加而增大,随含水量 w 增加而减小。极限拉应变随 ρ_d 增大稍有增加,随 w 增大而增大比较明显。压实黏土的抗拉强度多在 10 ~ 50kPa 之间。

黏性土抗剪强度试验表明,残余强度的黏聚力分量一般很小或接近于零,而且重塑样与原状样的残余强度相同。土的残余强度与原始结构无关。对于正常固结黏土,峰值强度稍大于残余强度,这是由于颗粒间胶结破坏造成的。此外,颗粒的定向排列也降低了颗粒摩擦角和咬合作用。残余强度的内摩擦角 φ'_r 主要取决于土的矿物成分,其次也受有效法向应力的影响。一般情况下,石英、长石、方解石矿物的 φ'_r 略大于 30°,云母类矿物的 φ'_r 约在 15° 至 26° 之间,而蒙脱石矿物的 φ'_r 则小于 10°。

(5)强度参数与机理

定性地说,黏性土的抗剪强度由三部分组成,即黏聚分量、摩擦分量和剪胀分量。黏聚强度取决于颗粒之间的距离、相对位置以及联结性质。土受力后而变形,颗粒之间就产生相对位移。这时,黏聚强度的一部分受到破坏,但又形成新的黏结强度。一般说,脆性胶结的破坏是不可逆的,而凝胶体联结和水胶联结则是可恢复的。剪胀意味着表面能的增加,即产生新的表面需要能量,因而强度随之增大。摩擦是指矿物颗粒之间的摩擦,主要取决于矿物类型。目前还不能通过强度试验直接测定上述分量,或对它们加以分离。强度的三种分量并非在峰值强度时达到最大值,因为每种分量充分发挥所需的应变不同。例如,黏聚分量通常是在较小的应变下达到其最大值,而此时其他分量还远未充分发挥。

前面已指出,正常固结黏土的总应力强度包线和有效应力强度包线都是通过原点的直线,也即 $c = 0$。然而,这并不意味着土没有黏性,而只是说当固结压力为零时土没有黏性;此时土颗粒尚在沉积过程中,颗粒间作用力为零;这样的土必定是泥浆状的,故抗剪强度也为零。在某一固结压力 σ 下,土的抗剪强度 $\sigma\tan\varphi$ 实际上包含了摩擦分量和黏聚分量。若让试样先在 σ 下固结,然后卸荷到零并剪切,仍有一定的强度,它就是土的黏聚分量。可见,土的 c,φ 并不能真正代表土的黏聚力和摩擦角的大小,而只是抗剪强度与法向应力关系中的两个参数。

抗拉强度以及 $\sigma' = 0$ 时抗剪强度的存在是真黏聚力的证据,其大小取决于胶结物的胶结作用和吸引力。当粒间间距小于 25Å 时,静电引力变得显著。当微粒(小于 $1\mu m$)紧靠时,范德华引力可成为抗拉强度的原因。资料表明,起因于粒间吸引力的黏聚力在所有情况下都是非常小的,而化学胶结产生的黏聚力很显著。

2.3.4 粗粒土的强度

由于粗颗粒的表面力与重力相比很小,所以粗粒土或无黏性土的黏聚力可以忽略不计,而且其有效内摩擦角几乎不受水的影响。因此对于饱和无黏性土,一般不需要进行 UU 试验。

(1)强度公式

粗粒土没有黏聚力分量,抗剪强度线通过原点且为非线性:内摩擦角随着围压的增大而降低;与砂土相比,粗粒料的强度包线弯曲幅度更大(图 2.19)。松砂的强度包线的初始段微微下凹,然后过渡到近似直线段;密砂的强度包线的初始段明显凸起(图 2.20)。当围压变动范围较大时,粗粒土的摩擦角 φ 不能再视为常量,即应考虑强度包线的非线性。例如,内摩擦角可表示为

$$\varphi = \varphi_1 - \Delta\varphi \lg\left(\frac{\sigma_3}{p_a}\right) \qquad (2.20)$$

其中 φ_1 为 $\sigma_3 = 1$ 大气压 p_a 时的 φ 值,$\Delta\varphi$ 为 σ_3 增加 10 倍后 φ 的减少量。

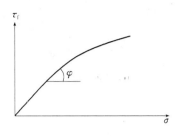

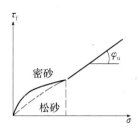

图 2.19　非线性强度包线　　　　　　图 2.20　砂土抗剪强度包线

通常情况下,砂土的强度包线仍用直线,对于堆石体或碎石土也是如此。这样做在低坝设计中偏于保守,在高坝设计中则偏于危险。通常认为 $\sigma_3 > 500\text{kPa}$ 时需考虑强度折减。

(2)强度机理

细致的研究表明,粗粒土的抗剪强度主要由土颗粒之间的滚动或滑动摩擦以及**咬合作用**(interlocking)所控制,摩擦角 φ 通常包括三部分,即

$$\varphi = \varphi_{\text{u}} + \varphi_{\text{d}} + \varphi_{\text{s}} \tag{2.21}$$

其中 φ_{u} 为颗粒间滑动分量;φ_{d} 为剪胀效应分量;φ_{s} 为颗粒挤碎磨细和重新排列作用分量。

滑动摩擦分量是由于颗粒表面接触不平造成的,主要决定于矿物类型。试验资料表明,在不同围压下,φ_{u} 基本上没有变化。石英砂的峰值摩擦角大约在 $30° \sim 50°$ 之间,而滑动摩擦角只有 $26°$,这说明咬合作用的存在。对于密实的无黏性土,由于颗粒之间的相互咬合,剪切时某些颗粒不得不绕过或翻越其下方的颗粒向上移动,从而体积增大,即发生剪胀。剪胀消耗能量,因而表现为较高的强度;而一旦绕过后,抗剪能力随之减小,表现为软化。剪胀消耗的能量所占比重,直接影响峰值强度的大小。如果颗粒是不等维的,则剪切作用可能使其趋于定向排列。否则,便不会出现明显的定向排列现象。

粗粒土在剪切过程中往往会出现比较明显的破碎现象,它对强度所起的作用是很特别的。很显然,颗粒破碎将吸收能量,所以摩擦角有所增大。此外,剪切促使颗粒重新排列,孔隙比减小,使土在力学上更稳定。但颗粒破碎以后,抗剪强度会降低,因为颗粒细化会导致粒间咬合作用减弱。试验表明,反映颗粒破碎程度的表面积增量越大,强度越低。似乎可以认为,颗粒临近破碎会使内摩擦角增大,而破碎后则摩擦角降低。可见,颗粒破碎效应与颗粒旋转效应类似。至于影响颗粒破碎的因素,研究获得了一些一般结论:颗粒本身的强度越低,颗粒越容易破碎;围压越大,破碎率越高,剪胀效应越不明显;不均匀系数越大,破碎率越小;粗料中最大粒径越大,破碎率越高;与砂相比,粗料并不很高的围压下就会出现剪碎现象;在相同围压下,粗料的破碎率比砂大。这是由于粗粒土的颗

粒间通常是点接触,而且在剪切时接触点处应力高度集中,颗粒容易破碎。

普遍认为,砂土的相对密度 D_r 是影响抗剪强度的最主要因素。此外,粗粒土中粗料含量对抗剪强度有明显影响。粗料与细料的界限值为 5mm,粒径大于 5mm 的粗料的含量用 P_5 表示。当 $P_5 < 30\%$ 时,抗剪强度基本上决定于细料,而粗料强度增加时,抗剪强度增加甚小;当 $30\% \leqslant P_5 < 70\%$ 时,抗剪强度取决于粗、细料的共同作用,并随粗料含量的增加而显著增大;当 $P_5 \geqslant 70\%$ 时,抗剪强度取决于粗料,并随粗料含量增加而有所减小。

2.3.5　强度影响因素

(1)加荷类型

最常用于研究土的强度特性的试验是直剪试验和常规三轴试验,而许多实际变形条件更接近于平面应变。这里着重介绍中主应力 σ_2 的影响。σ_2 对强度的影响是备受学者们关注的重要问题。常规三轴试验无法考虑中间主应力 σ_2 的影响,因此人们只能通过平面应变试验或真三轴试验来研究。对砂土所进行的许多比较试验表明,平面应变试验测定的 φ 比常规三轴试验测定的一般约大 10%。不过,关于 σ_2 对强度的影响,学者们还没有统一的观点。俞茂宏(1998)总结说:有些试验结果表明,中主应力对强度有影响但不明显,其影响程度比小主应力要小得多,设计中可不考虑随 σ_2 的强度提高。但是,对各向异性的岩土,当弱面走向垂直于中主应力时,σ_2 对强度的影响有时可达 20%。而且更多的试验结果表现出明显的 σ_2 效应。可以认为 σ_2 效应是强度的一个重要特性,问题是如何在理论上用比较简单的数学公式表达这种效应。强度之所以会随 σ_2 增大而提高,主要是由于平均应力 σ_m 随 σ_2 增大而增大,从而使土被压密,并增加对土颗粒的约束和咬合作用。

(2)加荷速率

加荷速率可以用应力速率或应变速率来反映,并且常用应变速率来划分荷载的性质。当应变速率大于 $10^{-1}/s$ 时,荷载被视为动荷载;而当应变速率小于 $10^{-6}/s$ 时,变形具有蠕变的性质。所以一般是在应变速率为 $10^{-6}/s$ 至 $10^{-1}/s$ 范围内讨论应变速率对变形和强度的影响。试验研究表明,土的强度随应变速率的增加而增大;但应变速率在同一数量级范围内变化时,对强度的影响不大。土的强度所以受加荷速率的影响,一般认为是由于土的变形包含了一部分黏性流动。

(3)应力路径

试验表明(Mitchell,1976;魏汝龙,1987),常规三轴试验的类型对有效应力强度参数 c',φ' 的影响很小。也就是说,土的有效应力强度参数基本上与应力路径无关。但是,应力路径对总应力强度参数 c,φ 有明显影响。例如,某黏土的三轴试验表明(卢肇钧,1989),当围压 σ_3 保持不变、逐渐增大 σ_1 使土样剪破时,$c = 18kPa$,$\varphi = 27.5°$;当 σ_1 保持不变、逐渐减小 σ_3 使土样剪破时,$c = 6kPa$,$\varphi = 32.5°$。此外,在复杂应力路径下,尤其是当应力路径发生明显转折时,φ' 也不等于 φ_d(魏汝龙,1987)。事实上,在同一围压下,超固结土的强度明显高于正常固结土,这正是应力历史或路径影响强度的最明显例子。

(4)各向异性

土的各向异性是普遍的。有人指出,甚至所有天然砂砾沉积物都具有各向异性结构特征。许多研究者发现室内制备的砂样一般也是各向异性的。沿不同方向切取试样进行试验,容易发现强度的各向异性。对于某粗粒土(颗粒的平均轴比为 1.64),试验表明在较低密实度下,横断优势定向面剪切的强度比沿优势定向面剪切的强度高 40%左右;当相对密度大于 90%时,在这两个方向上的强度是相等的。这是因为密实度增大时,颗粒择优定向的程度就降低。对于黏性土,结构各向异性引起的不排水强度差异也达 40%,这种差异是由剪切期间形成的孔隙水压力不同而造成的。

(5)破坏形式

现场土体在剪切过程中可能会发生变形的局部化,甚至形成颗粒明显定向的剪切带(shear band)。在三轴剪切试验中,土样破坏可能是塑性的,其应变分布比较均匀;也可能是脆性的,变形局部化并形成破裂面或剪切带。一些学者(Finno 等,1997)对剪切带的形成进行过试验研究。董建国等(2002)对上海原状黏性土进行了固结不排水平面应变试验,结果表明:不同围压($\sigma_3 = 25 \sim 200kPa$)下均出现局部化变形,形成剪切带;局部化变形开始于峰值偏应力 $(\sigma_1 - \sigma_3)_p$ 之前,剪切带开始时的偏应力 $(\sigma_1 - \sigma_3)_b$ 与峰值偏应力之比随 σ_3 的增大而减小。

剪切带内真实的应力应变曲线难以测定。由于试样的剪切条件和约束条件与现场有出入,很有可能出现这样的情况,即实际土体中并不发生明显的变形局部化而试验中却出现这种现象,或正好相反。出现与不出现剪切带,应力应变关系和强度有明显差别。然而,除了尽可能模拟现场剪切条件外,似乎没有更好的方法考虑变形局部化问题。

(6)破坏标准

在常规三轴压缩试验中,直接测定的是试样在常围压 σ_3 下的抗压强度,而抗剪强度参数是根据极限应力圆与强度线相切的原理确定的。抗压强度的取值标准不同,强度值和强度参数可能不同。常用的取值标准有两个,即最大主应力差 $(\sigma_1 - \sigma_3)_{max}$ 标准和最大有效主应力比 $(\sigma_1'/\sigma_3')_{max}$ 标准。如果应力应变曲线不出现峰值,则取轴向应变为 15%所对应的 $(\sigma_1 - \sigma_3)$ 为抗压强度。现考虑前两个标准的差异。

不难发现,主应力差 $(\sigma_1 - \sigma_3)$ 与有效主应力比 (σ_1'/σ_3') 具有如下关系

$$\sigma_1 - \sigma_3 = (\sigma_3 - u)\left(\frac{\sigma_1'}{\sigma_3'} - 1\right) \tag{a}$$

上式对轴向应变 ε_1 求导得

$$\frac{d(\sigma_1 - \sigma_3)}{d\varepsilon_1} = (\sigma_3 - u)\frac{d(\sigma_1'/\sigma_3')}{d\varepsilon_1} - \left(\frac{\sigma_1'}{\sigma_3'} - 1\right)\frac{du}{d\varepsilon_1} \tag{b}$$

在 CD 试验中,孔隙水压力 u 始终为零,故式(b)成为

$$\frac{d(\sigma_1 - \sigma_3)}{d\varepsilon_1} = \sigma_3 \frac{d(\sigma_1'/\sigma_3')}{d\varepsilon_1} \tag{c}$$

该式表明,$(\sigma_1 - \sigma_3)$ 和 (σ_1'/σ_3') 在相同的轴向应变处取最大值,因而两个标准是一致的。

　　由式(b)可知,在 CU 试验中,要想 $(\sigma_1 - \sigma_3)$ 和 (σ_1'/σ_3') 在同一应变处取极值,必定要求 u 也在该应变处取极值;而对于超固结土,通常不是这样,故两个标准不一致。对于严重超固结土或灵敏度高的黏性土,按 $(\sigma_1 - \sigma_3)_{max}$ 确定的指标较大,但对应的轴向应变较小。在土体分析中是否采用这种指标应该慎重对待。例如,土坡失稳通常需要大变形,从而渐进破坏现象不可避免,这时采用较大强度参数算得的安全系数就是不可靠的。

2.4　特殊土的性质

　　相对于一般黏性土而言,黄土、红土、膨胀土、灵敏黏土之类的特殊土具有特殊的力学性质,例如黄土的湿陷性、膨胀土的胀缩性。黄土、膨胀土等多为非饱和土,其特殊性质的确与基质吸力的改变有关,但其他非饱和土经受吸力变化时并不具有这些特殊性质。可见,特殊土的独特性质还需要从物质组成和微观结构方面进行解释。

2.4.1　黄土

　　湿陷性黄土的基本特性是浸水后强度大幅度降低,特别是发生湿陷变形。试验表明,黄土浸水前后强度包线的位置明显不同,但它们几乎平行,这说明其有效内摩擦角 φ' 受浸水影响较小,强度降低主要是由于黏聚力的减小所致。

　　黄土湿陷的机理与原因是什么? 高国瑞(1980)指出,黄土的结构单元主要为粒状颗粒,其次为黏土矿物颗粒。粒状颗粒包括单粒体颗粒、复合体颗粒和聚集体,它们形成土的骨架,并具有堆叠或镶嵌、架空排列两种基本形式。粒状堆叠结构较密实,具有这种结构的黄土没有湿陷性。而粒状架空结构的黄土中存在架空孔隙,湿陷性与此密切相关。黄土的湿陷性也与粒间胶结有关。黄土中的胶结物

有黏土矿物颗粒、游离氧化物、可溶盐。研究表明,湿陷系数随黏土矿物含量的增加而减小,随游离氧化物含量的增加而减小,随可溶盐含量的增大而增大。当含水量很低时,黄土因胶结而具有高黏聚强度。浸水后粒间胶结作用遭到破坏,黏聚强度大幅度丧失。当然,浸水后强度的降低也与吸力的降低或消失密切相关。

2.4.2 红土

红土的含水量高、孔隙比大、液塑限高,与软黏土十分相似,它们在塑性图上都分布在 A 线附近。然而,红土的力学性质与软黏土的明显不同,各种力学指标远好于软土,例如它具有较高的强度和较低的压缩性。其原因也在于特殊的物质组成和微观结构。

红土中的黏土矿物以高岭石为主,含有一定量的伊利石和蛭石。此外,含有较其他黏土高得多的游离氧化物,特别是氧化铁。红土的结构单元主要是粒状的黏土聚集体,基本上呈团粒堆叠结构。黏土颗粒多以点-面、边-面接触而形成团粒,有些颗粒以面-面叠聚形成"畴",再无规则堆叠成团粒,所以(薛守义等,1987)红土的定向性较差,即使在较高压力作用下也是如此。孔令伟等人(1994)对贵阳红土的研究表明,团粒间的堆叠孔隙是其主要孔隙类型,体积占总孔隙体积的一半左右;团粒内孔隙约占 1/4,其余为连通性孔隙和架空孔隙。

游离氧化铁是造成红土特殊性的根本原因,它以极细的粒状分布在片状黏土矿物颗粒的表面或颗粒之间起胶结作用。正是这种胶结作用,使得团粒本身以及团粒间的联结具有相当的强度和稳定性,一般的捏揉作用不能使其变形破坏。此外,游离氧化物的颗粒极细,具有较大的表面积和吸附水的能力,所以对土的液塑限有明显的贡献。研究表明(王继庄,1983),除去游离氧化铁后,红土变得与一般正常黏土相似。例如,某红土除铁后最大干重度 γ_{max} 由 12.6kN/m^3 提高到 16.6kN/m^3,渗透系数 k 由 8.05×10^{-7} m/s 降低到 1.74×10^{-8} m/s,液限 w_L 由 51% 降低到 35%,塑限 w_p 由 37.5% 降低到 20%。此外,游离氧化铁的胶结作用使红土的潜在胀缩能力受到抑制(孔令伟等,1995)。一旦氧化铁被除去,其潜在胀缩能力就被释放出来。例如除铁率从 0 增达到 30.54% 时,某红土样的自由膨胀率由 105 逐渐增加到 269。

2.4.3 膨胀土

膨胀土的特殊性在于浸水膨胀和失水收缩。研究表明,土的膨胀势和收缩势取决于黏土矿物的类型和含量,而后者与塑性指数 I_p 直接相关,故土的胀缩性也就与塑性指数有关。Seed 等人(1962)曾进行过天然土的膨胀试验。试样是在最优含水量下用标准击实试验方法制备的,以侧限试样在 1Psi(约 7kPa)压力下浸水膨胀量作为比较的标准。试验给出的经验关系如下(Mitchell,1976)

$$S = 2.16 \times 10^{-3} I_p^{2.44} \qquad (2.22)$$

其中 S 是试样的膨胀百分数。

关于膨胀土的胀缩机理,最常见的解释是双电层理论,即吸水使土颗粒的水化膜增厚、失水使水化膜减薄,从而引起颗粒间距的变化。实际上,黏土矿物晶层水分子的进出是膨胀和收缩的根本原因。

在膨胀土特别是强膨胀土中,由于不均匀胀缩往往发育有光滑裂隙面,它们将土体切割成不同大小的小块,破坏土体的完整性。这种光滑面附近的薄层具有高度定向排列结构,天然含水量也明显高于两侧的土,这使得裂隙面的抗剪强度比两侧土要低得多。研究表明(李妥德,1990),有无裂隙对摩擦角 φ 无明显影响,但裂隙却使黏聚力 c 几乎降低到零。

2.4.4　灵敏黏土

天然沉积的软黏土大多具有结构强度,其应力应变关系表现出明显的应变软化特性。图2.21 所示为典型的抗剪强度包线(Tavenes 等,1977):当围压较小时,结构强度发挥作用,因而强度较高;当围压增大到一定程度时,结构遭到破坏而强度丧失,抗剪强度反而降低;围压继续增大时,土将被压密,抗剪强度又开始增大。

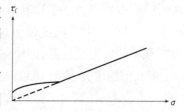

图 2.21　黏土的结构强度

饱和黏土的结构强度与灵敏度 S_t 直接相关。S_t 定义为原状样无侧限抗压强度 q_u 与重塑样无侧限抗压强度 q_u' 之比,即 $S_t = q_u/q_u'$。试验表明,沿海地区成分极为不同的黏土都可表现出很高的灵敏度。海相高灵敏黏土是在盐水环境中形成的。Casagrande(1932)认为这种土的骨架是由粉粒、细砂以及夹在其间的连结黏土构成的。观察表明,极灵敏的黏土中含有不规则的凝聚体,这些凝聚体由连结集合体连结在一起。在低至中灵敏黏土中,连结集合体不常见。此外,高灵敏黏土中凝聚体间孔隙要比不灵敏黏土中的大。试样重塑后,连结黏土丧失了连结作用,结构遭到破坏,伴随有孔隙水压力的大幅度上升和有效应力的减小,从而导致强度降低。一般说来,结构改变使饱和土趋向于被压缩且排水受阻时,孔隙水压力升高,有效应力降低;结构改变使饱和土趋向于膨胀且排水受阻时,孔隙水压力降低,有效应力增加。

饱和黏土的灵敏性与下列因素有关:颗粒亚稳定排列;游离氧化物和碳酸盐等沉积在粒间接触处起胶结作用;触变硬化等。灵敏黏土的破坏应变随灵敏度的增大而减小,某些高灵敏黏土无侧限抗压时在很低的应变下便破裂。此外,在固结应力超过结构强度之前,高灵敏黏土的压缩性很低,以后就明显增加。

第 3 章

土 的 强 度 理 论

强度通常指材料破坏时的应力状态。在简单应力条件下,可采用试验方法确定材料强度;而复杂应力条件下问题变得非常困难,这是因为试验仪器的制造和使用都不容易,且复杂应力状态有无数组合,单靠试验不可能解决问题。可行的途径是基于简单应力条件下的试验结果,结合理论假设来建立复杂应力状态下的**破坏条件**,即破坏时的应力状态表达式。我们把全面描述和说明材料强度特性的理论称为**强度理论**(theory of strength)或称**破坏准则**(failure criterion),包括基本假设、破坏条件以及强度参数的规律。有时人们也把破坏条件说成破坏准则。

强度理论研究的重要性是显而易见的。众所周知,结构的力学分析可以得到应力和应变分布,但这并不是问题的终结,最后的步骤是根据结构物中的应力或应变状态来判断材料是否破坏,这就需要建立材料破坏的强度理论。此外,强度理论研究对变形本构理论的发展也具有重大意义,因为强度准则通常是应力或应变空间中的极限面,从极限面可以蜕化出相应的屈服面,而屈服面方程是建立弹塑性本构方程所必需的。

到目前为止,已经提出了许多强度理论。本章仅介绍若干种常用的理论并对它们做出评述。内容包括:①强度条件的形式;②经典强度理论;③广义强度理论;④统一强度理论。

3.1 强度条件的形式

强度理论或破坏准则涉及到材料破坏机理的说明、数学模型的建立和模型参数规律性的研究。其中数学模型通常被称为**强度条件**或**破坏条件**。一般认为,建立材料的强度条件应基于破坏机理。但人们也常采用唯象的方法,经验地根据试验资料进行拟合。建立强度理论的基本思路是:通过某些简单的试验,获取材料在比较简单应力状态下的强度条件;然后通过某种理论把这些试验结果推广到复杂应力状态上去,求取普遍形式的强度条件。

3.1.1 第一种形式

第2章已经提到过简单的应力路径概念,现做出一般说明。以应力分量作为坐标轴,可以形成**应力空间**。物体中任一点的应力状态可用应力空间中的一点来表示,称为**应力点**。一点应力状态的变化可用应力点在应力空间的运动轨迹来描述,应力点的运动轨迹称为**应力路径**。

我们知道,一点的应力状态由6个独立应力分量决定,故一般的应力空间是六维的。如果材料是各向同性的,则主应力方向无关紧要。此时,可以用三个主应力 $\sigma_1, \sigma_2, \sigma_3$ 表示一点的应力状态。以主应力为坐标轴形成的空间称为**主应力空间**。必须指出,应力空间既非几何空间又非物理空间,它只是为了描述物体中一点的应力状态而引用的一个多维空间。

通常假设应力空间中存在一个曲面,当物体中一点的应力落在它所包围的区域内时,材料处于弹性状态,而在曲面上的点表示材料已发生或将要发生塑性变形;这个面称为**屈服面**。对于应变硬化材料,屈服面随塑性变形的增大而逐渐扩大。到达一定程度时材料发生破坏,此时的应力状态构成**破坏面**。对于理想塑性材料,破坏面与屈服面重合。破坏面的表达式(破坏时应力状态满足的条件)就是强度条件,其一般形式可写成

$$f_f(\sigma_{ij}, k_f) = 0 \tag{3.1}$$

$f_f(\sigma_{ij}, k_f)$ 称为**破坏函数**,其中下标 f 表示破坏;k_f 为破坏参数。如果材料是各向同性的,则一点是否破坏与主应力方向无关,此时强度条件可写成

$$f_f(\sigma_1, \sigma_2, \sigma_3, k_f) = 0 \tag{3.2}$$

3.1.2 第二种形式

根据弹塑性力学,应力张量 σ_{ij} 的第一,第二,第三不变量 I_1, I_2, I_3 与主应力 $\sigma_1, \sigma_2, \sigma_2$ 具有如下关系

$$\left.\begin{array}{l} I_1 = \sigma_{ii} = \sigma_x + \sigma_y + \sigma_z = \sigma_1 + \sigma_2 + \sigma_3 = 3\sigma_m \\[2mm] I_2 = \sigma_x\sigma_y + \sigma_y\sigma_z + \sigma_z\sigma_x - \tau_{xy}^2 - \tau_{yz}^2 - \tau_{zx}^2 \\[2mm] \quad = \sigma_1\sigma_2 + \sigma_2\sigma_3 + \sigma_3\sigma_1 \\[2mm] I_3 = \sigma_x\sigma_y\sigma_z + 2\tau_{xy}\tau_{yz}\tau_{zx} - \sigma_x\tau_{yz}^2 - \sigma_y\tau_{zx}^2 - \sigma_z\tau_{xy}^2 = \sigma_1\sigma_2\sigma_3 \end{array}\right\} \tag{3.3}$$

其中 σ_m 为**平均应力**,或称为**静水应力**。

此外,应力张量 σ_{ij} 可以分解为应力球张量 $\sigma_m\delta_{ij}$ 和应力偏量 $s_{ij} = \sigma_{ij} - \sigma_m\delta_{ij}$ 之和,而 s_{ij} 的第一、第二、第三不变量的表达式为

$$J_1 = s_{ii} = s_x + s_y + s_z = s_1 + s_2 + s_3 = 0$$

$$J_2 = \frac{1}{2} s_{ij} s_{ij} = \frac{1}{6} \left[(\sigma_x - \sigma_y)^2 + (\sigma_y - \sigma_z)^2 + (\sigma_z - \sigma_x)^2 + 6(\tau_{xy}^2 + \tau_{yz}^2 + \tau_{zx}^2) \right]$$

$$= \frac{1}{6} \left[(\sigma_1 - \sigma_2)^2 + (\sigma_2 - \sigma_3)^2 + (\sigma_3 - \sigma_1)^2 \right]$$

$$J_3 = s_x s_y s_z + 2\tau_{xy}\tau_{yz}\tau_{zx} - s_x \tau_{yz}^2 - s_y \tau_{zx}^2 - s_z \tau_{xy}^2 = s_1 s_2 s_3$$

$$(3.4)$$

很显然,$(\sigma_1, \sigma_2, \sigma_3)$,$(I_1, I_2, I_3)$ 和 (I_1, J_2, J_3) 这三组量是相互确定的,都可以表示一点的应力状态。这样,强度条件可写成

$$f_f(I_1, I_2, I_3, k_f) = 0 \tag{3.5a}$$

或

$$f_f(I_1, J_2, J_3, k_f) = 0 \tag{3.5b}$$

3.1.3　第三种形式

在主应力空间中,**等倾线**或**空间对角线** L 与 3 个坐标轴等倾,即 3 个方向余弦均为 $1/\sqrt{3}$。空间对角线上的 3 个主应力都相等,故又称为**等压线**。与等压线相正交的平面称为**偏平面**,其方程为

$$\sigma_1 + \sigma_2 + \sigma_3 = \sqrt{3} r \tag{a}$$

其中 r 为偏平面到坐标原点的距离。通过坐标原点的偏平面称为 π 平面,其方程显然为

$$\sigma_1 + \sigma_2 + \sigma_3 = 0 \tag{b}$$

设主应力空间三个坐标轴的单位基矢量分别为 e_1, e_2, e_3,则任意一点 $P(\sigma_1, \sigma_2, \sigma_3)$ 的应力矢量(图 3.1)OP 为

$$\boldsymbol{OP} = \sigma_1 \boldsymbol{e}_1 + \sigma_2 \boldsymbol{e}_2 + \sigma_3 \boldsymbol{e}_3$$

等倾线的单位矢量为

$$\boldsymbol{n} = \frac{1}{\sqrt{3}} \boldsymbol{e}_1 + \frac{1}{\sqrt{3}} \boldsymbol{e}_2 + \frac{1}{\sqrt{3}} \boldsymbol{e}_3$$

OP 在等倾线上的分量 OP'' 为静水应力分量,其大小为

$$|\boldsymbol{OP}''| = \boldsymbol{OP} \cdot \boldsymbol{n} = \frac{1}{\sqrt{3}} (\sigma_1 + \sigma_2 + \sigma_3) = \sqrt{3} \sigma_m \tag{c}$$

OP 在 π 平面上的分量 OP' 为应力偏量分量,其大小为

$$|\boldsymbol{OP}'| = \sqrt{|\boldsymbol{OP}|^2 - |\boldsymbol{OP}''|^2} = \sqrt{2} \sqrt{J_2} \tag{d}$$

将轴 $\sigma_1, \sigma_2, \sigma_3$ 向 π 平面上投影,所得为三根夹角互成 120° 的轴,分别用 $\sigma_1', \sigma_2', \sigma_3'$ 表示。显然,它们和相应的原坐标轴的夹角余弦为 $\sqrt{2/3}$。在 π 平面上

取坐标系 oxy，其 y 轴与 σ_2' 轴重合(图 3.2)。为了确定任一点 $P(\sigma_1,\sigma_2,\sigma_3)$ 在 π 平面上的投影点 P' 的坐标 (x,y)，可分别考虑点 $(\sigma_1,0,0)$，$(0,\sigma_2,0)$ 和 $(0,0,\sigma_3)$ 的坐标 (x_1,y_1)，(x_2,y_2) 和 (x_3,y_3)，而

$$\left.\begin{array}{l} x = x_1 + x_2 + x_3 \\ y = y_1 + y_2 + y_3 \end{array}\right\}$$

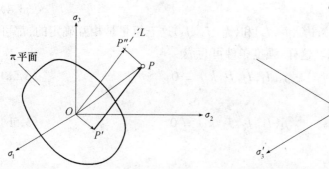

图 3.1 应力矢量 　　　　　　图 3.2 Lode 角 θ_σ

将点 $(\sigma_1,0,0)$ 向 π 平面上投影，投影点必落在 σ_1' 轴上，距离坐标原点 $\sigma_1\sqrt{2/3}$；再向 x,y 轴投影，可得

$$\left.\begin{array}{l} x_1 = \sigma_1\sqrt{2/3}\cos 30^\circ = \sigma_1\sqrt{2}/2 \\ y_1 = \sigma_1\sqrt{2/3}\cos 120^\circ = -\sigma_1/\sqrt{6} \end{array}\right\}$$

即 $(\sigma_1,0,0)$ 之投影点的坐标为 $(\sigma_1\sqrt{2}/2,-\sigma_1/\sqrt{6})$。同理，可知点 $(0,\sigma_2,0)$ 和 $(0,0,\sigma_3)$ 之投影点的坐标分别为 $(0,\sigma_2/\sqrt{2/3})$ 和 $(-\sigma_3\sqrt{2}/2,-\sigma_3/\sqrt{6})$。于是，$P(\sigma_1,\sigma_2,\sigma_3)$ 点在 π 平面上的投影点 P' 坐标为

$$x = \frac{\sqrt{2}}{2}(\sigma_1-\sigma_3), \qquad y = \frac{2\sigma_2-\sigma_1-\sigma_3}{\sqrt{6}} \tag{3.6}$$

且

$$\tan\theta_\sigma = \frac{y}{x} = \frac{1}{\sqrt{3}}\mu_\sigma \tag{3.7a}$$

$$\mu_\sigma = \frac{2\sigma_2-\sigma_1-\sigma_3}{\sigma_1-\sigma_3} \tag{3.7b}$$

其中 θ_σ 称为 **Lode 角**，表示偏应力的方向，即应力矢量在 π 平面上的投影与 σ_2' 轴之垂线 x 轴间的夹角(图 3.2)；μ_σ 称为 **Lode 参数**。

可见，一点应力状态的静水应力分量和应力偏量分量之大小分别由 σ_m 和 J_2 确定，应力偏量分量的方向由 θ_σ 确定。这样，组合 (I_1,J_2,θ_σ) 或 $(\sigma_m,J_2,\theta_\sigma)$

也能表示一点的应力状态,破坏条件可写成

$$f_f(I_1, J_2, \theta_\sigma, k_f) = 0 \tag{3.8}$$

在土力学中,常用**广义剪应力** q 反映复杂应力状态下材料受剪切的程度,用**广义剪应变** ε_s 反映复杂应力状态下材料的剪切变形,它们分别被定义为

$$\left.\begin{array}{l} q = \sqrt{3J_2} = \dfrac{1}{\sqrt{2}}\sqrt{(\sigma_1 - \sigma_2)^2 + (\sigma_2 - \sigma_3)^2 + (\sigma_3 - \sigma_1)^2} \\[3mm] \varepsilon_s = \dfrac{2\sqrt{J_2'}}{\sqrt{3}} = \dfrac{\sqrt{2}}{3}\sqrt{(\varepsilon_1 - \varepsilon_2)^2 + (\varepsilon_2 - \varepsilon_3)^2 + (\varepsilon_3 - \varepsilon_1)^2} \end{array}\right\} \tag{3.9}$$

此外,平均应力 σ_m 也称为**广义正应力**,常用 p 表示,即

$$p = \frac{1}{3}(\sigma_1 + \sigma_2 + \sigma_3) = \sigma_m$$

这样,应力组合 (p, q, θ_σ) 也表示一点的应力状态,破坏条件可写成

$$f_f(p, q, \theta_\sigma, k_f) = 0 \tag{3.10}$$

3.1.4　破坏曲线

破坏面与偏平面或 π 平面的交线称为**偏平面或 π 平面上的破坏曲线**,破坏面与子午面的交线称为**子午面上的破坏曲线**,即破坏面的子午线。很显然,在式(3.8)中令 $I_1 = $ 常数可得偏平面上的破坏曲线,令 $\theta_\sigma = $ 常数得子午线。

在土力学中,通常采用 $\sigma_2 = \sigma_3$ 的常规三轴试验来研究强度和变形特性,此时 $\mu_\sigma = -1$。这就意味着忽略了中间主应力 σ_2 或 μ_σ 的影响,破坏条件成为

$$f_f(p, q, k_f) = 0 \tag{3.11}$$

这样就可以在 pq 平面上研究破坏曲线的形状。

3.2　经典强度理论

经典强度理论是针对无摩擦的金属材料建立起来的,而且假设抗拉强度等于抗压强度,故该理论对土这种具有摩擦且拉压强度相差悬殊的材料并不适用。但作为建立更复杂强度理论的基础,简要介绍是必要的。此外,饱和土不排水条件下的摩擦角为零,故在不受拉时经典理论是适用的。

3.2.1　Tresca 破坏准则

Tresca 准则是 Tresca(1864)提出的最大剪应力理论,该理论假设材料破坏取决于最大剪应力。也就是说,当最大剪应力达到一定值时材料就破坏,即

$$\tau_{max} = \frac{\sigma_1 - \sigma_3}{2} = k_f \tag{3.12}$$

当材料的**单轴抗拉强度**等于**单轴抗压强度**且强度值为 R 时，$k_f = R/2$，所以有

$$\sigma_1 - \sigma_3 = R = 2k_f \tag{3.13}$$

当不知道主应力大小次序时，式(3.13)可写成如下形式

$$|\sigma_1 - \sigma_2| = R \tag{3.14a}$$

或

$$|\sigma_2 - \sigma_3| = R \tag{3.14b}$$

或

$$|\sigma_3 - \sigma_1| = R \tag{3.14c}$$

或

$$[(\sigma_1 - \sigma_3)^2 - R^2][(\sigma_3 - \sigma_2)^2 - R^2][(\sigma_2 - \sigma_1)^2 - R^2] = 0 \tag{3.14d}$$

式(3.14a)表明它和平均应力 σ_m 及 σ_3 无关，故在应力空间中，它表示 2 个平行于 σ_3 轴和空间对角线或等倾线 L 的平面。同理，式(3.14b)表示 2 个平行于 σ_1 轴和 L 的平面，式(3.14c)表示 2 个平行于 σ_2 轴和 L 的平面。由这 6 个平面组成的破坏面是一个以 L 为轴线的**正六棱柱面**，破坏面与 π 平面的交线即破坏曲线是一个**正六边形**(**Tresca** 六边形)(图 3.3)。在平面应力状态下，一个主应力为零。若令 $\sigma_3 = 0$，则 Tresca 准则变为

$$|\sigma_1 - \sigma_2| = R \quad \text{或} \quad |\sigma_2| = R \quad \text{或} \quad |\sigma_1| = R \tag{3.15}$$

以 σ_1, σ_2 为坐标轴建立直角坐标系，则在此坐标系中 Tresca 准则对应于斜六角形(图 3.4)。

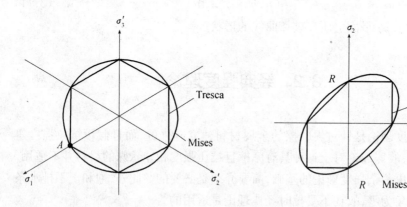

图 3.3　破坏曲线　　　　　　　图 3.4　平面问题

在 $\sigma_1, \sigma_2, \sigma_3$ 轴上选三个点，即 $(\sigma_1, 0, 0), (0, \sigma_2, 0)$ 和 $(0, 0, \sigma_3)$。注意到 L 是等倾线，$\sigma_1', \sigma_2', \sigma_3'$ 和相应的原坐标轴的夹角余弦为 $\sqrt{2/3}$。这样，上述应力点在 π 平面上的投影落在 $\sigma_1', \sigma_2', \sigma_3'$ 轴上，距原点分别为 $\sigma_1\sqrt{2/3}, \sigma_2\sqrt{2/3}, \sigma_3\sqrt{2/3}$。由于 $(R, 0, 0)$ 是破坏面上的一点，其在 π 平面上的投影点为 A(图 3.3)，故原点

到六角形顶点的距离为 $R\sqrt{2/3}$。

对于土,参数 k_f 可通过无侧限压缩试验确定。此时,$\sigma_1 = q_u$(无侧限抗压强度),$\sigma_2 = \sigma_3 = 0$,故 $k_f = q_u/2$。也可通过不排水三轴试验确定,此时 $k_f = \tau_f = c_u$。

Tresca 准则只考虑了一个主剪应力,故也称为**单剪应力强度理论**。该理论的优点在于当主应力大小顺序已知时,表达式简单,使用起来非常方便。但当不知道主应力大小顺序时,表达式过于复杂。此外,这个理论没有考虑中间主应力的影响,也不能考虑材料的摩擦性质。

3.2.2　Mises 破坏准则

如上所述,在不知道主应力大小次序的情况下,Tresca 破坏准则应用起来不方便,而且该准则没有考虑 σ_2 的影响。于是,Mises(1913)提出了以外接圆柱面代替六棱柱面的想法。由于圆的半径为 $R\sqrt{2/3}$,故圆的方程为

$$r^2 = 2R^2/3 \tag{3.16}$$

其中 r 为应力偏量的大小,即

$$r = \sqrt{\sigma_1^2 + \sigma_2^2 + \sigma_3^2 - \frac{1}{3}(\sigma_1 + \sigma_2 + \sigma_3)^2} = \sqrt{2}\sqrt{J_2}$$

于是得到 **Mises 准则**

$$J_2 = R^2/3 = k_f^2 \tag{3.17a}$$

注意到式(3.4),上式成为

$$(\sigma_1 - \sigma_2)^2 + (\sigma_2 - \sigma_3)^2 + (\sigma_3 - \sigma_1)^2 = 2R^2 \tag{3.17b}$$

很显然,Mises 准则的破坏曲线,即圆柱形破坏面与 π 平面的交线是半径为 $R\sqrt{2/3}$ 的圆,称为 **Mises 圆**(图 3.3)。在平面应力状态下,令 $\sigma_3 = 0$,则 Mises 准则变为

$$\sigma_1^2 - \sigma_1\sigma_2 + \sigma_2^2 = R^2$$

在以 σ_1,σ_2 为坐标轴的直角坐标系中,上式代表一斜椭圆(图 3.4)。

Mises 认为 Tresca 准则是准确的,他的准则是近似的。而对金属材料的试验证明,Mises 准则更接近于试验结果。以后,学者们对 Mises 准则给出了各种物理上的解释。例如一种解释为:**当应力偏量第二不变量** J_2 **达到一定值时,材料开始破坏**,即

$$J_2 = C \tag{3.18a}$$

即

$$(\sigma_1 - \sigma_2)^2 + (\sigma_2 - \sigma_3)^2 + (\sigma_3 - \sigma_1)^2 = 6C \tag{3.18b}$$

为确定常数 C,可考虑单向拉伸破坏状态,此时 $\sigma_1 = R$,$\sigma_2 = \sigma_3 = 0$,代入上式得 $6C = 2R^2$。于是,式(3.18b)成为式(3.17b)。另一种解释认为,**材料是否达到破**

坏状态,取决于八面体剪应力。所谓八面体剪应力就是作一个平面交三个主应力轴各一个单位长度,并垂直于空间对角线,这样在主应力空间就有八个面,形成八面体。八面体平面上的剪应力为

$$\tau_{\text{oct}} = \frac{1}{3}\sqrt{(\sigma_1 - \sigma_2)^2 + (\sigma_2 - \sigma_3)^2 + (\sigma_3 - \sigma_1)^2} \tag{3.19}$$

单向应力状态下破坏时的八面体剪应力为 $\sqrt{2}R/3$,于是可得破坏准则(3.17b)。

　　Mises 强度理论考虑了一点的三个主剪应力,故称为**三剪应力强度理论**。这一理论虽然考虑了中间主应力的影响,但三个主应力是等量齐观的,这与土的强度试验资料不相符。研究表明,对土的破坏起主要作用的是大小主应力;中间主应力起次要作用,但有些情况下是不可忽略的因素。也就是说,土的破坏准则既不能像 Tresca 准则那样完全忽视中间主应力的影响,也不能像 Mises 准则那样把三个主应力等量齐观。

3.3　广义强度理论

　　在经典强度理论中,假定破坏或强度极限与 $I_1 = 3\sigma_{\text{m}}$ 无关,故破坏面是以空间对角线 L 为轴的柱面;而土的强度与 I_1 有关,破坏面是以 L 为轴的锥面,所以经典理论通常是不适用的。以下介绍几个常用的广义强度理论。

3.3.1　Mohr-Coulomb 破坏准则

　　在土力学中,最广泛应用的是 **Mohr-Coulomb 准则**,简称 **M-C 准则**。该理论认为,**如果过一点的某个面上剪应力达到该面的抗剪强度,则该点破坏**,其数学表达式为

$$\tau = c + \sigma\tan\varphi \tag{3.20}$$

很显然,抗剪强度参数一定时,一点破坏与否将取决于该点的最大主应力 σ_1 和最小主应力 σ_3。过该点任一截面上的应力可用 Mohr 圆表示(图 3.5)。当 Mohr 圆与抗剪强度线相切时,切点代表的截面上之剪应力等于抗剪强度。此时有

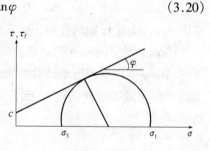

图 3.5　一点的破坏

$$\sin\varphi = \frac{\sigma_1 - \sigma_3}{\sigma_1 + \sigma_3 + 2c\cot\varphi}$$

或

$$\sigma_1 = \sigma_3\tan^2\left(45° + \frac{\varphi}{2}\right) + 2c\tan\left(45° + \frac{\varphi}{2}\right) \tag{3.21a}$$

或

$$\sigma_3 = \sigma_1\tan^2\left(45° - \frac{\varphi}{2}\right) - 2c\tan\left(45° - \frac{\varphi}{2}\right) \tag{3.21b}$$

或

$$\frac{\sigma_1 - \sigma_3}{2} = c\cos\varphi + \frac{\sigma_1 + \sigma_3}{2}\sin\varphi \tag{3.21c}$$

或

$$f_{\mathrm{f}} = \frac{1}{3}I_1\sin\varphi - \left(\cos\theta_\sigma + \frac{\sin\theta_\sigma\sin\varphi}{\sqrt{3}}\right)\sqrt{J_2} + c\cos\varphi = 0 \tag{3.21d}$$

其中 Lode 角 θ_σ 为

$$\theta_\sigma = \frac{1}{3}\sin^{-1}\left(\frac{-3\sqrt{3}}{2}\frac{J_3}{\sqrt{J_2^3}}\right) \quad \text{或} \quad \sin3\theta_\sigma = \frac{-3\sqrt{3}}{2}\frac{J_3}{\sqrt{J_2^3}} \tag{3.22}$$

根据不变量, $\sin3\theta_\sigma$ 的变化周期为 $\pi/2$, 故 θ_σ 的变化范围为 $[-\pi/6, \pi/6]$。

为研究 M-C 破坏曲线的形状, 在 π 平面上取坐标系 oxy, 其 y 轴与 σ_2' 轴重合 (图 3.6)。$P(\sigma_1, \sigma_2, \sigma_3)$ 点在 π 平面上的投影点 P' 坐标为式(3.6), 即

$$x = \frac{\sqrt{2}}{2}(\sigma_1 - \sigma_3), \qquad y = \frac{2\sigma_2 - \sigma_1 - \sigma_3}{\sqrt{6}} \tag{a}$$

注意到 $\sigma_i = s_i + \sigma_{\mathrm{m}}, s_1 + s_2 + s_3 = 0$, 式(a)成为

$$x = \frac{\sqrt{2}}{2}(s_1 - s_3), \qquad y = \frac{2s_2 - s_1 - s_3}{\sqrt{6}} = \frac{-3(s_1 + s_3)}{\sqrt{6}} \tag{b}$$

上式是普遍的, 对于 π 平面上 $\sigma_{\mathrm{m}} = 0$ 的应力点当然仍成立。

在 π 平面上, $\sigma_{\mathrm{m}} = 0$, 强度条件(3.21c)成为

$$\frac{s_1 - s_3}{2} = c\cos\varphi + \frac{s_1 + s_3}{2}\sin\varphi \tag{3.23}$$

这就是破坏面与 π 平面的交线, 即破坏曲线。如果点 $P'(x, y)$ 在破坏曲线上, 则该点坐标必满足上式。将式(b)代入上式得

$$\frac{x}{\sqrt{2}} = c\cos\varphi - \frac{\sin\varphi}{\sqrt{6}}y \tag{3.24}$$

若 $\sigma_2 \geqslant \sigma_1 \geqslant \sigma_3$, 则上述方程表示图 3.6 中的线段 AB。其他情况下可得该图中的其他线段。可见, M-C 准则的破坏曲线为不等角六边形。由于土的强度随静水压力的增大而提高, 故 M-C 准则的破坏面为一不等角的六棱锥面, 其中心线与 L 线重合(图 3.7)。

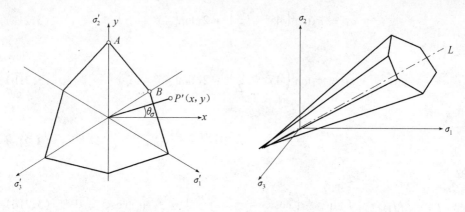

图 3.6　破坏曲线　　　　　　　　　图 3.7　破坏面

根据上面的分析可知,M-C 强度理论的优点在于考虑了静水压力对强度的影响,以及抗拉压强度不等的 SD 效应。它的最大缺陷是没有考虑中间主应力的影响。根据式(3.21c)可知,当 $\varphi = 0$ 时,M-C 准则退化为 Tresca 准则。

3.3.2　广义 Mises 破坏准则

经验表明,M-C 准则是比较可靠的,但作为屈服面时其尖顶和棱角使计算复杂、收敛缓慢。为此,人们提出了许多可供选择的改进方案。例如,在 Mises 准则的基础上考虑静水压力的影响,可得 Mises 准则的推广形式

$$f_f = \alpha I_1 - \sqrt{J_2} + k = 0 \tag{3.25}$$

此式是 Drucker 和 Prager(1952)提出的。根据平面应变条件下的应力和 M-C 破坏条件,他们推导出式中的参数为

$$\alpha = \frac{\sin\varphi}{\sqrt{3}\sqrt{3 + \sin^2\varphi}}, \qquad k = \frac{3c\cos\varphi}{\sqrt{3}\sqrt{3 + \sin^2\varphi}} \tag{3.26}$$

可以证明,取上述参数时,式(3.25)在主应力空间为 M-C 六边形锥体的内切圆锥(图 3.8)。显然,这个强度条件是 M-C 强度条件的下限。将式(3.21d)对 θ_σ 求导并使之等于零,可得 $\theta_\sigma = \tan^{-1}(\sin\varphi/\sqrt{3})$;此时的 f_f 取极小值。将 θ_σ 再代入式(3.21d),可得式(3.25)和式(3.26)。可见,M-C 锥体的内切圆锥与平面应变条件是等价的。

通常将取式(3.26)中参数时的广义 Mises 准则称为 **Drucker-Prager 破坏准则**,简称 **D-P 准则**。根据上面的说明,D-P 准则可视为对 M-C 准则的拟合,而拟合可以采取多种方式。例如在 M-C 准则式(3.21d)中令 $\theta_\sigma = \pi/6$,等于采用 M-C 锥体的内角圆锥,此时

$$\alpha = \frac{2\sin\varphi}{\sqrt{3}(3 + \sin\varphi)}, \qquad k = \frac{6c\cos\varphi}{\sqrt{3}(3 + \sin\varphi)} \tag{3.27}$$

令 $\theta_\sigma = -\pi/6$，等于采用 M-C 锥体的外角圆锥，此时

$$\alpha = \frac{2\sin\varphi}{\sqrt{3}(3-\sin\varphi)}, \qquad k = \frac{6c\cos\varphi}{\sqrt{3}(3-\sin\varphi)} \tag{3.28}$$

D-P 准则考虑了中间主应力和静水压力对剪切屈服或强度的影响，但没有考虑抗拉压强度的不同。此外，将其用作屈服准则时，不能考虑静水压力下的体积屈服。

3.3.3 Lade-Duncan 破坏准则

根据前面的介绍，D-P 准则没有考虑中间主应力或 Lode 角 θ_σ 的影响。为了克服这个缺点，Lade 和 Duncan(1975)根据大量的砂土真三轴试验资料，提出了适用于砂土的 **Lade-Duncan 破坏准则**，简称 **L-D 准则**，其表达式为

$$f_{\mathrm{f}} = I_1^3/I_3 - k_{\mathrm{f}} = 0 \tag{3.29a}$$

或

$$f_{\mathrm{f}} = \frac{2}{3\sqrt{3}} J_2^{3/2}\sin3\theta_\sigma - \frac{1}{3}I_1 J_2 + \left(\frac{1}{27} - \frac{1}{k_{\mathrm{f}}}\right)I_1^3 = 0 \tag{3.29b}$$

其中 k_{f} 为破坏参数。

很显然，当破坏函数内线性地含有 $\sqrt{J_2}$ 和 I_1 时，破坏面为线性锥面；而当破坏函数非线性地含有 $\sqrt{J_2}$ 和 I_1 时，破坏面则为曲线形锥面。前面介绍的 M-C 准则和广义 Mises 准则为线性锥面。L-D 准则的破坏面也是以空间对角线为对称轴，母线为直线的锥面。在 I_1 等于常数的偏平面上，破坏曲线是以 $\sqrt{J_2}$ 和 θ_σ 为参量的三次曲线，其图形为曲边三角形，外接 M-C 准则六角形的三个外角顶点(图 3.8)。

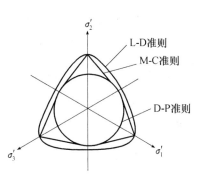

图 3.8　破坏曲线

后来，Lade(1977)对 L-D 准则进行了修正，其表达式为

$$f_{\mathrm{f}} = \left(\frac{I_1^3}{I_3} - 27\right)\left(\frac{I_1}{p_{\mathrm{a}}}\right)^m - k_{\mathrm{f}}$$

$$= 9I_1 J_2 + 6\sqrt{3}J_2^{3/2}\sin3\theta_\sigma \cdot \left[\left(\frac{I_1}{p_{\mathrm{a}}}\right)^m + \frac{k_{\mathrm{f}}}{27}\right] - \frac{k_{\mathrm{f}}I_1^3}{27} = 0 \tag{3.30}$$

这个准则的破坏面与 L-D 准则的相似，只是直线锥面变成了微弯的曲线锥面，$m = 0$ 时退化为 L-D 准则。

3.3.4 SMP 破坏准则

松冈元等人(Matsuoka,1974,1976)提出了 Matsuoka-Nakai 破坏准则(简称 M-N

准则),也是根据砂的真三轴试验得出的。根据土单元的主应力 σ_1 与 σ_2,σ_2 与 σ_3,σ_3 与 σ_1 可作三个应力圆,过原点作三条直线分别与三个应力圆相切,三个切点在应力空间中分别对应于三个滑动面,而这三个切点所决定的平面称为**空间滑动面**(简称 SMP),它是上述三个滑动面的组合。在 SMP 面上,剪应力、正应力及其比值分别为

$$\tau_{\text{SMP}} = \frac{\sqrt{I_1 I_2 I_3 - 9I_3^2}}{I_2}, \qquad \sigma_{\text{SMP}} = \frac{3I_3}{I_2}, \qquad \frac{\tau_{\text{SMP}}}{\sigma_{\text{SMP}}} = \sqrt{\frac{I_1 I_2}{9I_3} - 1} \quad (3.31)$$

Matsuoka 等人认为,**土中一点发生滑动最大可能在剪应力与正应力之比最大的平面上**。研究表明,SMP 面上的剪应力与正应力的比值最大,所以 M-N 破坏准则也称为**空间滑动准则**(简称 SMP 准则)。令上述比值为常数,不难得到 SMP 准则的表达式为

$$f_{\text{f}} = \frac{I_1 I_2}{I_3} - k_{\text{f}} = 0 \qquad (3.32a)$$

或

$$f_{\text{f}} = \frac{(\sigma_2 - \sigma_3)^2}{\sigma_2 \sigma_3} + \frac{(\sigma_3 - \sigma_1)^2}{\sigma_3 \sigma_1} + \frac{(\sigma_1 - \sigma_2)^2}{\sigma_1 \sigma_2} - k_{\text{f}} = 0$$

$$(3.32b)$$

SMP 准则的破坏曲线也是光滑的,且外接 M-C 破坏曲线内外六个角点(图 3.9)。后来,Nakai 和 Matsuoka(1983)对这个准则又做了一些修改,并推广用于有黏性的摩擦材料。具体做法是用 $\bar{\sigma}_i = \sigma_i + c \cot\varphi$ 代替 σ_i 计算应力不变量。

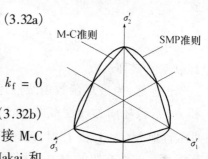

图 3.9 SMP 破坏曲线

3.4 统一强度理论

统一强度理论要求用统一的力学模型、统一的数学表达式来表述各种不同材料的强度。直到前不久,这种理论还曾经普遍地被认为是不可能的(铁木生可,1953;俞茂宏等,1985)。经过长达 30 多年的理论研究,俞茂宏终于在 1990 年提出了能够十分灵活地适用于各种材料的统一强度理论,而现有的其他各种经典强度理论均为该理论的特例或线性逼近(俞茂宏,1994,1998)。本节首先简要评述几个经典强度理论,然后分别介绍二参数和三参数统一强度理论。在统一强度理论中,正应力以拉为正,压力负。

3.4.1 经典强度理论简评

统一强度理论以双剪概念为基础,故也称为双剪强度理论。应力状态分析

表明,主剪应力与主应力之间的关系,以及主剪应力面上的法向应力分别为

$$\left.\begin{array}{ll} \tau_{13} = \dfrac{1}{2}(\sigma_1 - \sigma_3), & \sigma_{13} = \dfrac{1}{2}(\sigma_1 + \sigma_3) \\[2mm] \tau_{12} = \dfrac{1}{2}(\sigma_1 - \sigma_2), & \sigma_{12} = \dfrac{1}{2}(\sigma_1 + \sigma_2) \\[2mm] \tau_{23} = \dfrac{1}{2}(\sigma_2 - \sigma_3), & \sigma_{23} = \dfrac{1}{2}(\sigma_2 + \sigma_3) \end{array}\right\} \tag{3.33}$$

由于 $\tau_{12} + \tau_{23} - \tau_{13} = 0$,故只有两个主剪应力是独立的。

　　Tresca 准则是最大剪应力 τ_{13} 准则,M-C 准则也只考虑了 τ_{13} 和 σ_{13}。可见,这两个破坏准则没有考虑其他主剪应力的影响,故属于单剪强度理论。Mises 准则同等地对待三个主剪应力,而实际上最大剪应力起主要作用,次主剪应力对破坏或屈服产生一定的影响。此外,Mises 准则没有考虑主剪切面上法向应力或平均应力的影响。

3.4.2　二参数强度理论

　　据前所述,材料破坏与三个主剪应力中的两个有关,而且受主剪切面上的正应力影响。二参数统一强度理论认为:**当作用于单元上的两个较大主剪应力以及相应的正应力影响函数达到某一极限值时,材料发生破坏。**该理论的数学表达式为

$$F = \tau_{13} + b\tau_{12} + \beta(\sigma_{13} + b\sigma_{12}) = C \tag{3.34a}$$
$$(当\ \tau_{12} + \beta\sigma_{12} \geqslant \tau_{23} + \beta\sigma_{23})$$

$$F' = \tau_{13} + b\tau_{23} + \beta(\sigma_{13} + b\sigma_{23}) = C \tag{3.34b}$$
$$(当\ \tau_{12} + \beta\sigma_{12} \leqslant \tau_{23} + \beta\sigma_{23})$$

根据材料的单轴拉压强度可确定其中的待定参数 β 和 C,从而得到理论的主应力表达式为

$$F = \sigma_1 - \frac{\alpha}{1+b}(b\sigma_2 + \sigma_3) = \sigma_t \qquad \left(当\ \sigma_2 \leqslant \frac{\sigma_1 + \alpha\sigma_3}{1+\alpha}\right) \tag{3.35a}$$

$$F' = \frac{1}{1+b}(\sigma_1 + b\sigma_2) - \alpha\sigma_3 = \sigma_t \qquad \left(当\ \sigma_2 \geqslant \frac{\sigma_1 + \alpha\sigma_3}{1+\alpha}\right) \tag{3.35b}$$

其中 $\alpha = \sigma_t/\sigma_c$ 为材料的拉压强度比,σ_t 为抗拉强度,σ_c 为抗压强度;b 为反应中间主应力以及相应面上的正应力对材料破坏影响的系数。

　　在岩土力学中,一般采用抗压强度参数,因此上式可写成

$$F = \frac{1}{\alpha}\sigma_1 - \frac{1}{1+b}(b\sigma_2 + \sigma_3) = \sigma_c \qquad \left(当\ \sigma_2 \leqslant \frac{\sigma_1 + \alpha\sigma_3}{1+\alpha}\right) \tag{3.36a}$$

$$F' = \frac{1}{\alpha(1+b)}(\sigma_1 + b\sigma_2) - \sigma_3 = \sigma_c \qquad \left(当\ \sigma_2 \geqslant \frac{\sigma_1 + \alpha\sigma_3}{1+\alpha}\right) \tag{3.36b}$$

若采用抗剪强度参数 c 和 φ,则有

$$\alpha = \frac{1 - \sin\varphi}{1 + \sin\varphi}, \qquad \sigma_t = \frac{2c\cos\varphi}{1 + \sin\varphi} \qquad (3.37)$$

将式(3.37)代入式(3.35)得

$$F = \sigma_1 - \frac{1 - \sin\varphi}{(1 + b)(1 + \sin\varphi)}(b\sigma_2 + \sigma_3) = \frac{2c\cos\varphi}{1 + \sin\varphi} \qquad (3.38a)$$

$$\left[\text{当} \ \sigma_2 \leqslant \frac{1}{2}(\sigma_1 + \sigma_3) - \frac{\sin\varphi}{2}(\sigma_1 - \sigma_3)\right]$$

$$F' = \frac{1}{1 + b}(\sigma_1 + b\sigma_2) - \frac{1 - \sin\varphi}{1 + \sin\varphi}\sigma_3 = \frac{2c\cos\varphi}{1 + \sin\varphi} \qquad (3.38b)$$

$$\left[\text{当} \ \sigma_2 \geqslant \frac{1}{2}(\sigma_1 + \sigma_3) - \frac{\sin\varphi}{2}(\sigma_1 - \sigma_3)\right]$$

二参数统一强度理论适用于拉压强度不等的材料。对于拉压强度相同的材料($\sigma_t = \sigma_c$),只需用一个强度参数就可以进行复杂应力状态下的强度计算。统一理论以 b 为参数,取不同的值便得到不同的强度理论。例如,当 $b = 1$ 时,即为双剪应力强度理论;当 $b = 0$ 时,退化成 M-C 强度理论。土工三轴试验结果表明,试验点大多落在 $b = 1/4$ 和 $b = 1$ 的统一强度理论极限线之间。

3.4.3 三参数强度理论

三参数统一强度理论认为:**当作用于单元上的两个较大主剪应力以及相应的正应力函数和平均应力函数达到某一极限值时,材料发生破坏。**该理论的数学表达式为

$$F = \tau_{13} + b\tau_{12} + \beta(\sigma_{13} + b\sigma_{12}) + a\sigma_m = C \qquad (3.39a)$$

$$(\text{当} \ \tau_{12} + \beta\sigma_{12} \geqslant \tau_{23} + \beta\sigma_{23})$$

$$F' = \tau_{13} + b\tau_{23} + \beta(\sigma_{13} + b\sigma_{23}) + a\sigma_m = C \qquad (3.39b)$$

$$(\text{当} \ \tau_{12} + \beta\sigma_{12} \leqslant \tau_{23} + \beta\sigma_{23})$$

其主应力表达式为

$$F = \frac{1 + b}{2}(1 + \beta)\sigma_1 - \frac{1 - \beta}{2}(b\sigma_2 + \sigma_3) + \frac{a}{3}(\sigma_1 + \sigma_2 + \sigma_3) = C$$

$$(3.40a)$$

$$\left[\text{当} \ \sigma_2 \leqslant \frac{1}{2}(\sigma_1 + \sigma_3) + \frac{\beta}{2}(\sigma_1 - \sigma_3)\right]$$

$$F' = \frac{1 + \beta}{2}(\sigma_1 + b\sigma_2) - \frac{1 + b}{2}(1 - \beta)\sigma_3 + \frac{a}{3}(\sigma_1 + \sigma_2 + \sigma_3) = C$$

$$(3.40b)$$

$$\left[\text{当} \ \sigma_2 \geqslant \frac{1}{2}(\sigma_1 + \sigma_3) + \frac{\beta}{2}(\sigma_1 - \sigma_3)\right]$$

在三参数统一强度理论中有三个材料参数 β, C, a，它们可由拉伸强度极限 σ_t、压缩强度极限 σ_c 和双轴等压强度极限 σ_{cc} 确定。大量三轴试验表明，混凝土的双轴等压强度 σ_{cc} 均大于单轴压缩强度 σ_c，一般 $\sigma_{cc} = (1.15 \sim 1.35)\sigma_c$。注意到

$$\left.\begin{array}{ll} \sigma_1 = \sigma_t, & \sigma_2 = \sigma_3 = 0 \\ \sigma_1 = \sigma_2 = 0, & \sigma_3 = -\sigma_c \\ \sigma_1 = 0, & \sigma_2 = \sigma_3 = -\sigma_{cc} \end{array}\right\}$$

可得

$$\left.\begin{array}{l} \beta = \dfrac{\sigma_{cc}\sigma_c + 2\sigma_t\sigma_c - 3\sigma_t\sigma_{cc}}{\sigma_{cc}(\sigma_t + \sigma_c)} = \dfrac{\overline{\alpha} + 2\alpha - 3\alpha\overline{\alpha}}{\overline{\alpha}(1 + \alpha)} \\[3mm] a = \dfrac{3\sigma_t(1 + b)(\sigma_{cc} - \sigma_c)}{\sigma_{cc}(\sigma_t + \sigma_c)} = \dfrac{3\alpha(1 + b)(\overline{\alpha} - 1)}{\overline{\alpha}(1 + \alpha)} \\[3mm] C = \dfrac{\sigma_c\sigma_t(1 + b)}{\sigma_t + \sigma_c} = \dfrac{1 + b}{1 + \alpha}\sigma_t \end{array}\right\} \tag{3.41}$$

其中 $\alpha = \sigma_t/\sigma_c, \overline{\alpha} = \sigma_{cc}/\sigma_c$。

从三参数统一强度理论中，可以推出许多特殊的强度理论。例如，当 $b = 0$ 时，式(3.40)简化为

$$F = F' = \frac{1 + \beta}{2}\sigma_1 - \frac{1 - \beta}{2}\sigma_3 + \frac{a}{3}(\sigma_1 + \sigma_2 + \sigma_3) = C \tag{3.42}$$

这是一个新的强度理论。更进一步，当 $\sigma_{cc} = \sigma_c$ 时，不难得到

$$F = F' = \sigma_1 - \alpha\sigma_3 = \sigma_t \tag{3.43}$$

此即 M-C 强度理论。

3.4.4 关于统一强度理论

很久以前人们就试图建立联合或统一强度理论，提出过多种经验拟合性质的方案。例如对于剪切破坏和拉伸破坏，直线强度包线与 σ 轴的截距为 $c\cot\varphi$，而抗拉强度 σ_t 通常低于此值，因此这一段强度包线必须用曲线拟合。通常采用二次曲线，其中以 σ_t 为截距、抗剪强度直线为渐近线的双曲线方程较为合适(图 3.10)，可写成

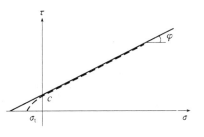

图 3.10 综合强度包线

$$\overline{\tau}^2 = \sin^2\varphi[\overline{\sigma} + c\cot\varphi)^2 - (c\cot\varphi - \sigma_t)^2]$$

其中

$$\overline{\tau} = \frac{1}{2}(\sigma_1 - \sigma_3), \qquad \overline{\sigma} = \frac{1}{2}(\sigma_1 + \sigma_3)$$

　　人们承认,俞茂宏建立的统一强度理论较好地起到了统合作用,被视为显著进展。他所基于的试验资料涉及金属、岩土等很多种材料,因此理论的适用性比较广。不过,这种理论仍然是经验拟合性质的,而且子午面上的破坏包线是线性的。

　　Lade 准则和 SMP 准则是非线性的,因此有人(例如姚仰平等,2004)将其他线性准则与这种非线性准则简单地组合起来,形成广义非线性强度理论。很显然,这种理论仍是经验拟合性质的。孙广忠(1988)主张强度理论或破坏准则应以破坏机制为依据来建立。破坏机制不同,破坏准则也就不同,这似乎意味着否定统一强度理论的可能性。应该承认,统一或联合强度理论虽然是经验拟合性质的,但复杂条件下应用起来的确比较方便。

第 4 章

土 的 本 构 理 论

在经典土力学中,通常以弹性理论为基础计算地基应力与基础沉降,以理想刚塑性理论为基础进行土体强度计算。然而,土既不是理想弹性的,也不是理想塑性的,而是具有黏弹塑性的复杂介质。这种完全漠视土之弹塑性特点的做法不可能令人满意,之所以延续了几十年,主要是因为计算技术的限制。自 20 世纪 60 年代以来,现代计算方法和电子计算机为土力学分析提供了强有力的工具,从而极大地推动了土体材料的**本构理论**(constitutive theory)研究。通常认为,Roscoe 等人(1963)提出著名的弹塑性剑桥模型标志着现代土力学的开端。

在简单应力条件下,本构关系的数学公式容易由试验直接确定。但结构中的材料常处于复杂应力状态,能施加复杂应力的试验设备在设计、制造和使用上都很困难。因此只能通过某些简单的试验,获取材料在比较简单应力状态下的本构方程,然后通过某种理论把这些试验结果推广应用到复杂应力状态上去,求取普遍形式的本构方程。到目前为止,所发展的本构理论主要有三种类型:弹性理论、弹塑性理论和塑性内时理论。近些年来,损伤本构理论和结构性本构理论越来越受到重视。本章将重点介绍弹性理论和弹塑性理论,至于塑性内时理论、损伤理论和结构性理论,则仅说明其基本概念。

4.1 线性弹性理论

弹性理论假定材料是理想弹性的,其基本特征是变形具有可逆性、应力与应变一一对应。众所周知,弹性本构方程分为线性和非线性两种。本节介绍的**线性弹性**(linear elasticity)本构理论是最简单的本构理论。在土力学中,常用的是横观各向同性模型和各向同性模型。

4.1.1 横观同性介质

横观各向同性(transverse isotropical)介质有一个对称轴。若把对称轴作为 z 轴,则与该轴垂直的 xy 平面内各个方向都将具有相同的弹性常数。假定正应力不引起剪应变;剪应力不引起正应变;一个剪应力分量仅产生一个剪应变分量;再注意到小变形假设下叠加原理成立,本构方程便可写为

$$
\left.
\begin{aligned}
\varepsilon_x &= \frac{\sigma_x}{E_h} - \nu_{hh}\frac{\sigma_y}{E_h} - \nu_{vh}\frac{\sigma_z}{E_v}, & \gamma_{xy} &= \frac{1}{G_h}\tau_{xy} \\
\varepsilon_y &= \frac{\sigma_y}{E_h} - \nu_{hh}\frac{\sigma_x}{E_h} - \nu_{vh}\frac{\sigma_z}{E_v}, & \gamma_{yz} &= \frac{1}{G_v}\tau_{yz} \\
\varepsilon_z &= \frac{\sigma_z}{E_v} - \nu_{hv}\frac{\sigma_x}{E_h} - \nu_{hv}\frac{\sigma_y}{E_h}, & \gamma_{zx} &= \frac{1}{G_v}\tau_{zx}
\end{aligned}
\right\}
\tag{4.1}
$$

其中 E 为弹性模量(elastic modulus);ν 为泊松比(Poisson's ratio);G 为剪切模量(shear modulus)。ν_{hh}为水平向应力引起水平向应变的泊松比;ν_{hv}为水平向应力引起竖向应变的泊松比;ν_{vh}为竖向应力引起水平向应变的泊松比。可以证明

$$
G_h = \frac{E_h}{2(1 + \nu_{hh})}, \qquad \nu_{hv} = \frac{E_h}{E_v}\nu_{vh}
\tag{4.2}
$$

故横观各向同性介质的独立弹性常数只有 5 个。

4.1.2　各向同性介质

(1) $E\text{-}\nu$ 形式

当材料为各向同性(isotropical)时,线性弹性模型即为广义 **Hooke** 定律,其本构方程为

$$
\left.
\begin{aligned}
\varepsilon_x &= \frac{1}{E}\left[\sigma_x - \nu(\sigma_y + \sigma_z)\right], & \gamma_{xy} &= \frac{1}{G}\tau_{xy} \\
\varepsilon_y &= \frac{1}{E}\left[\sigma_y - \nu(\sigma_z + \sigma_x)\right], & \gamma_{yz} &= \frac{1}{G}\tau_{yz} \\
\varepsilon_z &= \frac{1}{E}\left[\sigma_z - \nu(\sigma_x + \sigma_y)\right], & \gamma_{zx} &= \frac{1}{G}\tau_{zx}
\end{aligned}
\right\}
\tag{4.3}
$$

从中解出应力分量,可得

$$
\left.
\begin{aligned}
\sigma_x &= \lambda\varepsilon_v + 2G\varepsilon_x, & \tau_{xy} &= G\gamma_{xy} \\
\sigma_y &= \lambda\varepsilon_v + 2G\varepsilon_y, & \tau_{yz} &= G\gamma_{yz} \\
\sigma_z &= \lambda\varepsilon_v + 2G\varepsilon_z, & \tau_{zx} &= G\gamma_{zx}
\end{aligned}
\right\}
\tag{4.4a}
$$

或

$$
\sigma_{ij} = \lambda\varepsilon_v\delta_{ij} + 2G\varepsilon_{ij}
\tag{4.4b}
$$

或

$$
\boldsymbol{\sigma} = \boldsymbol{D}\boldsymbol{\varepsilon}
\tag{4.4c}
$$

其中 $\varepsilon_v = \varepsilon_x + \varepsilon_y + \varepsilon_z = 3\varepsilon_m$ 为体积应变(bulk strain),ε_m 为平均应变(mean strain);弹性矩阵 $\boldsymbol{D}$ 为

$$\boldsymbol{D} = \begin{bmatrix} \lambda + 2G & \lambda & \lambda & 0 & 0 & 0 \\ & \lambda + 2G & \lambda & 0 & 0 & 0 \\ & & \lambda + 2G & 0 & 0 & 0 \\ & 对 & & G & 0 & 0 \\ & & 称 & & G & 0 \\ & & & & & G \end{bmatrix} \tag{4.5}$$

$$\lambda = \frac{\nu E}{(1+\nu)(1-2\nu)}, \qquad G = \frac{E}{2(1+\nu)} \tag{4.6}$$

可见,对于各向同性介质,独立的弹性常数只有 2 个。此外,式(4.4)表明剪应力不引起体积应变,体积应力也不引起剪应变。

(2) B-G 形式

为了将应力和应变的球张量与偏张量分开,令式(4.4)的三个正应力公式相加可得

$$\sigma_{\mathrm{m}} = \left(\lambda + \frac{2}{3}G\right)\varepsilon_{\mathrm{v}} = B\varepsilon_{\mathrm{v}} = 3B\varepsilon_{\mathrm{m}} \tag{a}$$

其中 B 为体积弹性模量(bulk modulus),其表达式为

$$B = \frac{E}{3(1-2\nu)} \tag{4.7}$$

据式(4.4)计算应力偏量

$$s_{ij} = \sigma_{ij} - \sigma_{\mathrm{m}}\delta_{ij} = 3\lambda\varepsilon_{\mathrm{m}}\delta_{ij} + 2G\varepsilon_{ij} - 3B\varepsilon_{\mathrm{m}} = 2Ge_{ij} \tag{b}$$

联合式(a)、式(b),有

$$\left. \begin{aligned} \sigma_{\mathrm{m}} &= B\varepsilon_{\mathrm{v}} = 3B\varepsilon_{\mathrm{m}} \\ s_{ij} &= 2Ge_{ij} \end{aligned} \right\} \tag{4.8a}$$

或

$$\sigma_{ij} = 3B\varepsilon_{\mathrm{m}}\delta_{ij} + 2Ge_{ij} = D_{ijkl}\varepsilon_{kl} \tag{4.8b}$$

或

$$\boldsymbol{\sigma} = \boldsymbol{D}\boldsymbol{\varepsilon} \tag{4.8c}$$

其中

$$D_{ijkl} = \left(B - \frac{2}{3}G\right)\delta_{ij}\delta_{kl} + 2G\delta_{ik}\delta_{jl} \tag{4.9a}$$

或

$$\boldsymbol{D} = \begin{bmatrix} B + 4G/3 & B - 2G/3 & B - 2G/3 & 0 & 0 & 0 \\ & B + 4G/3 & B - 2G/3 & 0 & 0 & 0 \\ & & B + 4G/3 & 0 & 0 & 0 \\ & 对 & & G & 0 & 0 \\ & & 称 & & G & 0 \\ & & & & & G \end{bmatrix} \tag{4.9b}$$

Hooke 定律的 B-G 形式也可写成广义剪应力 q 和广义剪应变 ε_{s} 之间的关

系。根据 q 和 ε_s 的定义式(3.9),以及式(4.8a)中的第二式,不难证明

$$q = 3G\varepsilon_s$$

用 p 表示静水应力或平均应力,于是式(4.8a)可写成

$$\left.\begin{array}{l} p = B\varepsilon_v \\ q = 3G\varepsilon_s \end{array}\right\} \tag{4.10}$$

(3) E-B 形式

考虑到有时泊松比 ν 不容易准确测定,也可采用弹性模型 E 和体积弹性模量 B 这两个参数。不难推导出以 E,B 表示的弹性矩阵 $\boldsymbol{D}$ 为

$$\boldsymbol{D} = \frac{3B}{9B-E}\begin{bmatrix} 3B+E & 3B-E & 3B-E & 0 & 0 & 0 \\ & 3B+E & 3B-E & 0 & 0 & 0 \\ & & 3B+E & 0 & 0 & 0 \\ & 对 & & E & 0 & 0 \\ & & 称 & & E & 0 \\ & & & & & E \end{bmatrix} \tag{4.11}$$

(4)弹性常数

由于土的变形具有非线性特征,故只有在一定的变形范围内才可近似地应用线性弹性模型。此外,由于土的变形几乎从开始就包含塑性变形,故土的线性化模型称为变形模量(deformation modulus),用 E_0 来表示。变形模量的确定方法主要有现场载荷试验、常规三轴试验以及经验方法。

采用线弹性模型计算土体变形时,通常采用变形模量或压缩模量。但在计算车辆或机械振动等动荷载作用下的变形时,采用这两种模量算出的结果偏大。这是由于反复荷载每次作用的时间短暂,且土骨架只发生弹性变形。此时应采用弹性模量,而弹性模量远大于变形模量。确定土的弹性模量可采用三轴压缩试验或无侧限单轴压缩试验。首先

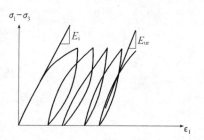

图 4.1 弹性模量的确定

将原状试样在三轴仪中进行等压固结,σ_3 等于现场有效自重应力。然后在不排水条件下施加轴向偏应力,达到现场条件下的有效附加应力并卸荷到零。这样重复加荷、卸荷若干次(一般 5~6 个循环),便可在主应力差与轴向应变关系图上(图4.1)确定初始模量(initial tangent modulus)E_i 和相当于现场荷载条件下的再加荷模量(re-load modulus)E_{ur}。这样确定的 E_{ur} 就是符合现场条件的弹性模量。

4.1.3 模型评价与应用

尽管土的应力应变曲线几乎从开始就是非线性的,但由于线性弹性分析简

单易行,而且有些情况下能给出满足精度要求的结果,所以线性弹性模型还是得到了比较广泛的应用。之所以能得到令人满意的结果,是因为在一定荷载范围内应力应变曲线近似线性。

当然,线弹性理论对于土来讲是相当粗糙的。根据压硬性和剪胀性概念,前者表示应力球张量对应变偏张量的影响,而后者则表示应力偏张量对应变球张量的影响。由式(4.10)可知,广义 Hooke 定律未能反映土的压硬性和剪胀性。

4.2　非线性弹性理论

非线性是土的基本变形特性之一,为此提出了非线性弹性模型。这种本构关系虽为非线性,但是加载和卸载仍然沿着同一条曲线,与应力历史和应力路径无关。目前已发展的非线性弹性模型包括 Green 超弹性模型、Cauchy 弹性模型和次弹性模型。本节首先简要介绍这些模型的概念,然后阐述两种次弹性模型,即 Duncan-Chang 模型和 Domaschuk-Valliappan 模型。

4.2.1　模型的一般说明

(1) Green 超弹性模型

Green 超弹性模型假定,材料在一定的应力或应变状态下具有唯一的能量密度函数 $\Omega(\sigma_{ij})$ 或 $W(\varepsilon_{ij})$ 且二阶可微,其本构方程为

$$\sigma_{ij} = \frac{\partial W}{\partial \varepsilon_{ij}} \quad 或 \quad \varepsilon_{ij} = \frac{\partial \Omega}{\partial \sigma_{ij}} \tag{4.12}$$

具有上述性质的材料称为超弹性材料(hyperelastic),其增量型本构方程(incremental constitutive equation)可通过微分得到

$$\left.\begin{aligned} \mathrm{d}\sigma_{ij} &= \frac{\partial \sigma_{ij}}{\partial \varepsilon_{kl}}\mathrm{d}\varepsilon_{kl} = \frac{\partial^2 W}{\partial \varepsilon_{ij}\partial \varepsilon_{kl}}\mathrm{d}\varepsilon_{kl} = D_{ijkl}^{\mathrm{es}}\mathrm{d}\varepsilon_{kl} \\ \mathrm{d}\varepsilon_{ij} &= \frac{\partial \varepsilon_{ij}}{\partial \sigma_{kl}}\mathrm{d}\sigma_{kl} = \frac{\partial^2 \Omega}{\partial \sigma_{ij}\partial \sigma_{kl}}\mathrm{d}\sigma_{kl} = C_{ijkl}^{\mathrm{es}}\mathrm{d}\sigma_{kl} \end{aligned}\right\} \tag{4.13}$$

其中 D_{ijkl}^{es},C_{ijkl}^{es} 为割线弹性张量。超弹性模型主要适用于比例加载情况。

(2) Cauchy 弹性模型

Cauchy 弹性模型假定,当前的应力或应变张量唯一地取决于当前的应变或应力张量,而与达到此应变或应力的历史无关,其本构方程为

$$\sigma_{ij} = f_{ij}(\varepsilon_{mn}) \quad 或 \quad \varepsilon_{ij} = F_{ij}(\sigma_{mn}) \tag{4.14}$$

对于一定的应力(应变)状态而言,可能没有唯一对应的能量密度函数 $\Omega(\sigma_{ij})$ 或 $W(\varepsilon_{ij})$。最简单的 Cauchy 弹性模型具有与广义 Hooke 定律相同的形式,例如 $B\text{-}G$

模型

$$\sigma_{\mathrm{m}} = 3B_{\mathrm{s}}\varepsilon_{\mathrm{m}}, \qquad s_{ij} = 2G_{\mathrm{s}}e_{ij} \qquad\qquad (4.15)$$

其中 B_{s}, G_{s} 分别为割线体积模量、割线剪切模量(图4.2)。

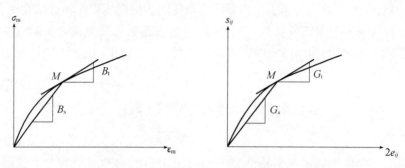

图 4.2 B_{s} 和 B_{t} 及 G_{s} 和 G_{t} 的意义

注意到

$$B_{\mathrm{s}} = B_{\mathrm{s}}(\varepsilon_{\mathrm{m}}), \qquad G_{\mathrm{s}} = G_{\mathrm{s}}(e_{ij}) \qquad\qquad (4.16)$$

式(4.15)的增量形式为

$$\mathrm{d}\sigma_{\mathrm{m}} = 3B_{\mathrm{t}}\mathrm{d}\varepsilon_{\mathrm{m}}, \qquad \mathrm{d}s_{ij} = 2G_{\mathrm{t}}\mathrm{d}e_{ij} \qquad\qquad (4.17)$$

其中 B_{t}, G_{t} 分别为切线体积模量、切线剪切模量(图4.2)。Cauchy 弹性模型也主要适用于比例加载情况。

(3)次弹性模型

Green 超弹性模型和 Cauchy 弹性模型都包含着与应力路径无关的假设,其应力与应变之间均有一一对应关系。而土的变形与应力路径有关,所以次弹性模型(hypoelastic)放松要求,采用应力或应变路径在增量意义上的最小弹性性质,其本构方程为

$$\mathrm{d}\sigma_{ij} = D^{\mathrm{t}}_{ijkl}\mathrm{d}\varepsilon_{kl} \quad \text{或} \quad \mathrm{d}\varepsilon_{ij} = C^{\mathrm{t}}_{ijkl}\mathrm{d}\sigma_{kl} \qquad\qquad (4.18)$$

其中 D^{t}_{ijkl}, C^{t}_{ijkl} 是与应变或应力路径有关的弹性张量。

土力学中著名的 Duncan-Chang 模型(简称 **D-C** 模型)是基于常规三轴试验结果发展起来的 E-ν 次弹性模型。此外,还有 Domaschuk 等人建议的 B-G 次弹性模型。在这些模型中,只要将广义 Hooke 定律弹性矩阵中的 E,ν 或 B,G 改为切线弹性参数 E_{t},ν_{t} 或 B_{t},G_{t} 即可,它们是随应力或应变而改变的量。下面分别介绍这两种模型。

4.2.2 Duncan-Chang 模型

(1)切线弹性模量 E_{t}

Duncan 和 Chang(1970)基于常规三轴排水剪试验资料建立起非线性的 D-C

模型。试验表明,正常固结黏土、松砂及中密砂表现出应变硬化的特征,其偏应力 $q = \sigma_1 - \sigma_3$ 与轴向应变 ε_1 关系为双曲线(hyperbolic equation),可表示为(Kondner, 1963)

$$\sigma_1 - \sigma_3 = \frac{\varepsilon_1}{a + b\varepsilon_1} \tag{a}$$

其中 a, b 为试验常数。式(a)可变形为

$$\sigma_1 - \sigma_3 = \frac{1}{a/\varepsilon_1 + b} \tag{b}$$

式(b)中令 $\varepsilon_1 \rightarrow \infty$,得

$$1/b = (\sigma_1 - \sigma_3)_{\text{ult}} \quad 或 \quad b = 1/(\sigma_1 - \sigma_3)_{\text{ult}} \tag{c}$$

其中 $(\sigma_1 - \sigma_3)_{\text{ult}}$ 为偏应力的极限值,即双曲线的渐进值(图4.3)。

　　注意到双曲线方程(b)中 σ_3 为常数,则切线模量(tangent modulus)为

$$E_t = \frac{\mathrm{d}\sigma_1}{\mathrm{d}\varepsilon_1} = \frac{\mathrm{d}(\sigma_1 - \sigma_3)}{\mathrm{d}\varepsilon_1} = \frac{1}{a + b\varepsilon_1} - \frac{b\varepsilon_1}{(a + b\varepsilon_1)^2} = \frac{a}{(a + b\varepsilon_1)^2} \tag{d}$$

式(d)中令 $\varepsilon_1 = 0$,得

$$a = 1/E_i \tag{e}$$

式中 E_i 为初始切线模量(initial tangent modulus)(图4.3)。

　　为了削去式(d)中的轴向应变,从式(a)中解出应变

$$\varepsilon_1 = \frac{a(\sigma_1 - \sigma_3)}{1 - b(\sigma_1 - \sigma_3)} = \frac{\sigma_1 - \sigma_3}{E_i[1 - (\sigma_1 - \sigma_3)/(\sigma_1 - \sigma_3)_{\text{ult}}]}$$

将其带入式(d)。可见只要确定出 E_i 和 $(\sigma_1 - \sigma_3)_{\text{ult}}$,就可计算切线模量 E_t。

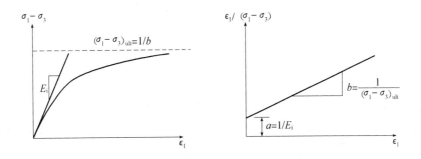

图 4.3　试验常数的几何意义

　　根据试验资料,Janbu 提出 E_i 与围压 σ_3 之间的关系

$$E_i = K_E p_a \left(\frac{\sigma_3}{p_a}\right)^n \tag{4.19}$$

其中 K_E 为与 E 相关的模量系数; n 为模量指数。引入大气压 p_a 是为了使坐标

变量及 K_E 和 n 成为无量纲的。对式(4.19)取对数,得

$$\lg \frac{E_i}{p_a} = \lg K_E + n \lg \frac{\sigma_3}{p_a}$$

绘制图 4.4,不难得出参数 K_E, n。

为确定极限偏应力 $(\sigma_1 - \sigma_3)_{\text{ult}}$,引入破坏比 R_f,令

$$R_f = \frac{(\sigma_1 - \sigma_3)_f}{(\sigma_1 - \sigma_3)_{\text{ult}}} \qquad (4.20)$$

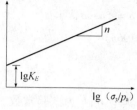

图 4.4 K_E, n 的几何意义

其中 $(\sigma_1 - \sigma_3)_f$ 为破坏应力。R_f 值一般在 $0.75 \sim 1.00$。对于同一种土,R_f 的变化范围不大。将式(4.19)和式(4.20)代入式(d)得

$$E_t = K_E p_a \left(\frac{\sigma_3}{p_a}\right)^n \left[1 - \frac{R_f(\sigma_1 - \sigma_3)}{(\sigma_1 - \sigma_3)_f}\right]^2 = K_E p_a \left(\frac{\sigma_3}{p_a}\right)^n (1 - R_f S_L)^2 \qquad (f)$$

其中 S_L 称为应力水平(反映强度发挥的程度),即

$$S_L = \frac{\sigma_1 - \sigma_3}{(\sigma_1 - \sigma_3)_f} \qquad (4.21)$$

式(f)中的 $(\sigma_1 - \sigma_3)_f$ 仍需确定。根据 Mohr-Coulomb 破坏准则,有

$$(\sigma_1 - \sigma_3)_f = \frac{2c\cos\varphi + 2\sigma_3\sin\varphi}{1 - \sin\varphi}$$

将上式代入式(f)得

$$E_t = K_E p_a \left(\frac{\sigma_3}{p_a}\right)^n \left[1 - \frac{R_f(1 - \sin\varphi)(\sigma_1 - \sigma_3)}{2c\cos\varphi + 2\sigma_3\sin\varphi}\right]^2 \qquad (4.22)$$

其中包含 5 个参数:K_E, n, c, φ, R_f。

如果出现卸载或再加载的情况(图 4.5),应按线性考虑,其模量由下式确定

$$E_{ur} = K_{ur} p_a \left(\frac{\sigma_3}{p_a}\right)^{n_{ur}} \qquad (4.23)$$

其中 K_{ur}, n_{ur} 分别为卸载再加载时的模量系数、模量指数。

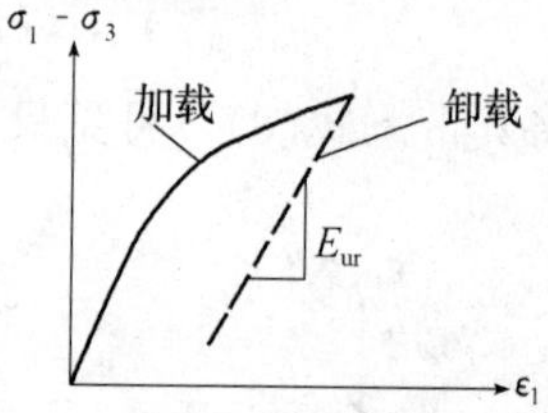

图 4.5 卸载再加载

(2)切线泊松比 ν_t

根据试验资料,美国学者 F.H.Kulhawy 建议轴向应变和侧向应变之间的关系为

$$\varepsilon_3 = -\frac{\varepsilon_1 f}{1 - d\varepsilon_1}$$

其中 f, d 为试验常数。根据定义,**切线泊松比**为

$$\nu_t = -\frac{d\varepsilon_3}{d\varepsilon_1} = \frac{f}{(1 - d\varepsilon_1)^2} \qquad (g)$$

令 $\varepsilon_1 = 0$ 得初始切线泊松比

$$\nu_i = f$$

试验表明，ν_i 与围压有关。根据试验资料，可假设如下

$$\nu_i = G - F\lg\left(\frac{\sigma_3}{p_a}\right) \tag{4.24}$$

代入式(g)得

$$\nu_t = \frac{\nu_i}{(1 - d\varepsilon_1)^2} = \frac{G - F\lg(\sigma_3/p_a)}{(1 - d\varepsilon_1)^2}$$

将 ε_1 代入上式得

$$\nu_t = \frac{G - F\lg(\sigma_3/p_a)}{\left\{1 - \dfrac{d(\sigma_1 - \sigma_3)}{K_E p_a(\sigma_3/p_a)^n[1 - R_f(\sigma_1 - \sigma_3)(1 - \sin\varphi)/(2c\cos\varphi + 2\sigma_3\sin\varphi)]}\right\}^2} \tag{4.25}$$

其中包含 3 个试验参数，即 G, F, d。按式(4.25)所得 ν_t 可能大于 0.5;由于剪胀的缘故，试验值也可能大于 0.5。然而，在有限元计算中，若 ν_t 大于或等于 0.5，刚度矩阵就出现异常。所以实际计算中，当 $\nu_t > 0.49$ 时，令 $\nu_t = 0.49$。

(3)切线体积模量 B_t

在实际应用中发现，根据式(4.25)计算的 ν_t 值常常偏大。于是，Duncan 等人(1978)建议采用 $E - B$ 模型，用切线体积模量 B_t 取代 ν_t 作为计算参数。在常规三轴试验中 $\sigma_2 = \sigma_3$ 为常数，故平均应力变化为

$$\Delta p = \Delta\sigma_1/3 = \Delta(\sigma_1 - \sigma_3)/3$$

于是

$$B_t = \frac{\partial p}{\partial \varepsilon_v} = \frac{1}{3}\frac{\partial(\sigma_1 - \sigma_3)}{\partial \varepsilon_v}$$

Duncan 等人假定 B_t 与应力水平 S_L 或偏应力 $(\sigma_1 - \sigma_3)$ 无关，仅随 σ_3 而变。事实上，$(\sigma_1 - \sigma_3)$ 与 ε_v 之间不呈直线关系，他们取与 $S_L = 0.7$ 相应的点与原点连线斜率作为 B_t

$$B_t = \left.\frac{\sigma_1 - \sigma_3}{3\varepsilon_v}\right|_{S_L = 0.7}$$

将不同的 B_t 与 σ_3/p_a 在双对数纸上绘图，可得

$$B_t = K_B p_a\left(\frac{\sigma_3}{p_a}\right)^m \tag{4.26}$$

及其参数 K_B, m，它们分别称为切线体积模量系数、模量指数。

(4)模型的必要修正

首先，D-C 模型由于采用了 M-C 破坏准则和常规三轴试验，所以模型不能反映中间主应力 σ_2 的影响，采用 E-B 模型计算的 E_t, B_t 偏低就是这个原因造成的。为此，人们提出了若干修正意见。例如将常规三轴试验应力状态量推广到

广义应力状态量,即将 E_t,B_t 中的 σ_3 和 $(\sigma_1 - \sigma_3)$ 分别用广义正应力 p 和广义剪应力 q 代替

$$E_t = K_E p_a \left(\frac{p}{p_a}\right)^n (1 - R_f S_L)^2 \tag{4.27}$$

$$B_t = K_B p_a \left(\frac{p}{p_a}\right)^m \tag{4.28}$$

其中

$$S_L = \frac{q}{q_f} = \frac{q}{Mp}, \qquad M = \frac{6\sin\varphi'}{3 - \sin\varphi'} \tag{4.29}$$

其次,根据式(4.19)和式(4.26),当 $\sigma_3 = 0$ 时,E_i,B_t 均为零,这显然与实际不符。事实上,实际土体的表层土都受过先期固结压力 p_c 的作用,因而处于超固结状态。即便这部分土的 $\sigma_3 = 0$ 或很小,E_i,B_t 也具有一定的值。有人建议,当 σ_3 大于 p_c 时,采用 σ_3 计算模量;而当 σ_3 小于等于 p_c 时,用 p_c 代替 σ_3 进行计算。

4.2.3 Domaschuk-Valliappan 模型

Domaschuk 等人(1975)建议用 B-G 模型进行非线性弹性增量分析,该模型的增量形式也可以写成

$$\mathrm{d}p = B_t \mathrm{d}\varepsilon_v, \qquad \mathrm{d}q = 3G_t \mathrm{d}\varepsilon_s \tag{4.30}$$

(1) B_t 的确定

将各向等压固结试验结果整理成 $p = p(\varepsilon_v)$ 曲线,从而求得切线体积模量 $B_t = \mathrm{d}p/\mathrm{d}\varepsilon_v$。也可将试验结果整理成孔隙比 e 与压力 p 之间的关系[式(2.4)],即

$$e = e_a - \lambda(\ln p - \ln p_a) \tag{a}$$

根据体积应变的定义

$$\varepsilon_v = -\frac{\Delta V}{V_0} = -\frac{e - e_a}{1 + e_a} = -\frac{\Delta e}{1 + e_a}$$

按初始位置计算,体积应变增量 $\mathrm{d}\varepsilon_v$ 为

$$\mathrm{d}\varepsilon_v = -\frac{\mathrm{d}(e - e_a)}{1 + e_a} = -\frac{\mathrm{d}(\Delta e)}{1 + e_a} = -\frac{\mathrm{d}e}{1 + e_a} \tag{b}$$

若按瞬时位置计算,则 $\mathrm{d}\varepsilon_v$ 与当下的孔隙比 e 及其增量 $\mathrm{d}e$ 之间具有如下关系

$$\mathrm{d}\varepsilon_v = -\frac{\mathrm{d}e}{1 + e} \tag{c}$$

在增量分析中,参考瞬时位置较参考初始位置更为合理。不过在小变形条件下,可以认为两者等价。在本书以后的场合,均参考瞬时位置。根据式(a)和式(c)推得

$$B_t = \frac{\mathrm{d}p}{\mathrm{d}\varepsilon_v} = \frac{\mathrm{d}p}{\mathrm{d}e}\frac{\mathrm{d}e}{\mathrm{d}\varepsilon_v} = \frac{1+e}{\lambda}p \tag{4.31}$$

(2) G_t 的确定

采用常规三轴固结排水试验确定 G_t。首先使试样在 p_c 下等压固结,然后在不同 p/p_c 下进行等压固结三轴试验,得到一组应力应变关系曲线;改变 p_c 进行试验得到另一组曲线。这些试验曲线都可用双曲线表示(图 4.6)

$$q/3 = \frac{\varepsilon_s}{a + b\varepsilon_s} = \frac{\varepsilon_s G_i}{1 + b\varepsilon_s G_i} \tag{d}$$

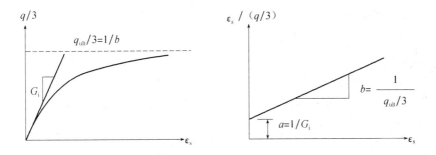

图 4.6　试验常数的几何意义

将式(d)微分,可得切线剪切模量 G_t。

$$G_t = G_i\left[1 - b\left(\frac{q}{3}\right)\right]^2 \tag{e}$$

从试验资料得

$$\ln\left(\frac{G_i}{p}\right) = A - B\left(\frac{p}{p_c e_{ic}}\right) \tag{4.32}$$

其中 e_{ic} 为初始孔隙比;A,B 为试验常数。

设 q 的破坏值为 q_f,与极限值 q_{ult} 之比为 R_f,即

$$\frac{q_f}{3} = R_f\left(\frac{q_{ult}}{3}\right) = \frac{R_f}{b} \tag{4.33}$$

试验表明

$$\frac{q_f}{3} = 10^\alpha\left(\frac{p}{p_c e_{ic}}\right)^\beta \tag{4.34}$$

其中 α,β 为试验常数。将式(4.33)、式(4.34)代入式(d),可得

$$G_t = G_i\left\{1 - R_f\frac{q/3}{10^\alpha[p/(p_c e_{ic})]^\beta}\right\}^2 \tag{4.35}$$

Naylor(1978)也提出了一种非线性弹性的 B-G 模型,他建议的 B,G 表达式分别为

$$B_t = B_i + \alpha_K p \qquad (4.36)$$

$$G_t = G_i + \alpha_G p + \beta_G q \qquad (4.37)$$

其中 $B_i, \alpha_K, G_i, \alpha_G, \beta_G$ 为试验常数。一般情况下，$\alpha_K > 0$，$\alpha_G > 0$，而 $\beta_G < 0$。B_i 和 α_K 由三轴等压固结试验曲线确定，G_i, α_G 和 β_G 由 p 等于常数的三轴排水剪试验确定。

4.2.4 模型评价与应用

D-C 模型可以反映土的非线性，并在一定程度上反映弹塑性。此外，由于它建立在广义 Hooke 定律的基础上，很容易为工程界接受，因而成为土力学中最为普及的本构模型之一。但在次弹性模型中，由于采用了增量型的广义 Hooke 定律，所以不能考虑剪胀性；由于采用双曲线模型，故不适用于具有软化性质的超固结土和密砂。为此，沈珠江曾提出可以考虑剪胀性及软化现象的非线性弹性模型。这里限于篇幅而不再介绍，可参见有关文献(黄文熙，1983；沈珠江，2000b)。

一般认为，B-G 模型或 E-B 模型优于 E-ν 模型，这是因为确定 E，尤其是确定 ν 比较困难。此外，B-G 模型采用常规三轴试验和等压固结试验确定参数，这也比只用三轴试验结果更为合理。但这类模型常要求进行 p 为常数的三轴试验，一般不易实行。

4.3 弹塑性理论框架

根据塑性力学，当材料变形超出弹性范围而进入塑性阶段时，应力应变将服从塑性本构定律。塑性阶段的本构特性将受应力历史和应力路径的影响，应力应变之间不再具有一一对应关系，而且加载和卸载遵循不同的规律。因此，**塑性本构关系从本质上说是增量型的，即应力增量与应变增量之间的关系，只有追踪应力路径才能进行应力变形分析**。弹塑性增量理论包括三个基本定律，即屈服准则、硬化规律和流动法则。此外，计算过程中还需要加载准则，以判断当前荷载步是加载还是卸载。

4.3.1 屈服准则

物体产生塑性变形时，进入塑性阶段的材料将服从塑性本构方程。显然，在弹塑性分析中，须首先判断材料变形是处于弹性阶段还是塑性阶段，然后才能对处于不同变形阶段的材料分别采用不同的本构方程。材料发生塑性变形即称为**屈服**(yielding)，屈服时应力满足的条件称为**屈服条件**，建立屈服条件的任务是由**屈服准则**(yield criterion)或屈服理论完成的。

　　根据不同的应力路径所进行的试验,可以定出从弹性阶段进入塑性阶段的界限。在应力空间中,将这些屈服应力点连接起来,就形成一个区分弹性和塑性的分界面,即所谓的**屈服面**(yield surface)。对于应变硬化材料,初次进入屈服时称为**初始屈服**,相应的屈服面称为**初始屈服面**,初始屈服条件的一般形式可写为

$$f(\sigma_{ij}, k) = 0 \qquad\qquad (4.38)$$

$f(\sigma_{ij}, k)$ 称为**屈服函数**,k 称为**屈服参数**。上式表示的是一个六维应力空间中的超曲面,该曲面上的任一点都表示一个屈服应力状态,它就是屈服面。屈服面与二维平面如偏平面或 π 平面的交线称为**屈服曲线**或**屈服轨迹**。根据 Drucker (1952)公设可以证明,稳定材料的屈服面和屈服曲线一定是凸的;塑性应变增量 $\mathrm{d}\boldsymbol{\varepsilon}^p$ 的方向一定指向屈服面的外法向。

　　众所周知,硬化材料从初始屈服起经过一定的发展阶段才能达到破坏。**一般假定破坏准则与屈服准则具有相同的形式,只是常数项数值有所不同,前者是后者的极限**。事实上,土的屈服点不甚明显,而峰值的破坏点则是明显的,因此由强度条件推论屈服条件具有重要意义。这样,土的屈服准则就可由第 3 章介绍的破坏准则直接写出。例如,将 Tresca 准则(3.13)中的破坏参数 k_f 改为屈服参数 k,可得 Tresca 屈服准则

$$f = \sigma_1 - \sigma_3 - 2k = 0$$

将 Mises 破坏准则(3.17)引申为屈服准则可写为

$$f = J_2 - k^2 = 0$$

4.3.2　硬化规律

　　对于硬化材料,进入硬化阶段后,卸载再加载时屈服极限将提高,再进入屈服时称为后继屈服,相应的屈服面称为后继屈服面。进入塑性阶段后,卸载并不产生塑性变形,只有加载才会出现后继屈服问题,故后继屈服也称为加载,后继屈服面称为加载面。理想塑性材料不存在硬化问题,故其屈服面的大小、形状和位置均保持不变。对于硬化材料,后继屈服面或加载面随塑性变形的发展而不断变化,直到其极限即破坏面。显然需要建立硬化规律,以说明屈服面以何种方式发生变化。后继屈服条件不仅与应力状态 σ_{ij} 有关,而且还取决于塑性应变及其历史,其一般形式可写为

$$f(\sigma_{ij}, H_\alpha) = 0 \qquad\qquad (4.39a)$$

$f(\sigma_{ij}, H_\alpha)$ 称为后继屈服函数或加载函数;$H_\alpha(\alpha = 1, 2, \cdots)$ 称为硬化参数(hardening parameter),它表征不可逆过程,与塑性变形及其历史有关,通常假定为塑性应变矢量、塑性功或等效塑性应变的函数。将后继屈服函数与初始屈服函数同写为 f 不会引起混乱;且当塑性应变等于零时,$H_\alpha = 0$,$f(\sigma_{ij}, H_\alpha)$ 退化为初始屈服函数。

硬化问题比较复杂,学者们也提出了多种硬化模型。其中最常用的是等向硬化模型(isotropic hardening)和随动硬化模型(kinematic hardening),而试验数据则分散在这两种模型之间。等向硬化模型假设拉伸时的硬化屈服极限和压缩时的硬化屈服极限相等。这样,在塑性变形过程中,后继屈服面逐渐均匀扩大。从数学上看,后继屈服函数只与应力 σ_{ij} 及标量硬化参数 H 有关。随动硬化模型假设在塑性变形过程中,后继屈服面只在空间作平动,而不改变大小和形状。从数学上看,后继屈服函数只与应力 σ_{ij} 和决定平动量大小的塑性应变矢量 $\varepsilon_{ij}^{\mathrm{p}}$ 有关。

等向硬化模型在数学计算上比较简便,其明显缺点是没有考虑 Bauschiger 效应(即拉伸或压缩时的硬化影响到压缩或拉伸时的弱化的现象)。如果实际中加载路径没有明显的反复(例如单调加载),可以采用这种模型。随动硬化模型的优点是能较好地反映 Bauschiger 效应,在承受反复荷载时比较符合实际。但是,加载曲面的形状、大小均未改变,也与试验结果不符。只有在加载路径与原来硬化方向比较接近的情况下,才较为符合试验结果。若同时考虑两种基本硬化现象,则式(4.39a)可写成

$$f(\sigma_{ij}, \varepsilon_{ij}^{\mathrm{p}}, H) = 0 \quad \text{或} \quad f(\boldsymbol{\sigma}, \boldsymbol{\varepsilon}^{\mathrm{p}}, H) = 0 \tag{4.39b}$$

通常可以假定 H 为塑性功

$$H = W_{\mathrm{p}} = \int_0^{\varepsilon_{ij}^{\mathrm{p}}} \sigma_{ij} \mathrm{d}\varepsilon_{ij}^{\mathrm{p}} = \int_0^{\varepsilon^{\mathrm{p}}} \boldsymbol{\sigma}^{\mathrm{T}} \mathrm{d}\boldsymbol{\varepsilon}^{\mathrm{p}} \tag{4.40}$$

也可以假定 H 是塑性体积应变 $\varepsilon_{\mathrm{v}}^{\mathrm{p}}$ 和塑性广义剪应变 $\varepsilon_{\mathrm{s}}^{\mathrm{p}}$ 的函数,即

$$H = H(\varepsilon_{\mathrm{v}}^{\mathrm{p}}, \varepsilon_{\mathrm{s}}^{\mathrm{p}}) \tag{4.41}$$

4.3.3　流动法则

流动法则(flow rule)是确定塑性应变增量方向的理论。Mises(1928)将弹性势(elastic potential)概念推广到塑性理论中,认为在塑性变形场内存在塑性势(plastic potential),塑性应变增量 $\mathrm{d}\varepsilon_{ij}^{\mathrm{p}}$ 与塑性势函数 g 具有如下关系

$$\mathrm{d}\varepsilon_{ij}^{\mathrm{p}} = \mathrm{d}\lambda \frac{\partial g}{\partial \sigma_{ij}} \tag{4.42}$$

其中 $\mathrm{d}\lambda$ 为非负的比例系数。这就是传统塑性位势理论。上式表明,一点的塑性应变增量与通过该点的塑性等势面正交,从而确定了塑性应变增量的方向(图 4.7)。由于在流体力学中流体的流动速度方向总是沿速度等势面的梯度方向,因此类比于正交流体流动,塑性位势理论又称为塑性流动规律或正交流动法则。上式说明塑性应变增量的方向取决于应力全量而不是应力增量;而在线弹性条件下(广义 Hooke 定律成立),应

图 4.7　塑性应变
增量方向

变增量是应力增量的线性组合,表明其方向取决于应力增量。

对于稳定材料(包括应变硬化材料和理想弹塑性材料),$d\varepsilon_{ij}^p$的方向指向屈服面的外法向。因此,可用屈服函数作为塑性势函数,即 $g = f$,这时的流动法则称为相关联的流动法则(associated flow rule),即

$$d\varepsilon_{ij}^p = d\lambda \frac{\partial f}{\partial \sigma_{ij}} \qquad (4.43)$$

在常规三轴压缩试验中,$\sigma_2 = \sigma_3$,这就意味着忽视中间主应力 σ_2 或 θ_σ 对本构关系的影响。此时广义剪应力和平均应力为

$$q = \sigma_1 - \sigma_3, \qquad p = \frac{1}{3}(\sigma_1 + 2\sigma_3) \qquad (4.44)$$

在土力学中,通常采用常规三轴压缩试验资料研究本构关系,并用 pq 坐标系整理试验结果;而且由于不考虑 θ_σ 的影响,故屈服面可用 pq 平面上的屈服曲线来表达,即

$$f(p, q, H) = 0 \qquad (4.45)$$

不难证明,此时的流动法则可以分解为体积流动法则和剪切流动法则,即

$$\left. \begin{array}{l} d\varepsilon_v^p = d\lambda \dfrac{\partial f}{\partial p} \\[2mm] d\varepsilon_s^p = d\lambda \dfrac{\partial f}{\partial q} \end{array} \right\} \qquad (4.46)$$

其中 $d\varepsilon_v^p$ 和 $d\varepsilon_s^p$ 分别为塑性体积应变增量和塑性广义剪应变增量。

试验表明,土的塑性应变增量方向有时并不与屈服面垂直。此时 $g \neq f$,需要采用非关联流动法则(non-associated flow rule)。到目前为止,人们在寻求土的塑性势,发展非关联流动法则的塑性理论方面已经做了大量的研究,但所获结果仍不理想。

4.3.4　加载准则

当材料进入塑性变形阶段时,继续加载将产生新的塑性变形;而卸载则使弹性变形得到恢复,塑性变形保持不变。可见,在塑性阶段,加载和卸载条件下应力应变关系服从不同的规律,这就需要建立判断是加载还是卸载的条件,即加载准则。如果加载,应力增量产生的应变增量分为弹性应变增量和塑性应变增量两部分,其中弹性应变增量用广义 Hooke 定律计算;塑性应变增量根据流动法则和硬化规律计算。如果卸载,只需用广义 Hooke 定律计算恢复的弹性应变增量。

首先考虑硬化材料的加载准则。设某点的当前应力状态为 σ_{ij},它满足屈服条件 $f(\sigma_{ij}, H_a) = 0$。$d\sigma_{ij}$指向屈服面内表示该点处于卸载状态,指向屈服面外表示处于加载状态,与屈服面相切则说明变化后的应力点仍然保持在屈服面上,试验证明此过程不产生新的塑性变形,称为中性变载。考虑到屈服函数的梯度矢

量 $\partial f/\partial\sigma_{ij}$ 与屈服面垂直,则根据梯度矢量与应力增量矢量之间的夹角关系(图4.8),有加载准则

$$当\ f = 0,且\frac{\partial f}{\partial\sigma_{ij}}\mathrm{d}\sigma_{ij}\begin{cases} > 0 & 加载 \\ = 0 & 中性变载 \\ < 0 & 卸载 \end{cases} \tag{4.47}$$

对于理想塑性材料,由于不存在初始屈服面外的点,故应力增量不可能指向屈服面外。当 $f(\sigma_{ij}) = 0$ 时,荷载变化可以引起两种结果(图4.9):如果应力点保持在屈服面上即 $\mathrm{d}\sigma_{ij}$ 与屈服面相切,则塑性变形可以任意增长,故为加载;当应力点向屈服面内移动即 $\mathrm{d}\sigma_{ij}$ 指向屈服面内时,则为卸载。于是加载准则为

$$当\ f = 0,且\frac{\partial f}{\partial\sigma_{ij}}\mathrm{d}\sigma_{ij}\begin{cases} = 0 & 加载 \\ < 0 & 卸载 \end{cases} \tag{4.48}$$

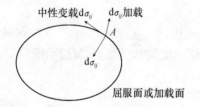

图4.8 硬化材料

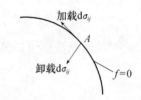

图4.9 理想塑性材料

上述讨论是针对正则屈服面的,即屈服面为一光滑曲面。当屈服面由几个光滑曲面构成时,称为非正则屈服面(图4.10)。此时,光滑屈服面处的加载准则仍分别为式(4.47)和式(4.48);而当应力点处在两个光滑面 $f_l = 0$ 和 $f_m = 0$ 的交点上时,则加载准则有所不同。例如,对于理想塑性材料,有

图4.10 非正则屈服面

$$\frac{\partial f_l}{\partial\sigma_{ij}}\mathrm{d}\sigma_{ij} = 0 \quad 或 \quad \frac{\partial f_m}{\partial\sigma_{ij}}\mathrm{d}\sigma_{ij} = 0 \quad 加载 \tag{4.49}$$

$$\frac{\partial f_l}{\partial\sigma_{ij}}\mathrm{d}\sigma_{ij} < 0 \quad 及 \quad \frac{\partial f_m}{\partial\sigma_{ij}}\mathrm{d}\sigma_{ij} < 0 \quad 卸载 \tag{4.50}$$

参照式(4.47),读者不难写出硬化材料的非正则加载准则。

4.3.5 普遍公式

(1)张量形式

弹塑性增量理论认为,在塑性状态的加载条件下,应力增量 $\mathrm{d}\sigma_{ij}$ 引起的应变

增量 $d\varepsilon_{ij}$ 为弹性应变增量 $d\varepsilon_{ij}^e$ 与塑性应变增量 $d\varepsilon_{ij}^p$ 之和,即

$$d\varepsilon_{ij} = d\varepsilon_{ij}^e + d\varepsilon_{ij}^p \tag{4.51}$$

弹性应变增量与应力增量之间服从广义 Hooke 定律

$$d\sigma_{ij} = D_{ijkl}d\varepsilon_{kl}^e \tag{a}$$

其中 D_{ijkl} 为弹性张量,其中的 E 和 ν 应该采用卸荷与再加荷应力应变曲线部分的 E 和 ν 值。将式(4.51)两边乘以 D_{ijkl} 得

$$D_{ijkl}d\varepsilon_{kl} = D_{ijkl}d\varepsilon_{kl}^e + D_{ijkl}d\varepsilon_{kl}^p \tag{b}$$

将式(a)和式(4.42)代入式(b)得

$$D_{ijkl}d\varepsilon_{kl} = d\sigma_{ij} + d\lambda D_{ijkl}\frac{\partial g}{\partial\sigma_{kl}} \tag{c}$$

对于硬化材料,只有当

$$\frac{\partial f}{\partial\sigma_{ij}}d\sigma_{ij} > 0$$

时,有 $d\lambda > 0$。其中 f 为加载函数。因此很自然地,$d\lambda$ 可以假定为

$$d\lambda = \frac{1}{A}\frac{\partial f}{\partial\sigma_{ij}}d\sigma_{ij} \tag{4.52}$$

其中 A 称为硬化函数。上式可写成

$$\frac{\partial f}{\partial\sigma_{ij}}d\sigma_{ij} - Ad\lambda = 0 \tag{d}$$

联立式(c)、式(d),可解得

$$d\sigma_{ij} = D_{ijkl}^{ep}d\varepsilon_{kl} \tag{4.53}$$

其中 D_{ijkl}^{ep} 为弹塑性张量,其表达式为

$$D_{ijkl}^{ep} = D_{ijkl} - D_{ijkl}^p = D_{ijkl} - \frac{D_{ijmn}\dfrac{\partial g}{\partial\sigma_{mn}}\dfrac{\partial f}{\partial\sigma_{qr}}D_{qrkl}}{A + \dfrac{\partial f}{\partial\sigma_{ij}}D_{ijkl}\dfrac{\partial g}{\partial\sigma_{kl}}} \tag{4.54}$$

(2)硬化函数

现在说明硬化函数 A 的确定方法。注意到加载面 $f(\sigma_{ij}, \varepsilon_{ij}^p, H) = 0$,有

$$df = \frac{\partial f}{\partial\sigma_{ij}}d\sigma_{ij} + \frac{\partial f}{\partial\varepsilon_{ij}^p}d\varepsilon_{ij}^p + \frac{\partial f}{\partial H}dH = 0$$

此即所谓一致性条件。将上式写成

$$\frac{\partial f}{\partial\sigma_{ij}}d\sigma_{ij} = -\frac{\partial f}{\partial\varepsilon_{ij}^p}d\varepsilon_{ij}^p - \frac{\partial f}{\partial H}dH$$

注意到式(4.52)和上式,可知

$$A = -\frac{1}{d\lambda}\left(\frac{\partial f}{\partial\varepsilon_{ij}^p}d\varepsilon_{ij}^p + \frac{\partial f}{\partial H}dH\right) \tag{e}$$

由于 H 与塑性应变有关,故

$$\mathrm{d}H = \frac{\partial H}{\partial \varepsilon_{ij}^{\mathrm{p}}} \mathrm{d}\varepsilon_{ij}^{\mathrm{p}} = \mathrm{d}\lambda \frac{\partial H}{\partial \varepsilon_{ij}^{\mathrm{p}}} \frac{\partial g}{\partial \sigma_{ij}}$$

代入式(e)得

$$A = -\left(\frac{\partial f}{\partial \varepsilon_{ij}^{\mathrm{p}}} + \frac{\partial f}{\partial H} \frac{\partial H}{\partial \varepsilon_{ij}^{\mathrm{p}}} \right) \frac{\partial g}{\partial \sigma_{ij}} \qquad (4.55)$$

如果材料随动硬化即 $f(\sigma_{ij}, \varepsilon_{ij}^{\mathrm{p}}) = 0$,则式(4.55)成为

$$A = -\frac{\partial f}{\partial \varepsilon_{ij}^{\mathrm{p}}} \frac{\partial g}{\partial \sigma_{ij}} \qquad (4.56)$$

如果材料等向硬化即 $f(\sigma_{ij}, H) = 0$,且 $H = W_{\mathrm{p}}$,注意到式(4.40),则式(4.55)成为

$$A = -\frac{\partial f}{\partial W_{\mathrm{p}}} \sigma_{ij} \frac{\partial g}{\partial \sigma_{ij}} \qquad (4.57)$$

如果 $f(\sigma_{ij}, H) = 0$ 且 $H = H(\varepsilon_{\mathrm{v}}^{\mathrm{p}}, \varepsilon_{\mathrm{s}}^{\mathrm{p}})$,则

$$\mathrm{d}H = \frac{\partial H}{\partial \varepsilon_{\mathrm{v}}^{\mathrm{p}}} \mathrm{d}\varepsilon_{\mathrm{v}}^{\mathrm{p}} + \frac{\partial H}{\partial \varepsilon_{\mathrm{s}}^{\mathrm{p}}} \mathrm{d}\varepsilon_{\mathrm{s}}^{\mathrm{p}} = \mathrm{d}\lambda \left(\frac{\partial H}{\partial \varepsilon_{\mathrm{v}}^{\mathrm{p}}} \frac{\partial g}{\partial p} + \frac{\partial H}{\partial \varepsilon_{\mathrm{s}}^{\mathrm{p}}} \frac{\partial g}{\partial q} \right)$$

代入式(e)得

$$A = -\frac{\partial f}{\partial H} \left(\frac{\partial H}{\partial \varepsilon_{\mathrm{v}}^{\mathrm{p}}} \frac{\partial g}{\partial p} + \frac{\partial H}{\partial \varepsilon_{\mathrm{s}}^{\mathrm{p}}} \frac{\partial g}{\partial q} \right) \qquad (4.58)$$

(3) 矩阵形式

为便于在有限单元法中的应用,式(4.53)可写成矩阵形式

$$\mathrm{d}\boldsymbol{\sigma} = \boldsymbol{D}_{\mathrm{ep}} \mathrm{d}\boldsymbol{\varepsilon} \qquad (4.59)$$

其中 $\mathrm{d}\boldsymbol{\varepsilon}, \mathrm{d}\boldsymbol{\sigma}$ 分别为应变增量列阵和应力增量列阵

$$\mathrm{d}\boldsymbol{\varepsilon} = \begin{bmatrix} \mathrm{d}\varepsilon_x & \mathrm{d}\varepsilon_y & \mathrm{d}\varepsilon_z & \mathrm{d}\gamma_{xy} & \mathrm{d}\gamma_{yz} & \mathrm{d}\gamma_{zx} \end{bmatrix}^{\mathrm{T}}$$

$$\mathrm{d}\boldsymbol{\sigma} = \begin{bmatrix} \mathrm{d}\sigma_x & \mathrm{d}\sigma_y & \mathrm{d}\sigma_z & \mathrm{d}\tau_{xy} & \mathrm{d}\tau_{yz} & \mathrm{d}\tau_{zx} \end{bmatrix}^{\mathrm{T}}$$

而式(4.54)可写成弹塑性矩阵 $\boldsymbol{D}_{\mathrm{ep}}$

$$\boldsymbol{D}_{\mathrm{ep}} = \boldsymbol{D} - \boldsymbol{D}_{\mathrm{p}} = \boldsymbol{D} - \frac{\boldsymbol{D} \dfrac{\partial g}{\partial \boldsymbol{\sigma}} \left(\dfrac{\partial f}{\partial \boldsymbol{\sigma}} \right)^{\mathrm{T}} \boldsymbol{D}}{A + \left(\dfrac{\partial f}{\partial \boldsymbol{\sigma}} \right)^{\mathrm{T}} \boldsymbol{D} \dfrac{\partial g}{\partial \boldsymbol{\sigma}}} \qquad (4.60)$$

上式表明,采用非关联流动法则即 $g \neq f$ 时,$\boldsymbol{D}_{\mathrm{ep}}$ 为非对称矩阵。对于岩土类材料,试验所得塑性应变增量的方向有时并不与屈服面正交,此时应采用非关联的流动法则。但由于这样得到的 $\boldsymbol{D}_{\mathrm{ep}}$ 具有非对称性,会增加计算量,所以实际中仍常用相关联的流动法则。此外,$\boldsymbol{D}_{\mathrm{ep}}$ 的元素一般都是非零的,故可以反映剪胀性以及体积应力对剪应变的影响。

硬化函数式(4.55),式(4.56),式(4.57)可分别写成矩阵形式

$$A = -\left[\left(\frac{\partial f}{\partial \boldsymbol{\varepsilon}^{\mathrm{p}}} \right)^{\mathrm{T}} + \frac{\partial f}{\partial H} \left(\frac{\partial H}{\partial \boldsymbol{\varepsilon}^{\mathrm{p}}} \right)^{\mathrm{T}} \right] \frac{\partial g}{\partial \boldsymbol{\sigma}} \qquad (4.61)$$

$$A = -\left(\frac{\partial f}{\partial \boldsymbol{\varepsilon}^{\mathrm{p}}}\right)^{\mathrm{T}} \frac{\partial g}{\partial \boldsymbol{\sigma}} \tag{4.62}$$

$$A = -\frac{\partial f}{\partial W_{\mathrm{p}}} \boldsymbol{\sigma}^{\mathrm{T}} \frac{\partial g}{\partial \boldsymbol{\sigma}} \tag{4.63}$$

4.4　经典弹塑性理论

根据上述弹塑性模型的普遍公式,只要确定了屈服函数和塑性势函数,就可计算出相应的弹塑性矩阵。本节介绍与 Mises 屈服准则和 Tresca 屈服准则相关联的经典弹塑性模型。

4.4.1　Mises 模型

将 Mises 破坏准则引申为屈服准则,有

$$f = J_2 - k^2 = 0$$

其中 k 为屈服参数。采用相关联的流动法则,则式(4.60)中的 $\boldsymbol{D}_{\mathrm{p}}$ 成为

$$\boldsymbol{D}_{\mathrm{p}} = \frac{\boldsymbol{D} \dfrac{\partial f}{\partial \boldsymbol{\sigma}} \left(\dfrac{\partial f}{\partial \boldsymbol{\sigma}}\right)^{\mathrm{T}} \boldsymbol{D}}{A + \left(\dfrac{\partial f}{\partial \boldsymbol{\sigma}}\right)^{\mathrm{T}} \boldsymbol{D} \dfrac{\partial f}{\partial \boldsymbol{\sigma}}} \tag{4.64}$$

将屈服函数对应力求导得

$$\frac{\partial f}{\partial \sigma_{ij}} = \frac{\partial J_2}{\partial \sigma_{ij}} = s_{ij}$$

或

$$\frac{\partial f}{\partial \boldsymbol{\sigma}} = \begin{bmatrix} s_x & s_y & s_z & 2s_{xy} & 2s_{yz} & 2s_{zx} \end{bmatrix}^{\mathrm{T}} \tag{a}$$

注意到上式、弹性矩阵(4.5)以及 $s_x + s_y + s_z = 0$,可得

$$\boldsymbol{D} \frac{\partial f}{\partial \boldsymbol{\sigma}} = 2G \begin{bmatrix} s_x & s_y & s_z & s_{xy} & s_{yz} & s_{zx} \end{bmatrix}^{\mathrm{T}} = 2G\boldsymbol{S} \tag{b}$$

其中

$$\boldsymbol{S} = \begin{bmatrix} s_x & s_y & s_z & s_{xy} & s_{yz} & s_{zx} \end{bmatrix}^{\mathrm{T}} \tag{c}$$

由式(b)得

$$\boldsymbol{D} \frac{\partial f}{\partial \boldsymbol{\sigma}} \left(\frac{\partial f}{\partial \boldsymbol{\sigma}}\right)^{\mathrm{T}} \boldsymbol{D} = 4G^2 \boldsymbol{S}\boldsymbol{S}^{\mathrm{T}} \tag{d}$$

由式(a)、式(b)可得

$$\left(\frac{\partial f}{\partial \boldsymbol{\sigma}}\right)^{\mathrm{T}} \boldsymbol{D} \frac{\partial f}{\partial \boldsymbol{\sigma}} = 2G \begin{bmatrix} s_x & s_y & s_z & 2s_{xy} & 2s_{yz} & 2s_{zx} \end{bmatrix} \boldsymbol{S} \tag{e}$$

$$= 2Gs_{ij}s_{ij} = 4GJ_2$$

将式(d),式(e)代入式(4.64)中得

$$
D_{\mathrm{p}} = \frac{4G^2}{A + 4GJ_2}
\begin{bmatrix}
s_x^2 & s_x s_y & s_x s_z & s_x s_{xy} & s_x s_{yz} & s_x s_{zx} \\
 & s_y^2 & s_y s_z & s_y s_{xy} & s_y s_{yz} & s_y s_{zx} \\
 & & s_z^2 & s_z s_{xy} & s_z s_{yz} & s_z s_{zx} \\
 & \text{对} & & s_{xy}^2 & s_{xy} s_{yz} & s_{xy} s_{zx} \\
 & & \text{称} & & s_{yz}^2 & s_{yz} s_{zx} \\
 & & & & & s_{zx}^2
\end{bmatrix}
$$

假定材料等向硬化,且硬化函数取为塑性功。在单向拉伸条件下,加载应力与塑性应变之间的关系如图 4.11 所示。若单向拉伸屈服极限为 σ_s,则屈服条件可写成

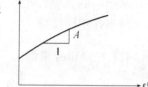

$$
f = \sigma - \sigma_{\mathrm{s}}(W_{\mathrm{p}}) = 0
$$

且式(4.40)成为

$$
H = W_{\mathrm{p}} = \int_0^{\varepsilon^{\mathrm{p}}} \sigma \mathrm{d}\varepsilon^{\mathrm{p}}
$$

图 4.11　单向塑性加载

代入式(4.63),注意到 $\mathrm{d}W_{\mathrm{p}}/\mathrm{d}\varepsilon^{\mathrm{p}} = \sigma$,有

$$
A = -\frac{\partial f}{\partial W_{\mathrm{p}}} \boldsymbol{\sigma}^{\mathrm{T}} \frac{\partial f}{\partial \boldsymbol{\sigma}} = \frac{\mathrm{d}\sigma_{\mathrm{s}}}{\mathrm{d}W_{\mathrm{p}}} \cdot \sigma \cdot 1 = \frac{\mathrm{d}\sigma_{\mathrm{s}}}{\mathrm{d}\varepsilon^{\mathrm{p}}} \frac{\mathrm{d}\varepsilon^{\mathrm{p}}}{\mathrm{d}W_{\mathrm{p}}} \cdot \sigma = \frac{\mathrm{d}\sigma_{\mathrm{s}}}{\mathrm{d}\varepsilon^{\mathrm{p}}}
$$

4.4.2　Tresca 模型

将 Tresca 破坏准则引申为屈服准则,可得一般形式的 Tresca 屈服准则。这个准则是不光滑的,应用于空间问题比较困难。但对于平面应变问题,Tresca 屈服准则应用起来是方便的。此时,大小主应力分别为

$$
\left.\begin{matrix} \sigma_1 \\ \sigma_3 \end{matrix}\right\} = \frac{\sigma_x + \sigma_y}{2} \pm \sqrt{\left(\frac{\sigma_x - \sigma_y}{2}\right)^2 + \tau_{xy}^2} \tag{4.65}
$$

Tresca 屈服准则为

$$
f = \left(\frac{\sigma_x - \sigma_y}{2}\right)^2 + \tau_{xy}^2 - k^2 = 0
$$

其中 k 为屈服参数。增量形式的本构方程为

$$
\mathrm{d}\boldsymbol{\sigma} = \boldsymbol{D}_{\mathrm{ep}}\mathrm{d}\boldsymbol{\varepsilon}
$$

其中

$$
\mathrm{d}\boldsymbol{\varepsilon} = \begin{bmatrix} \mathrm{d}\varepsilon_x & \mathrm{d}\varepsilon_y & \mathrm{d}\gamma_{xy} \end{bmatrix}^{\mathrm{T}}, \qquad \mathrm{d}\boldsymbol{\sigma} = \begin{bmatrix} \mathrm{d}\sigma_x & \mathrm{d}\sigma_y & \mathrm{d}\tau_{xy} \end{bmatrix}^{\mathrm{T}}
$$

在平面应变条件下,弹塑性矩阵 $\boldsymbol{D}_{\mathrm{ep}} = \boldsymbol{D} - \boldsymbol{D}_{\mathrm{p}}$ 中的弹性矩阵 $\boldsymbol{D}$ 为

$$D = \begin{bmatrix} B + 4G/3 & B - 2G/3 & 0 \\ 对 & B + 4G/3 & 0 \\ & 称 & G \end{bmatrix}$$

将屈服函数 f 代入式(4.64),不难得到 D_p 的表达式

$$D_p = \frac{4G^2}{A + 4Gk^2} \begin{bmatrix} \left(\frac{\sigma_x - \sigma_y}{2}\right)^2 & -\left(\frac{\sigma_x - \sigma_y}{2}\right)^2 & \tau_{xy}\left(\frac{\sigma_x - \sigma_y}{2}\right) \\ 对 & \left(\frac{\sigma_x - \sigma_y}{2}\right)^2 & -\tau_{xy}\left(\frac{\sigma_x - \sigma_y}{2}\right) \\ & 称 & \tau_{xy}^2 \end{bmatrix}$$

4.4.3　模型评价

本节介绍的两个本构模型分别采用了 Mises 屈服准则和 Tresca 屈服准则,这两个准则均假定屈服极限与静水压力无关、静水压力不产生塑性变形、抗拉屈服极限与抗压屈服极限相同,因而无法反映土的压硬性、静压屈服性和拉压强度不等的 SD 效应。采用相关联的流动法则意味着假定材料是理想弹塑性的或应变硬化的,故不能考虑应变软化。此外,所用的两个准则与静水压力即平均应力 p 无关,故在 pq 坐标系中的屈服轨迹为直线(图 4.12)。由于塑性应变增量与屈服面垂直,所以模型不能反映剪胀性。

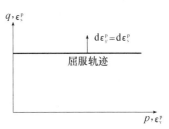

图 4.12　经典准则的屈服轨迹

事实上,上述经典塑性本构理论(classicalplastic constitutive theory)是针对金属材料发展起来的,在土力学中,这类理论或模型只近似地适用于不排水条件下的饱和土。

4.5　单屈服面广义弹塑性理论

经典塑性理论不能适当地描述土的变形现象,于是发展了广义塑性理论,它认为材料不仅可以硬化,而且可以软化;屈服、硬化与软化都可以与静水压力相关;抗拉屈服极限与抗压屈服极限可以不同;静水压力与剪应变、剪应力与体积应变可以耦合等等。到目前为止,学者们已经提出了许多这样的本构模型,但只有少数几个获得了实际应用。本节介绍几种单屈服面模型,包括 Mohr-Coulomb 模型、广义 Mises 模型、清华模型和剑桥模型,这些模型均采用相关联的流动法则。

4.5.1　Mohr-Coulomb 模型

在 M-C 本构模型中,采用与 M-C 屈服准则相关联的流动法则。由于 M-C 屈服准则也是不光滑的,故为简便这里只讨论平面应变问题。根据式(3.21),M-C 屈服准则可写为

$$f = \frac{\sigma_1 - \sigma_3}{2} - \frac{\sigma_1 + \sigma_3}{2}\sin\varphi - c\cos\varphi$$

$$= \tau - \sigma\sin\varphi - c\cos\varphi = 0 \tag{a}$$

根据式(4.65),上式中的 τ,σ 为

$$\tau = \frac{\sigma_1 - \sigma_3}{2} = \sqrt{\left(\frac{\sigma_x - \sigma_y}{2}\right)^2 + \tau_{xy}^2} \tag{b}$$

$$\sigma = \frac{\sigma_1 + \sigma_3}{2} = \frac{\sigma_x + \sigma_y}{2} \tag{c}$$

不难求得

$$\frac{\partial f}{\partial \boldsymbol{\sigma}} = \begin{Bmatrix} \partial f/\partial \sigma_x \\ \partial f/\partial \sigma_y \\ \partial f/\partial \tau_{xy} \end{Bmatrix} = \frac{1}{2\tau}\begin{Bmatrix} \sigma_x - \sigma - \tau\sin\varphi \\ \sigma_y - \sigma - \tau\sin\varphi \\ 2\tau_{xy} \end{Bmatrix} \tag{d}$$

通常与 M-C 准则相关联的模型是理想弹塑性的,此时硬化函数 $A = 0$,弹塑性矩阵为

$$\boldsymbol{D}_{\mathrm{ep}} = \boldsymbol{D} - \boldsymbol{D}_{\mathrm{p}} = \boldsymbol{D} - \frac{\boldsymbol{D}\,\dfrac{\partial f}{\partial \boldsymbol{\sigma}}\left(\dfrac{\partial f}{\partial \boldsymbol{\sigma}}\right)^{\mathrm{T}}\boldsymbol{D}}{\left(\dfrac{\partial f}{\partial \boldsymbol{\sigma}}\right)^{\mathrm{T}}\boldsymbol{D}\,\dfrac{\partial f}{\partial \boldsymbol{\sigma}}} \tag{4.66}$$

将弹性矩阵和式(d)代入上式,不难得到 $\boldsymbol{D}_{\mathrm{ep}}$ 的表达式。若考虑硬化,则式(a)中的参数 c,φ 是剪切硬化参量的函数。

现在让我们讨论 M-C 本构模型的塑性体积应变增量。根据相关联的流动法则,即

$$\mathrm{d}\varepsilon_x^{\mathrm{p}} = \mathrm{d}\lambda\,\frac{\partial f}{\partial \sigma_x}, \qquad \mathrm{d}\varepsilon_y^{\mathrm{p}} = \mathrm{d}\lambda\,\frac{\partial f}{\partial \sigma_y}$$

并考虑到式(c),式(d),有

$$\mathrm{d}\varepsilon_v^{\mathrm{p}} = \mathrm{d}\varepsilon_x^{\mathrm{p}} + \mathrm{d}\varepsilon_y^{\mathrm{p}} = \mathrm{d}\lambda\left(\frac{\partial f}{\partial \sigma_x} + \frac{\partial f}{\partial \sigma_y}\right) = -\mathrm{d}\lambda\sin\varphi \tag{4.67}$$

由于 $\mathrm{d}\lambda$ 为非负的参数,所以上式表明由 M-C 模型算得的塑性体积应变增量总是负的,即体积膨胀。这一点从图 4.13 中也可以看出来。计算表

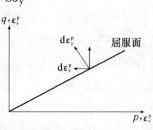

图 4.13　M-C 屈服面

明,采用 M-C 模型算得的剪胀量过大,实际产生的剪胀值远小于计算值。此外,M-C 理想弹塑性模型假定在土达到剪切破坏之前,不产生任何塑性变形,这也与实际不符。事实上,土的屈服发生在 M-C 准则破坏线以下,即在剪切破坏前早就产生塑性变形了。M-C 模型还有另一个缺陷,即存在尖顶和棱角,从而使计算变繁、收敛缓慢。

4.5.2　广义 Mises 模型

(1)屈服准则

通常经典屈服准则(Tresca 准则、Mises 准则)对于土是不适用的;因为它们假定屈服与静水压力无关。而与 M-C 破坏准则、广义 Mises 破坏准则相对应的屈服准则考虑了静水压力对屈服的影响。这里考虑广义 Mises 屈服准则,即

$$f = \alpha I_1 - \sqrt{J_2} + k = 0 \qquad (4.68)$$

其中 α, k 为正常数。

由式(4.68)可知,屈服强度随静水压力而变,故可以出现屈服强度为零的情况,此时屈服曲线表现为等倾线上的一点。此外,随着静水压力的增加,屈服强度增大,Mises 圆的半径将扩大,在主应力空间中为一个圆锥面(图 4.14)。当 α 和 k 取不同值时,可得不同的圆锥形屈服面。

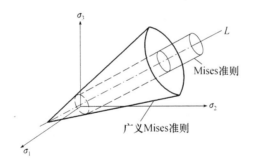

图 4.14　Mises 屈服准则

与经典屈服准则相比,广义屈服准则的优点在于考虑了静水压力对屈服的影响,但该准则仍假定材料的拉压屈服极限相等。由于土的压屈服极限明显大于拉屈服极限,故广义屈服准则仍有局限性。

(2)本构模型

采用相关联的流动法则,对于理想弹塑性材料($A = 0$),式(4.54)成为

$$D^{\text{ep}}_{ijkl} = D_{ijkl} - \frac{D_{ijmn} \dfrac{\partial f}{\partial \sigma_{mn}} \dfrac{\partial f}{\partial \sigma_{qr}} D_{qrkl}}{\dfrac{\partial f}{\partial \sigma_{ij}} D_{ijkl} \dfrac{\partial f}{\partial \sigma_{kl}}} \qquad (a)$$

根据式(4.68)有

$$\frac{\partial f}{\partial \sigma_{ij}} = \alpha \delta_{ij} - \frac{s_{ij}}{2\sqrt{J_2}} \tag{b}$$

将式(4.9)和式(b)代入式(a),可得

$$D_{ijkl}^{\mathrm{ep}} = \left(B - \frac{2}{3}G\right)\delta_{ij}\delta_{kl} + 2G\delta_{ik}\delta_{jl} - \frac{Gs_{ij}/\sqrt{J_2} - 3\alpha B\delta_{ij}}{9B\alpha^2 + G}\left(\frac{G}{\sqrt{J_2}}s_{kl} - 3B\alpha\delta_{kl}\right) \tag{4.69}$$

对于平面应变问题,塑性矩阵为

$$\boldsymbol{D}_{\mathrm{p}} = \frac{1}{9B\alpha^2 + G}\begin{bmatrix} H_x^2 & H_xH_y & H_xH_{xy} \\ 对 & H_y^2 & H_yH_{xy} \\ 称 & & H_{xy}^2 \end{bmatrix} \tag{4.70}$$

其中

$$\left.\begin{aligned} H_x &= -3B\alpha + \frac{G}{\sqrt{J_2}}s_x \\ H_y &= -3B\alpha + \frac{G}{\sqrt{J_2}}s_y \\ H_{xy} &= \frac{G}{\sqrt{J_2}}s_{xy} \end{aligned}\right\} \tag{4.71}$$

当广义 Mises 准则取 D-P 准则时,得到的本构模型称为 D-P 模型。这种模型考虑了剪切屈服和压硬性,但不能反映土的静压屈服现象以及拉压屈服极限或强度明显不等的性质。此外,前面的弹塑性矩阵(4.69)、(4.70)是在理想弹塑性假定下得到的,故不能反映硬化现象。

4.5.3　剑桥模型

剑桥模型(Cam-clay model)是剑桥大学 Roscoe 等人(1963,1968)为正常固结黏土和弱超固结黏土建构的弹塑性本构模型,它所依据的试验资料主要是排水和固结不排水常规三轴试验。剑桥模型是一个帽子模型,因此下面首先介绍帽子模型的概念。

(1)帽子模型

采用 M-C 模型和 D-P 模型考虑了土的屈服极限随静水压力而变化的特性,但没有考虑静水压力导致体积屈服(即产生塑性体积变形)的现象,这一现象是 Drucker 等(1957)年首先提出的。没有考虑体积屈服的准则为无帽模型(图 4.15)。如果考虑体积屈服,可在屈服锥面(通常是 M-C 锥面或 D-P 锥面)上加一个帽子,形成帽子模型(cap model)(图 4.16)。这种模型是理想塑性与体变硬化

相结合的一种模型,硬化屈服面的帽子形式一般采用椭圆,并以塑性体积应变作为硬化参量。必须指出,体积屈服面随塑性体积变形的增加而不断扩展,不存在体积破坏面。

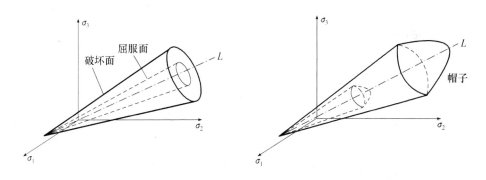

图 4.15 无帽模型   图 4.16 帽子模型

(2)状态边界面

对于正常固结黏土,在不同围压下进行固结不排水试验(CU 试验),可以得到一族应力应变曲线(图 4.17a)。试验过程中试样的有效平均应力为 p,广义剪应力为 q,孔隙比为 e。围压 $p_c = \sigma_3$ 越大,q 也越大。可以在 pqe 坐标系中研究这个过程。图 4.17b 所示为试验在 pq 坐标平面上的应力路径,而图 4.17c 则是试验在 pe 坐标平面上的应力路径。

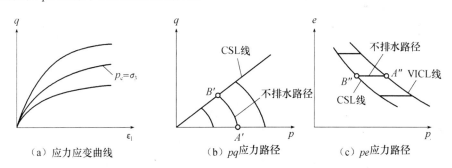

（a）应力应变曲线   （b）pq应力路径   （c）pe应力路径

图 4.17 固结不排水试验(CU)

在 CU 试验中,试样从各向等压固结状态到临界状态。临界状态即极限状态或破坏状态,其数学表达式就是破坏条件。具体说,试样从原始各向等压固结线(Virgin isotropic consolidation line,简称 VICL 线)上的 $A(p_c, 0, e)$ 点出发,(由于不排水)孔隙比保持不变,直到临界状态线(Critical state line,简称 CSL 线)上 B 点破坏为止(图 4.18)。试样所受的应力 p,q 与孔隙比 e 在 pqe 三维空间中为一曲面,该曲面称为 **Roscoe** 面,也称为状态边界面(State boundary surface)。

事实上,状态边界面就是试样从 VICL 线到 CSL 线所走路径的曲面。从 VICL

线上的 A 开始,以平行于 q 轴的直线为母线沿回弹再压缩曲线 AD 移动时形成弹性墙;弹性墙与 Roscoe 面相交的空间曲线 AC 就是屈服曲线或屈服轨迹,这是因为试验路径在弹性墙内时只有弹性变形,而不产生新的塑性变形。AC 线在 pq 平面上的投影 $A'C'$ 仍称为屈服轨迹(图 4.19)。此外,屈服曲线 AC 在 pe 平面上的投影必定落在一条回弹曲线上。

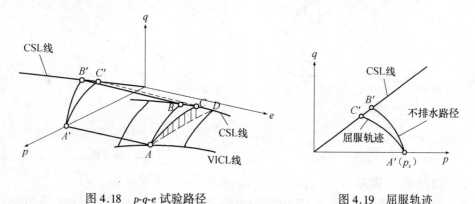

图 4.18　p-q-e 试验路径　　　　　　　图 4.19　屈服轨迹

对正常固结黏土进行固结排水试验(CD 试验),可得到一族应力应变曲线如图 4.20a 所示。图 4.20b 为试验在 pq 坐标平面上的应力路径,而图 4.20c 则是试验在 pe 坐标平面上的应力路径。在 CD 试验中,试样也是从 VICL 线上的 A $(p_c,0,e)$点出发,(由于排水)孔隙比逐渐减小,直到 CSL 线上 B 点破坏为止(图 4.20c)。

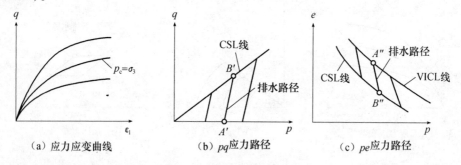

(a) 应力应变曲线　　　　(b) pq 应力路径　　　　(c) pe 应力路径

图 4.20　固结排水试验(CD)

试验表明,排水和不排水两种三轴试验的试验路径在 pqe 空间走的是同一曲面,即状态边界面是唯一的,VICL 线和 CSL 线与应力路径无关。很显然,试验路径不可能逾越状态边界面,这就是该面获得其称谓的原因。此外,试验表明达到临界状态时试样产生很大的剪切变形,而 p,q,e 都将不再变化。这些表现正是出现塑性流动的特征。

(3)试验曲线

剑桥模型基于等压固结试验和常规三轴压缩试验。正常固结土的等压固结

线 VICL 线及卸载再加载曲线(即回弹曲线)的方程分别见式(2.4)和式(2.5),即

$$e = e_a - \lambda(\ln p - \ln p_a) \tag{4.72}$$

$$e = e_\kappa - \kappa(\ln p - \ln p_a) \tag{4.73}$$

临界状态线 CSL 即破坏线。采用常规三轴试验意味着忽略了中间主应力 σ_2 或 μ_σ 的影响,破坏条件为

$$f_f(p, q, k_f) = 0$$

对于正常固结黏性土,黏聚力 $c' = 0$。根据破坏条件(3.21),即

$$\frac{\sigma_1' - \sigma_3'}{2} = \frac{\sigma_1' + \sigma_3'}{2}\sin\varphi'$$

及 $q = \sigma_1' - \sigma_3'$, $p = (\sigma_1' + \sigma_2' + \sigma_3')/3 = (\sigma_1' + 2\sigma_3')/3$,不难由上式推导出破坏线 CSL 在 pq 平面上的投影式

$$q = Mp \tag{4.74}$$

其中 $M = \dfrac{6\sin\varphi'}{3 - \sin\varphi'}$。

(4)屈服轨迹

由于正常固结黏土为应变硬化材料,所以相关联的流动法则成立。由式 (4.46)可得

$$\frac{d\varepsilon_v^p}{d\varepsilon_s^p} = \frac{\partial f/\partial p}{\partial f/\partial q} \tag{a}$$

此外,沿屈服轨迹有

$$df = \frac{\partial f}{\partial p}dp + \frac{\partial f}{\partial q}dq = 0 \tag{b}$$

即

$$\frac{\partial f/\partial p}{\partial f/\partial q} = -\frac{dq}{dp} \tag{c}$$

由式(a),式(c)知

$$\frac{d\varepsilon_v^p}{d\varepsilon_s^p} = -\frac{dq}{dp} \tag{4.75}$$

如果单位体积的土在应力 p, q 作用下发生应变增量 $d\varepsilon_v$, $d\varepsilon_s$,则能量变化为 dW。dW 的一部分为弹性能 dW_e,另一部分为塑性能 dW_p 且可表示为

$$dW_p = pd\varepsilon_v^p + qd\varepsilon_s^p \tag{4.76}$$

在剑桥模型的理论推导中,假定剪切变形是塑性的,即

$$d\varepsilon_s^e = 0, \qquad d\varepsilon_s^p = d\varepsilon_s \tag{4.77}$$

还假定全部塑性能 dW_p 等于因摩擦产生的能量耗散 $Mpd\varepsilon_s$,(注意到上式)即

$$dW_p = Mpd\varepsilon_s = Mpd\varepsilon_s^p \tag{4.78}$$

由式(4.76),式(4.78)可得

$$\frac{d\varepsilon_v^p}{d\varepsilon_s^p} = M - \frac{q}{p} \tag{4.79}$$

由式(4.75),式(4.79)可得

$$\frac{dq}{dp} - \frac{q}{p} + M = 0$$

积分此式得

$$\frac{q}{Mp} + \ln p = C \tag{d}$$

其中 C 为积分常数。注意到每条屈服轨迹均与 VICL 线相交,为确定 C,考虑屈服轨迹的下述边界条件:当 $q = 0$ 时,$p = p_c$。于是

$$C = \ln p_c$$

将其代入式(d),可得屈服轨迹方程

$$\frac{\eta}{M} + \ln p = \ln p_c \tag{4.80a}$$

或

$$f(p, q, H) = \frac{\eta}{M} - \ln \frac{p_c}{p} = 0 \tag{4.80b}$$

其中 $\eta = q/p$ 为应力比。

一个确定的 p_c 对应一条屈服轨迹,所以固结压力 p_c 就是硬化参量,可将其表示为塑性体积应变 ε_v^p 的函数,即 $H = p_c = H(\varepsilon_v^p)$。式(4.80b)在子午面 pq 上的屈服轨迹为弹头形(图4.21,$e = 2.7183$)。现推导硬化参量的具体形式。设将试样等压固结到 p_c 后回弹(图4.22)。由于 p_c, e_c 同时在两条曲线上,故有

$$e_c = e_a - \lambda(\ln p - \ln p_a)$$

$$e_c = e_\kappa - \kappa(\ln p - \ln p_a)$$

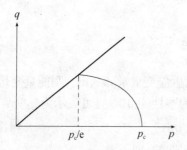

图 4.21 屈服轨迹

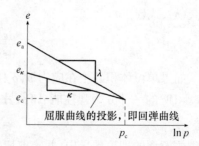

图 4.22 等压固结和回弹

于是相对于初始状态的塑性孔隙比变化 Δe^p 为

$$\Delta e^p = e_a - e_\kappa = -(\lambda - \kappa)\ln(p_c - \ln p_a) \tag{4.81}$$

于是,塑性体积应变为

$$\varepsilon_v^p = -\frac{\Delta e^p}{1+e_a} = \frac{\lambda-\kappa}{1+e_a}\ln\frac{p_c}{p_a}$$

从而有

$$H = p_c = p_a\exp\left(\frac{1+e_a}{\lambda-\kappa}\varepsilon_v^p\right) = H(\varepsilon_v^p) \tag{4.82}$$

(5)本构方程

采用相关联的流动法则,有了屈服函数(4.80)和硬化参数(4.82),将其代入普遍公式(4.60)和(4.63)不难得到弹塑性矩阵 $\boldsymbol{D}_{ep}$。这里给出另一种形式的本构方程。将式(4.80a)代入式(4.81)并微分,得塑性孔隙比改变量的增量

$$d(\Delta e^p) = -(\lambda-\kappa)\left(\frac{dp}{p}+\frac{d\eta}{M}\right)$$

按瞬时位置计算塑性体积应变增量,有

$$d\varepsilon_v^p = -\frac{d(\Delta e^p)}{1+e} = \frac{\lambda-\kappa}{1+e}\left(\frac{dp}{p}+\frac{d\eta}{M}\right) \tag{4.83}$$

假定弹性体积应变增量 $d\varepsilon_v^e$ 可以由各向等压固结试验的回弹曲线求取。根据式(4.73),有

$$\Delta e^e = e - e_\kappa - \kappa(\ln p - \ln p_a)$$

于是

$$d\varepsilon_v^e = \frac{-d(\Delta e^e)}{1+e} = \frac{\kappa}{1+e}\frac{dp}{p} \tag{4.84}$$

根据式(4.83),式(4.84),总的体积应变增量 $d\varepsilon_v = d\varepsilon_v^e + d\varepsilon_v^p$ 为

$$d\varepsilon_v = \frac{\lambda-\kappa}{1+e}\left(\frac{\lambda}{\lambda-\kappa}\frac{dp}{p}+\frac{d\eta}{M}\right) \tag{4.85}$$

根据式(4.79),有 $d\varepsilon_s^p = d\varepsilon_v^p/(M-\eta)$。将式(4.83)代入得

$$d\varepsilon_s = \frac{\lambda-\kappa}{1+e}\left(\frac{1}{M-\eta}\right)\left(\frac{dp}{p}+\frac{d\eta}{M}\right) \tag{4.86}$$

式(4.85)和(4.86)就是增量形式的应力应变关系。

可见,通过常规三轴试验和等压固结试验可测定模型的三个常数 λ,κ 和 M,这是剑桥模型的优点。这个模型较好地反映了土体的弹塑性变形特性,特别是考虑了塑性体积变形。

但剑桥模型仍基于传统塑性位势理论,采用单屈服面和相关联流动法则。模型的屈服面只是塑性体积变形的等值面,只采用 ε_v^p 作为硬化参量,因此不能很好地反映剪切屈服。研究表明,由模型算得的塑性剪应变 ε_s^p 比实际值小,模型不能很好地描述剪切变形。此外,由于体积屈服轨迹的斜率处处为负,塑性应变增量沿 p 方向的分量 $d\varepsilon_v^p$ 只能是正值(图4.23)

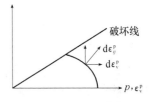

图 4.23　剑桥模型

即压缩。这就意味着剑桥模型只能反映剪缩而不能反映剪胀，所以只适用于正常固结土或弱超固结土。

(6)修正剑桥模型

研究表明，当 $\eta = q/p$ 较大时，根据上述剑桥模型计算的应变值与实测值接近；而当 η 较小时，计算值一般偏大。为此，Burland(1965)对剑桥模型做了修正。考虑塑性应变能增量的一般表达式(4.76)，即

$$dW_p = p d\varepsilon_v^p + q d\varepsilon_s^p \qquad (a)$$

在图 4.24 中的 A 点，$d\varepsilon_v^p = 0, q = Mp$，于是

$$dW_p|_A = pM d\varepsilon_s^p \qquad (b)$$

在图 4.24 中的 B 点，$q = 0, d\varepsilon_s^p = 0$，于是

$$dW_p|_B = p d\varepsilon_v^p \qquad (c)$$

满足式(b)和式(c)的普遍表达式可表示为

$$dW_p = p\sqrt{(d\varepsilon_v^p)^2 + (M d\varepsilon_s^p)^2} \qquad (4.87)$$

这就是修正剑桥模型关于塑性功的假定。结合式(a)得

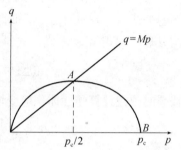

图 4.24　修正剑桥屈服轨迹

$$\frac{d\varepsilon_v^p}{d\varepsilon_s^p} = \frac{M^2 - \eta^2}{2\eta} \qquad (d)$$

考虑到式(4.75)有

$$\frac{dq}{dp} = \frac{\eta^2 - M^2}{2\eta}$$

积分上式并注意边界条件，可得屈服曲线

$$p\left(1 + \frac{\eta^2}{M^2}\right) = p_c \qquad (4.88a)$$

即

$$f(p,q) = p\left(1 + \frac{\eta^2}{M^2}\right) - p_c = 0 \qquad (4.88b)$$

上式也可改写为如下形式

$$f(p,q) = \left(\frac{p - p_c/2}{p_c/2}\right)^2 + \left(\frac{q}{Mp_c/2}\right)^2 - 1 = 0$$

$$(4.88c)$$

可见，修正后的屈服轨迹在 pq 平面上是椭圆形的，椭圆的中心为 $p_c/2$。魏汝龙等(1981)把椭圆形屈服轨迹的位置扩广到更一般的情况，椭圆方程为(图 4.25)

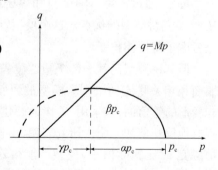

图 4.25　扩广的屈服轨迹

$$\left(\frac{p - \gamma p_{\mathrm{c}}}{\alpha}\right)^2 + \left(\frac{q}{\beta}\right)^2 = p_{\mathrm{c}}^2 \tag{4.89}$$

其中 α, β, γ 为试验参数。

对式(4.88a)取对数

$$\ln p_{\mathrm{c}} = \ln p + \ln\left(1 + \frac{\eta^2}{M^2}\right)$$

将上式代入式(4.81)并微分得

$$\mathrm{d}(\Delta e^{\mathrm{p}}) = -(\lambda - \kappa)\left(\frac{\mathrm{d}p}{p} + \frac{2\eta\mathrm{d}\eta}{M^2 + \eta^2}\right)$$

于是,塑性体积应变增量为

$$\mathrm{d}\varepsilon_{\mathrm{v}}^{\mathrm{p}} = -\frac{\mathrm{d}(\Delta e^{\mathrm{p}})}{1 + e} = \frac{\lambda - \kappa}{1 + e}\left(\frac{\mathrm{d}p}{p} + \frac{2\eta\mathrm{d}\eta}{M^2 + \eta^2}\right) \tag{4.90}$$

注意到弹性体积应变增量公式(4.84),则体积应变增量为

$$\mathrm{d}\varepsilon_{\mathrm{v}} = \frac{\lambda - \kappa}{1 + e}\left(\frac{\lambda}{\lambda - \kappa}\frac{\mathrm{d}p}{p} + \frac{2\eta\mathrm{d}\eta}{M^2 + \eta^2}\right) \tag{4.91}$$

采用相关联的流动法则,并利用式(d)有

$$\frac{\mathrm{d}\varepsilon_{\mathrm{v}}^{\mathrm{p}}}{\mathrm{d}\varepsilon_{\mathrm{s}}^{\mathrm{p}}} = \frac{\partial f/\partial p}{\partial f/\partial q} = \frac{M^2 - \eta^2}{2\eta}$$

于是

$$\mathrm{d}\varepsilon_{\mathrm{s}} = \mathrm{d}\varepsilon_{\mathrm{s}}^{\mathrm{p}} = \frac{2\eta}{M^2 - \eta^2}\mathrm{d}\varepsilon_{\mathrm{v}}^{\mathrm{p}}$$

将式(4.90)代入上式得

$$\mathrm{d}\varepsilon_{\mathrm{s}} = \frac{\lambda - \kappa}{1 + e}\left(\frac{2\eta}{M^2 - \eta^2}\right)\left(\frac{\mathrm{d}p}{p} + \frac{2\eta\mathrm{d}\eta}{M^2 + \eta^2}\right) \tag{4.92}$$

式(4.91)和式(4.92)就是修正剑桥模型增量形式的应力应变关系。

(7)模型评价

剑桥模型是第一个可以全面考虑压硬性、剪胀性和体积屈服的本构模型。修正剑桥模型较原来的剑桥模型能更好地符合实际,因而得到更为广泛的应用。但这种模型仍假定在状态边界面内,土的变形完全是弹性的。后来,Roscoe 等(1968)认为,在状态边界面内 q 增大时虽不产生塑性体积变形,但可产生塑性剪切变形。为了计算这部分塑性变形,他们假定在 pq 平面内还存在一组 $q =$ 常数的剪切屈服面。这种进一步修正了的剑桥模型称为修正的修正剑桥模型。不过,这个模型的概念并不十分清晰,未能得到广泛应用。

4.5.4　Lade – Duncan 模型

Lade 和 Duncan(1975)基于砂土真三轴试验资料提出了一种强度准则或屈服准则,并采用非关联流动法则建立了一种单屈服面弹塑性本构模型,称为

Lade – Duncan模型,简称 L – D 模型。

(1)L – D 屈服准则

根据第 3 章中介绍的 Lade – Duncan 强度准则,Lade – Duncan 屈服准则为

$$f = I_1^3/I_3 - k = 0 \tag{4.93}$$

其中 k 为屈服参数或应力水平参数,假定为塑性功的函数,即

$$k = H(W_p) = H\left(\int \sigma_{ij} \mathrm{d}\varepsilon_{ij}^p\right)$$

试验表明,当 k 小于 27 时,塑性功很小,可忽略不计。当 k 超过某一 k_t(k_t 为某一稍大于 27 的值)时,$(k - k_t)$ 与塑性功可近似表示为双曲线关系,其表达式为

$$(k - k_t) = \frac{W_p}{a + bW_p} \tag{4.94}$$

其中 a, b 为双曲线参数,由试验确定。

(2)塑性势函数

L – D 模型采用不相关联的流动法则,塑性势函数为

$$g = I_1^3 - k_1 I_3 \tag{4.95}$$

其中 k_1 为塑性势参数,可通过三轴试验确定。定义塑性泊松比为

$$\nu^p = -\frac{\mathrm{d}\varepsilon_3^p}{\mathrm{d}\varepsilon_1^p}$$

根据流动法则,有

$$\nu^p = -\frac{\mathrm{d}\varepsilon_3^p}{\mathrm{d}\varepsilon_1^p} = -\frac{\partial g/\partial \sigma_3}{\partial g/\partial \sigma_1} = -\frac{3I_1^2 - k_1 \sigma_1 \sigma_3}{3I_1^2 - k_1 \sigma_3^2}$$

由此解得 k_1

$$k_1 = \frac{3I_1^2(1 + \nu^p)}{\sigma_3(\sigma_1 + \nu^p \sigma_3)} \tag{4.96}$$

假定对某一 k 值,k_1 为常数。也就是说,一个 f 对应着一个 g,但二者不重合。试验资料表明,k 与 k_1 存在下述线性关系

$$k_1 = Ak + 27(1 - A) \tag{4.97}$$

其中 A 为试验常数。

(3)本构方程

将屈服函数 f 和塑性势函数 g 代入普遍表达式(4.60)和式(4.63)不难得到弹塑性矩阵 $\boldsymbol{D}_{ep}$。其中弹性泊松比常取 $\nu = 0.2$,弹性模量采用卸荷再加荷模量,表达式与 Janbu 公式相同,即

$$E_{ur} = K_{ur} p_a \left(\frac{\sigma_3}{p_a}\right)^{n_{ur}} \tag{4.98}$$

其中 K_{ur}, n_{ur} 为卸荷再加荷模量参数。

(4)模型评价

L－D 模型较好地反映了土的剪胀性,但它不能反映静压屈服特性,而且由于屈服面和塑性势面均为直线锥形面,与帽子模型塑性势面相反,塑性体积应变只能为负(图 4.26)。这就意味着 L－D 模型只能反映剪胀而不能反映剪缩,将产生过大的剪胀。此外,该模型只适用于砂类土,不适用于具有抗拉强度的黏性土。

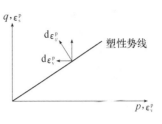

图 4.26 L－D 模型

4.5.5 清华模型

(1)待定函数

清华大学黄文熙等人(黄文熙,1979;黄文熙,1980;黄文熙等,1981,黄文熙,1983)从弹塑性增量理论的普遍形式(4.60)和(4.61)出发,推导出弹塑性本构模型。弹塑性矩阵 D_{ep} 中包含的四个待定函数 D, f, g, A 或 H 可通过各向等压固结试验和常规三轴压缩试验直接确定。以下对此作简要说明。

弹性矩阵 D 中的两个弹性常数 B, G 可以根据等压固结试验的卸荷再加荷曲线及三轴试验曲线确定。$f(p, q, H) = 0$ 可以用下列方法探求。从常规三轴试验曲线上选取一些适当的点,估算各点相应的 H 值。将各点绘在平面上,并确定若干条等 H 值线,即 $f(p, q, H_i) = 0 (i = 1, 2, \cdots)$,它们就是各屈服轨迹。图 4.27 所示为 $H = W_p$ 时的屈服轨迹。很显然,硬化参数 H 不同,所得的屈服函数 f 也将不同。这说明屈服面并没有固定的形式。为了保证问题解的唯一性,必须从中找出一个合理的 H 和 f 来。

塑性势函数 g 也可以从常规三轴试验结果来推求。找出试验曲线上任何一点 $M(p, q)$ 处的塑性应变增量方向后,可以在 pq 平面上 M 点用箭头表示(图 4.28)。在此图上,可假定 $\varepsilon_v^p, \varepsilon_s^p$ 轴分别与 p, q 轴重合。经过这些小箭头,可以试画出连接它们的一组流线来。与这组流线相垂直的一组实线就是塑性势线。前面说过,f 是随 H 而异的。通过试算可找到合适的 H,使屈服轨迹与塑性势线重合,即 $f = g$。

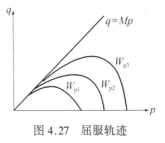

图 4.27 屈服轨迹

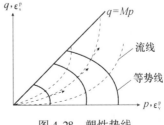

图 4.28 塑性势线

(2)模型举例

确定屈服函数 f 需要塑性应变,它可以从试验所得的总应变中分离出来。对于轴向应变 ε_1,将卸载前与完全卸载后的应变差作为弹性应变 ε_1^p,总应变扣除弹性应变即为塑性应变 ε_1^p。假定纯剪切不引起弹性体积应变,$\Delta\varepsilon_v^e$ 完全是由于静水压力增量 $\Delta p = (\Delta\sigma_1 + 2\Delta\sigma_3)/3$ 引起的,可从各向等压固结试验所得 $\varepsilon_v - \lg p$ 曲线的卸荷及再加荷曲线段选取。于是,塑性体积应变为 $\varepsilon_v^p = \varepsilon_v - \varepsilon_v^e$,而根据广义剪应变 ε_s 的定义,不难得到 $\varepsilon_s^p = \varepsilon_1^p - \varepsilon_v^p/3$。

从 $\sigma_3 = $ 常数的试验曲线上任意点 $M(p,q)$ 所确定的 ε_v^p 和 ε_s^p,可以绘出各种硬化规律对应的屈服轨迹 f 图。利用 $\sigma_3 = $ 常数的试验曲线上各任意点 $M(p,q)$ 的 $\varepsilon_v^p,\varepsilon_s^p$ 值,可以绘出相应的 $\varepsilon_v^p - \varepsilon_s^p$ 曲线,而 $\varepsilon_v^p - \varepsilon_s^p$ 曲线上某点 $M(p,q)$ 的坡度就是 pq 平面上相应点的塑性应变增量方向。据此可以在 pq 平面上画出流线和等势线。在黄文熙(1983)介绍的模型中,屈服轨迹和塑性势线可近似地用椭圆表示。对于相对密度 $D_r = 64\%$ 的承德砂,得出如下结果

$$f = g = q^2 + 2(p - 7H)^2 - 78H^2 = 0$$

$$H = \left[(\varepsilon_v^p)^2 + 0.05(\varepsilon_s^p)^2 \right] \times 10^4 + 2\sqrt{\varepsilon_s^p}$$

$$A = (28p - 36H)\left[8 \times 10^4(p - 7H)\varepsilon_v^p + 2 \times 10^3 q(\varepsilon_s^p - 0.001/\sqrt{\varepsilon_s^p}) \right]$$

$$G = 217p_a\left(\frac{p_a - 0.33q}{p_a} \right)^{0.60}, \qquad B = \frac{dp}{d\varepsilon_v^e} = 350p$$

其中 p_a 为大气压。将上述各式代入式(4.60),不难得到弹塑性 D_{ep}。

(3)模型发展

清华模型可反映土的剪胀性,并适用于砂土和黏性土。起初该模型是建立在常规三轴试验资料基础上的,后来黄文熙及其同事根据平面应变和真三轴试验资料确定 $pq\theta_\sigma$ 三维空间流动法则,发展了清华弹塑性模型。例如,李广信(1985)根据真三轴试验资料研究了偏平面上屈服轨迹的形状,将屈服函数写成椭圆形

$$f = \left(\frac{p - H}{BH} \right)^2 + \left(\frac{q}{\alpha(\theta_\sigma)CH} \right)^2 - 1 = 0 \tag{4.99}$$

其中 H 为硬化参数;B,C 为椭圆参数;$\alpha(\theta_\sigma)$ 为偏平面上屈服轨迹的形状函数。

4.6　多屈服面广义弹塑性理论

前面介绍的模型均为单一屈服面和单一塑性势面模型,这种模型要么只剪切屈服(如广义 Mises 模型),要么只考虑体积屈服(如剑桥模型);只存在一个塑性势函数的假定也导致塑性应变增量分量互成比例,塑性应变增量的方向只与

应力有关而与应力增量无关。20 世纪 70 年代学者们发现单屈服面模型很难使计算结果与实际吻合,因此越来越倾向于多重屈服面理论。这种理论假定应力空间中的一点有若干个屈服面通过,每个屈服面对应的屈服均对塑性应变产生一定的贡献。到目前为止,提出了若干种多屈服面模型,例如 Lade(1977)双屈服面模型、沈珠江(1980)部分屈服面模型、沈珠江(1984)三重屈服面模型、殷宗泽(1988)双屈服面模型、杨光华(1991)多重势面理论等。

4.6.1　Lade 模型

为克服 L-D 模型的缺陷,Lade(1977)建议了一个双屈服面模型。它是流行较广的多重屈服面模型之一,包括一个剪切屈服面和一个体积或压缩屈服面(图4.29)。这样,Lade 模型的总应变包括三个部分,即

$$d\varepsilon_{ij} = d\varepsilon_{ij}^{e} + d\varepsilon_{ij}^{p} = d\varepsilon_{ij}^{e} + d\varepsilon_{ij}^{sp} + d\varepsilon_{ij}^{cp} \tag{4.100}$$

其中 $d\varepsilon_{ij}^{e}$,$d\varepsilon_{ij}^{sp}$ 和 $d\varepsilon_{ij}^{cp}$ 分别为弹性应变增量,剪切屈服塑性应变增量和压缩屈服塑性应变增量。

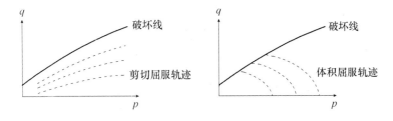

图 4.29　剪切和体积屈服轨迹

(1)剪切屈服

相应于 Lade 提出的修正破坏准则(3.30),Lade 在其修正的本构模型中采用曲面锥形的剪切屈服面,从而克服了 L-D 屈服面产生过大剪胀的缺点,其表达式为

$$f_1 = \left(\frac{I_1^3}{I_3} - 27\right)\left(\frac{I_1}{p_a}\right)^m - k = 0 \tag{4.101}$$

其中 k 为硬化参数,破坏时 $k = k_f$;m 为试验常数,当 $m = 0$ 时,Lade 模型的剪切屈服面与 L-D 模型的屈服面相似。根据三轴试验资料绘制出破坏时 $\lg(I_3/I_1^3 - 27)$ - $\lg(p_a/I_1)$ 的双对数关系,可确定参数 m,k。

假定 k 是塑性功的函数,且可表示为

$$k = H(W_{sp}) = a e^{-bW_{sp}}\left(\frac{W_{sp}}{p_a}\right)^{1/n} \tag{4.102}$$

其中 a,b,n 都是与 σ_3 有关的试验常数,可根据 $(I_1^3/I_3 - 27)(I_1/p_a)^m$ 与 W_{sp}/p_a 曲线(σ_3 = 常数)确定。

剪切屈服塑性应变增量的计算采用非关联流动法则,假设塑性势函数 g_1 与 f_1 相似,即

$$g_1 = I_1^3 - 27I_3 - k_1\left(\frac{p_a}{I_1}\right)^m I_3 \tag{4.103}$$

其中

$$k_1 = \frac{3(1 + \nu^p)I_1^2 - 27\sigma_3(\sigma_1 + \nu^p\sigma_3)}{\left(\frac{p_a}{I_1}\right)^m\left[\sigma_3(\sigma_1 + \nu^p\sigma_3) - \frac{m(1 + \nu^p)I_1^2}{k(p_a/I_1)^m + 27}\right]} \tag{4.104a}$$

$$\nu^p = -\Delta\varepsilon_3^p/\Delta\varepsilon_1^p$$

根据试验资料,式(4.104a)可整理成下述简易形式

$$k_1 = sk + R\sqrt{\sigma_3/p_a} + t \tag{4.104b}$$

其中 s,R 和 t 为试验常数。

(2)压缩屈服

Lade 模型的压缩屈服面在主应力空间是一个以原点为球心,以 r 为半径的一族同心球面,即

$$f_2 = I_1^2 + 2I_2 - r^2 = \sigma_1^2 + \sigma_2^2 + \sigma_3^2 - r^2 = 0 \tag{4.105}$$

对于具有黏聚力或抗拉强度的材料,计算应力不变量时采用换算应力

$$\left.\begin{array}{l}\overline{\sigma}_x = \sigma_x + ap_a \\ \overline{\sigma}_y = \sigma_y + ap_a \\ \overline{\sigma}_z = \sigma_z + ap_a\end{array}\right\} \tag{4.106}$$

其中 a 为反映材料抗拉强度的参数,稍大于土的抗拉强度 σ_t,可表示为

$$a = (1.001 \sim 1.023)\sigma_t/p_a \tag{4.107}$$

此时,球心不再是坐标原点。

体积压缩硬化参数 r 根据等向固结试验确定,可表示为

$$r^2 = H(W_{cp}) = H\left(\int\sigma_{ij}d\varepsilon_{ij}^{cp}\right) = p_a^2\left(\frac{W_{cp}}{cp_a}\right)^{1/\kappa} \tag{4.108}$$

其中 κ 为试验常数。

修正后的 Lade 模型增加了帽子型屈服面,能较好地反映剪胀和剪缩,只是所含参数较多,确定起来不太容易。

4.6.2　沈珠江模型

沈珠江(1980)把总应变分解为体积应变 ε_v 和广义剪应变 ε_s 两部分,并认为通过应力空间中任何一点有两个屈服面,即体积应变屈服面 $f_v = 0$,在这个面上塑性体积应变 ε_v^p 是常数;另一个是广义剪应变屈服面 $f_s = 0$,在这个面上塑性广

义剪应变 ε_s^p 是常数。体积应变屈服面只会引起塑性体积应变,而广义剪应变屈服面只会引起塑性广义剪应变。由于这些屈服面只引起部分塑性应变分量增加,故也称为部分屈服面。相比较而言,前述模型中一个屈服面将产生所有塑性应变增量分量。

沈珠江放弃了增量塑性理论中的流动法则,按下述关系计算塑性应变增量

$$
\left.\begin{aligned}
d\varepsilon_v^p &= \frac{\partial f_v}{\partial p}dp + \frac{\partial f_v}{\partial q}dq \\
d\varepsilon_s^p &= \frac{\partial f_s}{\partial p}dp + \frac{\partial f_s}{\partial q}dq
\end{aligned}\right\} \tag{4.109}
$$

对于正常固结土,沈珠江建议

$$
f_v = c_c\ln\frac{p(1 + d\eta^n)}{p_0} - c_s\ln\frac{p}{p_0} - \varepsilon_v^p = 0 \tag{4.110}
$$

$$
f_s = \frac{a\eta}{1 - b\eta}\ln\frac{p(1 + d\eta^n)}{p_0} - \frac{q}{2G} - \varepsilon_s^p = 0 \tag{4.111}
$$

其中 c_c, c_s, a, b, d, n 为参数;G 为剪切弹性模量;p_0 为体积应变等于零时的初始压力;$\eta = q/p$。

郑颖人等(2000)指出,屈服条件也可用试验拟合方法确定。根据试验资料确定应力与塑性应变(如 $\varepsilon_v^p, \varepsilon_s^p$ 等)之间的关系曲线,依据不同状况下所得的试验曲线,可求得等值塑性应变($\varepsilon_v^p = $ 常数,$\varepsilon_s^p = $ 常数)的应力曲线,此曲线即屈服曲线。

4.6.3　多重势面理论

经典塑性位势理论是 Mises(1928)提出来的,他将弹性势函数推广为塑性势函数并将其引入经典塑性理论中。经典塑性位势理论认为,塑性应变增量方向仅取决于应力状态,而且塑性应变增量成比例(即非负的比例系数 $d\lambda$)。对于岩土材料来说,塑性应变增量方向不仅取决于应力状态,还与应力增量的方向和大小有关。为了反映这种相关性,可假设存在三个线性无关的塑性势面和相应的屈服面,总的塑性应变增量是各屈服面产生的塑性应变增量之和,即

$$
d\varepsilon_{ij}^p = \sum_{k=1}^{3} d\lambda_k \frac{\partial g_k}{\partial \sigma_{ij}} \tag{4.112}
$$

这就是广义塑性位势理论,或称多重势面理论。

由于有 3 个塑性因子 $d\lambda_k(k = 1,2,3)$,塑性应变增量不再成比例,而且 $d\lambda_k$ 并不要求都是非负的。杨光华(1991)在不计应力主轴旋转的情况下,根据张量定律推导出上述理论。3 个塑性势函数可以任选,但必须线性无关。最方便的是选用 $\sigma_1, \sigma_2, \sigma_3$ 作为势函数,即

$$d\varepsilon_{ij}^{p} = d\lambda_1 \frac{\partial \sigma_1}{\partial \sigma_{ij}} + d\lambda_2 \frac{\partial \sigma_2}{\partial \sigma_{ij}} + d\lambda_3 \frac{\partial \sigma_3}{\partial \sigma_{ij}} \tag{4.113}$$

假设 $d\varepsilon_i^p$ 与 σ_i 方向相同,从而有

$$d\lambda_1 = d\varepsilon_1^p, \qquad d\lambda_2 = d\varepsilon_2^p, \qquad d\lambda_3 = d\varepsilon_3^p \tag{4.114}$$

也可以选 p, q, θ_σ 作为势函数,此时

$$d\varepsilon_{ij}^{p} = d\lambda_1 \frac{\partial p}{\partial \sigma_{ij}} + d\lambda_2 \frac{\partial q}{\partial \sigma_{ij}} + d\lambda_3 \frac{\partial \theta_\sigma}{\partial \sigma_{ij}} \tag{4.115}$$

$$d\lambda_1 = d\varepsilon_v^p, \qquad d\lambda_2 = d\varepsilon_s^p, \qquad d\lambda_3 = d\varepsilon_\theta^p \tag{4.116}$$

其中 $d\varepsilon_v^p, d\varepsilon_s^p, d\varepsilon_\theta^p$ 分别为塑性体积应变增量、q 方向上的塑性剪应变增量、θ_σ 方向上的塑性剪应变增量。试验表明,塑性应变增量方向与应力增量方向发生偏离,这说明存在 θ_σ 方向的塑性应变 ε_θ^p。但通常 $d\varepsilon_\theta^p$ 较小,不考虑此分量时,式 (4.115)成为

$$d\varepsilon_{ij}^{p} = d\varepsilon_v^p \frac{\partial p}{\partial \sigma_{ij}} + d\varepsilon_s^p \frac{\partial q}{\partial \sigma_{ij}} \tag{4.117}$$

对于金属材料,$d\varepsilon_v^p = 0$,上式退化为经典的单一塑性势面理论。

　　我们知道,塑性应变增量的方向由塑性势面确定,而大小按其相应的屈服面确定。在经典塑性理论中,采用相关联的流动法则,即屈服函数等于塑性势函数;而广义塑性理论并不要求屈服面与塑性势面必须相同,只要求它们相对应。例如取 σ_1 为塑性势函数,则对应的屈服面必须为塑性主应变 ε_1^p 的等值面;若取 p 为塑性势函数,则对应的屈服面必须为体积塑性应变 ε_v^p 的等值面。于是,屈服函数可写为

$$\left.\begin{aligned}
f_v(p, q, \theta_\sigma, H_v) &= 0 \\
f_s(p, q, \theta_\sigma, H_s) &= 0 \\
f_\theta(p, q, \theta_\sigma, H_\theta) &= 0
\end{aligned}\right\} \tag{4.118a}$$

或

$$\left.\begin{aligned}
f_v(p, q, \theta_\sigma) &= H_v(\varepsilon_v^p) \\
f_s(p, q, \theta_\sigma) &= H_s(\varepsilon_s^p) \\
f_\theta(p, q, \theta_\sigma) &= H_\theta(\varepsilon_\theta^p)
\end{aligned}\right\} \tag{4.118b}$$

其中硬化参数 $H_v = H_v(\varepsilon_v^p), H_s = H_s(\varepsilon_s^p), H_\theta = H_\theta(\varepsilon_\theta^p)$。微分上式得

$$\left.\begin{aligned}
d\varepsilon_v^p &= \frac{1}{A_1}\frac{\partial f_v}{\partial p}dp + \frac{1}{A_1}\frac{\partial f_v}{\partial q}dq + \frac{1}{A_1}\frac{\partial f_v}{\partial \theta_\sigma}d\theta_\sigma \\
d\varepsilon_s^p &= \frac{1}{A_2}\frac{\partial f_s}{\partial p}dp + \frac{1}{A_2}\frac{\partial f_s}{\partial q}dq + \frac{1}{A_2}\frac{\partial f_s}{\partial \theta_\sigma}d\theta_\sigma \\
d\varepsilon_\theta^p &= \frac{1}{A_3}\frac{\partial f_\theta}{\partial p}dp + \frac{1}{A_3}\frac{\partial f_\theta}{\partial q}dq + \frac{1}{A_3}\frac{\partial f_\theta}{\partial \theta_\sigma}d\theta_\sigma
\end{aligned}\right\} \tag{4.119}$$

其中 $A_1 = \partial H_v / \partial \varepsilon_v^p$, $A_2 = \partial H_s / \partial \varepsilon_s^p$, $A_3 = \partial H_\theta / \partial \varepsilon_\theta^p$。

陈瑜瑶(2001)通过真三轴试验指出,应力水平低时,应力增量方向与塑性应变增量方向不发生偏离;应力水平高时,两者出现偏离,但偏离角不大。这一结果与国外文献基本一致。可以近似认为偏离角 α 是常量,即 q 方向的塑性剪应变与 θ_σ 方向的塑性剪应变近似成比例。于是,q 方向的剪切屈服面与 θ_σ 方向的剪切屈服面相似,只是大小不同。

$$f_\theta = f_s \tan\alpha \tag{4.120}$$

4.6.4　有关问题讨论

多重屈服面把应力空间划分成若干个区,其优越性在于:①可以反映不等向硬化特性,即在应力路径前进方向硬化得多一些,其他方向硬化少一些或不硬化;②反映塑性应变方向对应力增量方向的依赖性。采用这种模型通常是由几种应力路径试验确定参数,每种试验只引起一个屈服面的屈服。

关于多重势面理论,人们有不同的看法。杨光华(1991,1997)认为,多重势面理论是建立于数学理论基础上的具有更为一般性的理论,比经典理论具有更广的适应性,可望发展用于表述像岩土材料这样复杂介质的本构关系。而陈生水(1992)则认为,该理论并没有突破经典弹塑性理论。杨代泉(1992)也认为,多重势面理论并非从变形机理出发,而是从数学角度出发建立起来的,因此它只能适合于抽象的材料。这些批评是中肯的,这种塑性理论至今未能获得实质性发展也许正是由于其抽象性。

4.7　新型本构理论

人们在岩土材料本构理论研究方面已付出了巨大努力,但仍面临着许多严峻挑战。塑性势面和屈服面都是经典塑性理论中的概念,关于它们对岩土类材料的适用性存在不同的看法。例如李广信认为屈服面是必要的,而陈生水(1992)则指出,岩土材料强烈的非线性使得人们难以在应力空间指定这样一个区域,在其内加载或卸载不产生塑性变形。因此他认为,经典的屈服面概念应该放弃,而只需代之以合适的加载或卸载准则。此外,有些人认为,塑性势在岩土力学中是可有可无的概念。试验只能测定塑性应变的方向,而不能直接测定塑性势;而且有了塑性应变方向,就可以建立相应的模型,不必再求助于塑性势。争论也许会继续下去,但人们已经开始了其他途径的探索。本节简要介绍几种正处在研究阶段的本构理论的基本概念,包括塑性内时理论、损伤本构理论、结构性模型。

4.7.1　塑性内时理论

对于弹性材料,可测量的**基本状态变量**之间存在着单调函数关系,本构方程仅由这些变量构成。而对于耗散材料,状态变量间的单调函数关系并不存在。要想确定本构方程,必须补充反映材料变形过程中内部结构变化的内部状态变量即**内变量**。内变量是无法测量或不能直接测量的,但它们是独立的。在塑性理论中已经遇到过内变量,例如塑性功等。此外,描述材料损伤程度的损伤变量也属于内变量。相对而言,可直接测量的基本状态变量称为**外变量**。

塑性内时理论的特点是引入反映材料内部结构变化历史的内变量。K. C. Valanis(1971)提出的这种理论假定状态函数对自变量历史的依赖关系只表现在对某些内变量的即时值的依赖关系上。于是,内变量也就构成状态变量的一部分,而且有如下公理:**一个外变量和内变量的完整集合总是存在的,该集合的现时值将唯一地决定系统的当前热力学状态**。在内时理论中,内变量刻画塑性变形后内部不可逆的状态变化。关键问题是:如何用尽可能少的内变量去表征材料内部不可逆的变化对应力应变关系的影响,并根据试验结果去确定由此而引入的待定参数。当然,建构内时本构方程必须知道内变量是怎样演化的。

内时理论较为复杂,并未获得广泛应用。但内时变量的概念确实给人以启发,并在损伤理论和结构性模型中得到体现。现有内时理论主要用于循环荷载下的分析,所以在第8章中将给出模型的实例。

4.7.2　损伤本构理论

材料损伤的发展必然造成材料模量或刚度的降低。目前的趋势是将材料单元视为损伤单元,通过引入损伤变量,建立损伤演化方程,并将其结合到本构方程中去(周维垣等,1991;周维垣等,1992;赵震英,1991;赵锡宏等,2000)。损伤的发展反映着不可逆变形过程,损伤变量正是内变量。可见,损伤本构理论是在考虑内变量的塑性内时理论框架内建立起来的。

(1)损伤变量及演化

连续介质损伤力学是在连续介质力学框架内发展起来的,其方法基本上是宏观的唯象方法。将材料中存在的微裂纹理解为连续的变量场即损伤场,并用损伤变量描述材料的损伤状态。从热力学观点看,损伤变量是一种内部状态变量,宏观损伤力学用内变量来描述材料内部结构的变化,而不去更细致地考察其变化的机制。若 A 为材料单元的受力面积,A_e 为有效承载面积,则损伤变量 d 可定义为

$$d = \frac{A - A_e}{A} \tag{4.121}$$

若损伤与方向无关,则称为**各向同性损伤**,此时标量 d 就能表征材料的损伤。实际材料中的微缺陷往往是各向异性的。特别是受力后,微缺陷的取向、分布及演化与受力方向密切相关,因此材料损伤实质上是各向异性的。为了描述损伤的各向异性,可采用 2 阶或 4 阶张量 d 来定义损伤。

在受力变形过程中,材料损伤将不断发展,损伤演化方程可一般地表示为

$$\dot{d} = \frac{\mathrm{d}d}{\mathrm{d}\lambda} = \dot{d}(\sigma_{ij}, \varepsilon_{ij}, d, \cdots) \qquad (4.122)$$

其中 $\lambda > 0$,是一类似时间 t 的单调增变量。在单向拉伸情况下,Mazars 将损伤演化方程表示为

$$d = 1 - \frac{\varepsilon_t^0(1 - A_t)}{\varepsilon} - \frac{A_t}{\exp[B_t(\varepsilon - \varepsilon_t^0)]} \qquad (4.123)$$

其中 $A_t, B_t, \varepsilon_t^0$ 为材料常数,由试验确定。

(2)弹性损伤模型

设材料损伤表现在承受力的有效面积 A_e 比原面积 A 减小,即

$$A_e = A(1 - d) \qquad (4.124)$$

有效应力 σ_e 定义为

$$\sigma_e = \frac{\sigma A}{A_e} = \frac{\sigma}{1 - d} \qquad (4.125)$$

其中 σ 为**表观应力**。假定损伤对变形的影响只通过有效应力来体现,则损伤材料的本构方程只需要把原始无损伤材料本构方程中的应力改为有效应力即可。例如对于一维线弹性情形,有

$$\varepsilon = \frac{\sigma_e}{E} = \frac{\sigma}{E(1 - d)} \qquad (4.126)$$

其中 E 和 $E(1 - d)$ 分别为无损伤材料和损伤材料的弹性模量。实际上,上述假设就是**等效应变假设**,即表观应力 σ 作用在损伤材料上引起的应变与有效应力 σ_e 作用在无损伤材料上引起的应变相等。

根据式(4.126)并表观地看问题,可以认为损伤体现为弹性模量的降低。对于各向同性损伤,复杂应力条件下的本构方程可写成

$$\boldsymbol{\sigma} = \boldsymbol{D}\boldsymbol{\varepsilon} \qquad (4.127)$$

其中 $\boldsymbol{D}$ 为损伤材料的弹性矩阵。设初始弹性矩阵为 $\boldsymbol{D}_0$,则 $\boldsymbol{D}$ 可写成

$$\boldsymbol{D} = (1 - d)\boldsymbol{D}_0 \qquad (4.128)$$

学者们也发展了弹塑性和黏弹塑性损伤本构模型,这里不再介绍。

(3)复合体模型

考虑到土在受力变形过程中的损伤和微结构的变化,沈珠江(1994)提出了**复合体模型**。他定义天然沉积土或人工填筑土为理想原状土,受到作用后结构

性完全丧失的土为完全损伤土。变形过程中的土可以视为理想原状土和完全损伤土的复合体。如果引入损伤力学的概念,把损伤土所占的比重 ω 称为**损伤比**,则变形过程中微结构的变化可以用损伤演化规律来描述。在这个模型中,原状土和损伤土各自看作一个弹簧,共同承担外荷载,即

$$\boldsymbol{\sigma} = (1 - \omega)\boldsymbol{\sigma}_i + \omega\boldsymbol{\sigma}_d \qquad (4.129)$$

其中 $\boldsymbol{\sigma}_i$ 和 $\boldsymbol{\sigma}_d$ 分别为原状土和损伤土的应力。上式的增量形式为

$$\Delta\boldsymbol{\sigma} = (1 - \omega)\boldsymbol{D}_i\Delta\boldsymbol{\varepsilon} + \omega\boldsymbol{D}_d\Delta\boldsymbol{\varepsilon} - (\boldsymbol{\sigma}_i - \boldsymbol{\sigma}_d)\Delta\omega \qquad (4.130)$$

其中 $\boldsymbol{D}_i$ 和 $\boldsymbol{D}_d$ 分别为原状土和损伤土的切线弹性矩阵。如果假定 ω 是应变的函数,则上式可简写为

$$\Delta\boldsymbol{\sigma} = \boldsymbol{D}_{epd}\Delta\boldsymbol{\varepsilon} \qquad (4.131)$$

其中弹塑性损伤矩阵为

$$\boldsymbol{D}_{epd} = (1 - \omega)\,\boldsymbol{D}_i + \omega\boldsymbol{D}_d - (\boldsymbol{\sigma}_i - \boldsymbol{\sigma}_d)\left(\frac{\partial\omega}{\partial\boldsymbol{\varepsilon}}\right)^{\mathrm{T}} \qquad (4.132)$$

根据试验资料,可采用适当的函数形式描述损伤演化规律。例如,采用指数函数

$$\omega = 1 - \exp(a\varepsilon_v - b\varepsilon_s) \qquad (4.133)$$

4.7.3 结构性本构模型

沈珠江把从微观结构变化的考虑出发建立起来的本构模型称为**结构性模型**(structured model),并认为发展这种模型是现代土力学的核心问题,而且只有通过试验彻底弄清实际变形过程的微观机理,才能建立起符合实际的本构模型。的确,为使本构理论趋于完善,必须基于材料的变形机理;而要弄清变形机理,必须进行微观研究。事实上,只有把宏观现象与微观机理结合起来,才能在理论建构时做出符合实际的假定。到目前为止,已经提出了几种结构性模型,例如多滑移机构模型(Aubry 等,1982)、散粒体模型(沈珠江,1999)、砌块体模型(沈珠江,2000a)等。显然,损伤本构模型也可以看作结构性模型。以下简要介绍沈珠江提出的砌块体模型。

结构性黏土的三轴试验表明,低围压下的试样有明显的应变软化现象,并伴有一定的剪胀性;剪切带内及边缘处的团粒显示出逐渐变小的过程。据此,沈珠江认为原状结构性黏土类似于块石砌成的不均质结构,在外力较小时,砌块之间的薄弱联结先受到破坏而形成微裂缝,裂缝之间为尚保持完整的大块。随着荷载的增大,裂缝逐渐扩展连通,把大土块分割为小土块和团粒,破坏严重的地方形成剪切带,带内的团粒进一步被粉碎。可以认为,施加应力增量产生的应变增量由三部分构成,即弹性应变增量、颗粒滑移引起的塑性应变增量和颗粒破损引起的塑性应变增量。设 f 为描述颗粒滑移的屈服函数,g 为描述颗粒破损的损伤函数,并采用相关联的流动法则,则相应的应变增量可写成

$$d\varepsilon_{ij} = C_{ijkl}d\sigma_{kl} + d\lambda_s \frac{\partial f}{\partial \sigma_{ij}} + d\lambda_p \frac{\partial g}{\partial \sigma_{ij}} \qquad (4.134)$$

沈珠江建议了函数 f 和 g，其中 f 以塑性体积应变 ε_v^p 为硬化参数，表示为

$$f = \frac{\sigma_m}{1 - (\eta/\alpha)^n} - f_0\exp\left(\frac{\varepsilon_v^p}{c_c - c_s}\right) = 0 \qquad (4.135)$$

在函数 g 中引入与孔隙比有关的损伤参数 ω，表示为

$$g = \frac{\sigma_m}{1 - (\eta/\beta)^n} - g_0 - (g_m - g_0)\sqrt{2\ln\frac{1}{1-\omega}} = 0 \qquad (4.136)$$

其中 $\eta = q/p$ 为应力比，其余为试验参数。

　　建立结构性模型的难度很大，关键问题在于微结构的定量描述、宏观变形与微结构变化之间的关系。在微结构研究方面已经取得了可喜的进展，例如人们知道在土体积收缩过程中，大孔隙减少多，小孔隙变化小，孔隙分布呈均匀化趋势；在荷载作用下，扁平颗粒长轴趋向与大主应力垂直，但当出现剪切带时，颗粒定向将趋向与剪切带平行；剪胀引起的密实度减小、出现剪切带后颗粒的转向、黏土颗粒间胶结的破坏等，都与土的软化现象有关。但是，将微结构变量及其演化方程引入本构模型，这在目前还做不到。此外，软化现象往往与变形的局部化或剪切带的形成相伴随，例如密砂在伸长试验中特别容易形成剪切带。剪切带内产生大应变，远大于通常量测的平均应变；而且带内的颗粒发生明显定向，试样成了极不均匀的单元。真实的应力应变曲线难以测定。目前的测量和描述都还是针对试样的平均状况而进行的，例如测量试样顶部的位移，除以试样高度即为应变，应力也是荷载除以试样面积得到的。沈珠江(2000b)认为，比较可行的途径是先建立允许试样产生应变局部化的本构模型，把试验结果当作边值问题处理，根据测定的顶部位移和荷载数据通过反馈分析得出模型参数。然后通过计算间接得出剪切带内的应力应变曲线。

　　从现有结构性模型看，基本上处于概念模型阶段。很显然，上述砌块体模型与普通弹塑性模型相似，不同之处在于引入了损伤参数，而损伤参数只是孔隙比的函数。关于结构性模型的研究，沈珠江认为，微观研究的基本目标是建立微结构变化与宏观应力应变之间的定性规律，或者说揭示宏观变形的微观机理。不过，我们也不能排除把微结构变量引入本构模型的可能性。

4.8　复杂因素与模型选择

　　由于存在巨大困难，现有主要本构模型都没有一般地考虑土的各向异性、路径相关性、中间主应力以及主应力轴旋转等因素的影响。但这并不等于在特定

的情况下,不需要也根本不可能适当考虑某些重要因素的影响。人们是如何考虑的? 此外,面对数百种模型,实际中如何选择也成了一个难题。模型选择应遵循怎样的原则?

4.8.1 各种因素的考虑

在本构模型中考虑各向异性是非常麻烦的。当土被视为各向同性材料时,可取三个屈服面,因为只要确定 $\sigma_1, \sigma_2, \sigma_3$ 或 I_1, J_2, θ_σ,就可给定屈服面中的一点。若考虑各向异性,则需采用六个屈服面,这将大大增加问题的难度。实用上,可修正现有模型的参数以考虑各向异性。例如,对 Duncan-Chang 模型中的切线模量 E_t 和强度 $(\sigma_1 - \sigma_3)_f$ 进行各向异性修正

$$E_t = \alpha E_{t0}$$

$$(\sigma_1 - \sigma_3)_f = \beta(\sigma_1 - \sigma_3)_{f0}$$

其中 α, β 为各向异性系数,是各向异性方向角 α_σ (图 4.30)、$b = (\sigma_2 - \sigma_3)/(\sigma_1 - \sigma_3)$ 等变量的函数; $E_{t0}, (\sigma_1 - \sigma_3)_{f0}$ 是 $\alpha_\sigma = 0$ 时的相应值。

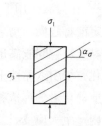

图 4.30 α_σ 角

许多本构模型是依据常规三轴试验资料建立的,没有反映中间主应力 σ_2 的影响。实际情况常近似平面应变问题,不考虑 σ_2 的影响会引起误差。适当的办法是在试验中控制中间主应力,使其接近于实际土体中出现的 σ_2 值。这样做需要进行真三轴试验。当只具备常规三轴仪时,有人建议使常规三轴试验中的围压等于实际土体中 σ_2 和 σ_3 的平均值,以粗略地计及 σ_2 的影响。

本构方程的应力路径相关问题是个难题,目前还没有很合适的解决办法。最好是在试验中尽可能使试验路径与实际的应力路径相符,以近似地考虑路径的影响。但我们不可能严格地这样进行,因为实际土体中各点的应力路径不同,而且详细情况是未知的。研究表明(罗汀等,2004;路德春等,2005),当应力路径充分接近时,材料的本构关系基本相同。这样,可以在土体中大致确定不同的加荷区域,每个区域遵从某种主导性应力路径,以此确定试验路径,建立相应的本构关系。

材料进入软化阶段后,屈服面不断收缩,强度不断降低。收缩到最终屈服面时,进入流动状态。此时的破坏面即残余破坏面。在本构模型研究中,许多人采用屈服面可以收缩的弹塑性理论描述应变软化现象。此外,采用损伤本构模型也可较好地考虑应变软化。

必须指出,我们不可能完全了解土的应力历史,任何试验也都不可能完全模拟实际土体中复杂多样的应力路径和应力状态。要想建立一种本构模型来全面地、正确地反映土的所有复杂性是不可能的;而且即使能建立这种模型,也将因

太复杂而不能有效地应用于实际。因此黄文熙(1983)建议:研究的方向应是针对特殊的土体、特殊的工程对象和问题的特点,去找简单而能说明最主要问题的本构模型。

4.8.2　本构模型的选择

到目前为止,已经发展了数百种本构模型,但真正通过检验并获得实际应用的并不多。模型检验的任务依然很艰巨,许多著名学者(黄文熙,1983;郑颖人等,1989;沈珠江,2000)都曾强调过这一点。任何本构模型都是通过某种试验资料确定的,可以通过其他类型的试验来检验其可靠性和适用性。此外,也可通过工程应用进行检验,即比较采用模型计算的结果与实测结果。

在以往的分析中,应用较广的有线性弹性模型、Duncan - Chang 非线性弹性模型和剑桥弹塑性模型等。解决工程问题时选择何种模型,需要以经验为基础做出健全的工程判断。重要的是选择要有针对性,最有用的模型是能解决实际问题的最简单模型。举例说,如果用线弹性模型和变形模量估算出来的地基沉降量的精度能满足工程的需要,就无需采用弹塑性模型来求更精确的解答。又例如超固结黏性土或密砂的应力应变具有软化阶段,但这并不意味着实际中的土就一定会有这种表现。如果设计中留有相当的安全度,不允许材料达到破坏而出现软化,那么分析中选择模型时就不必考虑软化问题。沈珠江(2000)指出:"假设是对复杂事物的一种简化,只要能在一定范围内适用,简化假设就会有生命力,土的弹性体假设就是例证。假设越少,考虑的因素越全面的理论,如果使用起来太复杂,就未必优于更简单的理论,有的甚至是画蛇添足,多此一举。该简单的地方简单,该复杂的地方复杂,这恐怕是研究工作的一条重要原则。"

做出选择是困难的,最佳选择是不能保证的。创造 D - C 非线性弹性模型的 Duncan 在 1984 年与卢肇钧交谈时说道:"没有人能够评价这么许多各式各样的模型,因为其中有许多尚未经受首次实践验证。而且,即使经过一次实践观测与计算结果比较接近,第二次又可能相差甚远。我自己的模型便是如此,不可完全相信,但又有一定的参考价值,可以补充其他计算方法的不足之处。这是因为土的性质太复杂了,多采用几种计算方法并互相比较分析总是有益的。"(卢肇钧,1997)

第5章

土体渗流计算

水在土体孔隙及裂隙中流动的现象称为**渗流**(seepage)(图 5.1)。之所以能够发生渗流现象,是因为土体介质具有**渗透性**(permeability),并受到水头差的作用。在土工问题中,诸如黏性土地基的固结变形与强度增长、堤坝的渗透变形与稳定、基坑排水降水及稳定性、挡水和输水建筑物的渗漏等许多领域都与渗流现象有关,从而使渗流问题成为土力学的基本内容之一。

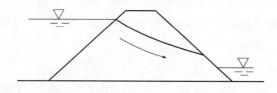

图 5.1 堤坝渗流现象

通常渗流过程伴随着土体变形,但若只着眼于渗流量或研究土骨架变形已稳定的情况下渗流对土体稳定性的影响,则可以假定土骨架不变形。这种分析称为**渗流计算**,它是本章所要讨论的内容。而施加荷载后土体变形过程中的渗流现象将在固结计算中考虑(第 7 章)。

5.1 土中水的势能

渗流是土中水分转移现象,其内因在于土具有渗透性,外因则是各点孔隙水势能的不平衡。众所周知,土中各点水的势能相等时,水处于静态平衡;否则将发生水分转移,而且水分总是从高势能处流向低势能处。土中水的势能包括哪些成分? 如何表达?

5.1.1 势能的概念

就土体中任何一点来说,该处水的总势能 $\Delta\Phi$ 为各种势能分量之和,可表达为

$$\Delta\Phi = \Delta\Phi_g + \Delta\Phi_m + \Delta\Phi_p + \Delta\Phi_v + \Delta\Phi_o + \Delta\Phi_e + \cdots \tag{5.1}$$

其中 $\Delta\Phi_g$ 为重力势;$\Delta\Phi_m$ 为广义毛管势;$\Delta\Phi_p$ 为压力势;$\Delta\Phi_v$ 为速度势;$\Delta\Phi_o$ 为盐渗析势;$\Delta\Phi_e$ 为电渗势。

重力势即土中水的位能,取决于所研究点和基准面的相对位置。在基准面以上,重力势为正;基准面以下,重力势为负。基准面可任意确定,因为描述流动所需的是两点间的能量梯度。**广义毛管势**(matric potential)是骨架与水相互作用而形成的势能。它不仅取决于孔隙中弯液面的表面张力,而且也与颗粒表面同水的物理化学作用有关。地下水位以上广义毛管势为负值,地下水位以下为零;处于平衡状态时,与重力势大小相等、符号相反。**压力势**是由水所受压力引起的,在地下水位以下相当于测压管压力。在非饱和土中,当饱和度小于某一数值后,将不存在压力势。**速度势**是由水流速度引起的。**盐渗析势**(osmotic potential)是因两点处水的盐浓度不同而引起的势能差。**电渗势**(electro – osmotic potential)是土中两点因电位不同而引起的孔隙水势能差。

5.1.2　水头的概念

虽然土体中水的总势能包括多个分量,但通常主要分量并不很多。在地下水位以上,主要的势能组合为重力势和广义毛管势;地下水位以下,主要为重力势和压力势。在渗流分析中,势能常用**水头**(hydraulic head)来表示。例如,饱和土体中某处的水头 h 为

$$h = h_z + h_p + h_v = z + \frac{u}{\gamma_w} + \frac{v^2}{2g} \tag{5.2}$$

其中 z 为该点的位置坐标,即到基准线的距离;u 为该点的孔隙水压力;γ_w 为水的**重度**(gravity density);v 为该处水的渗流速度。式(5.2)中的三项分别是位置水头、孔压水头和速度水头。通常土体中的水流速度很小,其势能与总势能相比可忽略不计,从而有

$$h = h_z + h_p = z + \frac{u}{\gamma_w} \tag{5.3}$$

当土体中两点之间的总势能差或水头差 Δh 不为零时,这两点之间便会产生水的流动。Δh 也称为水头损失,是水所受黏滞阻力引起的能量损失。

5.2　土的渗透性

通常土体被看成典型的**多孔介质**(porous media),而多孔介质可定义为:由多种物质组分构成,其中至少有一种为非固态的,这种非固态物质可以是液体或气

体;组成多孔介质骨架的固态组分必须分布在介质所占有的整个空间,并存在于每个代表性单元体内;固态骨架的空隙至少有部分是相互连通的,可以容许流体通过。本节重点介绍土作为多孔介质的渗透性,并对渗透性的物理本质进行讨论。

5.2.1　渗流定律

(1)Darcy 定律

H. Darcy(1856)通过砂土渗透试验发现,单位时间内渗透过试样的流量 Q 与试样断面面积 A 和试样两端的水头差 Δh 成正比,与渗透水流的流程长度即渗径 L 成反比,由此

$$Q = kA \frac{\Delta h}{L}$$

其中 k 为比例系数。注意到渗流速度 $v = Q/A$,有

$$v = ki \tag{5.4}$$

这就是著名的 Darcy 定律,其中的比例系数 k 称为**渗透系数**(coefficient of permeability); $i = \Delta h/L$ 为水头差与渗径之比,称为**水力坡降**或**水力梯度**(hydraulic gradient)。

(2)渗透系数

渗透系数 k 的物理意义是单位水力坡降时的渗流速度。在 Darcy 定律表达式中,采用了两个假定:流体通过全面积,因此所得到的流速是以整个断面积计的**假想流速**,而不是流体的**真实流速**(仅颗粒骨架间的孔隙是透水的);介质中水的实际流程是十分弯曲的,比试样长度大得多且无法知道,Darcy 考虑了以试样长度计的平均水力坡降,而不是局部水头损失。这样处理就避免了微观流体力学分析上的困难,得出一种统计平均值,基本上是经验性的宏观分析,但仍不失其理论和实际价值。平均流速 v_s 与假想流速 v 之间的关系为

$$v_\mathrm{s} = \frac{v}{n} \tag{5.5}$$

其中 n 为土的**孔隙率**(porosity)。

Darcy 定律表达的是均匀不可压缩流体的单向渗流方程,要把它普遍化推广到多维渗流,就要表达为微分形式。对于各向异性介质,一般形式为

$$\begin{Bmatrix} v_x \\ v_y \\ v_z \end{Bmatrix} = - \begin{bmatrix} k_{xx} & k_{xy} & k_{xz} \\ k_{yx} & k_{yy} & k_{yz} \\ k_{zx} & k_{zy} & k_{zz} \end{bmatrix} \begin{Bmatrix} \dfrac{\partial h}{\partial x} \\ \dfrac{\partial h}{\partial y} \\ \dfrac{\partial h}{\partial z} \end{Bmatrix} \tag{5.6}$$

其中 k_{ij} 为渗透张量;h 为总水头。如果 x,y,z 为正交各向异性介质渗透性的主

方向,相应的渗透系数主分量为 k_x,k_y,k_z,则式(5.6)成为

$$
\left.\begin{array}{l}
v_x = -k_x \dfrac{\partial h}{\partial x} \\[2mm]
v_y = -k_y \dfrac{\partial h}{\partial y} \\[2mm]
v_z = -k_z \dfrac{\partial h}{\partial z}
\end{array}\right\}
\tag{5.7}
$$

(3)适用范围

试验研究表明,大多数土中的渗流服从 Darcy 定律,但有些情况下却出现偏离。例如,有一项研究表明,实测固结度从 85% 到 100% 的时间滞后很长,达到 100% 的时间与达到 85% 的时间之比是 10 ~ 15,而用 Terzaghi 理论算出的同一比值是 3。这说明非 Darcy 渗流是存在的。有理论计算表明,如果渗流速度与水力坡降呈非线性关系,则固结速率将大为延迟,与实测结果比较符合。

渗流偏离 Darcy 定律与多种因素有关。例如水流的形式、土的类型等。通常将水流分为**层流**和**紊流**两种基本类型。所谓层流就是流线(即水质点的运动路径)相互平行而无交叉,此时水头损失与流速成比例,流动阻力以黏滞力为主,惯性力可忽略不计。紊流时水质点的流动途径是不规则的,其流线可任意相交和再相交,水头损失与流速的平方成比例,运动阻力以惯性力为主。根据对管道水流的试验研究,Reynold 提出用一个无量纲参数 Re(称为 Reynold 数)来反映水流结构,其定义为

$$
Re = \frac{v\rho d}{\mu}
$$

其中 v 为流速;ρ 为液体密度;d 为管道直径;μ 为**黏滞系数**(viscosity)。

试验表明(图 5.2),管道中水流 $v-i$ 的关系可分为三个区。**层流区**:当流速较小时,流体服从 Newton 黏滞定律,$v-i$ 呈线性关系;**过渡区**:$v-i$ 线波动不定,且偏离 Darcy 定律;**紊流区**:大流速时,$v-i$ 有固定关系,但与小流速时的关系不同。可见,Darcy 定律适用的上限为层流区和过渡区的分界点,极

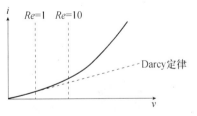

图 5.2　$v-i$ 关系示意图

限雷诺数 Re 约为 1 到 10。当 Re 不超过 1 ~ 10 时,Darcy 定律是适用的。从实用的角度看,除堆石体和反滤排水体等大孔隙粗粒土外,大多数土都在这个范围内。当 Re 超过该值后,$v-i$ 明显偏离 Darcy 定律(图 5.2)。人们根据大 Re 数土的渗透试验资料,提出过多种经验公式。例如 Forchheimer 用下列公式去拟合试验资料。

$$
i = av + bv^2
\tag{5.8}
$$

其中 a, b 为常数。另一个简单公式为

$$v = ki^m \tag{5.9}$$

其中 $m = 0.5 \sim 1.0$。

对于黏性土,存在起始水力坡降 i_0,当 i 小于 i_0 时不发生渗流(图 5.3)。通常延伸 $v-i$ 曲线的直线段,与 i 轴的交点作为 i_0,此时渗流定律表示为

$$v = k(i - i_0) \tag{5.10}$$

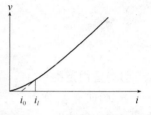

图 5.3　起始水力坡降

通常认为,起始水力坡降与黏性土中的结合水有关。黏土的孔隙直径约为 $0.1\mu m$,有时几乎被结合水所占满。强结合水的属性与固体类似,在水力作用下是不能移动的,仅在变成蒸汽状态时才能在土中转移,故在渗流问题中可将其视为固相的一部分。弱结合水的黏滞性比自由水高,在水力坡降作用下可逐渐转变为自由水参与运动,从而扩大孔隙通道的过水断面。这种性状有可能导致黏土呈现非线性的渗流规律。

必须指出,关于起始水力坡降是否存在的问题有争议。例如,有人认为 Darcy 定律在小坡降时也适用,偏离的现象是由试验误差造成的;还有人认为 Darcy 定律在小坡降时不适用,也不存在起始水力坡降,$v-i$ 曲线通过原点,呈非线性关系(图 5.3)。Hansbo(1960)通过黏性土渗透试验提出如下非 Darcy 渗流定律

$$\left.\begin{array}{ll} v = ki^m & i \leqslant i_l \\ v = K(i - i_0) & i > i_l \end{array}\right\} \tag{5.11a}$$

其中 m 为试验常数;k, K 分别为渗透系数;i_l 代表克服最大结合水吸附力所需的水力坡降。当 $m = 1$ 且 $i_0 = 0$ 时,上式退化为 Darcy 定律。

由图 5.3 中曲线的连续性和可微性可得

$$i_0 = \frac{i_l(m-1)}{m}, \qquad k = \frac{K}{mi_l^{m-1}}$$

于是,式(5.11a)可写成

$$\left.\begin{array}{ll} v = \dfrac{Ki^m}{mi_l^{m-1}} & i \leqslant i_l \\[3mm] v = K\left[i - \dfrac{i_l(m-1)}{m}\right] & i > i_l \end{array}\right\} \tag{5.11b}$$

5.2.2　渗透模型

Darcy 定律是试验得出的经验关系。为了说明土的渗透机理,学者们在层流假设下推导了多种流动方程以揭示 k 的物理意义,例如毛管模型、量纲分析、水力半径理论、拖曳理论等。这里只简要介绍**毛管模型**,并根据有关理论公式的提

示,对影响渗透性的因素进行分析。

毛管中水的层流规律由 Hange – Poiseuille 定律表达。其基本假设是水流服从 Newton 黏滞流规律,断面上各点因摩擦损失而有流速 v 变化,毛管边界上流速为零,而中心处最大,沿断面的流速分布为抛物线型。对于黏滞系数为 μ 的 Newton 流体,摩擦力为

$$\tau = -\mu\frac{\mathrm{d}v}{\mathrm{d}r} \tag{5.12}$$

设毛管半径为 R,断面为 A,r 为毛管中任一同心圆柱体的半径,长度为 L 的圆柱体内的水头损失 h 所引起的压力 $\pi r^2\gamma_{\mathrm{w}}h$ 与周边阻力 $2\pi rl\tau$ 相平衡,即

$$\pi r^2\gamma_{\mathrm{w}}h = 2\pi rL\left(-\mu\frac{\mathrm{d}v}{\mathrm{d}r}\right)$$

其中 γ_{w} 为水的重度。注意到 $r = R$ 时,$v = 0$,可得

$$v = \frac{\gamma_{\mathrm{w}}i}{4\mu}(R^2 - r^2) \tag{5.13}$$

通过图 5.4 中阴影微元面积的流量为

$$\mathrm{d}Q = v\cdot 2\pi r\cdot\mathrm{d}r$$

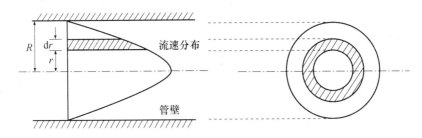

图 5.4　毛管模型

通过整个管道的流量为

$$Q = \int_0^R v2\pi r\mathrm{d}r = \frac{\gamma_{\mathrm{w}}R^2}{8\mu}iA$$

毛管水流平均速度为

$$v_{\mathrm{s}} = \frac{Q}{A} = \frac{\gamma_{\mathrm{w}}R^2}{8\mu}i$$

若断面孔隙率为 n,则整个断面计的渗流速度为

$$v = v_{\mathrm{s}}n = \frac{\gamma_{\mathrm{w}}R^2}{8\mu}in \tag{5.14}$$

将上式与 Darcy 定律(5.4)比较,得

$$k = \frac{\gamma_{\mathrm{w}}R^2}{8\mu}n \tag{5.15}$$

考虑到实际孔隙通道与毛管模型之间的不同,上式可写成

$$k = C_s \frac{\gamma_w}{\mu} R^2 n \qquad (5.16)$$

其中 C_s 为形状系数。

　　根据各种渗流模型推导出来的结果看,k 的表达式中所包含的参数基本上是相似的。通常采用 Taylor(1948)据毛管流 Hange – Poiseuille 方程进一步导出的渗透系数公式来分析影响渗透性的因素,其表达式为

$$k = C \cdot d_s^2 \cdot \frac{\gamma_w}{\mu} \cdot \frac{e^3}{1+e} \qquad (5.17)$$

其中 C 是形状系数;d_s 为当量圆球直径,它相当于土粒比表面积和体积之比;e 为孔隙比。式(5.17)中的 γ_w/μ 表征流体的影响;$C,d_s^2,e^3/(1+e)$ 表征多孔介质特性的影响。根据这个公式直接计算 k 存在很多问题,但可依据此式讨论各种因素对渗透系数的影响。

　　渗透系数 k 不仅与多孔介质特性有关,而且还与流体的类型、温度和压力有关。在饱和土的力学问题中,流体为水;而且在土中遇到的温度和压力变化范围内,水的重度 γ_w 可以视为常数。如果需要考虑温度变化时黏滞性 μ 的变化对渗透性的影响,可以对标准温度下 k 值进行修正。水温越高,μ 越低,且 k 与 μ 基本上呈线性关系。于是

$$k_S = k_T \frac{\mu_S}{\mu_T} \qquad (5.18)$$

其中 k_S 和 μ_S 分别为某标准温度(例如我国水利部门制定的土工试验规程采用 10℃为标准温度)下的渗透系数和水的黏滞系数;k_T 和 μ_T 分别为试验水温为 T 时的渗透系数和黏滞系数。

5.2.3　渗透性影响因素

(1)渗透流体与矿物

流体影响渗透性主要是 γ_w 和 μ。若引入常数 K,并令

$$K = k \frac{\mu}{\gamma_w} \qquad (5.19)$$

则可消除流体性质的影响。

　　除流体本身的性质外,土粒与水的相互作用也是影响渗透性的重要因素,而这在理论公式(5.17)中并没有反映出来。就土粒与水的相互作用而言,无黏性土表现为惰性体系,黏性土则为活性体系。这是因为无黏性土的颗粒较大,通常呈等维状,比表面积小,矿物晶格活动性小,土粒与水的相互作用并不重要。黏性土中的黏土矿物颗粒极微小且为片状,比表面积大,土粒与水发生强烈的物理化学作用。黏粒矿物成分不同,与水相互作用的强度不同,而且和交换阳离子成

分有关,这将影响土的渗透性。当土中黏粒含量相同时,渗透性的大小与矿物成分的顺序为

$$蒙脱石 < 伊利石 < 高岭石$$

这是因为矿物成分不同,吸附水膜的厚度不同,从而对孔隙流槽的尺寸产生不同的影响。

(2)颗粒大小和级配

渗流现象的各种理论分析表明,渗透系数 k 与介质的某一特征直径的平方成正比,所以许多研究者采用经验公式

$$k = Cd^2 \tag{5.20}$$

其中 C 为试验常数;d 为特征直径,一般采用土颗粒的有效粒径 d_{10},但也有用 d_{50} 或其他特征值的。

很显然,土的颗粒越大,其渗透性也越大,因为由大颗粒构成的孔隙通道也大。但经验表明,公式(5.20)只适用于均匀砂,而无法反映土中细粒含量和粗粒含量对渗透性的影响。换句话说,粒径不是唯一的决定性因素,级配对渗透性也有明显影响。可以理解,在级配良好的土中,较小颗粒填充较大颗粒形成的孔隙,减小孔隙通道的尺寸,从而降低渗透性。此外,细粒含量影响的性质和程度与土的级配有关。如果级配足以阻止细粒为渗透水流所带动,则体系是动水稳定的,渗流速度与水力坡降的关系 $v-i$ 不随 i 和时间 t 而变化。如果细粒是动水不稳的,即在水流作用下移动,则 $v-i$ 关系将随 i 和 t 而变。这是因为若细粒被冲出土体,将使土的渗透性增大;若细粒被带到某处堵塞大孔隙通道,则可使土的渗透性减小。

粗粒含量 P_5(粒径 > 5mm 的颗粒之百分含量)在 30% ~ 40% 以下时,粗粒不能起骨架作用,渗透性主要取决于细粒。由于粗粒本身是不透水的,故 P_5 增大将减小过水断面积,从而使渗透性随 P_5 增大反而略有降低。当 $P_5 > 30\%$ ~ 40% 时,粗粒形成土骨架,P_5 增大产生渗透性降低效应;但填充粗粒孔隙的细粒因骨架阻碍而得不到充分压实,又将使渗透性增大。待达到因粗粒本身阻水而降低渗透性的效应为细粒密度降低而增加透水性的效应所补偿时,渗透性又开始增大;而且此后随 P_5 增加,渗透性迅速增大。当 $P_5 > 70\%$ ~ 75% 时,粗粒明显架空,细粒在粗粒孔隙内只起填料作用,且随时有被水流带走的可能。这时土的渗透性就仅取决于粗粒,而与细粒含量和级配几乎无关了。此外,对于粗粒组成的土(例如堆石体),Darcy 定律不再适用。

(3)密度或孔隙比

根据式(5.17)可知,在其他条件相同时,k 与 $e^3/(1+e)$ 呈线性关系。此外试验资料表明,$e-\lg k$ 呈直线关系。例如,根据黏性土大量渗透试验结果,Y. Nishida 等人提出如下经验公式

$$e = \alpha + \beta \lg k \tag{5.21}$$

其中 α 和 β 是与塑性指数有关的常数

$$\alpha = 10\beta \tag{5.22}$$

$$\beta = 0.01 I_p + \delta \tag{5.23}$$

而 δ 与土的类型有关,其平均值可取 0.05。

黏土的 $k - e^3/(1+e)$ 偏离直线,而 $e - \lg k$ 仍为直线关系。因此,通常认为 $k - e^3/(1+e)$ 的直线关系仅适用于砂土,而 $e - \lg k$ 的直线关系对黏土和砂土都适用。由式(5.21)可知,渗透性随孔隙比的减小而降低。这是容易理解的,因为孔隙比的减小使过水断面减小。

(4)土的结构

黏性土的结构(主要是颗粒排列和孔隙大小及分布)对渗透性具有显著的影响,可使 k 值相差 $10^2 \sim 10^3$ 倍。黏土颗粒是片状的,黏土颗粒集合体即团粒也不是刚性的等维体。沉积或压实作用使黏粒或团粒沿水平方向定向排列,从而使土水平方向的渗透系数大于垂直方向的渗透系数。此外,渗流的毛管模型表明,渗流速度与孔隙直径的平方成正比。因此孔隙率相同的两黏土,团粒间大孔隙占有高比例时的渗透性要比均匀孔隙时的渗透性大得多。压实黏性土的渗透试验表明了这种影响。压实到同一密度的土,在低于最优含水量下压实时,对重新排列的阻力较大,形成杂乱排列的凝聚性结构,具有较大的孔隙,故其渗透性较大;而在高于最优含水量下压实时,团粒及团粒间的强度较弱,易于破碎并重新定向排列,形成分散性结构,其平均孔隙较小,故其渗透性较小。

在黏性土固结过程中,测定不同孔隙比下土的渗透性,发现与理论公式计算结果不符。高孔隙比时,渗透性随孔隙比减小而降低的程度要比计算预测的快得多,而低孔隙比时则相反。这是由于孔隙比较大时,土的压缩主要由于团粒间大孔隙的压缩,并趋于更紧密的排列,所以对渗透性影响较大;而当孔隙比较小时,进一步的压缩主要是团粒本身压缩和团粒内部颗粒的重新定向排列,所以对渗透性影响较小。

(5)封闭气泡

土中封闭气体的含量即使很小,也会对渗透性产生很大影响,特别使渗透性随时间而变化。封闭气泡的影响不单是减小孔隙流槽的过水断面,更重要的是可堵塞某些孔隙通道以使 k 值大为降低;而当封闭气泡被水流带出土体时,k 值又随之增大。

通常所说的饱和试样实际上总是含有数量不同的封闭气泡,因为①在非饱和土充水过程中,总有一些小孔隙中的气体来不及排出而被封闭在土体中;②孔隙水压力和温度的变化可使原来溶解在水中的气泡释出;③天然土层在水中沉积时,因土粒有对抗被水浸湿的阻力,而使颗粒表面有气泡附着;④土料压实时,总有一定数量的气体残留在土体内。为了取得符合实际的资料,最好是使试样中的含气量及其分布能模拟实际情况。但这几乎是不可能的,通常是使试样尽量饱和,以排除封闭气泡的影响,从而获得稳定的 k 值。

5.2.4　土体的渗透性

当土体中存在裂隙时,将为水提供优良的通道。非常简单的计算可使人相信:哪怕很小的裂隙也将使土体的渗透性比孔隙介质高得多。此外,当土体中有相对不透水的黏土层时,也会显著地影响土体中的渗流方式。土单元的渗透系数可由室内渗透试验测定,而土体中不规则裂缝对土体渗透性的影响只能通过现场渗透试验来研究。在现场设置一个抽水井(直径 15cm 以上)和两个以上的观测井(图 5.5)。边抽水边观察水位情况,当单位时间从抽水井中抽出的水量 Q 稳定,并且抽水井及观测井中的水位稳定之后,测定抽水井和观测井的水位,据此可计算渗透系数。

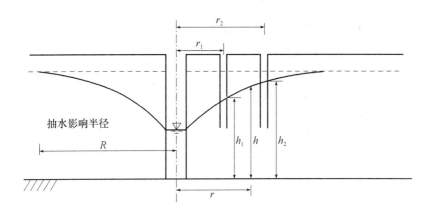

图 5.5　现场抽水试验

假定水流是水平的,则流向水井的渗流过水断面为一系列同心圆柱面。从距离抽水井轴线为 r 的地方取一过水断面,其自由面水位高度为 h,则过水断面面积为 $A = 2\pi rh$。设该断面上各处的水力坡降 i 为常数,且等于自由水位面在该处的坡度,即 $i = \dfrac{\mathrm{d}h}{\mathrm{d}r}$。根据 Darcy 定律,有

$$Q = kiA = k\,\frac{\mathrm{d}h}{\mathrm{d}r} \cdot 2\pi rh \quad \text{或} \quad Q\,\frac{\mathrm{d}r}{r} = 2\pi kh\,\mathrm{d}h$$

积分上式

$$Q\int_{r_1}^{r_2} \frac{\mathrm{d}r}{r} = 2\pi k\int_{h_1}^{h_2} h\,\mathrm{d}h$$

得

$$k = \frac{Q}{\pi(h_2^2 - h_1^2)}\ln\frac{r_2}{r_1} = 2.3\frac{Q}{\pi(h_2^2 - h_1^2)}\lg\frac{r_2}{r_1} \tag{5.24}$$

5.3　渗流基本方程

本节推导连续方程、渗流方程,并给出渗流边界条件和初始条件。其中连续方程还将在固结计算中使用。

5.3.1　连续方程

(1)流体不可压缩

假定:①土体完全饱和;②土颗粒和水本身不可压缩;③渗流服从 Darcy 定律,且渗透系数 k 在渗流过程中保持不变。取图 5.6 所示的微元体为对象,建立基本关系的基础是连续性原理,即**单位时间内微元体的净出水量等于单位时间内微元体积的压缩量**。

首先考虑 z 方向的渗流,微元体过水面积为 $\mathrm{d}x\mathrm{d}y$,厚度为 $\mathrm{d}z$,水流方向为 z 坐标正向,则单位时间内流入微元体的水量为

$$q_z = v_z\mathrm{d}x\mathrm{d}y$$

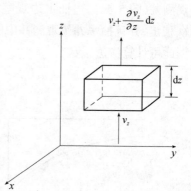

图 5.6　渗流微元

根据假定,渗流服从 Darcy 定律,即

$$v_z = k_z i_z \tag{5.25}$$

如果任意时刻 t 深度 z 处的水头为 h。当坐标增加 $\mathrm{d}z$ 时,水头增量为 $\frac{\partial h}{\partial z}\mathrm{d}z$。在假定水流方向的情况下,水头差为 $-\frac{\partial h}{\partial z}\mathrm{d}z$。因此,水力坡降为

$$i_z = -\frac{\partial h}{\partial z}$$

从而有

$$q_z = k_z i_z\mathrm{d}x\mathrm{d}y = -k_z\frac{\partial h}{\partial z}\mathrm{d}x\mathrm{d}y$$

单位时间内从 z 方向流出单元体的水量为

$$q_z + \frac{\partial q_z}{\partial z}\mathrm{d}z$$

单位时间内单元体从 z 方向的净出水量为

$$dq_z = \left(q_z + \frac{\partial q_z}{\partial z} dz \right) - q_z = \frac{\partial q_z}{\partial z} dz = -\frac{\partial}{\partial z}\left(k_z \frac{\partial h}{\partial z} \right) dx dy dz$$

同理可得 x, y 方向的净出水量，从而单位时间内单元体总的净出水量为

$$dq = -\left[\frac{\partial}{\partial x}\left(k_x \frac{\partial h}{\partial x} \right) + \frac{\partial}{\partial y}\left(k_y \frac{\partial h}{\partial y} \right) + \frac{\partial}{\partial z}\left(k_z \frac{\partial h}{\partial z} \right) \right] dx dy dz \tag{5.26}$$

注意到体积应变 ε_v 以压为正，则单位时间内单元体积的压缩量为

$$\frac{\partial \varepsilon_v}{\partial t} dx dy dz \tag{5.27}$$

其中

$$\varepsilon_v = \varepsilon_x + \varepsilon_y + \varepsilon_z \tag{5.28}$$

根据连续性原理，式(5.26)和式(5.27)相等，可得

$$\frac{\partial \varepsilon_v}{\partial t} = -\left[\frac{\partial}{\partial x}\left(k_x \frac{\partial h}{\partial x} \right) + \frac{\partial}{\partial y}\left(k_y \frac{\partial h}{\partial y} \right) + \frac{\partial}{\partial z}\left(k_z \frac{\partial h}{\partial z} \right) \right] \tag{5.29}$$

其中 k_x, k_y, k_z 分别为 x, y, z 方向的渗透系数。

一点的总水头 h 由该点的位置水头 z 和孔隙水压力头组成，而孔隙水压力包括静孔隙水压力 u_0 和外部荷载引起的超孔隙水压力 u。于是

$$h = z + \frac{u_0}{\gamma_w} + \frac{u}{\gamma_w} \tag{5.30}$$

在施加荷载以前，土体中的水是静止不动的，这说明其中各点的 $z + u_0/\gamma_w$ 均相等。于是，式(5.29)可写为

$$\frac{\partial \varepsilon_v}{\partial t} = -\frac{1}{\gamma_w}\left[\frac{\partial}{\partial x}\left(k_x \frac{\partial u}{\partial x} \right) + \frac{\partial}{\partial y}\left(k_y \frac{\partial u}{\partial y} \right) + \frac{\partial}{\partial z}\left(k_z \frac{\partial u}{\partial z} \right) \right] \tag{5.31}$$

(2)流体可压缩

如果有封闭气泡存在于水中，则水是可压缩的，此时必须考虑质量守恒来推导连续方程。根据质量守恒定律，单位时间内从单元体中净流入水的质量等于单元体内水质量变化率。考虑到式(5.29)有

$$\rho_w\left[\frac{\partial}{\partial x}\left(k_x \frac{\partial h}{\partial x} \right) + \frac{\partial}{\partial y}\left(k_y \frac{\partial h}{\partial y} \right) + \frac{\partial}{\partial z}\left(k_z \frac{\partial h}{\partial z} \right) \right] dx dy dz = \frac{\partial}{\partial t}\left(n\rho_w dx dy dz \right)$$

其中 n 是土的孔隙率；ρ_w 是水的密度。上式常被写成如下形式

$$\frac{\partial}{\partial x}\left(k_x \frac{\partial h}{\partial x} \right) + \frac{\partial}{\partial y}\left(k_y \frac{\partial h}{\partial y} \right) + \frac{\partial}{\partial z}\left(k_z \frac{\partial h}{\partial z} \right) = S_s \frac{\partial h}{\partial t} \tag{5.32}$$

其中 $S_s = \rho_w g(\alpha + n\beta)$ 称为单位贮水量，即单位体积的土体在下降单位水头时，由于土体压缩($\rho_w g\alpha$)和水的膨胀($\rho_w g n\beta$)所释放出来的水量。α, β 分别为土和水的压缩系数。

5.3.2　渗流方程

在饱和土体渗流问题中，通常假定土骨架为刚体。于是，体积应变 ε_v 为零，

式(5.29)成为渗流方程

$$\frac{\partial}{\partial x}\left(k_x \frac{\partial h}{\partial x}\right) + \frac{\partial}{\partial y}\left(k_y \frac{\partial h}{\partial y}\right) + \frac{\partial}{\partial z}\left(k_z \frac{\partial h}{\partial z}\right) = 0$$

由式(5.26)或式(5.29)可知,上式左边为单位时间内净流入单位体积的水量。如果土体的内源(即单位时间流入单位体积的水量)为 Q,则上式成为

$$\frac{\partial}{\partial x}\left(k_x \frac{\partial h}{\partial x}\right) + \frac{\partial}{\partial y}\left(k_y \frac{\partial h}{\partial y}\right) + \frac{\partial}{\partial z}\left(k_z \frac{\partial h}{\partial z}\right) + Q = 0 \tag{5.33}$$

若无内源且渗透系数与坐标无关(即渗流场均质),则上式变为

$$k_x \frac{\partial^2 h}{\partial x^2} + k_y \frac{\partial^2 h}{\partial y^2} + k_z \frac{\partial^2 h}{\partial z^2} = 0 \tag{5.34}$$

如果渗透性是各向同性的,即 $k = k_x = k_y = k_z$,则上式进一步简化为

$$\frac{\partial^2 h}{\partial x^2} + \frac{\partial^2 h}{\partial y^2} + \frac{\partial^2 h}{\partial z^2} = 0 \tag{5.35}$$

即水头满足 **Laplace** 方程。注意到渗流速度 $v_i = -k\frac{\partial h}{\partial x_i}$,上式可写为

$$\frac{\partial v_x}{\partial x} + \frac{\partial v_y}{\partial y} + \frac{\partial v_z}{\partial z} = 0 \tag{5.36}$$

通常情况下,实际土层是水平成层的,只需考虑垂直方向和水平方向渗透性的各向异性。此时,$k_x = k_y = k_h$,$k_z = k_v$,式(5.34)成为

$$k_h \frac{\partial^2 h}{\partial x^2} + k_h \frac{\partial^2 h}{\partial y^2} + k_v \frac{\partial^2 h}{\partial z^2} = 0 \tag{5.37}$$

这种问题可以通过坐标变换转换为各向同性问题。采用新坐标系 $\bar{x}\,\bar{y}\,\bar{z}$,且

$$\bar{x} = \frac{x}{\sqrt{k_h}}, \qquad \bar{y} = \frac{y}{\sqrt{k_h}}, \qquad \bar{z} = \frac{z}{\sqrt{k_v}} \tag{5.38}$$

则式(5.37)变为

$$\frac{\partial^2 h}{\partial \bar{x}^2} + \frac{\partial^2 h}{\partial \bar{y}^2} + \frac{\partial^2 h}{\partial \bar{z}^2} = 0 \tag{5.39}$$

5.3.3 边界条件

在渗流问题中,边界条件主要有三种类型。在**第一类边界** Γ_1 上已知边界水头

$$h\big|_{\Gamma_1} = \bar{h}(x, y, z, t) \tag{5.40}$$

在**第二类边界** Γ_2 上,已知或计算出边界流量值 q(单位时间内通过单位面积流出的水量)。参考连续方程的推导,不难得到流出边界 Γ_2 的流量计算公式

$$k_x \frac{\partial h}{\partial x}l + k_y \frac{\partial h}{\partial y}m + k_z \frac{\partial h}{\partial z}n\bigg|_{\Gamma_2} = -q(x, y, z, t) \tag{5.41a}$$

其中 l, m, n 为边界外法线的方向余弦。对于渗流各向同性介质,上式变成

$$k \frac{\partial h}{\partial n}\bigg|_{\Gamma_2} = -q(x,y,z,t) \tag{5.41b}$$

显然,不透水边界属于第二类边界的特例,即 $q=0$,从而

$$\frac{\partial h}{\partial n}\bigg|_{\Gamma_2} = 0 \tag{5.41c}$$

第三类边界 Γ_3 为混合边界,指含水层边界的内外水头差和交换的流量之间保持一定的线性关系,即

$$h + \alpha \frac{\partial h}{\partial n} = \beta \tag{5.42}$$

其中 α, β 为边界上的已知数。

还有一种特殊类型的边界,即**自由面或浸润面边界**。在自由面上各点水头恒等于垂直坐标,即

$$h = z \tag{5.43a}$$

此外,**稳定渗流**(steady state seepage)时无渗流通过浸润面,故在这类边界上还必须同时满足下列条件

$$k_x \frac{\partial h}{\partial x}l + k_y \frac{\partial h}{\partial y}m + k_z \frac{\partial h}{\partial z}n = 0 \tag{5.43b}$$

非稳定渗流时,变化中的自由面作为流量补给边界。此时,除了满足式(5.43a)以外,还应满足下列条件

$$q = \mu \frac{\partial h}{\partial t}\cos\theta \tag{5.44}$$

其中 μ 为土体的给水度,它表示自由面在改变单位高度下,从含水层单位截面积上吸收或排出的水量,是无量纲数;θ 为自由面外法线方向与垂线的交角(图5.7)。

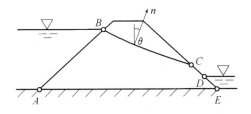

图 5.7　堤坝渗流

现以图 5.7 所示的堤坝渗流为例,说明边界条件。*AB* 和 *DE* 为第一类边界。如果是稳定渗流,这两个边界上的水头是常数。*AE* 为第二类的不透水边界。*C* 为渗流逸出点,*CD* 为渗流逸出面边界,*BC* 为自由面边界。此外,两侧截断边界离所关心的区域较远时,可作为第一类边界,也可作为第二类边界(图5.8)。

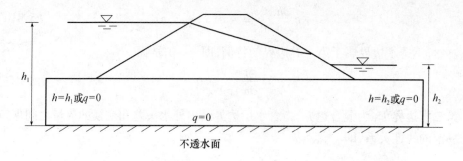

图 5.8　截断边界条件

5.3.4　初始条件

如果渗流场中各点的水头和流速等均不随时间变化,则这种渗流称为**稳定渗流**。对于稳定渗流,不需要初始条件。在**非稳定渗流**情况下,水头和流速随时间而变化,需给出渗流场中各点的初始水头,即

$$h\big|_{t=0} = h_0(x,y,z) \tag{5.45}$$

5.4　势流与流网法

求解渗流问题可采用解析方法、数值方法、图解方法和模型试验。其中图解法绘制流网适用于平面或二维稳定渗流,利用流网可以计算出各种渗流特征量。由于流网概念清楚、简便实用,故数值分析的结果也多整理为流网。本节研究均匀介质中的稳定渗流,介绍势流和流网的概念,下节介绍渗流问题的有限元解法。

5.4.1　势流与势函数

流体绕 x,y,z 轴的旋转分别为

$$\left.\begin{aligned}
\omega_x &= \frac{1}{2}\left(\frac{\partial v_z}{\partial y} - \frac{\partial v_y}{\partial z}\right)\\[4pt]
\omega_y &= \frac{1}{2}\left(\frac{\partial v_x}{\partial z} - \frac{\partial v_z}{\partial x}\right)\\[4pt]
\omega_z &= \frac{1}{2}\left(\frac{\partial v_y}{\partial x} - \frac{\partial v_x}{\partial y}\right)
\end{aligned}\right\} \tag{5.46}$$

如果流动是无旋的即为**势流**,那么 $\omega_x = \omega_y = \omega_z = 0$,即

$$\frac{\partial v_z}{\partial y} - \frac{\partial v_y}{\partial z} = 0, \qquad \frac{\partial v_x}{\partial z} - \frac{\partial v_z}{\partial x} = 0, \qquad \frac{\partial v_y}{\partial x} - \frac{\partial v_x}{\partial y} = 0 \tag{5.47}$$

且任一点的流速都可以用**势函数** φ 表示,即

$$v_x = -\frac{\partial \varphi}{\partial x}, \qquad v_y = -\frac{\partial \varphi}{\partial y}, \qquad v_z = -\frac{\partial \varphi}{\partial z} \tag{5.48}$$

显然,这样定义的势函数 φ 满足无旋条件(5.47)。代入式(5.36),可知 φ 满足下述 Laplace 方程

$$\frac{\partial^2 \varphi}{\partial x^2} + \frac{\partial^2 \varphi}{\partial y^2} + \frac{\partial^2 \varphi}{\partial z^2} = 0 \tag{5.49}$$

5.4.2 平面流与等势线

典型的渗流问题(例如坝基渗流、河滩路堤渗流)可视为平面问题,即可以假定在某个方向的任一断面上,其渗流特性相同。在平面势流情况下,连续方程(5.36),无旋条件(5.47),速度分量(5.48),Laplace 方程(5.49)分别成为

$$\frac{\partial v_x}{\partial x} + \frac{\partial v_z}{\partial z} = 0 \tag{5.50}$$

$$\frac{\partial v_x}{\partial z} - \frac{\partial v_z}{\partial x} = 0 \tag{5.51}$$

$$v_x = -\frac{\partial \varphi}{\partial x}, \qquad v_z = -\frac{\partial \varphi}{\partial z} \tag{5.52}$$

$$\frac{\partial^2 \varphi}{\partial x^2} + \frac{\partial^2 \varphi}{\partial z^2} = 0 \tag{5.53}$$

在一定边界条件下积分方程(5.53),可得 $\varphi(x,z)$,并绘制**等势线**(equipotential lines)。等势线表示势能或水头的等值线,即每根等势线上的测压管水位都是齐平的。显然,沿特定等势线 φ = 常数,有

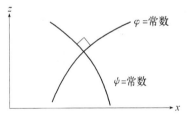

图 5.9 等势线和流线

$$\mathrm{d}\varphi = \frac{\partial \varphi}{\partial x}\mathrm{d}x + \frac{\partial \varphi}{\partial z}\mathrm{d}z = 0$$

可见,等势线的斜率为

$$\left(\frac{\mathrm{d}z}{\mathrm{d}x}\right)_\varphi = -\frac{\partial \varphi}{\partial x} \Big/ \frac{\partial \varphi}{\partial z} \tag{5.54}$$

5.4.3 平面流与流线

研究表明,对于平面势流也存在 ψ,速度分量可表示为

$$v_x = \frac{\partial \psi}{\partial z}, \qquad v_z = -\frac{\partial \psi}{\partial x} \tag{5.55}$$

显然,ψ 满足连续方程(5.50)。将上式代入无旋条件(5.51),可得

$$\frac{\partial^2 \psi}{\partial x^2} + \frac{\partial^2 \psi}{\partial z^2} = 0 \tag{5.56}$$

ψ 称为**流函数**。ψ = 常数的曲线之切线方向与水流方向相同,故称之为**流线** (seepage lines),即水质点的运动路线。上式表明流函数也满足 Laplace 方程。沿流线 ψ = 常数有

$$\mathrm{d}\psi = \frac{\partial \psi}{\partial x}\mathrm{d}x + \frac{\partial \psi}{\partial z}\mathrm{d}z = 0$$

可见,流线的斜率为

$$\left(\frac{\mathrm{d}z}{\mathrm{d}x}\right)_\psi = -\frac{\partial \psi}{\partial x} \bigg/ \frac{\partial \psi}{\partial z} \tag{5.57}$$

5.4.4 流网性质与计算

流网(flownet)就是由等势线和流线所组成的网络,它在平面渗流问题的研究中占有重要地位。有了流网,整个场的问题就得到了解决。流网的一个重要性质是**等势线与流线正交**。这一特性很容易证明。根据式(5.52)和式(5.55),有

$$\left(\frac{\mathrm{d}z}{\mathrm{d}x}\right)_\varphi \left(\frac{\mathrm{d}z}{\mathrm{d}x}\right)_\psi = \left(\frac{\partial \varphi}{\partial x} \bigg/ \frac{\partial \varphi}{\partial z}\right)\left(\frac{\partial \psi}{\partial x} \bigg/ \frac{\partial \psi}{\partial z}\right) = -\frac{v_x}{v_z} \cdot \frac{v_z}{v_x} = -1 \tag{5.58}$$

两组曲线的斜率互成负倒数,说明等势线和流线互相交织成正交的流网(图 5.9)。

流网的另一个特性是:如果流网各等势线间的差值相等,各流线间的差值也相等,则各个网格的长宽比为常数。为了证明这一点,设上下游总水头差 H 被分为 m 等份,每相邻两等水头线间的差值均为 $\Delta h = H/m$。若总流量为 q,流线所划分的**流槽**(flow channel)数为 n,则每相邻两流线间的流量为 $\Delta q = q/n$。取渗流场中任一网格,沿流线和等势线的边长分别为 a 和 b,则该网格的平均水力坡降和渗流速度分别为

$$i = \frac{\Delta h}{a} \tag{5.59}$$

$$v = ki = k\frac{\Delta h}{a} = k\frac{H}{am} \tag{5.60}$$

通过该网格及其流槽的流量为

$$\Delta q = vb = k\frac{b}{a}\frac{H}{m} \tag{5.61}$$

由于流网上的 Δq 及 $\Delta h = H/m$ 处处相等,所以各网格的长宽比 b/a 相同。

单宽纵流量 q 为

$$q = n\Delta q = kH\frac{b}{a}\frac{n}{m} \tag{5.62}$$

根据流网的性质,流线越密的部位,流速越大;等势线越密的部位,水力坡降越大。利用流网的性质绘制流网,关键是找出特殊的流线和等势线,根据正交性

调整网格。例如不透水边界为流线,水下土体透水边界为等势线。流网法比较简便,对复杂情况的适用性较强,而且精度也能满足工程要求。图 5.10 是基坑开挖中的隔水板桩地基渗流的流网。

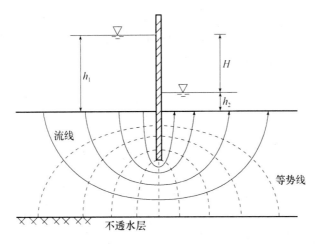

图 5.10　隔水板桩地基的流网

5.5　渗流有限元计算

在非均质及复杂边界条件下,渗流分析只能采用模型试验或数值方法。有限差分法用于渗流计算较早且较广泛,但有限元法在复杂条件下更具优越性。本节介绍有限元渗流计算方法,首先推导渗流问题的有限元方程,然后说明浸润面的处理方法。

5.5.1　水头变分方程

假设所讨论的渗流问题中没有第三类边界,且浸润面边界特殊处理,则在满足第一类边界条件(将在有限元方程组中直接引入)的基础上,仍需满足的方程有连续方程(5.33)和第二类边界条件(5.41)。设 δh 为水头的变分,则上述两方程的等效积分形式为

$$-\int_{\Omega}\Big[\frac{\partial}{\partial x}\Big(k_x\frac{\partial h}{\partial x}\Big) + \frac{\partial}{\partial y}\Big(k_y\frac{\partial h}{\partial y}\Big) + \frac{\partial}{\partial z}\Big(k_z\frac{\partial h}{\partial z}\Big) + Q\Big]\delta h\,\mathrm{d}\Omega +$$

$$\int_{\Gamma_2}\Big[k_x\frac{\partial h}{\partial x}l + k_y\frac{\partial h}{\partial y}m + k_z\frac{\partial h}{\partial z}n + q\Big]\delta h\,\mathrm{d}\Gamma = 0$$

或

$$-\sum_{i=1}^{3}\int_{\Omega}(k_i h_{,i})_{,i}\delta h\,\mathrm{d}\Omega + \sum_{i=1}^{3}\int_{\Gamma_2}k_i h_{,i}n_i\delta h\,\mathrm{d}\Gamma - \int_{\Omega}Q\delta h\,\mathrm{d}\Omega + \int_{\Gamma_2}q\delta h\,\mathrm{d}\Gamma = 0 \quad (a)$$

考虑上式中的第一项积分

$$\sum_{i=1}^{3}\int_{\Omega}(k_i h_{,i})_{,i}\delta h\,\mathrm{d}\Omega = \sum_{i=1}^{3}\int_{\Omega}(k_i h_{,i}\delta h)_{,i}\mathrm{d}\Omega - \sum_{i=1}^{3}\int_{\Omega}k_i h_{,i}\delta h_{,i}\,\mathrm{d}\Omega \qquad (b)$$

根据散度定理,并注意到边界 Γ_1 上的水头变分为零,上式右边第一项化为

$$\sum_{i=1}^{3}\int_{\Omega}(k_i h_{,i}\delta h)_{,i}\mathrm{d}\Omega = \sum_{i=1}^{3}\int_{\Gamma}k_i h_{,i} n_i\delta h\,\mathrm{d}\Gamma = \sum_{i=1}^{3}\int_{\Gamma_2}k_i h_{,i} n_i\delta h\,\mathrm{d}\Gamma \qquad (c)$$

将式(c)代入式(b),再代入式(a)得水头变分方程

$$\sum_{i=1}^{3}\int_{\Omega}k_i h_{,i}\delta h_{,i}\,\mathrm{d}\Omega - \int_{\Omega}Q\delta h\,\mathrm{d}\Omega + \int_{\Gamma_2}q\delta h\,\mathrm{d}\Gamma = 0 \qquad (5.63a)$$

即

$$\int_{\Omega}\Big[k_x\frac{\partial(\delta h)^{\mathrm{T}}}{\partial x}\frac{\partial h}{\partial x} + k_y\frac{\partial(\delta h)^{\mathrm{T}}}{\partial y}\frac{\partial h}{\partial y} + k_z\frac{\partial(\delta h)^{\mathrm{T}}}{\partial z}\frac{\partial h}{\partial z}\Big]\mathrm{d}\Omega -$$

$$\int_{\Omega}(\delta h)^{\mathrm{T}}Q\,\mathrm{d}\Omega + \int_{\Gamma_2}(\delta h)^{\mathrm{T}}q\,\mathrm{d}\Gamma = 0 \qquad (5.63b)$$

5.5.2 变分方程的离散

将土体离散成有限元组合体系,在此基础上对式(5.63)离散化得

$$\sum_{e}\int_{\Omega^e}\Big[k_x\frac{\partial(\delta h)^{\mathrm{T}}}{\partial x}\frac{\partial h}{\partial x} + k_y\frac{\partial(\delta h)^{\mathrm{T}}}{\partial y}\frac{\partial h}{\partial y} + k_z\frac{\partial(\delta h)^{\mathrm{T}}}{\partial z}\frac{\partial h}{\partial z}\Big]\mathrm{d}\Omega -$$

$$\sum_{e}\int_{\Omega^e}(\delta h)^{\mathrm{T}}Q\,\mathrm{d}\Omega + \sum_{e}\int_{\Gamma_2^e}(\delta h)^{\mathrm{T}}q\,\mathrm{d}\Gamma = 0 \qquad (5.64)$$

单元 e 内任一点的水头可用节点水头表示为

$$h = \begin{bmatrix} N_1 & N_2 & \cdots & N_m \end{bmatrix}\begin{Bmatrix} h_1 \\ h_2 \\ \vdots \\ h_m \end{Bmatrix} = \boldsymbol{N}\boldsymbol{h}^e \qquad (5.65)$$

其中 m 为单元的节点数; N_i 为形函数, $\boldsymbol{N}$ 为形函数矩阵; $\boldsymbol{h}^e$ 为单元节点水头向量。将上式代入式(5.64)得

$$\boldsymbol{Hh} + \boldsymbol{F} = 0 \qquad (5.66)$$

其中 $\boldsymbol{h}$ 为整体节点水头向量,而

$$\boldsymbol{H} = \sum_{e}\boldsymbol{H}^e, \qquad \boldsymbol{F} = \sum_{e}\boldsymbol{F}^e \qquad (5.67)$$

上述求和表示集成而非简单相加。$\boldsymbol{H}^e$ 相当于结构计算中单元刚度矩阵,表示为

$$\boldsymbol{H}^e = \begin{bmatrix} h_{11} & h_{12} & \cdots & h_{1m} \\ h_{21} & h_{22} & \cdots & h_{2m} \\ \vdots & \vdots & \vdots & \vdots \\ h_{m1} & h_{m2} & \cdots & h_{mm} \end{bmatrix} \qquad (5.68)$$

其元素为

$$h_{ij} = \int_{\Omega^e} \Big[k_x \frac{\partial N_i}{\partial x} \frac{\partial N_j}{\partial x} + k_y \frac{\partial N_i}{\partial y} \frac{\partial N_j}{\partial y} + k_z \frac{\partial N_i}{\partial z} \frac{\partial N_j}{\partial z} \Big] \mathrm{d}\Omega \qquad (5.69)$$

式(5.67)中的 $\boldsymbol{F}^e$ 为

$$\boldsymbol{F}^e = \begin{bmatrix} F_1 & F_2 & \cdots & F_m \end{bmatrix}^{\mathrm{T}} = -\int_{\Omega^e} \boldsymbol{N}^{\mathrm{T}} Q \mathrm{d}\Omega + \int_{\Gamma_2^e} \boldsymbol{N}^{\mathrm{T}} q \mathrm{d}\Gamma \qquad (5.70\mathrm{a})$$

$$F_i = -\int_{\Omega^e} N_i Q \mathrm{d}\Omega + \int_{\Gamma_2^e} N_i q \mathrm{d}\Gamma \qquad (5.70\mathrm{b})$$

在式(5.63)及前面其他方程的推导中,没有涉及渗透系数 k_x, k_y, k_z 对位置坐标的导数,因此上述方程适用于非均质渗流问题,即各单元可以具有不同的渗透系数。此外,对于各向异性材料,只有当坐标轴与各向异性主轴重合时,微分方程(5.33)才成立。根据式(5.69)计算每个单元的系数时,必须采用与该单元各向异性主轴一致的局部坐标 x', y', z' 由于 $\boldsymbol{H}^e$ 是确定纯量 h 之间的关系,故与单元局部坐标的方向无关,集合成整体矩阵 $\boldsymbol{H}$ 时无需进行矩阵变换。

5.5.3　浸润面边界的处理

在求解方程组(5.66)时,第一类边界条件直接引入。第二类边界条件已经考虑,还有浸润面边界条件需要处理。如前所述,稳定渗流时在浸润面上必须满足式(5.43),即

$$h = z \qquad (\mathrm{a})$$

$$k_x \frac{\partial h}{\partial x} l + k_y \frac{\partial h}{\partial y} m + k_z \frac{\partial h}{\partial z} n = 0 \qquad (\mathrm{b})$$

但浸润面的位置事先并不知道。这个问题可以采用迭代法解决:先假定浸润面的位置,按给定的边界条件和式(b)求解,得出各点的 h 值以后再校核条件(a)是否满足;若不满足,调整浸润面的位置,一般可令浸润面的新坐标 z 等于刚才求出的水头 h;然后再求解,通常重复计算五六次即可得到满意的结果。

在上述方法中,求解域限于饱和区,故迭代计算中必须不断变动网格。随着网格的变动,渗流刚度矩阵也将发生变化。因此这种方法比较麻烦,特别是对于非稳定渗流,处理起来就更加困难。采用饱和-非饱和法对整个土体(饱和区和非饱和区)进行渗流分析,可以避免浸润面的假定(见第 11 章)。

采用有限单元法计算出渗流场中水头分布后,很容易计算流速、流量等。为了直观、计算方便,通常将结果用流网来表示。

5.6　渗透力与渗透变形

很显然,渗透水流将对土骨架产生冲击作用,这种冲击力就是渗透力。本节讨

论的问题是:如何计算渗透力以及渗透力对土体的变形和稳定性具有怎样的影响。

5.6.1　渗透力

渗透水流作用于单位体积土骨架上的冲击力称为**渗透力**,用 j 表示。不难看出,渗透力具有如下性质:①体积力;②方向与水流向一致;③对于土来说是内力,对于土骨架来说是外力。为了确定渗透力的大小,从渗流场中沿流线方向取一长度为 dl、截面积为 dA 的微分土柱,土柱两端水头差为 dh(图 5.11)。以土柱中的水体为研究对象,分析其受力情况:

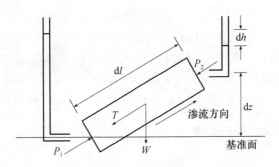

图 5.11　渗透力

(1)设微分土柱中水和土粒的体积分别为 V_w, V_s,则水体本身的重量为 $V_w\gamma_w$,浮力之反作用力为 $V_s\gamma_w$,它们的方向均向下。这样,作用于水体上向下的合力为 $W = \gamma_w V_w + \gamma_w V_s = \gamma_w dl dA$。

(2)土骨架作用于水上的力与水作用于土骨架上的渗透力之合力大小相等、方向相反,即 $T = j dl dA$。

(3)土柱左端孔隙水截面上所受压力为 $pndA$,其中 n 为孔隙率。土粒截面上也受孔隙水压力作用,其大小为 $p(1-n)dA$,该力以同样大小传给水体。这样左端水体所受总压力为 $P_1 = pdA$,而右端所受水压力为 $P_2 = (p + dp)dA$。左右两端受力之差 $P_1 - P_2 = -dpdA = \gamma_w(-dh + dz)dA$。

略去水流惯性力,沿渗流方向列平衡方程

$$P_1 - P_2 - W\frac{dz}{dl} - T = 0$$

即

$$\gamma_w(-dh + dz)dA - \gamma_w dz dA - j dl dA = 0$$

注意到

$$i = -\frac{dh}{dl} \tag{5.71}$$

可得

$$j = - \gamma_w \frac{\mathrm{d}h}{\mathrm{d}l} = i\gamma_w \qquad (5.72)$$

　　根据上面的分析,取水体为研究对象时,可以认为在整个截面(包括土粒截面)上均受孔隙水压力作用。这在渗流条件下边破稳定性分析中会带来方便。

5.6.2　渗透变形

(1)流土和管涌

　　在渗透力的作用下,土体可能发生变形或破坏。渗透力对土坡稳定性的影响将在第 6 章中考虑,这里只讨论所谓**渗透变形**,其主要形式为**流土**和**管涌**。流土是表层土局部范围的土片或颗粒群在渗透水流作用下同时发生悬浮、移动的现象,主要发生在地基或堤坝下游渗流出逸处。在无黏性土中,流土表现为颗粒群同时悬浮;在黏性土中,流土表现为土片隆起、浮动、断裂等。管涌是土中的细粒在粗粒形成的孔隙通道中移动乃至流失的现象,它是一种渐进性质的破坏;随着孔隙不断扩大,渗流速度不断增加,较大的颗粒也被水流逐渐带走,最终导致土体内形成贯通的管道,造成土体下沉、开裂或坍塌(图 5.12)。

　　渗流条件下发生的滑坡与渗透力有关。例如背水坡脚大面积发生小泉涌,使坡脚软化或受渗流作用而浮起,坝脚因失去支承力而引起滑坡(图 5.13);渗流在下游坝坡的出逸,使局部坡面被软化而产生局部滑动(图 5.13);库水位骤降时,临水坡内孔隙水压力不能马上消散,加之渗透力的不利影响,可能发生滑坡(图 5.14)。

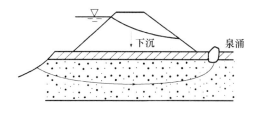

图 5.12　管涌

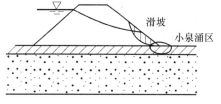

图 5.13　下游滑坡

(2)机理与条件

　　判别渗透变形的类型需考虑渗透变形的机理。对于管涌来说,显然只有当粗粒形成的孔隙通道直径大于细粒的粒径时才可能移动。均匀的砂土中孔隙平均直径总是小于土粒直径,故为非管涌土。事实上,当不均匀系数 $C_u < 10$ 时,粗粒形成的孔隙

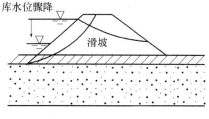

图 5.14　上游滑坡

通道不允许细粒顺利通过,所以这种土通常不会发生管涌。当 $C_u > 10$ 时,渗透变形是否发生还要视级配和细粒含量而定。试验表明,当细粒含量小于 25% 时,填不满粗粒形成的孔隙,可能发生管涌;当细粒含量大于 35% 时,则可能发生流土。

对于黏性土,由于颗粒间有黏聚力,单个颗粒难以移动,故一般不会发生管涌。但分散性黏土中都含有易分散的黏土颗粒,在流水中这种颗粒容易变为悬浮状态,侵蚀与渗流可能导致表面冲沟或内部管涌。此外,土体中局部阻力较小的部位(例如土体中未压实的土层、强透水夹层、坝体与内埋管道的接触面等),容易产生集中冲刷而形成管涌。

(3)临界水力坡降

渗透力达到一定程度时才可能冲动土块或带动土中的细粒,因而存在临界水力坡降。所谓**临界水力坡降**(critical gradient)就是土体发生渗透变形时的最小水力坡降,用 i_{cr} 表示。流土发生在渗流逸出处,从该处取出单位体积土骨架(图 5.15),其上作用力有①浮重度 γ';②渗透力 $j = \gamma_w i$;③土粒间的摩擦力 $f = \frac{1}{2}\xi\gamma'\tan\varphi$($\varphi$ 为内摩擦角,ξ 为侧压力系数)。不考虑土的抗拉强度和两侧黏聚力的作用(对砂土,它们均为零),则当单元土体处于流土临界状态时,根据平衡条件有

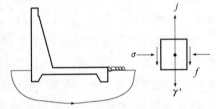

图 5.15　临界坡降

$$j = \gamma' + \frac{1}{2}\xi\gamma'\tan\varphi = \gamma'\left(1 + \frac{1}{2}\xi\tan\varphi\right) \tag{5.73}$$

注意到 $j = \gamma_w i_{cr}$,于是临界水力坡降为

$$i_{cr} = \frac{\gamma'}{\gamma_w}\left(1 + \frac{1}{2}\xi\tan\varphi\right) \tag{5.74}$$

由于

$$\gamma' = \gamma_w(1 - n)(d_s - 1)$$

所以

$$i_{cr} = (1 - n)(d_s - 1)\left(1 + \frac{1}{2}\xi\tan\varphi\right) \tag{5.75}$$

对于砂土,一般 $\tan\varphi = 0.6$,$\xi = 0.5$,故有

$$i_{cr} = 1.15(1 - n)(d_s - 1) \tag{5.76}$$

若不考虑侧面摩擦力,则

$$i_{cr} = (1 - n)(d_s - 1) \tag{5.77}$$

这就是流土的临界坡降。其中 d_s 为土粒相对密度。

一般说,发生管涌的临界水力坡降比发生流土的临界值低,但其变化范围很

大。到目前为止,还没有管涌临界水力坡降的理论计算方法。表 5.1 给出了一些经验数据。

表 5.1　发生管涌的临界水力坡降

临界水力坡降	级配连续土	级配不连续土
极限值	0.2~0.4	0.1~0.3
允许值	0.15~0.25	0.1~0.2

在渗透破坏问题中,渗透力及其影响可以计算。但施工缺陷造成的质量问题在计算中不能考虑,需要采取相应的工程措施。

第 6 章

土 体 强 度 计 算

谈论破坏与强度可以是针对材料的,也可以是针对结构的。在 Cauchy (1828)提出应力概念以前,强度是指构件的极限承载能力,伽利略等人研究强度时就是这种概念。例如,他们用试验方法确定金属绳所能承受的极限抗拉力、梁的抗弯曲断裂的极限力等。显然,这种强度是与力而不是材料内部的应力相联系的;采用同一种材料制成不同形状和尺寸的构件,将具有不同的强度。强度与应力相联系使得人们开始试验研究材料而不是构件的强度,而构件和结构的强度则可由受力情况和材料强度计算出来。这样,同一种材料只做少量的试验就可以得到普遍可用的强度参数,而不需要对无数形式的构件和结构进行试验。第 3 章讨论了材料强度与破坏问题,本章研究作为结构的土体强度计算。

土体的强度是指土体的极限承载能力,例如地基承载力、土坡抗滑力等。众所周知,在整个经典土力学时期,强度分析始终是研究的主流,强度设计方法在土工领域也始终占主要地位。在强度问题中,通常假定土体处于平面应变状态,材料是理想刚塑性的,**破坏区或破坏面**上的材料达到**极限平衡状态**(limit equilibrium state),其极限平衡条件采用 Mohr – Coulomb 准则。为了计算土体强度,学者们发展了三种理论,即**极限平衡理论**(limit equilibrium)、**滑移线场理论**(sliding line field)和**极限分析理论**(limit analysis)。其中极限平衡理论是经典土力学的重要组成部分,包括三个分支,即挡土墙土压力、地基极限承载力和土坡稳定分析。本章首先分三部分介绍极限平衡理论,然后分别阐述滑移线场理论和极限分析理论。此外,本章还将介绍土体强度计算的有限元方法,并对强度问题中的若干重要方面做出说明。

6.1 挡墙极限土压力

挡土墙(retaining wall)是一种主要承受**土压力**(earth pressure)的挡土结构物,可分为刚性的和柔性的两种。所谓刚性挡土墙是指墙体刚度较大,在土压力作用下基本不变形或变形很小的挡土墙,例如用砖石、混凝土、钢筋混凝土等材料建筑的重力式挡土墙、悬臂式挡土墙、扶臂式挡土墙。计算这种挡土墙上的土压力时,可不考虑墙体变形的影响。柔性挡土墙包括支撑墙、板桩墙、锚定板挡土墙等,这种挡土墙的墙体刚度不大,其变形对土压力大小与分布的影响不可忽略。此时,较为完善的土压力计算需要考虑墙体与填土之间的相互作用。

作用在挡土墙上的土压力是填土因自重或外荷载作用产生的侧压力。由于土压力是作用在挡土墙上的主要荷载,因此正确地确定土压力便成为挡土墙设计的关键。通常所求的土压力是针对土体破坏或处于极限平衡状态而言的,所以土压力可视为土体强度。关于这方面的研究,有两个最重要的先驱。1773 年 C. A. Coulomb 提出了计算挡土墙土压力的滑楔理论。1857 年 W. J. M. Rankine 采用极限平衡条件,从不同途径提出了土压力计算公式。此后,Terzaghi 等许多学者对土压力计算理论和方法进行了研究,扩展了 Coulomb 理论和 Rankine 的应用范围,并提出了一些新的理论和方法。本节仅简要阐述刚性挡土墙土压力计算的基本理论。

6.1.1　Rankine 土压力理论

(1)主动土压力

Rankine 理论的基本假定是墙背竖直、光滑,填土水平(图 6.1),其基本方法是研究填土单元的极限平衡。根据上述基本假设,挡土墙静止不动时,可知填土单元的竖向应力 σ_z 为大主应力 σ_1,侧压力 σ_x 为小主应力 σ_3。当挡土墙离开填土移动或转动时,σ_1 将保持不变,侧压力逐步减小;到一定程度时单元达到极限平衡状态,此时的压力称为**主动土压力**(active)。可见,极限平衡时的侧压力 σ_3 即为主动土压力强度 p_a。根据极限平衡条件(3.21),即

$$\sigma_3 = \sigma_1 \tan^2\left(45° - \frac{\varphi}{2}\right) - 2c\tan\left(45° - \frac{\varphi}{2}\right)$$

有

$$p_a = \sigma_3 = \sigma_1 K_a - 2c\sqrt{K_a} \tag{6.1}$$

其中 $K_a = \tan^2(45° - \varphi/2)$ 称为**主动土压力系数**;φ 和 c 为土的强度参数。

对于填土表面无**超载**(surcharge)的情况,式(6.1)中的 $\sigma_1 = \gamma z$。这表明土压力沿墙高呈**线性分布**。如果填土为黏性土,则墙背上部将出现拉裂区,其深度为 z_0。考虑到拉裂区底 $z = z_0$ 处的土压力为零,由式(6.1)可得

$$z_0 = \frac{2c}{\gamma\sqrt{K_a}} \tag{6.2}$$

作用在单位长度挡土墙上的土压力合力大小等于图 6.1 中三角形的面积,即

$$E_a = \frac{1}{2}\gamma(H - z_0)^2 \tag{6.3}$$

其作用点距离墙底

$$y = \frac{1}{3}(H - z_0) \tag{6.4}$$

当填土为多层、表面作用有超载时(图6.2),式(6.1)仍然成立,只是各层土须采用相应的强度参数。由于土压力线性分布,所以只要计算若干控制点处的 σ_1,就可确定各点的 p_a 值。根据土压力分布和力矩条件,不难求出合力及其作用点。

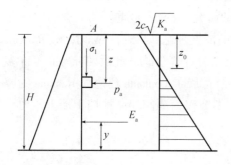

图6.1 填土单元与土压力   图6.2 多层填土有超载

(2)被动土压力

如果挡土墙挤向填土移动或转动,并使填土达到极限平衡状态,则填土作用于挡土墙上的压力称为**被动土压力**(passive)。此时,填土单元的竖向应力 σ_z 为小主应力 σ_3,而 σ_x 即被动土压力强度 p_p 为大主应力 σ_1。根据极限平衡条件(3.21)

$$\sigma_1 = \sigma_3 \tan^2\left(45° + \frac{\varphi}{2}\right) + 2c\tan\left(45° + \frac{\varphi}{2}\right)$$

有

$$p_p = \sigma_1 = \sigma_3 K_p + 2c\sqrt{K_p} \tag{6.5}$$

其中 $K_p = \tan^2(45° + \varphi/2)$ 称为**被动土压力系数**。剩余的分析与主动土压力类似,只是被动极限状态不可能存在拉裂区。

6.1.2 Coulomb 土压力理论

(1)无黏性填土主动土压力

Coulomb 土压力理论假定填土为无黏性土;滑动土楔为刚体,滑动面为通过墙脚的两个平面。图6.3所示为填土达到主动极限平衡状态时的情况,其中 ABC 为滑动土楔,AB 和 BC 为滑动面,ε 为墙背倾角,β 为填土表面倾角。

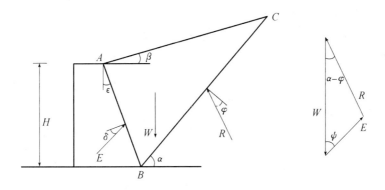

图 6.3　主动土压力

假设滑动面 BC 的倾角为 α。取单位长度的土楔为脱离体,研究其极限平衡。作用力有土楔重力 W、不动填土对土楔的作用力 R,以及挡土墙对土楔的作用力 E(其反作用力即为土压力)。已知土的内摩擦角为 φ、墙背与土的摩擦角为 δ,R 和 E 的方向不难确定。这三个力组成封闭三角形,根据正弦定理有

$$\frac{W}{\sin[180° - (\psi + \alpha - \varphi)]} = \frac{E}{\sin(\alpha - \varphi)} \tag{6.6}$$

其中

$$\psi = 90° - \varepsilon - \delta \tag{6.7}$$

从而

$$E = f(\alpha) = \frac{1}{2}\gamma H^2\left[\frac{\cos(\varepsilon - \alpha)\cos(\beta - \varepsilon)\sin(\alpha - \varphi)}{\cos^2\varepsilon\sin(\alpha - \beta)\cos(\alpha - \varphi - \varepsilon - \delta)}\right] \tag{a}$$

上式表明土压力 E 是 α 的函数。当 $\alpha = \varphi$ 和 $\alpha = 90° + \varepsilon$ 时,有 $E = 0$。因此当 α 在 φ 和 $90° + \varepsilon$ 之间变化时,E 将出现一个极大值 E_{max},此即所求的主动土压力 E_a(其原因见本章最后一节)。于是,由

$$\frac{\mathrm{d}E}{\mathrm{d}\alpha} = 0 \tag{b}$$

不难得出实际的破坏角 α,代入式(a)得

$$E_a = \frac{1}{2}\gamma H^2 K_a \tag{6.8}$$

其中 $K_a = f(\varphi, \delta, \varepsilon, \beta)$ 是主动土压力系数,其表达式为

$$K_a = \frac{\cos^2(\varphi - \varepsilon)}{\cos^2\varepsilon\cos(\varepsilon + \delta)\left[1 + \sqrt{\dfrac{\sin(\varphi + \delta)\sin(\varphi - \beta)}{\cos(\varepsilon + \delta)\cos(\varepsilon - \beta)}}\right]^2} \tag{6.9}$$

由式(6.8)可知,E_a 可视为墙高 H 的二次函数,故主动土压力强度 p_a 沿墙高线性变化。E_a 的作用点 $y = H/3$。

(2)无黏性填土被动土压力

当墙体产生向着填土方向的位移或转动,形成向上挤出的破坏楔体时,填土处于被动极限状态(图6.4)。

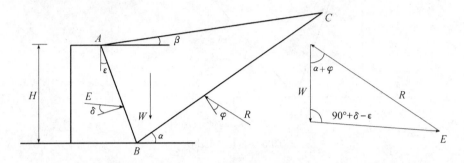

图6.4 被动土压力

按照推导主动土压力计算公式的类似方法,可得土压力 E 与破坏角 α 之间的关系。E 的最小值即为被动土压力 E_p。据此可得

$$E_p = \frac{1}{2}\gamma H^2 K_p \tag{6.10}$$

其中 $K_p = f(\varphi, \delta, \varepsilon, \beta)$ 是被动土压力系数,其表达式为

$$K_p = \frac{\cos^2(\varphi + \varepsilon)}{\cos^2\varepsilon\cos(\varepsilon - \delta)\left[1 - \sqrt{\dfrac{\sin(\varphi + \delta)\sin(\varphi + \beta)}{\cos(\varepsilon - \delta)\cos(\varepsilon - \beta)}}\right]^2} \tag{6.11}$$

被动土压力强度 p_p 沿墙高线性变化,E_p 的作用点 $y = H/3$。

(3)黏性填土主动土压力

挡土墙填土最好采用无黏性土,但实际填土一般都具有不同程度的黏性,有时甚至不得不用黏性很大的土。用 Coulomb 理论计算黏性土土压力比较麻烦。为简便起见,一种方法是只考虑内摩擦角 φ 而不计黏聚力 c 的影响。另一种是**等值内摩擦角法**,即用下式确定的 φ_D 代替黏性土的 c 和 φ,按无黏性土计算。

$$\tan\left(45° - \frac{\varphi_D}{2}\right) = \sqrt{\frac{\gamma h_i^2\tan^2(45° - \varphi/2) - 4ch_i\tan(45° - \varphi/2) + 4c^2/\gamma}{\gamma h_i^2}} \tag{6.12}$$

其中 h_i 为计算分层厚度。实践表明,等值内摩擦角法的效果并不好,因此黏性填土的土压力仍是有待研究的课题。

当填土为黏性土时,需考虑黏聚力和填土表面开裂对土压力的影响。若填土的黏聚力为 c,则填土与墙背之间的黏聚力取 $k = (0.25 \sim 0.5)c$。此外,试验表明,当墙体绕墙顶转动时,填土表面不会产生水平位移,而主要是表现为下沉。此时,填土表面不可能产生拉裂。当墙体可能产生水平位移或绕墙底转动时,可

按填土表面出现裂缝考虑。这两种情况下的土压力计算公式均极为复杂，详细推导参见顾慰慈(2001)。

在此仅介绍无裂缝时的情况(图6.5)，此时可求得主动土压力为

$$E_a = \gamma\left(\frac{1}{2}H + h\right)H\lambda \quad (6.13)$$

其中 h 为超载 q 换算为填土的折算高度，即

$$h = \frac{q\cos\varepsilon\cos\beta}{\gamma\cos(\varepsilon - \beta)} \quad (6.14)$$

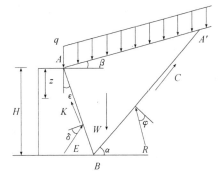

图 6.5　黏性填土主动土压力

λ 为主动土压力系数

$$\lambda = \frac{\cos(\varepsilon - \beta)}{\cos\varepsilon}\cdot\frac{L_1}{H} + \frac{1}{\gamma(H/2 + h)H}\left\{\frac{c\sin(\varepsilon + \delta - \beta)}{\cos(\varepsilon + \delta)}\cdot\frac{L_1 L_2}{B} - \right.$$

$$\left. \frac{c\cos\beta}{\cos(\varepsilon + \delta)}L_1 + \frac{H\sin\varepsilon}{\cos(\varepsilon + \delta)}\left(c + \frac{k}{\cos\varepsilon}\right)\right\} \quad (6.15)$$

其中

$$L_1 = A_1 + A_2 B \quad (6.16)$$

$$L_2 = A_2 - A_4 B \quad (6.17)$$

$$\frac{B}{H} = A\sqrt{1 + \frac{2k/(\gamma H)}{I(1 + 2h/H) + J\cdot 2c/(\gamma H)}} \quad (6.18)$$

$$\left.\begin{aligned} A_1 &= -\frac{H\sin(\varphi + \delta)}{\cos\varepsilon\cos(\varepsilon + \delta + \varphi - \beta)} \\[4pt] A_2 &= \frac{\cos(\varepsilon + \delta)}{\cos(\varepsilon + \delta + \varphi - \beta)} \\[4pt] A_3 &= \frac{H\cos(\varepsilon - \beta)}{\cos\varepsilon\cos(\varepsilon + \delta + \varphi - \beta)} \\[4pt] A_4 &= \frac{\sin(\varphi - \beta)}{\cos(\varepsilon + \delta + \varphi - \beta)} \\[4pt] A &= \sqrt{\frac{\cos(\varepsilon - \beta)}{\cos\varepsilon\cos(\varepsilon + \delta)}} \\[4pt] I &= -\frac{\sin(\varphi + \delta)\cos(\varepsilon + \delta)\cos(\varepsilon - \beta)}{\cos\varepsilon\cos(\varepsilon + \delta + \varphi - \beta)\cos\delta} \\[4pt] J &= \frac{\cos(\varepsilon - \beta)\cos\varphi}{\cos(\varepsilon + \delta + \varphi - \beta)\cos\delta} \end{aligned}\right\} \quad (6.19)$$

由式(6.13)可知，土压力沿墙高线性分布，作用线与墙面法线成 δ 角，填土面以下深度 z 处的土压力强度为

$$p_{az} = \gamma(z + h)\lambda \quad (6.20)$$

6.1.3 Каган 水平层分析法

采用卡岗(M. E. Каган,1960)提出的水平层分析法,可计算填土水平时的土压力。这里仅简要说明无黏性填土时的水平层分析法(图 6.6),其细节和黏性填土时的分析见顾慰慈(2001)。

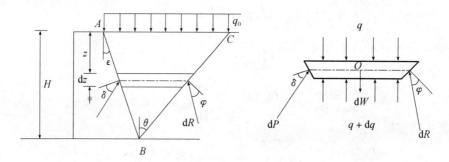

图 6.6   无黏性土水平层分析

设 ABC 为滑动土楔,BC 为滑动面,它与竖直线的夹角为 θ。从填土表面以下深度 z 处取厚度为 $\mathrm{d}z$ 的水平土层。挡土墙、不动土体对水平土层的反力强度分别用 p,r 表示,则

$$\mathrm{d}P = \frac{p\,\mathrm{d}z}{\cos\varepsilon}, \qquad \mathrm{d}R = \frac{r\,\mathrm{d}z}{\cos\theta}$$

根据水平向力的平衡条件,可得

$$r = p\,\frac{\cos(\varepsilon+\delta)\cos\theta}{\cos(\theta+\varphi)\cos\varepsilon} \tag{6.21}$$

根据竖直向力的平衡条件并考虑到式(6.21),可得

$$\mathrm{d}q = \gamma\,\mathrm{d}z + \frac{q\,\mathrm{d}z}{H-z} - \frac{p\,\mathrm{d}z}{H-z}\,\frac{\cos\theta}{\sin(\theta+\varepsilon)}\big[\sin(\varepsilon+\delta) + \cos(\varepsilon+\delta)\tan(\theta+\varphi)\big]$$

$$\tag{a}$$

以水平土层厚度的中心线与滑动面的交点 O 点为中心,取力矩平衡得

$$\mathrm{d}q = \gamma\,\mathrm{d}z + \frac{2q\,\mathrm{d}z}{H-z}\Big[1 - \frac{\cos\varepsilon\sin\theta}{\sin(\theta+\varepsilon)}\Big] - \frac{2p\,\mathrm{d}z}{H-z}\,\frac{\cos(\varepsilon+\delta)\cos\theta}{\sin(\theta+\varepsilon)} \tag{b}$$

令

$$p = \lambda q \tag{6.22}$$

根据式(a),式(b)可得

$$\mathrm{d}q = \gamma\,\mathrm{d}z + \frac{Aq\,\mathrm{d}z}{H-z} = \Big(\gamma + \frac{Aq}{H-z}\Big)\mathrm{d}z \tag{6.23}$$

其中

$$
\left.\begin{array}{l}
A = 1 - \lambda B \\[2mm]
B = \dfrac{\cos\theta}{\sin(\theta + \varepsilon)}\big[\sin(\varepsilon + \delta) + \cos(\varepsilon + \delta)\tan(\theta + \varphi)\big] \\[3mm]
\lambda = \dfrac{\sin(\theta + \varepsilon) - 2\cos\varepsilon\sin\theta}{\cos\theta\big[\sin(\varepsilon + \delta) - \cos(\varepsilon + \delta)\tan(\theta + \varphi)\big]}
\end{array}\right\}
\tag{6.24}
$$

积分式(6.23)得

$$
q = \frac{C}{(A + 1)(H - z)^A} - \frac{\gamma(H - z)}{A + 1}
\tag{6.25}
$$

其中 C 为待定常数,由边界条件确定。例如,填土表面无超载即 $z = 0$ 时,$q = 0$。可得

$$
q = \frac{\gamma H^{(A+1)}}{(A + 1)(H - z)^A} - \frac{\gamma(H - z)}{A + 1}
\tag{6.26}
$$

由式(6.22)得

$$
p = \lambda q = \frac{\lambda\gamma}{A + 1}\Big[\frac{H^{(A+1)}}{(H - z)^A} - (H - z)\Big]
\tag{6.27}
$$

作用在挡土墙上的总主动土压力 P 为

$$
P = \int_0^H \frac{p\,\mathrm{d}z}{\cos\varepsilon} = \frac{1}{2}\gamma H^2 K
\tag{6.28}
$$

其中

$$
K = \frac{\sin(\theta + \varepsilon)}{\cos\varepsilon\cos\theta\big[\sin(\varepsilon + \delta) + \cos(\varepsilon + \delta)\tan(\theta + \varphi)\big]}
\tag{6.29}
$$

P 的作用点距墙踵的高度为

$$
y = \frac{\displaystyle\int_0^H pz\,\mathrm{d}z}{\displaystyle\int_0^H p\,\mathrm{d}z} = \frac{2(1 - A)}{3(2 - A)}H
\tag{6.30}
$$

由式(6.27)可知土压力呈非线性分布,式(6.28)表明总压力 P 与挡土墙高度 H 的平方成正比,式(6.30)说明 P 的作用点不在距墙踵三分之一高度处。

6.1.4　有关问题说明

(1)位移与土压力

作用在挡土墙上的实际土压力与许多因素有关,例如挡土墙的结构型式和刚度、挡土墙的位移、墙背的粗糙程度、填土的类型及填挖方式、填土表面的荷载以及地下水位等。在这诸多的因素当中,特别需要注意的是挡土墙位移对土压力的影响。

Terzaghi(1929)在解决挡土墙设计问题时,做了模型试验并提出了挡土墙土压力与墙位移之间的关系。结果表明(图 6.7),当墙离开填土位移时,土压力迅速减小;相对位移 Δ/H 为 $0.001 \sim 0.005$ 时,填土达到主动极限平衡状态。当墙

移向填土时,土压力迅速增大;Δ / H 为 0.1～0.05 时,填土达到被动极限平衡状态。此外,墙体位移模式对土压力也有影响。李兴高等(2007)研究了大量主动土压力实测资料后指出,绕墙顶转动时土压力最大,绕墙底转动时次之,墙体平移时土压力最小。

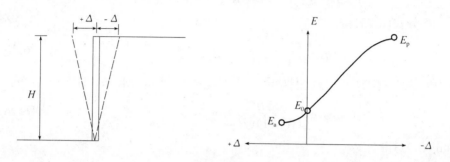

图 6.7　挡土墙位移与土压力

通常主动土压力状态较容易实现,所以多按主动土压力计算。实现被动土压力要求很大位移,通常不允许。因此,遇到被动情况时,不能采用全部被动土压力进行设计,一般取 E_p 的 30% 左右。

（2）土压力的分布

根据前面阐述的经典理论,土压力沿墙高呈线性分布,而实际情况要复杂得多。Terzaghi(1943)在其《理论土力学》一书中就曾指出土压力分布的非线性特征,此后许多土压力试验、现场观测以及采用水平层分析法进行的理论计算都证实了这一点。通常当挡土墙产生足够的位移而使填土处于极限平衡状态时,土压力分布为三角形;当墙体位移不足以使填土达到极限平衡状态时,土压力呈曲线形分布。此外,土压力强度的最大值通常不在墙底,合力作用点在距墙底 $0.4H$ 左右。

（3）滑动面的形状

由于没有考虑挡土墙变形的影响,土压力计算的两种经典理论主要适用于刚性挡土墙。Rankine 理论严密、概念清楚,但只能处理较为简单的情况。Coulomb 理论的适用范围较广,但也有局限性,例如按这种理论算得的被动土压力较实际偏大。这是由于受墙背摩擦的影响,破坏面 BC 并不是平面而是曲面。假定为平面对主动土压力引起的误差一般不大,但对被动土压力有显著影响,采用对数螺旋面与平面组合滑动面比较合理(图 6.8)。

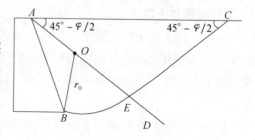

图 6.8　组合滑动面

此外,当墙背倾角 ε 较大时,滑动面不会沿墙背 *AB* 产生,而是发生在土体中,形成所谓第二滑动面 *A'B*(图 6.9)。

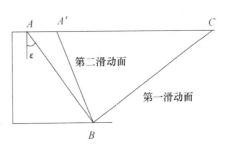

图 6.9 第二滑动面

(4)复杂情况的处理

很多情况下,无法得到严密的土压力理论解,只能采用 Coulomb 土压力理论近似处理。各种具体情况的处理方法可参见有关文献,例如梁钟琪(1993)、顾慰慈(2001)。

6.2 地基极限承载力

建筑荷载通过基础传给地基,从而引起地基应力状态的改变并产生变形。当荷载足够大时,可能使地基达到承载力极限状态,即地基因基底压力达到极限承载力而破坏。简单地说,**地基承载力**(subgrade bearing capacity)就是地基承受外部荷载的能力。最优的设计既能使地基具有足够的安全储备;又能充分发挥地基的承载能力。这就要求准确地确定地基承载力。在这一课题中,地基土体作为结构,而承载力就是结构强度。确定承载力的方法有现场载荷试验法、理论计算法、经验表格法等,本节只介绍地基极限承载力的理论计算方法。

6.2.1 破坏型式与计算方法

(1)地基破坏型式

在外部荷载作用下,地基的破坏主要表现为**剪切破坏**(shear failure)。对于浅基础来说,地基破坏型式可分为**整体剪切**(general shear)、**局部剪切**(local shear)和**冲切剪切**(punching shear)(图 6.10)。

整体剪切破坏型式最早由 Prandtl(1920)提出,其基本特征是:当基底荷载较小时,基底压力与沉降基本上呈直线关系,属于线性变形阶段。当荷载增加到某一数值时,基础边缘处的土开始发生剪切破环,出现剪切破坏区,也称为**塑性区**(plastic zone);随荷载的增加,塑性区逐渐扩大,此时压力与沉降之间呈曲线关系,属于弹塑性变形阶段。如果荷载继续增加,最终在地基中形成延伸到地表的连续滑动面,地基发生整体剪切破坏。此时基础急剧下沉或向一侧倾倒,基础四周的地面同时产生隆起,$p - S$ 曲线出现明显的拐点(图 6.10a),此点对应的基底压力 p_u 称为极限荷载。

地基局部剪切破坏的概念是由 E. E. De Beer(1943)提出的,这种破坏也是从基础边缘开始,但滑动面不会发展到地面,而是限制在地基内部某一区域。即使基底压力 p 大于按通常方法确定的 p_u,剪切破坏面也不会延伸至地表,而是塑性变形不断向四周及深层发展。局部剪切破坏时,基础四周地面也有微微的隆起现象,但不会有明显的倾斜和倒塌。此外,$p-S$ 曲线从开始就呈非线性变化,且无明显的拐点(图6.10b)。

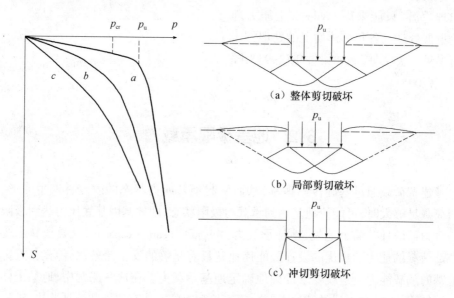

(a)整体剪切破坏

(b)局部剪切破坏

(c)冲切剪切破坏

图6.10　地基破坏型式

地基冲切剪切破坏的概念是由 De Beer 和 Vesi'c(1958)提出的,其基本特征是:基底压力引起软弱土压缩变形,使基础连续下沉。当荷载继续增加到某一数值时,基础可能向下像"切入"土中一样,基础侧面附近的土体因垂直剪切而破坏。发生这种冲切剪切破坏时,地基中没有出现明显的连续滑动面,基础四周不隆起,基础也没有明显的倾斜。$p-S$ 曲线从开始就呈非线性变化,且无明显的拐点(图6.10c)。

地基究竟发生哪种破坏型式,主要与土的压缩性有关。一般地说,密实砂土和坚硬黏土常发生整体剪切破坏;而压缩性较大的地基将会出现局部剪切或冲切剪切破坏。除了地基土的压缩性以外,地基破坏型式还与基础埋深、加荷速率等因素有关。例如当埋深很大时,坚硬黏土或密砂地基也常产生冲切剪切破坏;而在软黏土地基中快速加荷时,地基土不能产生压缩变形,可能发生整体剪切破坏。当地基为松砂或其他松散结构土层时,不论基础埋深如何,均将发生冲切破坏。但这类地层很少会被选作建筑物地基,故没有多大研究意义。

(2)承载力计算方法

L. Prandtl(1920)根据塑性理论研究了刚性冲模压入无重量的半无限刚塑性

介质、达到破坏时的滑动面形状和极限压力公式,人们把他的解应用到地基**极限承载力**(ultimate bearing capacity)问题上。之后不少学者进行了理论研究,根据不同的假设条件得出了各种不同的极限承载力近似计算公式,例如 Terzaghi (1943),G. G. Meyerhof(1951),J. B. Hansen,A. S. Vesi'c 等人在 Prandtl 的基础上,根据平衡条件得出半经验公式。限于篇幅并考虑到主要类型,这里仅介绍 Prandtl、Terzaghi 和 Meyerhof 极限承载力公式。必须指出,极限承载力理论方法仅对于平面问题,即**均质地基、条形基础、受均布荷载作用且发生整体剪切破坏**才是可行的。以下介绍各种理论时将这些条件作为基本假定不再特别提出,而只说明额外的假定。

6.2.2　无重介质承载力公式

(1)基本假定

假定地基土无重量($\gamma = 0$),基础底面光滑。地基发生整体剪切破坏时,滑动区域由 Rankine 主动区 Ⅰ、径向剪切区 Ⅱ 和 Rankine 被动区 Ⅲ 所组成(图 6.11)。其中 Rankine 主动区和被动区的边界为直线,考虑到基础底面为大主应力面,基础两侧地表面为小主应力面,则上述边界直线与水平面的夹角分别为 $(45° + \varphi/2)$ 和 $(45° - \varphi/2)$。径向剪切区的边界为对数螺旋线,其中心点为 O,曲线方程为

$$r = r_0 \mathrm{e}^{\theta\tan\varphi} = r_0\exp(\theta\tan\varphi) \tag{6.31}$$

其中 r_0 为起始半径,即 $\theta = 0$ 时的 r。

(2)无超载情况

求解上述整体剪切破坏时的极限荷载 p_u 就是 Prandtl 课题,Prandtl 用塑性力学方法求得了解析解(见本章滑移线场理论)。这里采用极限平衡分析求解,取对数螺旋线所涉及的区域为脱离体。根据图 6.11 所示几何关系,不难求得 r_0,ab 和 cd 段的长度。在 $\gamma = 0$ 的情况下,根据极限平衡条件可确定主动区土压力 p_a 和被动区土压力 p_p。在对数螺旋线上,法向应力和摩擦力的合力的作用线与法线成 φ 角,而这作用线正是对数螺旋线的径向线,通过螺旋线的中心 O,故其

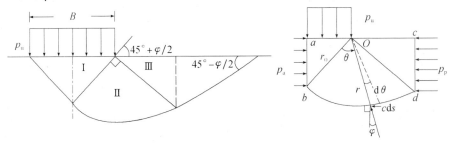

图 6.11　无重介质无超载

力矩为零。对 O 点取力矩平衡,可得

$$p_u = \frac{c}{\tan\varphi}\Big[\tan^2\Big(45° + \frac{\varphi}{2}\Big)\exp(\pi\tan\varphi) - 1\Big] \tag{6.32}$$

其中 c,φ 为土的强度参数。

对于饱和黏土地基,在 $\varphi_u = 0$ 的条件下, p_u 为不定式。应用数学中的罗比塔法则,得

$$p_u = (\pi + 2)c_u = 5.14c_u \tag{6.33}$$

其中 c_u 为不排水强度。

根据式(6.32),砂土地基($c = 0$)的极限承载力为零。这个结论显然是不合理的,其原因在于假定了土的重度为零。

(3)有超载情况

Prandtl 课题没有考虑基础埋深,H. Reissner(1924)对此提出修正。他将基底以上基础两侧土的影响用连续均布超载 $q = \gamma_0 d$(γ_0 为基底以上基础两侧土重度的加权平均值, d 为基础埋深)来代替,而不考虑这部分土的抗剪强度对承载力的影响(图 6.12)。通过与前面类似的分析,不难推导出极限承载力公式

$$p_u = qN_q + cN_c \tag{6.34}$$

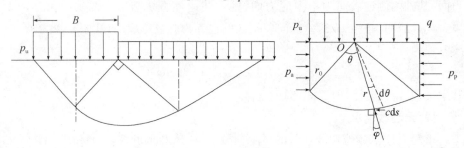

图 6.12　无重介质有超载

其中 N_q, N_c 是 φ 的函数,称为**地基承载力系数**,表达式为

$$N_q = \exp(\pi\tan\varphi)\tan^2(45° + \varphi/2) \tag{6.35}$$

$$N_c = (N_q - 1)\cot\varphi \tag{6.36}$$

由于公式(6.34)没有考虑地基土的重量、基础两侧土的抗剪强度,以及基底的粗糙等因素对承载力的影响,计算结果与实际仍有较大出入。

6.2.3　Terzaghi 承载力公式

(1)基本假定

Terzaghi 在推导极限承载力公式时假定:①地基土有重量;②基础底面粗糙;③基础两侧土体的影响用均布超载 $q = \gamma_0 d$ 来代替,而不考虑其抗剪强度的影响。

由于基底与地基土之间存在摩擦,所以基底下有一部分土体将随着基础一起移动而处于弹性平衡状态,该部分土体称为**弹性楔体**即 I 区(沈珠江在其 1960 年的博士论文中认为这一区域理论上也是塑性区,只是与基础一起运动,可称为约束变形区)。作为滑动面的一部分,弹性楔体的边界是曲面,为计算简便假定其为平面,与水平面的夹角 ψ 介于 φ 与 $45° + \varphi/2$ 之间。滑动区域由径向剪切区 II 和 Rankine 被动区 III 组成,其中滑动区域 II 的边界为对数螺旋曲线(图 6.13)。

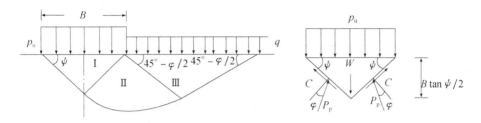

图 6.13 Terzaghi 极限承载力

(2)一般公式

取弹性楔体为脱离体,分析其受力状态。在弹性楔体上受到下列荷载作用:弹性楔体的自重 W、基底面上的极限荷载 $p_u B$、弹性楔体两边界面上的黏聚力 C 以及弹性楔体两边界面上的被动土压力 P_p。其中 P_p 是由土的黏聚力 c、超载 q 和重度 γ 引起的,Terzaghi 假定

$$P_p = \frac{B}{2\cos^2\varphi}\left(ck_{pc} + qk_{pq} + \frac{1}{4}\gamma B\tan\varphi k_{p\gamma}\right)$$

其中 $k_{pc}, k_{pq}, k_{p\gamma}$ 为被动土压力系数。

由竖直方向的平衡条件可得

$$p_u = \frac{1}{2}\gamma B N_\gamma + qN_q + cN_c \tag{6.37}$$

其中承载力系数 N_γ, N_q, N_c 是 φ 和 ψ 的函数,其表达式为

$$\left.\begin{array}{l} N_q = \dfrac{\cos(\psi - \varphi)}{\cos\psi}\tan\left(45° + \dfrac{\varphi}{2}\right)\exp\left[\left(\dfrac{3}{2}\pi + \varphi - 2\psi\right)\tan\varphi\right] \\[3mm] N_c = \tan\psi + \dfrac{\cos(\psi - \varphi)}{\cos\psi\sin\varphi}\left\{(1 + \sin\varphi)\exp\left[\left(\dfrac{3}{2}\pi + \varphi - 2\psi\right)\tan\varphi\right] - 1\right\} \\[3mm] N_\gamma = \dfrac{1}{2}\tan\psi\left[\dfrac{k_{p\gamma}\cos(\psi - \varphi)}{\cos\psi\cos\varphi} - 1\right] \end{array}\right\} \tag{6.38}$$

N_γ 中的被动土压力系数 $k_{p\gamma}$ 需由试算确定。

(3)基底完全粗糙

式(6.38)中的 ψ 未定。当基底完全粗糙即 $\psi = \varphi$ 时,有

$$N_q = \frac{\exp\left[(3\pi/2 - \varphi)\tan\varphi\right]}{2\cos^2(45° + \varphi/2)}$$

$$N_c = (N_q - 1)\cot\varphi$$

$$N_\gamma = \frac{1}{2}\left(\frac{k_{p\gamma}}{\cos^2\varphi} - 1\right)\tan\varphi$$

$$(6.39)$$

(4)基底完全光滑

当基底完全光滑时,$\psi = 45° + \varphi/2$。此时,弹性楔体不再存在而成为 Rankine 主动区,且整个滑动区域与 Prandtl 假定完全相同,N_q、N_c 也与式(6.35)和式(6.36)相同。对于 N_γ,Terzaghi 和 Peck(1967)建议改由下列半经验公式计算

$$N_\gamma = 1.8(N_q - 1)\tan\varphi \tag{6.40}$$

6.2.4   Meyerhoff 承载力公式

Terzaghi 极限承载力理论忽略了基础两侧土的强度对承载力的影响。为了弥补这一不足,Meyerhoff 将滑动面延伸到地表(图 6.14)。为简化分析,他假定:

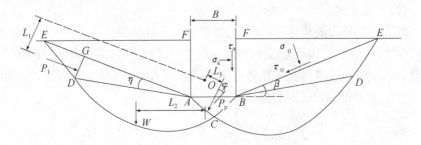

图 6.14   Meyerhoff 极限承载力分析

①基底光滑,滑动面由直线 AC、对数螺旋线 CD 和直线 DE 组成;②作用在 BE(与水平面成 β 角)上的合力由等代应力 σ_0,τ_0 代替;③基础侧面法向应力 σ_a 按静止土压力分布,即 $\sigma_a = K_0\gamma d/2$,而切向应力 $\tau_a = \sigma_a\tan\delta$,其中 K_0 为土的静止侧压力系数,d 为基础埋深,δ 是基础与侧土间的摩擦角。

Meyerhoff 根据上述假定,分两步确定地基的极限承载力:①黏聚力 C 和超载(σ_0,τ_0)对应的承载力;②地基土重度 γ 对应的承载力。然后将两部分叠加起来,可得

$$p_u = \frac{1}{2}\gamma B N_\gamma + \sigma_0 N_q + c N_c \tag{6.41}$$

其中

$$\sigma_0 = \frac{1}{2}\gamma d\left(K_0\sin^2\beta + \frac{1}{2}K_0\tan\delta\sin2\beta + \cos^2\beta\right) \tag{6.42}$$

$$\tau_0 = \frac{1}{2}\gamma d\Big(\frac{1 - K_0}{2}\sin 2\beta + K_0\tan\delta\sin^2\beta\Big) \tag{6.43}$$

$$N_q = \frac{(1 + \sin\varphi)\exp(2\theta\tan\varphi)}{1 - \sin\varphi\sin(2\eta + \varphi)} \tag{6.44}$$

$$N_c = (N_q - 1)\cot\varphi \tag{6.45}$$

$$N_\gamma = \frac{4P_{\mathrm{p}}\sin(45° + \varphi/2)}{\gamma B^2} - \frac{1}{2}\tan\Big(45° + \frac{\varphi}{2}\Big) \tag{6.46}$$

$$P_{\mathrm{p}} = (P_1 L_1 + WL_2)/L_3 \tag{6.47}$$

上述各式中符号 $\eta, P_1, W, L_1, L_2, L_3$ 的意义见图 6.14。被动土压力 P_{p} 和 P_1, W 是在任意假定对数螺旋线中心点 O 及其相应滑动面的情况下得到的。为了求得最危险的滑动面及其相应 P_{p} 的最小值,必须假定多个对数螺旋线中心和滑动面进行试算。

6.2.5　有关问题说明

(1)承载力公式比较

由于各种极限承载力理论的假定不同,算得的承载力值也就不同。Meyerhoff 公式考虑了基础两侧的摩擦以及侧土抗剪强度的影响,其值最大;Terzaghi 公式考虑了基底摩擦,其值次之。从所考虑的因素上讲,Meyerhoff 理论是比较合理的。但由于计算繁杂、使用不便,所以 Meyerhoff 自己也倾向以式(6.37)为基础引入各种修正系数来计算地基承载力。

(2)地基承载力修正

影响地基承载力的因素很多,例如地基土的性质、地下水位、基础的形式与尺寸、荷载偏心与倾斜等。与抗剪强度有关的因素需要特别注意,例如在其他条件相同的情况下,含水量越大,抗剪强度越低,承载力也越小。所以必须考虑地下水位上升对承载力的影响。

Meyerhoff, Hansen 和 Vesi'c 对 Terzaghi 公式进行了修正,所考虑的因素包括基础形状、荷载偏心与倾斜、基础埋深、基底倾斜、地面倾斜等,极限承载力垂直分量 p_{uv} 的普遍表达式可写为

$$p_{\mathrm{uv}} = \frac{1}{2}\gamma B N_\gamma s_\gamma d_\gamma i_\gamma g_\gamma b_\gamma + q N_q s_q d_q i_q g_q b_q + c N_c s_c d_c i_c g_c b_c \tag{6.48}$$

其中 s_γ, s_q, s_c 为基础形状修正系数;d_γ, d_q, d_c 为基础埋深修正系数;i_γ, i_q, i_c 为荷载倾斜修正系数;g_γ, g_q, g_c 为地面倾斜修正系数;b_γ, b_q, b_c 为基底倾斜修正系数。各承载力系数和修正系数可查表求得。

此外,各种承载力理论公式都是在假定均质地基、发生整体剪切破坏条件下得到的。对于局部剪切破坏情况,可采用 Terzaghi 的建议进行修正,即采用下述折减后的强度参数计算承载力

$$\overline{c} = \frac{2}{3}c, \qquad \overline{\varphi} = \tan^{-1}\left(\frac{2}{3}\tan\varphi\right) \tag{6.49}$$

我国长期采用容许承载力方法设计,因而缺乏使用极限承载力计算公式的经验。地基极限承载力计算公式大多是半理论半经验的,计算值与实测值的比较研究非常重要,但这项工作做得很不充分。

(3)特殊基础与承载力

经典地基承载力理论是针对条形基础提出来的,而筏板基础、箱形基础、桩基础的埋深、宽度均发生了显著变化,现有的承载力计算公式是否可用?经研究已经发现了一些问题,例如当基础面积较大时,按公式计算的地基极限承载力需要修正。但到目前为止,这方面的研究成果非常有限,还不足以得出一致的结论。

6.3　土坡稳定性分析

土坡(earth slope)是指具有倾斜表面的土体。从 19 世纪中叶开始,欧洲进行大规模铁路、公路、运河、渠道等工程建设,并迫切需要解决土坡稳定(stability)问题。K. E. Petterson(1916)根据工程经验首先提出了圆弧滑动面的假说并建立了整体圆弧法。在此基础上,W. Fellenius(1921, 1927)提出了**瑞典条分法**(Swedish slice method)。后来,经过 D. W. Taylor(1948),A. W. Bishop(1955),N. R. Morgenstern和 V. E. Price(1965),E. Spencer(1967),N. Janbu(1972)等人的研究,稳定分析的条分法逐渐趋于成熟。此外,现代计算技术的发展,又使自动搜索最危险滑动面成为可能。目前国内外已有多种边坡稳定分析程序可供使用。本节首先阐述土坡稳定性分析的基本理论,然后介绍几种常用的分析方法。

6.3.1　稳定分析理论

(1)滑动与滑动面

由于坡面倾斜,坡体有向下运动的趋势;达到一定程度时将失去稳定。坡体发生滑动时称为**滑坡**(landslide),即一部分土体沿**滑动面**(slip surface)相对另一部分土体滑动。引起土坡失稳的原因有多种,例如坡顶施加外部荷载、土坡受到强烈地震的作用、降雨导致抗剪强度减小等。然而,滑坡的机理却只有一种,即滑动面上的剪应力达到了抗剪强度。

土坡滑动面的形状通常为簸箕形,但稳定问题常被视为**平面应变问题**。由于忽略两侧稳定土体对滑体的抗滑力,故分析偏于安全。在无黏性土坡中,通常形成直线滑动面;均质黏性土坡的滑动面则呈圆弧形;如果坡体中含有软弱夹层,或坡积物与基岩面交界,则滑动面将受其影响或控制。必须指出,发生滑坡时滑动土体虽然产生大的变形,但刚滑动的瞬间却为一整体,故在稳定性分析中均假定滑体为刚体。

(2)安全系数定义

针对各种不同情况,人们给出了土坡稳定**安全系数**(factor of safety)F_s 的相应定义,例如当滑动面为平面时,F_s 定义为抗滑力 F_R 与滑动力 F_S 之比,即

$$F_s = \frac{F_R}{F_S} \tag{6.50}$$

当滑动面为圆柱面或圆弧时,F_s 定义为抗滑力矩 M_R 与滑动力矩 M_S 之比,即

$$F_s = \frac{M_R}{M_S} \tag{6.51}$$

为了适用于一般滑动面,Bishop(1955)将安全系数定义为滑动面上的抗剪强度 τ_f 与剪应力 τ 之比

$$F_s = \frac{\tau_f}{\tau} \tag{6.52}$$

这相当于**通过降低强度使滑体达到极限平衡状态**。这样做比较符合实际情况,因为实际土坡的失稳通常也是由于土的抗剪强度降低所致。但强度参数有两个,引用一个安全系数意味着黏聚力和摩擦系数按同一比例衰减,而这样做与实际情况并不完全相符。

(3)普遍条块分析

通常采用条分法计算土坡的安全系数,这种方法简单实用。如图 6.15 所示的可能滑体 ABC 被分成 n 个竖直土条,每个土条都视为刚体。由于土条宽度较小,底面近似为平面,典型土条 i 的底面与水平面的夹角为 α_i。当滑动面确定、滑体分为土条后,土条 i 的几何参数随之确定;滑面上的强度参数也是给定的。

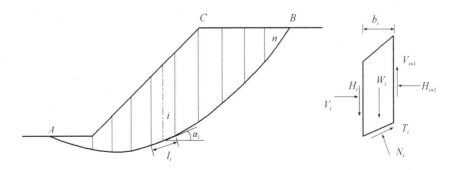

图 6.15　土坡条块模型

现对典型土条 i 进行分析。注意到力的三个要素,每个分割面上(底面和条间面)各有三个未知数,即力的大小、方向和作用点或力的法向和切向分量以及法向分力的作用点。共有 n 个底面和 $n-1$ 个条间分割面,故未知数个数为

$3(2n-1)=6n-3$。每个土条可列出三个平衡方程(即两个力的平衡条件和一个力矩平衡条件),共 $3n$ 个。

很显然,除非 $n=1$,问题总是超静定的。为了引入静定化条件而消除问题的超静定,必须做出补充假设。土条底面上的阻滑力可能达到的最大值为抗剪强度的合力,即

$$T_{\mathrm{f}i} = \tau_{\mathrm{f}i}l_i = (c_i + \sigma_i\tan\varphi_i)l_i = c_il_i + N_i\tan\varphi_i \tag{6.53}$$

其中 c_i,φ_i 为第 i 个滑面上土的强度指标;l_i 为第 i 个土条底面的长度。引入安全系数 F_{s} 并假定所有条块的安全系数相等,则滑动面上实际被动用的阻滑力 T_i 为

$$T_i = \frac{T_{\mathrm{f}i}}{F_{\mathrm{s}}} = \frac{c_il_i + N_i\tan\varphi_i}{F_{\mathrm{s}}} \tag{6.54}$$

这样便增加了 n 个方程,但又多了一个未知数 F_{s}。

到此为止,问题的超静定次数仍为 $2n-2$。一般假定土条底面上的法向力 N_i 作用在底面的中点。这样又增加了 n 个条件,故超静定次数变为 $n-2$。为了完全消除超静定,学者们针对条间力的大小或方向或作用点提出了各种假设,从而发展出多种条分法。

6.3.2　Fellenius 条分法

Fellenius 条分法 也称为 **瑞典条分法**(Swedish slice method),该法假定滑动面是圆弧。此外,为了消除超静定,还忽略土条两侧面上的作用力,或假定土条两侧面上的合力与土条底面平行(图 6.16)。由于各土条底面的倾角不同,上述假定违背了作用反作用定律。

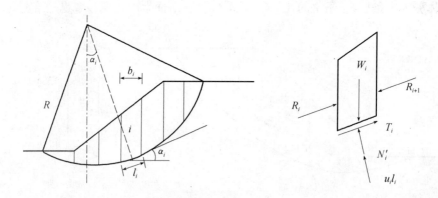

图 6.16　Fellenius 条分法

Fellenius 条分法利用土条底面法向平衡条件和对滑弧圆心的整体力矩平衡条件求解安全系数。根据典型土条 i 底面法向平衡条件,有

$$N_i' + u_il_i = W_i\cos\alpha_i$$

即

$$N_i' = W_i\cos\alpha_i - u_i l_i \tag{6.55}$$

其中 u_i 为孔隙水压力。对圆心取整体力矩平衡,有

$$\sum_{i=1}^{n} T_i R = \sum_{i=1}^{n} W_i R \sin\alpha_i \tag{6.56}$$

其中 T_i 可表示为

$$T_i = \frac{1}{F_\mathrm{s}}(c_i' l_i + N_i' \tan\varphi_i') \tag{6.57}$$

将式(6.55),式(6.57)代入式(6.56)得

$$F_\mathrm{s} = \frac{\sum_{i=1}^{n}(c_i' l_i + N_i' \tan\varphi_i')}{\sum_{i=1}^{n} W_i \sin\alpha_i} = \frac{\sum_{i=1}^{n}[c_i' l_i + (W_i\cos\alpha_i - u_i l_i)\tan\varphi_i']}{\sum_{i=1}^{n} W_i \sin\alpha_i} \tag{6.58}$$

采用总应力法时,上式成为

$$F_\mathrm{s} = \frac{\sum_{i=1}^{n}(c_i l_i + W_i\cos\alpha_i\tan\varphi_i)}{\sum_{i=1}^{n} W_i \sin\alpha_i} \tag{6.59}$$

6.3.3　Bishop 条分法

为了使分析更为精确,Bishop(1955)提出了一种圆弧条分法(图 6.17),该法利用土条竖向平衡条件和对滑弧圆心的整体力矩平衡条件求解安全系数。根据土条 i 的竖向平衡条件,有

$$W_i = V_{i+1} - V_i + (N_i' + u_i l_i)\cos\alpha_i + T_i\sin\alpha_i \tag{6.60}$$

将式(6.57)代入式(6.60),可解得

$$N_i' = \frac{1}{m_{ai}'}\left[W_i + (V_i - V_{i+1}) - \frac{c_i' l_i}{F_\mathrm{s}}\sin\alpha_i - u_i l_i\cos\alpha_i\right] \tag{6.61}$$

其中

$$m_{ai}' = \cos\alpha_i + \frac{\sin\alpha_i\tan\varphi_i'}{F_\mathrm{s}} \tag{6.62}$$

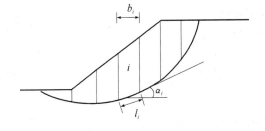 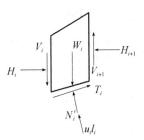

图 6.17　Bishop 条分法

注意到条间力为内力,对圆心取整体力矩平衡仍得式(6.56),将式(6.57)和式(6.61)代入其中得

$$F_s = \frac{\sum\limits_{i=1}^{n} [c_i' b_i + (W_i + V_i - V_{i+1} - u_i b_i)\tan\varphi_i']/m_{ai}'}{\sum\limits_{i=1}^{n} W_i \sin\alpha_i} \tag{6.63}$$

上式中$(V_i - V_{i+1})$是未知的,须估算其值并通过逐次逼近以求出F_s。在试算中,V_i和H_i均应满足每个土条的平衡条件,且整个滑动土体的$\sum(V_i - V_{i+1})$和$\sum(H_{i+1} - H_i)$等于零。研究表明,忽略$(V_i - V_{i+1})$所产生的误差仅为1%,如此得到应用相当普遍的**简化 Bishop 法**公式

$$F_s = \frac{\sum\limits_{i=1}^{n} [c_i' b_i + (W_i - u_i b_i)\tan\varphi_i']/m_{ai}'}{\sum\limits_{i=1}^{n} W_i \sin\alpha_i} \tag{6.64}$$

由于m_{ai}'内含有F_s,所以计算F_s时需要试算。可先假定$F_s = 1$,代入式(6.64)的右边,计算出F_s;再用此F_s代入式(6.64)的右边计算新的F_s。如此反复迭代,直到假定的F_s和算出的F_s足够接近为止。根据计算经验,通常只要3~4次就可满足精度要求。

如果不考虑孔隙水压力,则可得**总应力法**公式

$$F_s = \frac{\sum\limits_{i=1}^{n} [c_i b_i + W_i \tan\varphi_i]/m_{ai}}{\sum\limits_{i=1}^{n} W_i \sin\alpha_i} \tag{6.65}$$

$$m_{ai} = \cos\alpha_i + \frac{\sin\alpha_i \tan\varphi_i}{F_s} \tag{6.66}$$

6.3.4　Janbu 条分法

当土坡位于倾斜的基岩面之上或坡体内部有软弱夹层时,滑动面将呈非圆弧形状。此时,可采用 Janbu 提出的适用于任意形状滑动面的条分法,该法假定:忽略$(V_{i+1} - V_i)$的影响(与简化 Bishop 法相同),即设$V_{i+1} = V_i$;作用于土条间水平方向的力,作为整体是平衡的,即

$$\sum\limits_{i=1}^{n} (H_{i+1} - H_i) = 0 \tag{6.67}$$

列土条i的竖向平衡方程,有

$$T_i \sin\alpha_i + (N_i' + u_i l_i)\cos\alpha_i = W_i$$

将式(6.57)代入上式得

$$N_i' = \frac{1}{m_{ai}'}\Big(W_i - \frac{c_i' l_i}{F_s}\sin\alpha_i - u_i l_i\cos\alpha_i\Big) \tag{6.68}$$

其中 m_{ai}' 见式(6.62)。

列土条 i 的水平向平衡方程,有

$$T_i\cos\alpha_i - (N_i' + u_i l_i)\sin\alpha_i = H_{i+1} - H_i$$

考虑到式(6.67),有

$$\sum_{i=1}^{n}\big[\,T_i\cos\alpha_i - (N_i' + u_i l_i)\sin\alpha_i\,\big] = \sum_{i=1}^{n}(H_{i+1} - H_i) = 0$$

将式(6.57)和式(6.68)代入上式,可得

$$F_s = \frac{\displaystyle\sum_{i=1}^{n}\big[\,c_i'b_i + (W_i - u_ib_i)\tan\varphi_i'\,\big]/(m_{ai}'\cos\alpha_i)}{\displaystyle\sum_{i=1}^{n}W_i\tan\alpha_i} \tag{6.69}$$

6.3.5　Morgenstern – Price 条分法

针对滑动面为任意形状的土坡,Morgenstern 和 Price(1965)取微分土条为研究对象,首先推导出满足所有力及力矩平衡条件的微分方程;然后假定条间力符合下列关系

$$\frac{V(x)}{H(x)} = \lambda f(x) \quad 或 \quad V = \lambda f(x)H \tag{6.70}$$

根据整个滑动土体的边界条件求出问题的解答。式(6.70)中 λ 为待定常数;$f(x)$ 为某个假定的函数。很显然,上式等于定义了条间力的方向。

土坡的坡面线、侧向孔隙水压力推力线、侧向有效应力推力线、滑动线分别为 $y = z(x), y = h(x), y = y_t'(x), y = y(x)$(图 6.18)。考虑微分土条的受力情况,分别根据力矩(对土条底部中点取矩)平衡条件、土条底部法线和切线方向力的平衡条件,可得

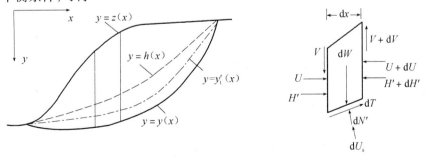

图 6.18　Morgenstern-Price 条分法

$$V = \frac{\mathrm{d}(H'y_t')}{\mathrm{d}x} - y\frac{\mathrm{d}H'}{\mathrm{d}x} + \frac{\mathrm{d}(Uh)}{\mathrm{d}x} - y\frac{\mathrm{d}U}{\mathrm{d}x} \tag{a}$$

$$dN' + dU_s = dW\cos\alpha - dV\cos\alpha - dH'\sin\alpha - dU\sin\alpha \tag{b}$$

$$dT = dH'\cos\alpha + dU\cos\alpha - dX\sin\alpha + dW\sin\alpha \tag{c}$$

根据式(6.57),dT 可表示为

$$dT = \frac{1}{F_s}(c'\,dx\sec\alpha + dN'\tan\varphi') \tag{d}$$

土条底面孔隙水压力增量 dU_s 可用孔隙水应力比 r_u 表示为

$$dU_s = r_u dW\sec\alpha \tag{e}$$

综合以上各式并消去 dT 和 dN',得

$$\frac{dE'}{dx}\left(1 - \frac{\tan\varphi'}{F_s}\frac{dy}{dx}\right) + \frac{dV}{dx}\left(\frac{\tan\varphi'}{F_s} + \frac{dy}{dx}\right) = \frac{c'}{F_s}\left[1 + \left(\frac{dy}{dx}\right)^2\right] +$$

$$\frac{dU}{dx}\left(\frac{\tan\varphi'}{F_s}\frac{dy}{dx} - 1\right) + \frac{dW}{dx}\left\{\frac{\tan\varphi'}{F_s} + \frac{dy}{dx} - r_u\left[1 + \left(\frac{dy}{dx}\right)^2\right]\frac{\tan\varphi'}{F_s}\right\} \tag{f}$$

由于 dx 可以取得很小,故在土条范围内,滑动面 $y = y(x)$,dW/dx 以及式(6.70)中的 $f(x)$ 可以线性化

$$y = Ax + B$$

$$dW/dx = px + q$$

$$f = kx + m$$

再考虑到土条侧面总法向力 H 及其作用点位置 y_t 满足下述方程

$$H = H' + U$$

$$Hy_t = H'y_t' + Uh$$

则式(a)和式(f)分别简化为

$$V = \frac{d(Hy_t)}{dx} - y\frac{dH}{dx} \tag{6.71}$$

$$(Kx + L)\frac{dH}{dx} + KH = Nx + P \tag{6.72}$$

其中

$$\left.\begin{aligned}K &= \lambda k\left(\frac{\tan\varphi'}{F_s} + A\right) \\ L &= \lambda m\left(\frac{\tan\varphi'}{F_s} + A\right) + 1 - A\frac{\tan\varphi'}{F_s} \\ N &= p\left[\frac{\tan\varphi'}{F_s} + A - r_u(1 + A^2)\frac{\tan\varphi'}{F_s}\right] \\ P &= \frac{c'}{F_s}(1 + A^2) + q\left[\frac{\tan\varphi'}{F_s} + A - r_u(1 + A^2)\frac{\tan\varphi'}{F_s}\right]\end{aligned}\right\} \tag{6.73}$$

土条两侧的边界条件为

$$H = H_i \qquad 当\ x = x_i$$

$$H = H_{i+1} \qquad 当\ x = x_{i+1}$$

对方程式(6.72)从 x_i 到 x_{i+1} 积分,可得

$$H_{i+1} = \frac{1}{L + K\Delta x}\left(H_i L + \frac{N\Delta x^2}{2} + P\Delta x\right)$$

根据上式可以逐条求出水平向条间力 H，再根据式(6.70)求出竖向条间力 V。当滑动土体外部没有其他外力作用时，对最后一土条必须满足

$$H_n = 0 \tag{6.74}$$

土条侧面的力矩可由式(6.71)积分求出

$$M_{i+1} = H_{i+1}(y - y_t)_{i+1} = \int_{x_i}^{x_{i+1}}\left(V - H\frac{\mathrm{d}y}{\mathrm{d}x}\right)\mathrm{d}x$$

且必须满足

$$M_n = \int_{x_0}^{x_n}\left(V - H\frac{\mathrm{d}y}{\mathrm{d}x}\right)\mathrm{d}x = 0 \tag{6.75}$$

上述算式中的 λ 和 F_s 是未知的。计算时先假定 λ，F_s，然后逐条积分得到 H_n 和 M_n。如果它们不为零，再不断修正 λ，F_s，直到式(6.74)和式(6.75)得到满足为止。至于函数 $f(x)$ 可直观地假定。根据 Morgenstern 等人的研究，对于接近圆弧的滑动面，安全系数对内力分布的反应是很不灵敏的，取完全不同的 $f(x)$，得到的安全系数却相当接近。必须指出，任何关于条间力的假定必须使求出的条间力不违背破坏准则，亦即由切向条间力得出的平均剪应力不大于平均抗剪强度，一般条间也不允许出现拉力。

Morgenstern 法是土坡稳定分析中最一般的方法，通过引入假定可简化为其他条分法，例如 $f(x)=0$ 时相当于简化 Bishop 法。由于一般情况下 $f(x)$ 的选择有一定困难，加之计算上的困难，Morgenstern 法应用并不很广泛。

6.3.6　有关问题说明

(1)渗透力的影响

当土坡中发生渗流时，将有渗透力作用于土骨架之上(图 6.19a)。通常将渗透力作为滑动力，而不考虑其对抗滑作用的影响。取滑体浸水部分内孔隙水为脱离体，其受力有滑动面上的静水压力 P_1、坡面上的静水压力 P_2、坡外水位线以下部分的孔隙水重与土粒浮力的反力之和 W_1、坡外水位线以上部分的孔隙水重与土粒浮力的反力之和 W_2、渗流产生的土粒对水的反作用力 T。T 与渗透力的合力大小相等，方向相反。

由于 P_1 以及无渗流时的 P_1' 通过滑动圆心 O，故由图 6.19b 可知 W_1 与 P_2 对圆心的力矩相平衡。从而 W_2 和 T 对圆心的力矩相平衡，或者说渗透力的力矩等于 W_2 的力矩。取土骨架为分析对象，将渗透力矩加在滑动力矩即分母上，则瑞典条分法安全系数为

$$F_s = \frac{\sum\limits_{i=1}^{n} c_i' l_i + \sum\limits_{i=1}^{n} (\gamma h_{1i} + \gamma' h_{2i} + \gamma' h_{3i}) b_i \cos\alpha_i \tan\varphi_i'}{\sum\limits_{i=1}^{n} (\gamma h_{1i} + \gamma_{\text{sat}} h_{2i} + \gamma' h_{3i}) b_i \sin\alpha_i} \tag{6.76}$$

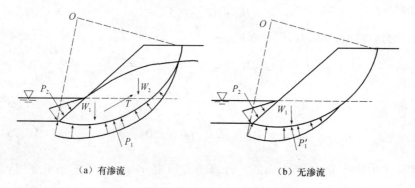

（a）有渗流　　　　　　　　　　　　（b）无渗流

图 6.19　渗透力的影响

其中 h_{1i} 为土条 i 浸润线以上部分的高度；h_{2i} 为浸润线以下、坡外水位线以上部分的高度；h_{3i} 为坡外水位线以下部分的高度。

(2)滑动面搜寻

采用条分法进行分析需要假定一系列滑动面，计算相应的安全系数。最小安全系数 F_{smin} 就是所要求的解答，它所对应的滑动面是最危险滑动面。对于简单均质土坡，陈惠发(1980)根据大量计算指出，最危险滑弧通过坡底的 a 点和坡顶的 b 点，这两点分别距坡脚和坡肩 $0.1nH$，而圆心位于 ab 的垂直平分线上(图6.20a)。

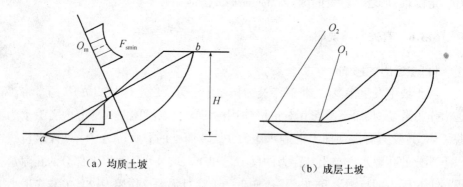

（a）均质土坡　　　　　　　　　　　　（b）成层土坡

图 6.20　滑动面搜寻

采用计算机程序计算时，可在一定范围内有规律地选取多个圆心，确定各滑弧并求得安全系数，再通过比较得出最小安全系数。对于成层土坡或具有渗流的土坡，可能出现多个 F_s 的极小值区(图6.20b)，必须进行大量试算以确定 F_s 的最小值。

(3)方法的精度

一般地说,考虑条间力的影响可使安全系数提高。例如,与更精确的分析方法相比,Fellenius 法的误差在 5% ~ 20%,但偏于安全。简化 Bishop 法的误差不超过 7%,大多在 2% 左右且偏于安全。但要注意,对 φ 等于零或很小的软黏土,滑面底部的正应力对有效抗剪强度影响较小,采用 Fellenius 法并不一定比其他方法来得保守。

6.4　滑移线场理论

所谓滑移线就是剪切滑动面的迹线,滑移线场理论就是关于滑移线性质的理论。这种理论是 Kötter(1903)首先提出的,后经 Sokolovskii(1954,1965)发展并用于求解各种土力学强度问题。它作为求解极限荷载的严密方法,满足定解问题的所有控制方程和边界条件。

6.4.1　基本方程

滑移线场理论假定土体为理想刚塑性体,且分为塑性区和刚性区。极限荷载应满足下述条件:平衡微分方程和应力边界条件;几何方程及位移或速度边界条件;在塑性区域内还需满足本构方程及屈服条件。必须指出,通常所说的极限状态是开始产生塑性流动的瞬间状态,此时仍符合小变形假设。以下给出塑性平面应变问题的基本方程。

(1)平衡方程

对于平面应变问题,平衡微分方程为

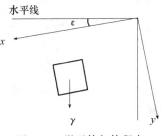

图 6.21　微元体与体积力

$$\frac{\partial \sigma_x}{\partial x} + \frac{\partial \tau_{xy}}{\partial y} - X = 0 \qquad (6.77a)$$

$$\frac{\partial \tau_{xy}}{\partial x} + \frac{\partial \sigma_y}{\partial y} - Y = 0 \qquad (6.77b)$$

其中 X, Y 为体积力分量。当体积力仅有自重 γ 时(图 6.21),有 $X = \gamma \sin\varepsilon$, $Y = \gamma \cos\varepsilon$。

(2)流动法则

对于理想刚塑性材料,处于塑性极限状态时,应力与应变之间不再具有直接的关系,本构方程为流动法则,即应力与塑性应变速率之间的关系。采用相关联的流动法则,有

$$d\varepsilon_{ij} = d\varepsilon_{ij}^{p} = d\lambda \frac{\partial f}{\partial \sigma_{ij}} \qquad (6.78)$$

其中 f 为屈服函数。在平面应变条件下,式(6.78)的率形式为

$$\dot{\varepsilon}_x = \dot{\lambda} \frac{\partial f}{\partial \sigma_x}, \qquad \dot{\varepsilon}_y = \dot{\lambda} \frac{\partial f}{\partial \sigma_y}, \qquad \dot{\gamma}_{xy} = 2\dot{\lambda} \frac{\partial f}{\partial \tau_{xy}} \tag{6.79}$$

(3)几何方程

将平面问题的几何方程对 t 求导,且速度表示为

$$v_x = \frac{\partial u}{\partial t} = \dot{u}, \qquad v_y = \frac{\partial v}{\partial t} = \dot{v}$$

则

$$\left. \begin{array}{l} \dot{\varepsilon}_x = -\dfrac{\partial \dot{u}}{\partial x} = -\dfrac{\partial v_x}{\partial x}, \qquad \dot{\varepsilon}_y = -\dfrac{\partial \dot{v}}{\partial y} = -\dfrac{\partial v_y}{\partial y} \\[3mm] \dot{\gamma}_{xy} = -\left(\dfrac{\partial \dot{u}}{\partial y} + \dfrac{\partial \dot{v}}{\partial x} \right) = -\left(\dfrac{\partial v_x}{\partial y} + \dfrac{\partial v_y}{\partial x} \right) \end{array} \right\} \tag{6.80}$$

(4)屈服条件

在塑性区或破坏区内,假定应力满足 Mohr – Coulomb 屈服条件(3.21),即

$$\frac{\sigma_1 - \sigma_3}{2} = c\cos\varphi + \frac{\sigma_1 + \sigma_3}{2}\sin\varphi \tag{6.81a}$$

在平面应变条件下,$\tau_{yz} = \tau_{zx} = 0$,$\sigma_z$ 为一主应力,其他两个主应力为

$$\sigma_{1,3} = \frac{\sigma_x + \sigma_y}{2} \pm \frac{1}{2}\sqrt{(\sigma_x - \sigma_y)^2 + 4\tau_{xy}^2}$$

代入式(6.81a)得

$$(\sigma_x - \sigma_y)^2 + 4\tau_{xy}^2 = (\sigma_x + \sigma_y + 2c\cot\varphi)^2\sin^2\varphi \tag{6.81b}$$

综上所述,对于塑性平面应变问题,有 9 个控制方程即(6.77),(6.79),(6.80)和(6.81),含有 9 个未知数 σ_x,σ_y,τ_{xy},$\dot{\varepsilon}_x$,$\dot{\varepsilon}_y$,$\dot{\gamma}_{xy}$,$\dot{\lambda}$,v_x 和 v_y,所以给定边界条件后便是可解的。注意到平衡方程(6.77)和屈服条件(6.81)中不含速度,因此若只有应力边界条件,则可从中求解 3 个应力分量。这类不需要本构方程和几何方程就可以求出应力分布的问题称为**静定**问题。得到应力分量以后,不难计算速度。当部分边界上给定位移或速度条件时,塑性平面应变问题便成为**超静定**的了。

6.4.2　滑移线场

(1)剪切滑移线

塑性区内任意一点 P 的应力状态如图 6.22 所示,大主应力 σ_1 及其方向如图 6.23 所示,θ 为 σ_1 与 x 轴之间的夹角,约定逆时针旋转为正。剪破面与大主应力作用线呈 $\pm\mu(\mu = 45° - \varphi/2)$ 角。当 P 点的位置连续变化时,则与 P 点剪破面相切的线元连成相交的两条曲线 α 和 β,称为**剪切滑移线**。显然,滑移线上各点的切线方向就是相应点的滑移面方向。由图 6.23 不难确定滑移线方程

$$\alpha\ \text{线：} \qquad \frac{\mathrm{d}y}{\mathrm{d}x} = \tan(\theta - \mu) \left.\right\}$$

$$\beta\ \text{线：} \qquad \frac{\mathrm{d}y}{\mathrm{d}x} = \tan(\theta + \mu) \left.\right\}$$

$$\tag{6.82}$$

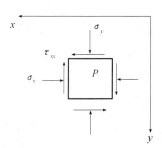

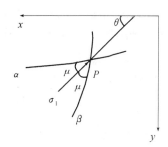

图 6.22　平面应力状态　　　　　　图 6.23　剪切滑移线

(2) 未知量变换

通过应力分析可知，大主应力方向角 θ 与直角坐标应力分量之间具有如下关系

$$\tan 2\theta = \frac{2\tau_{xy}}{\sigma_x - \sigma_y} \tag{a}$$

将屈服条件(6.81)写成

$$(\sigma_x - \sigma_y)^2 + 4\tau_{xy}^2 = 4\sigma^2 \sin^2\varphi \tag{b}$$

其中

$$\sigma = \frac{1}{2}(\sigma_x + \sigma_y) + c\cot\varphi = \frac{1}{2}(\sigma_1 + \sigma_3) + c\cot\varphi \tag{6.83}$$

根据式(a)和式(b)，塑性区内的应力 $\sigma_x, \sigma_y, \tau_{xy}$ 不难用新变量 σ 和 θ 表示为

$$\sigma_x = \sigma(1 + \sin\varphi\cos 2\theta) - c\cot\varphi \left.\right\}$$

$$\sigma_y = \sigma(1 - \sin\varphi\cos 2\theta) - c\cot\varphi$$

$$\tau_{xy} = \sigma\sin\varphi\sin 2\theta$$

$$\tag{6.84}$$

(3) 滑移线方程

式(6.84)中的应力分量已满足屈服条件，还需满足平衡方程(6.77)。将其代入并简化可得

$$(1 + \sin\varphi\cos 2\theta)\frac{\partial\sigma}{\partial x} + \sin\varphi\sin 2\theta\frac{\partial\sigma}{\partial y} - 2\sigma\sin\varphi\left(\sin 2\theta\frac{\partial\theta}{\partial x} - \cos 2\theta\frac{\partial\theta}{\partial y}\right) = \gamma\sin\varepsilon \left.\right\}$$

$$(1 - \sin\varphi\cos 2\theta)\frac{\partial\sigma}{\partial y} + \sin\varphi\sin 2\theta\frac{\partial\sigma}{\partial x} + 2\sigma\sin\varphi\left(\sin 2\theta\frac{\partial\theta}{\partial y} + \cos 2\theta\frac{\partial\theta}{\partial x}\right) = \gamma\cos\varepsilon$$

$$\tag{6.85}$$

上式为一组拟线性双曲线型偏微分方程,它具有两组特征线,可用特征线法求解。所谓特征线就是方程式(6.85)的积分曲面 $\sigma = \sigma(x, y)$ 或 $\theta = \theta(x, y)$ 的交线,而且可以有无穷多个积分曲面交于同一条特征线。也就是说,沿特征线上每一点不能唯一地确定导数 $\partial\sigma/\partial x$, $\partial\sigma/\partial y$, $\partial\theta/\partial x$, $\partial\theta/\partial y$。这也就是特征线的定义,而且正是根据这一性质来寻找特征线方程。设存在某一曲线 $y = f(x)$,其上的 σ, θ 正好满足式(6.85)。沿该曲线取 σ, θ 的全微分,可得

$$\left.\begin{aligned}
d\sigma &= \frac{\partial\sigma}{\partial x}dx + \frac{\partial\sigma}{\partial y}dy \\
d\theta &= \frac{\partial\theta}{\partial x}dx + \frac{\partial\theta}{\partial y}dy
\end{aligned}\right\} \tag{6.86}$$

可以把式(6.85)和式(6.86)看作是以 $\partial\sigma/\partial x$, $\partial\sigma/\partial y$, $\partial\theta/\partial x$, $\partial\theta/\partial y$ 为未知量的线性方程组,消去其中的 $\partial\sigma/\partial y$, $\partial\theta/\partial y$ 或 $\partial\sigma/\partial x$、$\partial\theta/\partial x$,可得

$$\left.\begin{aligned}
\frac{\partial\sigma}{\partial x} \mp 2\sigma\tan\varphi\frac{\partial\theta}{\partial x} &= \gamma\frac{\sin(\varepsilon\mp\varphi)}{\cos\varphi} + \frac{\lambda\sin(\theta\mp\mu)}{\sin(\theta\mp\mu)dx - \cos(\theta\mp\mu)dy} \\
\frac{\partial\sigma}{\partial y} \mp 2\sigma\tan\varphi\frac{\partial\theta}{\partial y} &= \gamma\frac{\cos(\varepsilon\mp\varphi)}{\cos\varphi} - \frac{\lambda\cos(\theta\mp\mu)}{\sin(\theta\mp\mu)dx - \cos(\theta\mp\mu)dy}
\end{aligned}\right\}$$

其中

$$\lambda = d\sigma \mp 2\sigma\tan\varphi d\theta - \frac{\gamma}{\cos\varphi}[\sin(\varepsilon\mp\varphi)dx + \cos(\varepsilon\mp\varphi)dy]$$

考虑到导数的不确定性,上述方程组中两个公式等号右边必为不定式。令等号右边的分子分母同时为零,可得两族不同的特征线方程

$$\left.\begin{aligned}
\frac{dy}{dx} &= \tan(\theta - \mu) \\
d\sigma - 2\sigma\tan\varphi d\theta &= \frac{\gamma}{\cos\varphi}[\sin(\varepsilon - \varphi)dx + \cos(\varepsilon - \varphi)dy] \\
\frac{dy}{dx} &= \tan(\theta + \mu) \\
d\sigma + 2\sigma\tan\varphi d\theta &= \frac{\gamma}{\cos\varphi}[\sin(\varepsilon + \varphi)dx + \cos(\varepsilon + \varphi)dy]
\end{aligned}\right\} \tag{6.87}$$

通常 $\varepsilon = 0$,即 x 轴为水平线。此时,上式成为

$$\left.\begin{aligned}
d\sigma - 2\sigma\tan\varphi d\theta &= \gamma(dy - \tan\varphi dx) & \frac{dy}{dx} &= \tan(\theta - \mu) \\
d\sigma + 2\sigma\tan\varphi d\theta &= \gamma(dy + \tan\varphi dx) & \frac{dy}{dx} &= \tan(\theta + \mu)
\end{aligned}\right\} \tag{6.88}$$

将上式与式(6.82)对比,可知特征线就是滑移线。

6.4.3 边值问题

(1)问题类型

将特征线方程(6.87)或(6.88)与边界条件相结合构成所谓边值问题,剩下

的问题就是求解它们。根据边界条件的不同,边值问题可以分为三种类型。**第一类边值问题**是初值问题,也称为 Cauchy 问题:在 xy 平面内的一条光滑线段 AB 上给定 x,y,σ 和 θ 值,该线段处处不与滑移线相切且与每条滑移线只一次相交(图 6.24a)。对于这种问题,在线段 AB 的一侧可建立曲线三角形 ABC 范围内的唯一滑移线场。

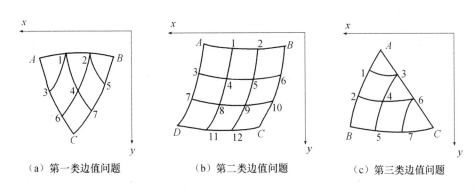

（a）第一类边值问题　　　（b）第二类边值问题　　　（c）第三类边值问题

图 6.24　边值问题

　　第二类边值问题也称为 Goursat 问题,边界为两条相交的滑移线 AB 和 AD,每一条线上的 x,y,σ 和 θ 值已知(图 6.24b)。此种情况下可以建立 $ABCD$ 范围内的唯一滑移线场。**第三类边值问题**为混合问题,边界由一条滑移线 AB 和另一条曲线 AC 组成,滑移线上 x,y,σ 和 θ 值已知,另一条线上只知道 σ 和 θ 之一,或者知道两者之间的关系(图 6.24c)。此时可在 AB 和 AC 之间建立三角形 ABC 范围内的唯一滑移线场。通常滑动土体可以分成几个塑性区,而每个区域相当于上述的一个边值问题。

(2)边界条件

　　在滑移线场理论中,基本方程以 σ,θ 为未知量,故应力边界条件也应以 σ,θ 表示。在 Γ_σ 上一点处取微元体,其外法线方向 $\boldsymbol{n}$ 与 x 轴成 ψ 角(图 6.25)。如果已知该处的法向应力 σ_n、剪应力 τ_n,则边界条件为

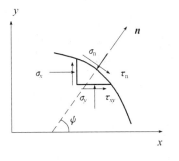

图 6.25　面力边界

$$\left.\begin{aligned}
\sigma_n &= \sigma_x\cos^2\psi + \sigma_y\sin^2\psi + \tau_{xy}\sin2\psi \\
\tau_n &= \frac{1}{2}(\sigma_y - \sigma_x)\sin2\psi + \tau_{xy}\cos2\psi
\end{aligned}\right\}$$

(6.89)

考虑到土处于塑性状态,将式(6.84)代入上式得 σ,θ 与 σ_n,τ_n 之间的关系。

6.4.4　解析解答

(1)无重量介质

在某些简单条件下,可以得到滑移线方程(6.88)的解析解。例如,当土的重度 $\gamma = 0$ 时,式(6.88)成为

$$\left.\begin{array}{ll} d\sigma - 2\sigma\tan\varphi d\theta = 0 & \dfrac{dy}{dx} = \tan(\theta - \mu) \\[3mm] d\sigma + 2\sigma\tan\varphi d\theta = 0 & \dfrac{dy}{dx} = \tan(\theta + \mu) \end{array}\right\} \qquad (6.90)$$

积分上式得

$$\left.\begin{array}{ll} \ln\sigma - 2\theta\tan\varphi = \xi = \text{const} & \dfrac{dy}{dx} = \tan(\theta - \mu) \\[3mm] \ln\sigma + 2\theta\tan\varphi = \eta = \text{const} & \dfrac{dy}{dx} = \tan(\theta + \mu) \end{array}\right\} \qquad (6.91)$$

(2)滑移线性质

在 $\gamma = 0$ 的假设下,式(6.91)所示的滑移线具有一系列性质,这里只简要说明其主要性质。第一,如果某滑移线为直线,即其上的 θ 为常数,则由式(6.91)知 σ 也是常数。根据式(6.84),直线滑移线上的 $\sigma_x,\sigma_y,\tau_{xy}$ 也为常数。进而可知,如果某区域内两族滑移线都是直线,则该区域内的 σ,θ 均为常数,即应力均匀分布。第二,如果已知滑移线网(即已知各节点的位置和角度 θ)及任一点处的 σ,则可以求得全场各处的 σ。第三,如果沿 α 族滑移线中的任一条移动,从滑移线 β_1 转到 β_2,则所转过的角度的变化保持常数(图 6.26)。显然,若 α_1 线沿任意 β 线转到 α_2 线,则将得出同样的结果。于是,有 **Henchy 第一定理:在任何两根同族滑移线间,θ 沿另一族滑移线的变化都是常数**,即 $\varphi_1 = \varphi_2$。

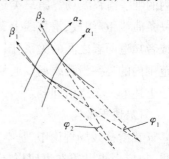

图 6.26　Henchy 第一定理

根据 Henchy 第一定理不难做出如下推论:**如果一族滑移线中有一根是直线,则同族的其他滑移线均为直线。**

(3)地基极限承载力

现以地基极限承载力问题为例说明滑移线的解析解法。利用滑移线理论求解具体问题,通常是先根据边界条件和滑移线的性质构造滑移线场。考虑 Prandtl(1920)课题,图 6.27 是他构造的滑移线场,分为 Rankine 主动区 *AOC*、径向剪切区 *ACD* 和 Rankine 被动区 *ADE*。

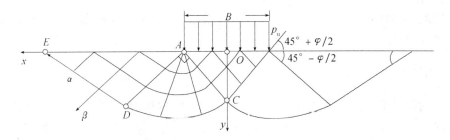

图 6.27　Prandtl 滑移线场

首先考虑 ADE 区域，在该区内 α 线、β 线均为直线，故为均匀应力区。很显然，AE 边界为主平面，$\sigma_3 = \sigma_n = 0$，$\tau_n = 0$。由于大主应力方向水平，故边界上 $\theta = 0$。考虑到边界上的点位于塑性区，其应力圆与抗剪强度线相切（图 6.28），不难得出

$$\sigma = \frac{c\cot\varphi}{1 - \sin\varphi} \qquad (a)$$

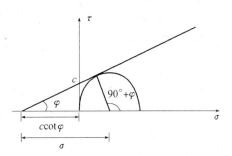

图 6.28　AE 边界极限应力圆

由于 D 点在均匀应力区内，故

$$\sigma_D = \frac{c\cot\varphi}{1 - \sin\varphi}, \qquad \theta_D = 0 \qquad\qquad (b)$$

在 ACD 区，由于直线 AD 是一条 β 线，故该区所有 β 线都是直线。根据式 (6.91)，沿 DC 这一条 α 线，有

$$\ln\sigma - 2\theta\tan\varphi = \ln\sigma_D - 2\theta_D\tan\varphi$$

将式(b)代入上式得

$$\sigma = \frac{c\cot\varphi}{1 - \sin\varphi}\exp(2\theta\tan\varphi)$$

在 C 点，$\theta_C = \pi/2$，代入上式得

$$\sigma_C = \frac{c\cot\varphi}{1 - \sin\varphi}\exp(\pi\tan\varphi) \qquad\qquad (c)$$

考虑到 AOC 是均匀应力区，有 $\sigma_C = \sigma_0$。在 AO 边界上，$\sigma_1 = \sigma_n = p_u$，$\tau_n = 0$。根据图 6.29 所示的极限应力圆，可得

$$p_u = c\cot\varphi\left[\frac{1 + \sin\varphi}{1 - \sin\varphi}\exp(\pi\tan\varphi) - 1\right]$$

$$(6.92)$$

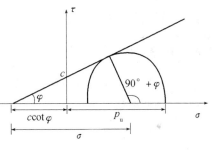

图 6.29　AO 边界极限应力圆

此即式(6.32)。当基础两侧有均布超载 q 作用时,类似前面的分析可得Reissner
公式(6.34)。

6.4.5　数值解答

通常难于获得特征线方程(6.87)或(6.88)的解析解,故多用差分法求得近
似解。数值计算从已知边界处开始,逐步计算到某一未知边界为止。现以第一
类边值问题为例,说明用数值方法求解方程(6.88)的步骤。

在图6.24a中,光滑线段 AB 上节点 $A,1,2,B$ 的 x,y,σ,θ 值均为已知(在实
际计算中各点间距相等),每一节点都可引出两条滑移线,其夹角均为 2μ。现不
失一般性,根据 $1,2$ 两节点的值计算节点 4。将式(6.88)写成差分形式

$$\left.\begin{aligned}y_4 - y_1 &= (x_4 - x_1)\tan(\theta_1 - \mu)\\y_4 - y_2 &= (x_4 - x_2)\tan(\theta_2 + \mu)\end{aligned}\right\} \tag{6.93a}$$

$$\left.\begin{aligned}\sigma_4 - \sigma_1 - 2\sigma_1(\theta_4 - \theta_1)\tan\varphi &= \gamma\big[(y_4 - y_1) - (x_4 - x_1)\tan\varphi\big]\\\sigma_4 - \sigma_2 + 2\sigma_2(\theta_4 - \theta_2)\tan\varphi &= \gamma\big[(y_4 - y_2) + (x_4 - x_2)\tan\varphi\big]\end{aligned}\right\} \tag{6.93b}$$

联立解上式,可得节点 4 的 $x_4,y_4,\sigma_4,\theta_4$ 值。

由于上述差分算法的误差是积累的,因此除非滑移线网格间距很小,否则仅一次
计算是不够的。为此,可把第一次解作为近似值 $x_4',y_4',\sigma_4',\theta_4'$,分别用 $(\theta_1 + \theta_4')/2$,
$(\theta_2 + \theta_4')/2$,$(\sigma_1 + \sigma_4')/2$,$(\sigma_2 + \sigma_4')/2$ 代替上式中的 $\theta_1,\theta_2,\sigma_1,\sigma_2$,可解得第二次
近似值,通常其精度可满足要求。

6.5　极限分析理论

通常情况下,采用滑移线场理论求解塑性极限荷载是行不通的。为此需要
发展近似解法,Drucker 和 Prager(1952)提出并经 Shield 等(1953)、沈珠江(1962)、
Chen(1975) 及陈祖煜(1988,1994,1997) 等人发展的**塑性极限分析**(plastic limit
analysis)就是这样一种求解方法。该法基于上、下限定理,采取放松极限荷载的
某些约束条件,寻求极限荷载的上限值或下限值。

6.5.1　静力许可应力场

在域 Ω 上设定一组应力场 σ_{ij}^*,如果它:
(1)满足平衡微分方程

$$\sigma_{ij,j}^* - f_i = 0 \qquad 在 \Omega 内 \tag{6.94}$$

(2)边界面力与其对应,即

$$p_i^* = -n_j \sigma_{ij}^* \qquad 在 \Gamma 上 \qquad (6.95a)$$

且

$$p_i^* = \overline{p}_i \qquad 在 \Gamma_\sigma 上 \qquad (6.95b)$$

(3)不违背屈服条件或破坏准则,即

$$f(\sigma_{ij}^*) \leqslant 0 \qquad (6.96)$$

则 σ_{ij}^* 称为**静力许可应力场**,简称**静力场**。

在上述方程中,体力和面力是真实的。显然,真实应力场必定是静力场;但由于上述条件没有对变形协调加以限制,因此静力场不一定是真实的应力场,由其按本构方程确定的应变率场不一定是协调的。

6.5.2　运动许可速度场

在域 Ω 上设定一组速度场 $v_i^* = \dot{u}_i^*$,如果它满足

(1)几何方程

$$\dot{\varepsilon}_{ij}^* = -\frac{1}{2}(\dot{u}_{i,j}^* + \dot{u}_{j,i}^*) \qquad 在 \Omega 内 \qquad (6.97)$$

即应变率场可由速度场导出。

(2)速度边界条件

$$\dot{u}_i^* = \overline{\dot{u}}_i \qquad 在 \Gamma_u 上 \qquad (6.98)$$

(3)外力功率为正

$$\int_{\Gamma_\sigma} \dot{p}_i \dot{u}_i^* \, \mathrm{d}\Gamma > 0 \qquad (6.99)$$

则 $v_i^*(\dot{u}_i^*)$ 称为**运动许可速度场**,简称**机动场**。

在上述方程中,Γ_u 上的速度和 Γ_σ 上的面力是真实的。显然,真实速度场一定是机动场;而机动场不一定是真实的速度场,因为它仅从速度边界条件和几何方程考虑,没有对平衡条件加以限制。

6.5.3　虚功率原理

假定应力场和速度场都是**连续场**,则虚功率原理表述为:**对于任一组静力许可应力场 σ_{ij}^* 和任一组运动许可速度场 $\dot{u}_i^*$,外虚功率等于内虚功率**,即

$$\int_\Omega f_i \dot{u}_i^* \, \mathrm{d}\Omega + \int_\Gamma p_i^* \dot{u}_i^* \, \mathrm{d}\Gamma = \int_\Omega \sigma_{ij}^* \dot{\varepsilon}_{ij}^* \, \mathrm{d}\Omega \qquad (6.100)$$

其中 $\Gamma = \Gamma_\sigma + \Gamma_u$。一般只考虑边界 Γ_u 上速度为零的情况,给定位移与时间无关时便属于此类问题。Γ_σ 上的面力是待求的未知量即极限荷载。于是,式(6.100)可写成

$$\int_\Omega f_i \dot{u}_i^* \, \mathrm{d}\Omega + \int_{\Gamma_\sigma} p_i^* \dot{u}_i^* \, \mathrm{d}\Gamma = \int_\Omega \sigma_{ij}^* \dot{\varepsilon}_{ij}^* \, \mathrm{d}\Omega \qquad (6.101)$$

在极限分析中常遇到应力或速度间断场。例如,在梁的塑性铰处,截面上的正应力在中性轴处有间断;在柱扭转问题中,截面屈服时剪应力有间断;地基或边坡达到塑性极限状态时,在土体中将出现速度间断面即滑动面。在连续介质中,速度间断面实际上是一个薄层区域,在此区域中状态变量的变化过程要比薄层之外的变化剧烈复杂得多。但鉴于该区域很窄,作宏观处理时不考虑薄层内部的情况,只考虑穿过薄层后变量总的变化多少,而把这个薄层视为变量发生间断的一个曲面。

在应力间断面处,两侧总是作用大小相等、方向相反的力,而两侧的速度则相等,故内功率总是相抵消。这表明应力间断面对虚功率原理的基本等式没有影响。但速度间断时沿间断面有附加内功率,即土体在塑性流动中的能量消耗。所以必须在虚功率方程的内功率一侧列入附加项,式(6.101)成为

$$\int_{\Omega} f_i \dot{u}_i^* \, d\Omega + \int_{\Gamma_\sigma} p_i^* \, \dot{u}_i^* \, d\Gamma = \int_{\Omega} \sigma_{ij}^* \, \dot{\varepsilon}_{ij}^* \, d\Omega + \Gamma_D \text{ 上的内功率} \quad (6.102)$$

其中 Γ_D 为速度间断面。

连续场虚功率方程(6.101)和间断场虚功率方程(6.102)的证明可参见薛守义(2005a)。在土力学问题中,速度间断表现为滑动或塑性流动,此时式(6.102)将成为

$$\int_{\Omega} f_i \dot{u}_i^* \, d\Omega + \int_{\Gamma_\sigma} p_i^* \, \dot{u}_i^* \, d\Gamma = \int_{\Omega} \sigma_{ij}^* \, \dot{\varepsilon}_{ij}^* \, d\Omega + \int_{\Gamma_D} c v_s^* \, d\Gamma \quad (6.103)$$

其中 v_s^* 为速度在 Γ_D 上的切向间断值,即滑动速度的切向分量;c 为间断面上的黏聚力。

现在对虚功率方程(6.103)加以证明。对于一个速度间断面 Γ_D,设其薄层的厚度为 h,则间断区域内的虚功率即 Γ_D 上附加的内功率为

$$\int_{\Gamma_D} (\tau \dot{\gamma}^{*p} + \sigma_n \dot{\varepsilon}_n^{*p}) h \, d\Gamma \quad (a)$$

其中 $\dot{\gamma}^{*p}$ 为虚塑性切向应变率;$\dot{\varepsilon}_n^{*p}$ 为虚塑性法向应变率;τ 为剪应力;σ_n 为法向应力。

在速度间断面上材料发生屈服,采用 M-C 屈服准则,其屈服条件为

$$f = \tau - c - \sigma_n \tan\varphi = 0 \quad (6.104)$$

采用相关联的流动法则,即

$$\dot{\varepsilon}_{ij}^p = \dot{\lambda} \frac{\partial g}{\partial \sigma_{ij}} = \dot{\lambda} \frac{\partial f}{\partial \sigma_{ij}}$$

可得

$$\dot{\gamma}^p = \dot{\lambda} \frac{\partial f}{\partial \tau} = \dot{\lambda}, \qquad \dot{\varepsilon}_n^p = \dot{\lambda} \frac{\partial f}{\partial \sigma_n} = -\dot{\lambda} \tan\varphi$$

从上式中消去 $\dot{\lambda}$ 得

$$\dot{\varepsilon}_n^p = -\dot{\gamma}^p \tan\varphi \tag{b}$$

将式(b)代入式(a),并注意到 $\dot{\gamma}^* {}^p h$ 等于滑体切向速度 v_s^*,有

$$\int_{\Gamma_D} (\tau - \sigma_n \tan\varphi)\dot{\gamma}^{*p} h \, \mathrm{d}\Gamma = \int_{\Gamma_D} c v_s^* \, \mathrm{d}\Gamma$$

式(6.103)得证。

根据土力学中应变的定义,剪切应变速率无正负的区别,法向应变速率的正值表示压缩、负值表示膨胀。可见,式(b)表明土体在塑性流动过程中将伴随有体积的膨胀。在式(b)的两边同乘 h,注意到 $\varepsilon_n^{*p} h = v_n^* h$ 为速度 v^* 的法向分量,有

$$v_n^* = -v_s^* \tan\varphi \tag{6.105}$$

该式表明,土体处于塑性流动或剪切滑动状态时,剪切滑动面上任一点处的速度 v^* 与该点处的滑动面成 φ 角(图6.30),从而有

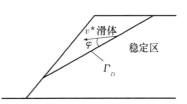

$$v_s^* = v^* \cos\varphi \tag{6.106}$$

6.5.4　极限分析定理

将式(6.106)代入式(6.103)得

图 6.30　速度间断面

$$\int_{\Omega} f_i \dot{u}_i^* \, \mathrm{d}\Omega + \int_{\Gamma_\sigma} p_i \dot{u}_i^* \, \mathrm{d}\Gamma = \int_{\Omega} \sigma_{ij}^* \dot{\varepsilon}_{ij}^* \, \mathrm{d}\Omega + \int_{\Gamma_D} c v^* \cos\varphi \mathrm{d}\Gamma \tag{6.107}$$

由于真实应力场 σ_{ij} 必定是静力许可应力场;真实速度场 $\dot{u}_i$ 一定是运动许可速度场,故有

$$\int_{\Omega} f_i \dot{u}_i^* \, \mathrm{d}\Omega + \int_{\Gamma_\sigma} \overline{p}_i \dot{u}_i^* \, \mathrm{d}\Gamma = \int_{\Omega} \sigma_{ij} \dot{\varepsilon}_{ij}^* \, \mathrm{d}\Omega + \int_{\Gamma_D} c v^* \cos\varphi \mathrm{d}\Gamma \tag{6.108}$$

$$\int_{\Omega} f_i \dot{u}_i \mathrm{d}\Omega + \int_{\Gamma_\sigma} p_i^* \dot{u}_i \mathrm{d}\Gamma = \int_{\Omega} \sigma_{ij}^* \dot{\varepsilon}_{ij} \mathrm{d}\Omega + \int_{\Gamma_D} c v \cos\varphi \mathrm{d}\Gamma \tag{6.109}$$

$$\int_{\Omega} f_i \dot{u}_i \mathrm{d}\Omega + \int_{\Gamma_\sigma} \overline{p}_i \dot{u}_i \mathrm{d}\Gamma = \int_{\Omega} \sigma_{ij} \dot{\varepsilon}_{ij} \mathrm{d}\Omega + \int_{\Gamma_D} c v \cos\varphi \mathrm{d}\Gamma \tag{6.110}$$

根据式(6.107)至(6.110)及 Drucker 公设,可证明上、下限定理。例如式(6.107)减去式(6.108)得

$$\int_{\Gamma_\sigma} (p_i^* - \overline{p}_i)\dot{u}_i^* \, \mathrm{d}\Gamma = \int_{\Omega} (\sigma_{ij}^* - \sigma_{ij})\dot{\varepsilon}_{ij}^* \, \mathrm{d}\Omega \tag{a}$$

根据 Drucker 公设,有

$$\int_{\Omega} (\sigma_{ij}^* - \sigma_{ij})\dot{\varepsilon}_{ij}^* \, \mathrm{d}\Omega \geqslant 0$$

于是式(a)成为

$$\int_{\Gamma_\sigma} (p_i^* - \overline{p}) \dot{u}_i^* \, d\Gamma \geqslant 0 \tag{b}$$

注意到式(6.99),有

$$p_+ = p_i^* \geqslant \overline{p}_i = p_s$$

这样,**上限定理**(theorem of upper limit)可表述为:运动许可速度场对应的荷载是极限荷载的上限 p_+,即 $p_+ \geqslant p_s$,p_s 为真实极限荷载。**下限定理**(theorem of lower limit)可表述为:静力许可应力场对应的荷载是极限荷载的下限 p_-,即 $p_- \leqslant p_s$。

在土力学的平面应变问题中,速度只能在 xy 坐标面内发生。此时,沿 z 方向取单位厚度来考虑,速度间断面便可看作间断线。此外,估算极限荷载的上限时,常用速度间断线将物体划分为若干个刚性块。此时内功率便只有间断线的贡献,例如式(6.108)成为

$$\int_\Omega f_i \dot{u}_i^* \, d\Omega + \int_{\Gamma_\sigma} \overline{p}_i \dot{u}_i^* \, d\Gamma = \int_{\Gamma_D} cv^* \cos\varphi \, d\Gamma \tag{6.111}$$

对于在给定荷载作用下稳定的土坡,上述极限平衡式并不满足。可以通过降低黏聚力 c,即用 c/F_s 代替 c(F_s 为安全系数)使土坡达到极限平衡状态。这样,上式成为

$$F_s = \frac{\int_{\Gamma_D} cv^* \cos\varphi \, d\Gamma}{\int_\Omega f_i u_i^* \, d\Omega + \int_{\Gamma_\sigma} \overline{p}_i u_i^* \, d\Gamma} \tag{6.112}$$

上述极限分析定理采用了相关联的流动法则。Palmer(1966)建立了非关联流动法则的极值原理。此时,式(6.105)成为

$$v_n^* = - v_s^* \tan\psi$$

其中 ψ 为土破坏时的剪胀角。

6.5.5　近似解法举例

(1)下限法和上限法

利用下限定理计算极限荷载 p_- 的方法称为**下限法**或**静力法**。根据与真实体力和面力平衡且不违背屈服条件的要求,设定一个静力场,确定其对应的应力边界值,此值即为极限荷载的近似值。根据下限定理,真实的极限荷载不小于该近似值。采用下限法时,须选取一系列静力场进行计算,以**最大荷载为最佳近似解**。通常是构造为应力间断线所分割的不连续应力场,使每一塑性区具有尽可能简单的应力状态,例如用应力间断线把土体分成 Rankine 主动区和被动区。

利用上限定理计算极限荷载 p_+ 的方法称为**上限法**或**机动法**。此时需设定

一个机动场,与其对应的荷载满足虚功率方程(6.108),由此可得极限荷载的上限 $p_+ = p^*$。采用机动法时,须选取一系列机动场进行计算,以**最小荷载为最佳近似解**。通常是假定滑动面,将土体分成若干刚性块体并构造协调的速度场,然后用虚功率原理求解极限荷载。假定的滑动面越接近真实滑动面,所得结果越接近真实的极限荷载。应该指出,**若所求荷载在机动场上所做的功率为负,则其最大值为真实极限荷载的最佳近似解**。

在极限分析中,如果下限解等于上限解,即 $p_- = p_+$,则所得到的解答称为**完全解**,它是**真实解**。采用塑性力学上、下限定理求解经典问题,就是从上限和下限两个方向逼近真实解。

(2)挡墙上的土压力

假定挡土墙离开填土移动,填土为黏性土,滑动土楔为刚体。利用极限分析法求极限荷载,即主动土压力 E_a 的近似解。设滑动面 BC 的倾角为 α,滑动土体 ABC 在 BC 面上的速度为 v^*,其方向如图 6.31 所示。墙与填土之间的黏聚力为 k,墙作用于滑体上的黏聚力合力 $K = k\,\overline{AB} = kH/\cos\varepsilon$。

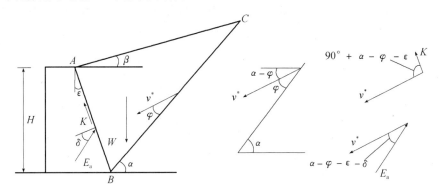

图 6.31 主动土压力

重力 W、土压力 E_a 和 K 在虚速度场上所做的虚功率分别为

$$\int_\Omega f_i u_i^* \,\mathrm{d}\Omega = Wv^* \sin(\alpha - \varphi) = \frac{1}{2} v^* \gamma H^2 \frac{\cos(\varepsilon - \beta)\cos(\alpha - \varepsilon)\sin(\alpha - \varphi)}{\cos^2\varepsilon \sin(\alpha - \beta)}$$

$$\int_{\Gamma_\sigma} \overline{p}_i u_i^* \,\mathrm{d}\Gamma = -E_a v^* \cos(\alpha - \varphi - \varepsilon - \delta) - kHv^* \sin(\alpha - \varphi - \varepsilon)/\cos\varepsilon$$

滑动面 BC 上的虚功率即耗散功率为

$$\int_{\Gamma_D} cv^* \cos\varphi \,\mathrm{d}\Gamma = cv^* \cos\varphi \cdot \overline{BC} = cv^* \cos\varphi \cdot \frac{H\cos(\varepsilon - \beta)}{\cos\varepsilon \sin(\alpha - \beta)}$$

将上述三项代入式(6.111),经整理得

$$E_a = \frac{1}{2} \gamma H^2 K_a \tag{6.113}$$

其中

$$K_a = \frac{\cos(\varepsilon - \beta)\cos(\alpha - \varepsilon)\sin(\alpha - \varphi)}{\cos(\alpha - \varphi - \varepsilon - \delta)\cos^2\varepsilon\sin(\alpha - \beta)} -$$

$$\frac{[2c\cos\varphi\cos(\varepsilon - \beta) + 2k\sin(\alpha - \varphi - \varepsilon)\sin(\alpha - \beta)]/(\gamma H)}{\cos(\alpha - \varphi - \varepsilon - \delta)\cos\varepsilon\sin(\alpha - \beta)}$$

(6.114)

假定破坏角 α,即可根据上述两式计算主动土压力的近似值。当填土为无黏性土时,$c = 0$ 和 $k = 0$,上式成为

$$K_a = \frac{\cos(\varepsilon - \beta)\cos(\alpha - \varepsilon)\sin(\alpha - \varphi)}{\cos(\alpha - \varphi - \varepsilon - \delta)\cos^2\varepsilon\sin(\alpha - \beta)}$$

机动法的解答为上限解,其最小值更接近真实的极限荷载。由于作为荷载的 E_a 所做功率为负,故 E_a 或 K_a 应该取极大值。对上式求极大值所得 K_a 与 Coulomb 主动土压力系数(6.9)完全相同。同理可得,无黏性填土时被动土压力 E_p 为极小值,K_p 为式(6.11)。可见,Coulomb 土压力为上限解。

(3)地基极限承载力

设地基土无重量($\gamma = 0$),采用下限法求解地基极限承载力。用应力间断线将处于极限平衡状态的土体简单地划分成 Rankine 主动区 I 和 Rankine 被动区 II(图 6.32)。

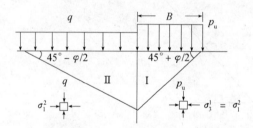

图 6.32 静力场 1

根据极限平衡条件,被动区 II 的大主应力 σ_1^2 为

$$\sigma_1^2 = qm^2 + 2cm$$

其中 $m = \tan(45° + \varphi/2)$。在主动区 I,小主应力为 σ_1^2,而大主应力即为 p_u

$$p_u = \sigma_1^2 m^2 + 2cm = qm^4 + 2cm^3 + 2cm$$

(6.115)

也可用应力间断线将土体划分成三个区,即 Rankine 主动区 I、Rankine 被动区 II 和径向剪切区(图 6.33)。此即 Prandtl 滑移线场,相应的静力场前面已经确定,极限荷载的下限解即 Reissner 公式(6.34)。现假定地基为无黏性土,内摩擦角 $\varphi = 30°$。由式(6.115)算得 $p_u = 9.0q$,而由式(6.34)得 $p_u = 18.4q$。可见,式(6.115)过于保守,而式(6.34)是较好的下限解。

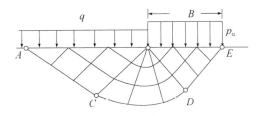

图 6.33　静力场 2

(4)土坡的临界高度

为求垂直土坡(图 6.34)临界高度的上限解,现构造一个机动场:AB 为拉裂缝,BC 为剪切面,宽度为 Δ 的刚性土条向下移动。根据前面的分析,v^* 与剪切面呈 φ 角。显然,刚性土条向下移动的速度 $v_1 = v^* \cos(45° + \varphi/2)$。由于拉裂缝处没有能量耗散,故总功率等于剪切面上的内功率,即

$$\int_{\Gamma_D} cv^* \cos\varphi \mathrm{d}\Gamma = cv^* \cos\varphi \cdot \frac{\Delta}{\cos(45° + \varphi/2)} \tag{a}$$

而重力的功率为

$$\int_{\Omega} f_i u_i^* \mathrm{d}\Omega = \left[\gamma H\Delta - \gamma \frac{\Delta^2}{2}\tan\left(45° + \frac{\varphi}{2}\right) \right] v^* \cos\left(45° + \frac{\varphi}{2}\right) \tag{b}$$

将式(a),式(b)代入式(6.111)得

$$H_{\mathrm{cr}}^+ = \frac{2c}{\gamma}\tan\left(45° + \frac{\varphi}{2}\right) + \frac{\Delta}{2}\tan^2\left(45° + \frac{\varphi}{2}\right) \tag{6.116}$$

为求临界高度的下限解,建立如图 6.35 所示的应力场,其中虚线为应力间断线,它们把全区分为三个应力区。

Ⅰ区为单向压缩区:$\sigma_x = 0, \sigma_y = \gamma y$;

Ⅱ区为双向压缩区:$\sigma_x = \gamma(y - H), \sigma_y = \gamma y$;

Ⅲ区为双向等压区:$\sigma_x = \sigma_y = \gamma(y - H)$。

在Ⅰ区的底部,土单元应满足屈服条件,即

$$\frac{1}{2}\gamma H = \frac{1}{2}\gamma H\sin\varphi + c\cos\varphi$$

从而有

$$H_{\mathrm{cr}}^- = \frac{2c}{\gamma}\tan\left(45° + \frac{\varphi}{2}\right) \tag{6.117}$$

(5)土坡的安全系数

利用上限法求均质土坡的安全系数。对于具有摩擦性的土体来说,发生刚体滑动时,速度间断面必须是对数螺旋线或直线。设滑体为单一刚体,滑动面为螺旋线(图 6.36),其方程为

$$R = R_0 \exp[(\theta - \theta_0)\tan\varphi] \tag{6.118}$$

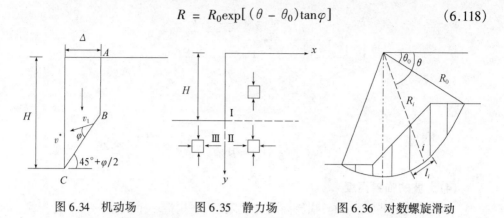

图 6.34 机动场 　　图 6.35 静力场 　　图 6.36 对数螺旋滑动

其中 R_0 和 θ_0 分别为滑面在坡顶起始处的半径和角度。当滑体绕螺旋线中心瞬时旋转角速度 $\dot{\omega} = 1$ 时,土条 i 底面上的速度为 $v_i = R_i\dot{\omega} = R_i$,与底面夹角为土的摩擦角 φ。于是,外力功率和耗散功率分别为

$$\int_\Omega f_i u_i^* \, \mathrm{d}\Omega = \sum_{i=1}^n W_i v_i \sin\varphi = \sum_{i=1}^n W_i R_i \sin\varphi$$

$$\int_{\Gamma_D} cv^* \cos\varphi \, \mathrm{d}\Gamma = \sum_{i=1}^n cl_i v_i \cos\varphi = \sum_{i=1}^n cl_i R_i \cos\varphi$$

根据式(6.112),得安全系数

$$F_s = \frac{\displaystyle\sum_{i=1}^n cl_i R_i \cos\varphi}{\displaystyle\sum_{i=1}^n W_i R_i \sin\varphi} \tag{6.119}$$

6.6　有限元强度计算

极限平衡法要求事先假定滑动面,并引入假定使问题变得静定可解。滑移线场理论比较严密,但它只适用于均质土体,能够得到解析解的情况极为有限。即便采用数值方法求解滑移线场,也只能对付稍微复杂的问题。极限分析法的缺点是无法估计其解答与真实极限荷载的误差,也无法像严密分析法那样获得塑性区的应力分布和速度场。特别地,上述三种方法基本上限于平面应变问题。

有限元强度分析可以在相当程度上克服经典强度计算方法的不足。这类方法主要包括有限元滑面应力法、有限元强度折减法和有限元极限分析法,现对这些方法的基本原理作简要介绍。

6.6.1　有限元滑面应力法

将有限元法与滑面分析相结合计算土坡安全系数,这是有限元引入土工计算的初期就被采用的方法。首先选用合适的本构模型进行应力变形分析;然后通过假定滑动面与试算,得出最危险滑动面及安全系数。根据安全系数的定义,不难写出其计算公式

$$F_s = \frac{\int_0^l (c + \sigma \tan\varphi)\mathrm{d}l}{\int_0^l \tau \mathrm{d}l} = \frac{\sum (c_i + \sigma_i \tan\varphi_i) l_i}{\sum \tau_i l_i} \qquad (6.120)$$

其中 c_i 和 φ_i 分别为滑动面通过的第 i 个单元的黏聚力和内摩擦角;l_i, σ_i 和 τ_i 分别为第 i 个单元的滑弧长度及其上作用的法向应力和剪应力。

有限元滑面应力法直接从极限平衡法演变而来,物理意义明确。它比传统条分法的优越之处在于,进行有限元分析时可采用比较符合实际的本构模型。最危险滑动面的搜索可以采用动态规划法和模式搜索法。

6.6.2　有限元强度折减法

在有限元分析中,如果分析模型由于强度不足而处于不稳定状态,则有限元数值计算将不收敛。基于此点,在分析过程中可通过引入折减系数逐渐降低土的强度,使系统达到临界不稳定状态,即计算不收敛。此时的折减系数就是土坡的安全系数,滑动面则大致在塑性应变或水平位移突变的地方,呈条带状。就整体失稳判据,郑颖人等(2007)指出:从破坏现象上看,边坡失稳、滑体滑出,滑动区域节点位移和塑性应变将产生突变,此后将以高速无限发展。这一现象符合边坡破坏的概念,因此可以把塑性应变或位移突变作为边坡整体失稳的标志。与此同时,静力平衡有限元计算正好表现为不收敛,因此不收敛判据是合理的。具体计算中可采用优化理论中的二分法进行强度参数折减,以减少试算次数。计算实践表明,通常经十几次有限元计算便可使安全系数的精度达到要求。

上述方法称为**有限元强度折减法**。在 20 世纪 70 年代末,Zienkiewicz 就提出过这种方法的基本思想,但未能被人们立即接受。到了 20 世纪 90 年代,Matsui 等(1992)、Griffith 等(1999)、Dawson 等(1999)的相关研究才引起了学者们的广泛关注。近几年来,赵尚毅等(2002,2003)、宋雅坤等(2006)也在这方面做了大量研究工作。很显然,强度折减这种做法并不新鲜,在极限平衡分析的条分法中,也是引入安全系数来降低土的强度来达到极限平衡状态的。但是相比之下,有限元强度折减法具有一系列优点。首先,这种方法不必事先假定滑动面的形状和位置,而是直接计算出安全系数和滑动面,并可考虑土体的渐进破坏过程。其次,这种方法的适应性强,特别是可方便地用于三维稳定分析和任何类型的岩土

体。第三,采用有限元强度折减法进行支挡结构计算,既可以考虑支护结构与土体的相互作用,又可以直接计算出结构内力。郑颖人等(2007)认为,有限元强度折减法具有很大的优越性和良好的应用前景。当然,计算所得滑动面的可靠性、安全系数的精度等方面仍需进一步验证。

有限元强度折减法采用理想弹塑性模型,总变形或应变的大小并不是关注的重点,而重要的是塑性应变的突变及塑性流动。因此,所采用的屈服或破坏准则至关重要,必须保证其可靠性。目前常用的有 Drucker-Prager 准则和 Mohr-Coulomb 准则。此外,在有限元计算中,采用关联的还是非关联的流动法则,取决于膨胀角 ψ。当 ψ 等于土的摩擦角 φ 时为关联法则,否则为非关联法则。对于平面应变条件下 D-P 准则,ψ 可以取 $0 \sim \varphi$ 之间不同的值。必须指出,强度折减法还要求性能良好的有限元分析程序,因为收敛失败可能表明土坡处于不稳定状态,也可能仅仅是由有限元数值问题造成的。

6.6.3 有限元极限分析法

由于复杂条件下构造静力场或机动场存在着困难,因而极限分析方法的应用受到了限制。Lysmer(1970)最早采用有限元下限分析和线性规划方法求解土体强度问题,Sloan(1988,1989,1995)则系统研究了有限元极限法的基本模型。此后,有限元极限分析引起了许多学者(Kim 等,1999;殷建华等,2003;王汉辉等,2003)的重视。这种方法的优点是避免了人为建构静力场和机动场的困难,并通过优化求得最优的下限解或上限解。在有限元极限分析中,通常也假定土服从M-C屈服或破坏准则,并采用相关联的流动法则。

在有限元下限分析中,以节点应力为未知量。在有限元上限分析中,以节点速度为未知量。现对上限法的基本思想作简要说明。设机动场为 $\dot{u}_i^*$,应变速率 $\dot{\varepsilon}_{ij}^*$ 由几何方程确定。如果由 $\dot{\varepsilon}_{ij}^*$ 按塑性流动法则求出的应力 σ_{ij} 满足 $f(\sigma_{ij}) < 0$,则土体处于稳定状态;如果 $f(\sigma_{ij}) = 0$,则处于极限状态即塑性流动状态。此时的虚功率方程为式(6.108),即

$$\int_\Omega f_i \dot{u}_i^* \,\mathrm{d}\Omega + \int_{\Gamma_\sigma} \bar{p}_i \dot{u}_i^* \,\mathrm{d}\Gamma = \int_\Omega \sigma_{ij} \dot{\varepsilon}_{ij}^* \,\mathrm{d}\Omega + \int_{\Gamma_D} cv^* \cos\varphi \,\mathrm{d}\Gamma \tag{6.121}$$

将土体和上述方程离散化,并计算下述能量耗散率函数

$$J(\dot{u}_i^*) = \int_\Omega \sigma_{ij} \dot{\varepsilon}_{ij}^* \,\mathrm{d}\Omega - \int_\Omega f_i \dot{u}_i^* \,\mathrm{d}\Omega - \int_{\Gamma_\sigma} \bar{p}_i \dot{u}_i^* \,\mathrm{d}\Gamma + \int_{\Gamma_D} cv^* \cos\varphi \,\mathrm{d}\Gamma \tag{6.122}$$

对任何机动场 $\dot{u}_i^*$,若 $J(\dot{u}_i^*)$ 小于零,则土体将产生塑性流动。若存在一机动场 $\dot{u}_{i0}^*$ 使 $J(\dot{u}_{i0}^*)$ 取最小值,且最小值为零,那么相应的荷载就是极限荷载。可见,问题是在有关约束条件下,求土体处于极限平衡状态时的最小荷载。约束条件包括塑性流动条件、速度间断面条件、虚功率方程和速度边界条件。此外,也可以

采用求强度储备系数即安全系数的目标函数。具体做法是:首先将土的抗剪强度参数降低 F_s 倍,使土体达到极限平衡状态;然后在约束条件下求 F_s 的最小值。

有限元极限分析中最常用的破坏准则是线性的 Mohr-Coulomb 准则,而有些情况下需要考虑强度的非线性。采用非线性破坏准则进行上限分析时,需用切线参数,即非线性破坏曲线上一点的切线对应的强度参数为 c_t,φ_t(图 6.37)。切线位于破坏曲线的外侧,这等于提高材料强度。在结构上

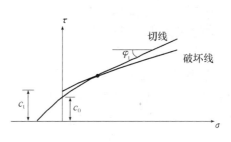

图 6.37　非线性强度线

限分析中,提高强度不会降低结构的极限荷载,故所求肯定为真实荷载的上限。

6.7　强度问题讨论

相对于变形分析而言,土体强度计算较为简单,所发展的方法及经验也较为成熟。但即便如此,也还存在许多有待解决的问题。本节将阐述几个重要方面以加深对强度问题的理解。

6.7.1　经典问题的统一性

在经典土力学中,采用极限平衡法求解挡墙土压力、地基极限承载力和土坡稳定安全系数。这种方法的实质在于,根据土体处于极限平衡状态时的静力平衡条件求解问题。所得解答可能是下限解,也可能是上限解,但不一定严格地与极限分析原理相一致。研究表明(Shield 等,1953;沈珠江,1962),如果整个滑动土体都是刚性的,则能量分析的上限解与静力平衡解完全相同。

Rankine 土压力理论假定极限平衡时的应力场即静力场(例如主动土压力时 $\sigma_z = \gamma z$, $\sigma_x = K_a \gamma z - 2c \sqrt{K_a}$, $\tau_{xz} = 0$),所以属于下限解;而 Coulomb 土压力理论假定破坏面或滑动面,滑体被视为刚体,故属于上限解。根据上限定理,Coulomb 土压力问题中驱动土体破坏的荷载均为上限荷载,所以最小荷载及其相应的破坏面即我们所要求。在 Coulomb 主动土压力分析中,侧压力从静止土压力开始逐渐减小到填土破坏时的 E_a。所以,可认为引起填土破坏的主动荷载是与土压力反向的荷载。填土移动时该荷载的外功率是非负的,满足上限定理的要求,故随破坏面变动而取最小值,这也就意味着 E_a 取最大值,而 Coulomb 理论正是这样求解的。在 Coulomb 被动土压力分析中,侧压力从静止土压力开始逐渐增大到

填土破坏时的 E_p。所以引起填土破坏的主动荷载就是 E_p，它应该随破坏面变动取最小值。

对于地基极限承载力问题，情况稍微复杂些。条形地基无重介质的 Prandtl 解为滑移线场解，是从应力场分析入手的，所以为下限解。Terzaghi 理论假定地基破坏形式即机动场进行平衡分析，显然属于上限解。而 Meyerhoff 理论既包含滑动面假设，也包含应力分布假设，故不属于严格的上限解或下限解。在土坡稳定问题中，最小安全系数 F_{smin} 及其对应的滑动面就是所求的安全系数和最危险的滑动面。这里 F_s 的作用是降低土体强度，相对说等于增加荷载，因此 F_s 取最小值就意味着上限解的最优值。但在条分法中，对条间力也做了假定（例如 Fellenius 法假定 $N_i = W_i \cos\alpha_i$，相当于采用下列应力场：$\sigma_z = \gamma h$，$\sigma_x = 0$ 和 $\tau_{xz} = 0$），因而同样不属于严格的上限解或下限解。此外，极限平衡法中假定的滑动面不一定与协调的速度场相对应，此时所得解答就不是严格的上限解。

在阐述边坡稳定问题时，潘家铮（1980）创造性地提炼出与极限分析理论相一致的两条原理。第一是最小值原理，即边坡若能沿多个滑面滑动，则失稳将发生于抵抗力最小的一个滑面；第二是最大值原理，即边坡滑面确定时，滑面上的反力（以及滑体内力）能自行调整，以发挥最大抗滑能力。基于上述原理，陈祖煜建立了极限平衡问题的统一数值解法，其中的关键是利用数值方法求解最危险滑动模式。在计算技术高度发展的现在，这种思想是可以实现的，而且可以采用非线性规划中的最优化方法。现以土坡稳定问题为例加以说明。

最大值原理是针对特定滑动面的；为实现这一原理，可将安全系数 F_s 作为目标函数，土条上的作用力 $X_i(X_{i1}, X_{i2}, \cdots, X_{im})$ 作为自变量，而约束条件则是这些作用力满足静力平衡。最优化问题的提法是：对于自变量 X_i 的目标函数 F_s，确定其最大值 F_{smax} 及对应的自变量。最小值原理是针对不同滑动面的；为了实现这一原理，将 F_s 作为目标函数，滑动面 $Z(z_1, z_2, \cdots, z_n)$ 为自变量。最优化问题的提法是：对于自变量 Z 的目标函数 F_s，确定 F_s 的最小值 F_{smin} 及相应的自变量。

6.7.2　渐进破坏问题

在极限平衡理论中，假定土体破坏时塑性区内或滑动面上各点剪应力同时达到抗剪强度。实际上，土体内的材料和应力总是不均匀的，而且天然土大多具有软化特征。这样就有可能出现下述**渐进破坏现象**：一些点或土体单元首先超过峰值强度而出现软化；软化后强度降低，软化单元中超额的剪应力转移给相邻的未软化单元；未软化单元的应力增大并超过其峰值强度，随之而发生软化。这一过程的持续进行可导致整个土体的破坏。渐进破坏的概念最早由 Terzaghi（1936b）提出，但这一复杂问题长期未获得进展。由于超固结黏土边坡的渐进破坏主要与抗剪强度的丧失有关,故许多学者都曾基于此对条分法进行修正以考虑土坡的渐进破坏。现介绍这种计算的基本思路。

在条分法渐进破坏分析中,常将介质视为理想弹脆性材料,即应力 τ 达到峰值强度 τ_p 之前为线性弹性,而当 $\tau = \tau_p$ 时突然跌落到残余强度 τ_r (图 6.38)。

对条间力做出适当的假定,求得各土条的局部安全系数 F_{si}

$$F_{si} = \frac{c_i l_i + N_i \tan\varphi_i}{T_i} \qquad (6.123)$$

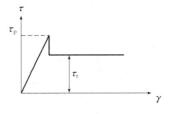

图 6.38　弹脆性材料

如果所有土条的局部安全系数 F_{si} 均大于 1,按下式计算整体安全系数 F_s

$$F_s = \frac{\sum_{i=1}^{n}(c_i l_i + N_i \tan\varphi_i)}{\sum_{i=1}^{n} T_i} \qquad (6.124)$$

如果第 j 个土条 $F_{sj} < 1$,则令 $F_{sj} = 1$,从而

$$T_i = c_{ri} l_i + N_i \tan\varphi_{ri} \qquad (6.125)$$

其中 c_r, φ_r 为残余强度参数。若有 n_s 个软化土条,则整体安全系数为

$$F_s = \frac{\sum_{i=1}^{n_s}(c_{ri} l_i + N_i \tan\varphi_{ri}) + \sum_{i=n_s+1}^{n}(c_i l_i + N_i \tan\varphi_i)}{\sum_{i=1}^{n} T_i} \qquad (6.126)$$

对于确定的滑动面,在假定与调整条间力时,可根据潘家铮极大值原理,通过优化求得 F_s 的极大值。对于假定的不同滑动面,则根据潘家铮极小值原理求得 F_s 的极小值。李亮等(2007)采用不平衡推力法的条间力假定,给出了局部破坏后多余力的传递策略。

采用有限元法分析时,也可引入应变软化型的本构关系,并用初应力法迭代求解,描述土体的变形与渐进破坏过程。但对于这个问题,常规有限元分析结果不理想。事实上,应变局部化区域的应变及应变梯度较大,仍按通常情况分析必定带来误差。研究表明,采用自适应有限元法,随着应变趋于不均匀,逐渐加密有限元网格可取得较好的结果。这种分析的另一个好处是网格分布能直观地反映应变局部化区域或剪切带的形状。

6.7.3　三维空间问题

经典土力学中的极限平衡理论是针对**平面应变**(plane strain)问题的,而实际的挡土墙土压力、地基承载力和边坡稳定都是空间问题。现场调查和模型试验表明,土体三维变形破坏形式相当复杂。例如(顾慰慈,2001),挡土墙受填土或外力作用产生位移后,填土将出现三个应力区。随同墙体位移的那部分土体处于塑性应力区,远离墙背未产生位移的土体保持弹性应力状态,而在这两个应力区之间形成一个过渡区。过渡区的土体并未产生明显的变形,但其中的应力产生松弛。

复杂的破坏形式使得三维极限平衡分析极为困难,现有方法大多是二维方法的简单推广。例如三维 Bishop 简化法忽略作用在柱纵面和侧面上的柱间竖向剪力,也不考虑纵向和横向水平力的平衡,安全系数通过关于整个柱系的旋转轴的力矩平衡条件求得。事实上,为使问题变得静定可解,各种三维分析方法均引入了大量简化假定,例如假定滑动面的形状左右对称、滑动面为平面或对数螺旋面等。过多的假定使三维分析具有较大的局限性。再加上忽略两边稳定土体对滑体的阻滑力而按平面应变问题考虑偏于安全,故三维分析方法始终未能获得广泛应用。但是,近几年的研究表明,三维有限元强度折减分析可以克服极限平衡法的不足,还可以考虑土体与结构的相互作用、土体的非均质性等各种复杂因素,有望推动三维分析的实际应用。

6.7.4　强度参数的选用

在各种强度问题的分析计算中,强度参数的选用都是非常关键的。土体强度计算或稳定分析可分为总应力法(total stress approach)和有效应力法(effective stress approach),前者采用总应力强度指标,后者采用有效应力强度指标。强度计算应尽可能采用有效应力法,因为这种方法概念清楚。但有效应力分析要求估计孔隙水压力 u,而 u 的准确预估并不容易,所以许多设计仍采用总应力法。采用总应力法分析时,确定强度的试验条件必须与现场条件一致或相近,因为总应力强度指标与剪切排水条件密切相关,试验中必须将孔隙水压力的影响符合实际地考虑进去。

在施工和运营期间,土体常发生显著的变化。工程师必须分析施工和运营过程中土体中的应力和强度是怎样变化的,在设计中要加以妥当考虑,并注意具体工程的特殊要求。例如,就土坝边坡稳定分析而言,安全系数可能出现小值的时期有施工期、稳定渗流期和库水位突降期,各时期填土受力、排水与固结变形条件是不同的。黏性土施工期可假定孔隙水压力不消散,故应采用 UU 试验确定不排水强度指标。稳定渗流期应采用有效应力法,由 CU 试验或 CD 试验确定有效应力强度指标。又例如,快速或较短时间内在饱和黏土地基上建造建筑物或堆土时,孔隙水来不及排出,强度计算应采用不排水强度指标。此外,降雨导致土坡失稳的现象很普遍,必须考虑因降雨而引起的强度损失。

6.7.5　安全系数的取值

到目前为止,土工结构物设计主要采用以安全系数为基础的容许应力设计法,少数采用可靠度设计法。容许应力设计法的基本思想是保证整个结构在荷载作用下产生的应力不大于容许应力。在这种设计法中,采用一个总安全系数考虑所有相关的不确定性。容许安全系数是凭经验确定的,例如在地基问题中,地基承载力的安全系数 K 通常取 $2 \sim 3$;而土坡设计中的安全系数 F_s 通常在 $1.2 \sim 1.5$。

容许安全系数上悬殊的取值是否意味着设计的地基比土坡更加安全? 答案是否定的。为什么两种情况下的设计安全系数会有如此大的差别? 原因在于安全系数定义有所不同。在土坡稳定分析中,安全系数定义为土的抗剪强度与剪应力之比,即

$$F_s = \frac{T_f}{T} = \frac{\tau_f}{\tau} \tag{6.127}$$

而在地基承载力问题中,安全系数定义为土体强度与外部荷载之比,即

$$K = \frac{p_u}{p} \tag{6.128}$$

有人曾做过计算(松冈元,2001):设建筑物基础宽度 $10 \sim 20m$,地基土的内摩擦角 $\varphi = 30° \sim 40°$,当取 $F_s = 1.3$ 时,通常计算出的 K 值为 3 左右。换句话说,一般情况下,$F_s = 1.3$ 与 $K = 3$ 时的安全程度大致相当。

第 7 章

土 体 变 形 计 算

采用强度设计的结构通常对变形没有严格要求,而且根据经验适当选取的安全系数也会在一定程度上限制变形。但是,利用安全系数控制变形仅仅是经验方法,并不总是意味着安全。事实上,在土体结构系统中,土体的局部变形和整体位移都有可能限制结构功能的正常发挥乃至完全失效,例如建筑物损坏很多是由基础沉降不均匀造成的。可见,仅仅进行强度分析与设计是不够的。

进入 20 世纪,随着高层建筑、重型厂房及高坝的大量涌现,土体变形问题突显出来并越来越受到重视。不过,土体变形分析通常很复杂,特别是需要大量的土性资料,而这些资料并不都是能够得到的。在没有深入了解土的变形特性以及没有条件进行复杂计算以前,人们不得不将变形问题做一定程度的简化以得到解答。例如,在 20 世纪 60 年代之前,人们只能用单向固结仪去测定土的压缩系数和压缩模量、用弹性理论求解土体中的应力分布,作为估算地基沉降的依据。之所以采取这种简单做法,主要是由于计算技术的限制。自 60 年代大型计算机的问世和数值计算方法的高速发展之后,束缚人们手脚的镣铐被打破了。这不仅极大地推动了本构理论研究,而且使人们相当容易地将复杂结构和本构模型纳入到变形计算当中。本章将阐述:①土体变形分析方法;②弹性力学公式;③基础最终沉降计算;④一维固结计算;⑤拟多维固结计算;⑥真多维固结计算;⑦总应力法变形计算。

7.1 土体变形分析方法

施加外部荷载必然导致土体中应力状态的改变,从而引起土体变形。例如建筑物修建在地基上使地基土体发生变形。如果地基变形或基础沉降的特征量(沉降量、沉降差、倾斜、局部倾斜等)过大,就会影响建筑物的正常使用。因此估算土体变形成为土力学的重要课题之一。

7.1.1 土体变形机制

计算土体变形要求弄清土体的变形机制,以选择合适的分析模型与方法。

例如地基在大面积荷载作用下,变形主要表现为侧限压缩或体积变形,而剪切变形可忽略。此时,可进行侧限压缩试验来研究土的压缩性,即荷载作用下体积减小的特性;采用分层总和法计算地基最终变形。研究表明(Scott,1963),在通常遇到的压力范围内,土颗粒的压缩性远比孔隙水的为小,可以忽略不计;对于饱和土来说,孔隙水的压缩量与土骨架的压缩量相比很小,通常也可忽略;与黏土骨架的压缩量相比,砂土骨架的压缩量要小得多。因此,对于黏土与砂土相间的地基,黏土层的变形是沉降的主要来源。

　　对于饱和土体来说,外部荷载引起的附加应力起初由孔隙水承担。这种孔隙水压力称为**超孔隙水压力**(excess)。相对而言,水自重引起的水压力称为**静孔隙水压力**(static)。在允许排水的条件下,孔隙水将不断地排出土体,超孔隙水压力 u 则随时间而逐渐消散直至为零,附加应力将全部由土骨架承担。根据 Terzaghi 有效应力原理,孔隙水压力 u 消散的过程就是有效应力 σ' 逐渐增大的过程,这一过程称为渗透固结,研究土体固结过程的理论称为**固结理论**(consolidation theory)。

　　土体固结变形速率与土的渗透系数密切相关,例如黏性土特别是软黏土所构成的地基完成固结所需要的时间很长,可能是几年甚至几十年;而透水性大的无黏性土(砂土、碎石土等)地基,其排水固结过程很快完成,因此一般不考虑固结问题。图 7.1 所示为基础沉降 S 与时间 t 的关系的示意图。

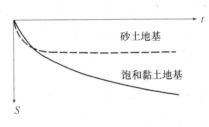

图 7.1　地基固结变形与时间的关系

　　土体固结稳定后的变形称为最终变形,实际意义最大、也最受重视的是基础**沉降**(settlement)。通常认为,黏性土地基上基础的最终沉降量 S 包括三部分,即

$$S = S_d + S_c + S_s \tag{7.1}$$

其中 S_d 为**初始沉降**(initial settlement)或**瞬时沉降**,它是体积不变而形状改变即形变引起的沉降,与地基土的侧向变形密切相关;S_c 为(主)**固结沉降**(primary),它是孔隙水渗透排出土体引起的沉降;S_s 为**次固结沉降或次压缩**(secondary compression),是土骨架在不变有效应力作用下蠕变引起的沉降。实际上,在次固结阶段仍存在微小超孔隙水压力,使水极缓慢流动。但水流速度极小,超孔隙水压力小到无法测量。

　　次压缩沉降占总沉降的比例一般小于 10%,但软黏土的次压缩沉降通常不可忽略。必须指出,软黏土地基完成固结所需时间达几年甚至几十年。在如此长的时间内,次压缩早就发生了。因此很难将固结沉降与次压缩沉降精确分开,将基础沉降划分为三部分主要是从变形机理角度考虑。

　　在实际工程中,人们既关心土体的最终变形,也关心土体变形的过程。例如在黏土地基上建筑,往往需要研究沉降和孔隙水压力的消散速率,使施工速度与地基土层强度指标增长速率相适应,以维持施工期稳定,并使大量沉降在施工期完成。有时基底各点的最终沉降量虽然差异不大,但沉降速率很不相同,故可造成沉降过程中较大的沉降差。此外,对于堆载预压处理的地基,也需要确定沉降与时间的关系。

7.1.2 变形分析方法

与强度计算或稳定分析类似,土体变形分析也分总应力法和有效应力法。若需考虑土体变形过程,则采用有效应力法,即以土骨架或孔隙水为分析对象,建立问题的控制微分方程并求解之。土体固结计算就是有效应力法的典型。饱和土体的变形虽然经历排水固结过程,但如果只关心最终变形,则可以将土体视为单相固体(例如弹性体或弹塑性体),从而可以采用弹性力学或弹塑性力学进行分析。这就是总应力分析法,这种分析与一般固体力学没有什么不同。事实上,最终变形计算中不考虑固结变形过程,总应力就是有效应力。

无论有效应力法还是总应力法,都需要在特定的边界条件或初始条件下求解控制微分方程组。能够采用解析方法求解的土体变形问题是非常有限的,因此数值方法特别是有限单元法得到广泛应用。数值方法的优越性在于,可采用各种类型的本构模型,处理各种各样的边界问题,并模拟分期加荷或施工过程。

7.2 弹性力学公式

经典土力学的基本组成部分之一是地基变形或基础沉降计算,它以弹性理论的应力与位移解答为依据。在这种分析中,假定地基土体为半无限弹性体,而且通常认为是均质各向同性的。本节简要介绍三个经典弹性力学问题的解答。

7.2.1 Boussinesq 公式

(1)竖向集中荷载

布辛奈斯克(J. Boussinesq, 1885)问题可表述如下:在半无限弹性体边界平面上受竖向集中力作用,不计体力,求弹性体内的应力和位移(图 7.2)。

取集中力 P 的作用点为坐标原点, z 轴沿力的作用方向并指向半无限弹性体内部。问题的柱坐标解答为

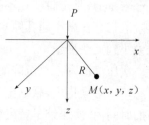

图 7.2　Boussinesq 课题

$$u_r = \frac{(1+\nu)P}{2\pi E_0 R}\left[\frac{rz}{R^2} - \frac{(1-2\nu)r}{R+z}\right]$$

$$w = \frac{(1+\nu)P}{2\pi E_0 R}\left[2(1-\nu) + \frac{z^2}{R^2}\right] \tag{7.2}$$

$$\sigma_r = \frac{P}{2\pi R^2}\left[\frac{3zr^2}{R^3} - \frac{(1-2\nu)R}{R+z}\right]$$

$$\sigma_\theta = \frac{(1-2\nu)P}{2\pi R^2}\left(\frac{R}{R+z} - \frac{z}{R}\right)$$

$$\sigma_z = \frac{3Pz^3}{2\pi R^5} \tag{7.3}$$

$$\tau_{zr} = \frac{3Pz^2 r}{2\pi R^5}$$

其中 E_0 为土的变形模量；ν 为泊松比；R 为计算点到坐标原点或集中力作用点的距离，即

$$R^2 = x^2 + y^2 + z^2 = r^2 + z^2 \tag{7.4}$$

在分布荷载作用下，半无限弹性体中的应力可采用叠加原理积分求得。以下给出一些典型公式。

(2)条形分布荷载

条形分布荷载问题属于平面应变问题。若荷载均匀分布（图 7.3），则半无限弹性体中任一点 $M(x,z)$ 处的竖向应力为

$$\sigma_z = \frac{p}{\pi}\left[\tan^{-1}\frac{x+B/2}{z} - \tan^{-1}\frac{x-B/2}{z} + \frac{z(x+B/2)}{z^2 + (x+B/2)^2} - \frac{z(x-B/2)}{z^2 + (x-B/2)^2}\right] \tag{7.5}$$

若条形荷载三角形分布，最大强度为 p 时（图 7.4），有

$$\sigma_z = \frac{p}{\pi}\left[\frac{x}{B}\left(\tan^{-1}\frac{x}{z} - \tan^{-1}\frac{x-B}{z}\right) - \frac{z(x-B)}{z^2 + (x-B)^2}\right] \tag{7.6}$$

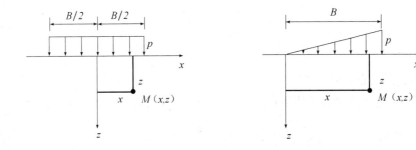

图 7.3　均布荷载　　　　　　　　　图 7.4　三角形荷载

(3)矩形分布荷载

矩形分布荷载问题属于空间问题。若荷载 p 均匀分布（图 7.5），则角点下

深度 z 处的竖向应力为

$$\sigma_z = \frac{p}{2\pi}\Big[\frac{B \cdot L \cdot z(B^2 + L^2 + 2z^2)}{(B^2 + z^2)(L^2 + z^2)\sqrt{B^2 + L^2 + z^2}} + \tan^{-1}\frac{B \cdot L}{z\sqrt{B^2 + L^2 + z^2}}\Big]$$

$$(7.7)$$

若矩形荷载三角形分布,最大强度为 p 时(图7.6),有

$$\sigma_z = \frac{p \cdot L}{2\pi B}\Big[\frac{z}{\sqrt{4L^2 + z^2}} - \frac{z^3}{(4B^2 + z^2)\sqrt{4B^2 + 4L^2 + z^2}}\Big] \qquad (7.8)$$

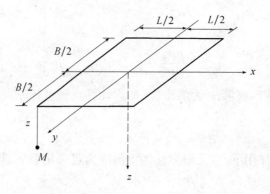

图 7.5　均布矩形荷载

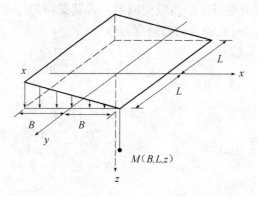

图 7.6　三角形矩形荷载

(4)圆形均布荷载

在圆形均布荷载 p 作用下(图7.7),圆心以下深度 z 处的竖向应力为

$$\sigma_z = p\Big[1 - \Big(\frac{1}{1 + R^2/z^2}\Big)^{3/2}\Big] \qquad (7.9)$$

其中 R 为圆形荷载面积的半径。

(5)沉降计算公式

集中荷载作用下地基中任意点的竖向位移 w 为式(7.2)的第二式,而地基

表面沉降公式为

$$S = w\big|_{z=0} = \frac{P(1 - \nu^2)}{\pi r E_0} \qquad (7.10)$$

对于柔性基础、作用分布荷载时,可以通过积分求得地基表面上任何一点的沉降。计算和实践表明,沉降后的地面呈碟形(图 7.8)。一般基础都具有一定的抗弯刚度,因而沉降随刚度增大而趋于均匀(图 7.9),所以中心荷载作用下的基础沉降可以近似地按柔性荷载下基底平均沉降计算。很显然,基础沉降量与基础刚度、计算点位置、基底形状等因素有关。计算公式可统一表示为

$$S = \frac{p_0 b(1 - \nu^2)}{E_0} \omega \qquad (7.11)$$

其中 b 为圆形基础的直径或矩形基础的短边;ω 为沉降影响系数。

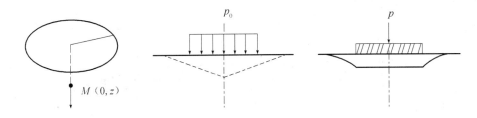

图 7.7　圆形荷载　　　　　图 7.8　柔性基础　　　　　图 7.9　刚性基础

7.2.2　Cerutti 公式

(1)水平集中荷载

对于均质各向同性半无限弹性体边界面上作用水平集中力的课题,V. Cerutti (1882)给出了任意点处应力和位移的计算公式。取集中力 Q 的作用点为坐标原点,z 轴指向半无限弹性体内部,x 轴与水平力同向(图 7.10)。问题的解答为

$$
\left.
\begin{aligned}
\sigma_x &= \frac{Qx}{2\pi R^3}\left[\frac{3x^2}{R^2} - \frac{1 - 2\nu}{(R + z)^2}\left(r^2 - y^2 - \frac{2Ry^2}{R + z}\right)\right] \\[2mm]
\sigma_y &= \frac{Qx}{2\pi R^3}\left[\frac{3y^2}{R^2} - \frac{1 - 2\nu}{(R + z)^2}\left(3r^2 - x^2 - \frac{2Rx^2}{R + z}\right)\right] \\[2mm]
\sigma_z &= \frac{3Qxz^2}{2\pi R^5}
\end{aligned}
\right\} \qquad (7.12a)
$$

$$
\left.
\begin{aligned}
\tau_{xy} &= \frac{Qy}{2\pi R^3}\left[\frac{3x^2}{R^2} - \frac{1 - 2\nu}{(R + z)^2}\left(R^2 - x^2 - \frac{2Rx^2}{R + z}\right)\right] \\[2mm]
\tau_{yz} &= \frac{3Qxyz}{2\pi R^5} \\[2mm]
\tau_{zx} &= \frac{3Qx^2z}{2\pi R^5}
\end{aligned}
\right\} \qquad (7.12b)
$$

$$u = \frac{(1+\nu)Q}{2\pi E_0 R}\left[1 + \frac{x^2}{R^2} + \frac{1-2\nu}{R+z}\left(R - \frac{x^2}{R+z}\right)\right]$$

$$v = \frac{(1+\nu)Q}{2\pi E_0 R}\left[\frac{xy}{R^2} - \frac{(1-2\nu)xy}{(R+z)^2}\right] \qquad (7.13)$$

$$w = \frac{(1+\nu)Q}{2\pi E_0 R}\left[\frac{xz}{R^2} + \frac{(1-2\nu)x}{R+z}\right]$$

(2)矩形均布荷载

矩形均布水平荷载 p 作用时(图 7.11),角点下深度 z 处(1,2 两点)的竖向应力为

$$\sigma_{z1,z2} = \mp \frac{pm}{2\pi}\left[\frac{1}{\sqrt{m^2+n^2}} - \frac{n^2}{(1+n^2)\sqrt{1+m^2+n^2}}\right] \qquad (7.14)$$

其中 $m = L/B, n = z/B$。

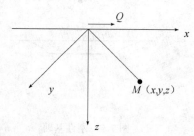

图 7.10 Cerutti 课题

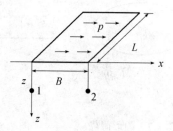

图 7.11 矩形均布水平荷载

7.2.3 Mindlin 公式

设均质各向同性半无限弹性体内某一深度 $z = c$ 处作用①竖向集中力(图 7.12);②水平向集中力(图 7.13),R. Mindlin(1936)分别给出了任意点应力和位移的计算公式,这里只给出竖向的应力和位移。

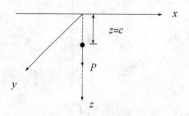

图 7.12 Mindlin 课题(1)

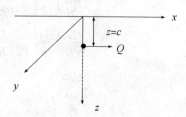

图 7.13 Mindlin 课题(2)

(1)竖向集中力作用

$$\sigma_z = \frac{P}{8\pi(1-\nu)}\left[\frac{(1-2\nu)(z-c)}{R_1^3} + \frac{3(z-c)^3}{R_1^5} - \frac{(1-2\nu)(z-c)}{R_2^3} + \right.$$

$$\left. \frac{3(3-4\nu)z(z+c)^2 - 3c(z+c)(5z-c)}{R_2^5} + \frac{30cz(z+c)^3}{R_2^7}\right]$$

$$w = \frac{P}{16\pi G(1-\nu)}\left[\frac{3-4\nu}{R_1} + \frac{(z-c)^2}{R_1^3} + \frac{8(1-\nu)^2 - (3-4\nu)}{R_2} + \right.$$

$$\left. \frac{(3-4\nu)(z+c)^2 - 2cz}{R_2^3} + \frac{6cz(z+c)^2}{R_2^5}\right]$$

$$\tag{7.15}$$

(2)水平集中力作用

$$\sigma_z = \frac{Qx}{8\pi(1-\nu)}\left\{-\frac{1-2\nu}{R_1^3} + \frac{3(z-c)^2}{R_1^5} + \frac{1-2\nu}{R_2^3} + \right.$$

$$\left. \frac{3(3-4\nu)(z+c)^2}{R_2^5} - \frac{6c}{R_2^5}\left[c + (1-2\nu)(z+c) + \frac{5z(z+c)^2}{R_2^2}\right]\right\}$$

$$w = \frac{Qx}{16\pi G(1-\nu)}\left[\frac{z-c}{R_1^3} + \frac{(3-4\nu)(z-c)}{R_2^3} - \frac{6cz(z+c)}{R_2^5} + \right.$$

$$\left. \frac{4(1-\nu)(1-2\nu)}{R_2(R_2+z+x)}\right]$$

$$\tag{7.16}$$

其中

$$R_1 = \sqrt{r^2 + (z-c)^2}, \qquad R_2 = \sqrt{r^2 + (z+c)^2} \tag{7.17}$$

7.3　基础最终沉降计算

通常不用弹性力学位移公式计算基础沉降,这是因为位移分量与土的变形模量 E_0 和泊松比 ν 有关,而 E_0 的确定存在困难。但是,人们常用弹性力学计算地基应力,并采用侧限压缩指标计算沉降,即所谓分层总和法(layerwise summation method)。这种方法的合理性在于:①竖向附加应力 σ_z,τ_{zr} 与土性无关,其他应力分量也只包含 ν,而 ν 可相对容易地确定;②地基变形比较符合侧限变形条件,而此时计算沉降只需 σ_z。但必须指出,虽然地基中竖向应力与应力应变关系无关,水平应力却对非线性性质很敏感。

7.3.1　地基应力计算

(1)自重应力

地基土体中的应力包括**自重应力**(geostatic stress)和**附加应力**(additional stress)。自重应力是由土体自重引起的有效应力。如果地基为半无限弹性体,竖向自重应力为

$$\sigma_{cz} = \int_0^H \gamma \mathrm{d}z = \sum_{i=1}^n \gamma_i h_i \tag{7.18}$$

其中 γ_i 为第 i 层土的重度。地下水位以下,采用有效重度 γ'。水平向自重应力为

$$\sigma_{cx} = \sigma_{cy} = K_0 \sigma_{cz} \tag{7.19}$$

其中 K_0 为**静止侧压力系数**(coefficient of lateral pressure)。

为了计算地基的自重应力,学者们针对不同情况提出了若干静止侧压力系数经验公式。例如,对于正常固结土

$$K_0 = 1 - \sin\varphi' \qquad 砂性土 \tag{7.20a}$$

$$K_0 = 0.95 - \sin\varphi' \qquad 黏性土 \tag{7.20b}$$

对于超固结土

$$K_0 = K_0^{\mathrm{n}}(\mathrm{OCR})^b \tag{7.21}$$

其中 K_0^{n} 为正常固结状态下的静止侧压力系数; $b = 0.39 \sim 0.58$,相应于从黏土到砂土。

必须指出,土体中初始应力的构成可能很复杂,除自重引起外,还与构造运动和应力历史有关。准确地确定初始应力并不容易,对于具有斜坡的非水平地层难度就更大。但确定初始应力是一个很重要的课题,因为土的力学性质以及土体变形和强度计算的结果均与其密切相关。

(2)附加应力

外部荷载通过基础传给地基并引起附加应力,通常它是使土体变形的主要原因。建筑物作用于地基上的压力称为**基底压力**(contact pressure of foundation base),而地基反作用于基础底面上的压力称为基底反力。基底压力或基底反力是基础设计和地基计算所必需的,可以实测或计算而得。在常规设计中,假定基底压力呈线性分布。

引起地基变形的并非全部基底压力 p,而是基底附加压力 p_0。若基础埋深为 d,基础两侧埋深范围内土的平均重度为 γ_0,则

$$p_0 = p - \gamma_0 d \tag{7.22}$$

上式假定基坑开挖后,地基表面不回弹。此时,从基底压力中扣除的部分即 $\gamma_0 d$,意味着恢复地基原来的自重应力状态。必须指出,当基坑的平面尺寸和深

度较大时,坑底回弹是明显的,且基坑中点的回弹大于边缘点。为了适当考虑回弹和再压缩所增加的沉降,可取

$$p_0 = p - \alpha \gamma_0 d \tag{7.23}$$

其中 α 为 $0 \sim 1$ 的系数。

基底附加压力 p_0 引起的附加应力,可根据经典弹性力学公式积分求得。前面已经列出了一些基本公式。一般取基础中心点下的竖向应力计算沉降。

7.3.2　普通分层总和法

在地基变形计算中,通常采用侧限压缩模型,即地基土层只发生竖向变形而无侧向变形。在侧限压缩条件下, $\varepsilon_z = \varepsilon$, $\varepsilon_x = \varepsilon_y = 0$,故竖向应变等于体积应变,即 $\varepsilon_v = \varepsilon_x + \varepsilon_y + \varepsilon_z = \varepsilon$ 。设试样原始高度为 H ,截面积为 A ,压力增量 Δp 作用下的压缩量为 S ,则

$$\varepsilon = \frac{S}{H} = \frac{SA}{HA} = \frac{V_s(1 + e_1) - V_s(1 + e)}{V_s(1 + e_1)} = \frac{e_1 - e}{1 + e_1} \tag{7.24}$$

可见,应变 ε 可用孔隙比 e 表示。由于应力可用压力 p 表示为

$$\sigma_z = p, \qquad \sigma_x = \sigma_y = K_0 \sigma_z = K_0 p \tag{7.25}$$

所以 e-p 曲线即为侧限压缩条件下的本构关系,可表示为

$$\Delta e = - a \Delta p \quad \text{或} \quad \mathrm{d}e = - a \mathrm{d}p \tag{7.26}$$

其中 a 为压缩系数。

设厚度为 H 的土柱在均布压力 p_1 (相应于现场土层的平均自重应力)作用下已经稳定,则压力增量 Δp (相应于现场土层的平均附加应力)作用下的侧限压缩量 S 为

$$S = \varepsilon H = \frac{e_1 - e_2}{1 + e_1} H = \frac{- \Delta e}{1 + e_1} H = \frac{\Delta p}{E_s} H \tag{a}$$

其中 e_1 和 e_2 分别为初始孔隙比和压缩稳定后的最终孔隙比,对应于 p_1 和 $p_2 = p_1 + \Delta p$; E_s 为土的压缩模量。

根据侧限条件下的本构模型(7.26),有

$$S = \frac{e_1 - e_2}{1 + e_1} H = \frac{- \Delta e}{1 + e_1} H = \frac{\Delta p}{E_s} H = \frac{a \Delta p}{1 + e_1} H \tag{b}$$

令 $m_v = \dfrac{a}{1 + e_1}$,则上式成为

$$S = \frac{e_1 - e_2}{1 + e_1} H = \frac{\Delta p}{E_s} H = \frac{a \Delta p}{1 + e_1} H = m_v \Delta p H \tag{7.27}$$

其中 m_v 称为**体积压缩系数**(coefficient of bulk compression)。由于侧限压缩时 $\varepsilon_v = S / H$,可知 m_v 就是侧限条件下单位压力增量引起的体积应变。

在基础沉降计算中,**利用弹性理论计算附加应力;通过侧限压缩试验确定压缩参数**。因此计算方法包含两个基本假定,即①地基为弹性体;②地基变形为侧限压缩。所谓分层总和法就是将地基压缩层范围内的土层分成若干层,分别计算各层的压缩量,然后求和得到总沉降量,即

$$S = \sum_{i=1}^{n} \frac{e_{1i} - e_{2i}}{1 + e_{1i}} H_i = \sum_{i=1}^{n} \frac{\Delta p_i}{E_{si}} H_i = \sum_{i=1}^{n} \frac{a_i \Delta p_i}{1 + e_{1i}} H_i = \sum_{i=1}^{n} m_{vi} \Delta p_i H_i \quad (7.28)$$

其中 $e_{1i}, e_{2i}, a_i, E_{si}, m_{vi}, H_i$ 和 Δp_i 分别为第 i 层的初始孔隙比,最终孔隙比,压缩系数,压缩模量,体积压缩系数,厚度和平均附加应力。

采用上述分层总和法计算基础沉降时,压缩层厚度 z_n 由附加应力与自重应力之比 σ_z/σ_{cz} 确定。对于一般黏性土地基,深度 z_n 处的 $\sigma_z/\sigma_{cz} \leqslant 0.2$;对于软黏土地基,$\sigma_z/\sigma_{cz} \leqslant 0.1$。

7.3.3 修正分层总和法

我国《建筑地基基础设计规范》(GB 50007)推荐的方法是修正的分层总和法,称为**应力面积法**。这是一种简化的分层总和法,假设每层土的压缩模量 E_{si} 不变,而不再划分为若干薄层(图 7.14)。对于第 i 层土,有

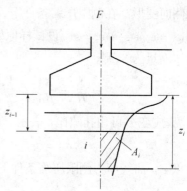

图 7.14 应力面积

$$\begin{aligned} \Delta S_i' &= \int_{z_{i-1}}^{z_i} \varepsilon_z \mathrm{d}z = \frac{1}{E_{si}} \int_{z_{i-1}}^{z_i} \sigma_z \mathrm{d}z \\ &= \frac{1}{E_{si}} \left(\int_0^{z_i} \sigma_z \mathrm{d}z - \int_0^{z_{i-1}} \sigma_z \mathrm{d}z \right) \quad (7.29) \\ &= \frac{1}{E_{si}} (z_i \overline{\sigma}_{z_i} - z_{i-1} \overline{\sigma}_{z_{i-1}}) \end{aligned}$$

为了计算方便,引进深度 z_i(基底到第 i 层底面)的距离范围内的**平均附加应力系数** $\overline{\alpha}_i$,即 $\overline{\alpha}_i = \overline{\sigma}_{z_i}/p_0$,其中 p_0 为引起地基变形的基底附加压力,也是基底处的附加应力。于是,上式成为

$$\Delta S_i' = \frac{p_0}{E_{si}} (\overline{\alpha}_i z_i - \overline{\alpha}_{i-1} z_{i-1})$$

整个地基的压缩量计算值为

$$S' = \sum_{i=1}^{n} \Delta S_i' = \sum_{i=1}^{n} \frac{p_0}{E_{si}} (\overline{\alpha}_i z_i - \overline{\alpha}_{i-1} z_{i-1})$$

关于计算深度 z_n 的确定,可参见规范或教科书。

为了提高计算精度,可根据经验对计算值进行修正,即乘以**沉降计算经验系**

数 ψ_s,即

$$S = \psi_s S' = \psi_s \sum_{i=1}^{n} \frac{p_0}{E_{si}}(\overline{\alpha}_i z_i - \overline{\alpha}_{i-1} z_{i-1}) \tag{7.30}$$

修正系数 ψ_s 需根据大量地基沉降计算资料与实测资料进行统计分析加以确定。我国许多沉降观测资料分析表明(黄熙龄等,1981),按现行修正分层总和法计算值与实测值相比一般偏大,误差在 30% 以内。可见,沉降经验修正系数值得深入研究。

7.3.4　应力历史法

(1)土层的固结状态

实际土体都有其受力变形的历史。土层中某点在历史上所受过的最大垂直有效压力称为**先期固结压力** p_c(preconsolidation),p_c 与该点现在所受的覆盖压力即竖向自重压力 p_0 之比称为**超固结比**(overconsolidatin ratio),即

$$OCR = \frac{p_c}{p_0} \tag{7.31}$$

根据 OCR 值的大小,可以判断土层当前的固结状态:OCR = 1 时为正常固结土;OCR > 1 时为超固结土;OCR < 1 时为欠固结土。引起土层超固结的因素有多种,例如沉积稳定的上覆土层被水流冲刷掉、地震滑坡使上覆土层移动、冰川曾覆盖土层而后又移去、地下水位变动等。欠固结土乃新近沉积而成,在当前上覆压力作用下还没有充分固结。

(2)先期固结压力

将原状试样的侧限压缩试验结果绘成 $e\text{-}\lg p$ 曲线(图 7.15),则在实际的附加压力范围内基本上呈直线,其斜率为

$$C_c = \frac{e_1 - e_2}{\lg p_2 - \lg p_1} \tag{7.32}$$

其中 C_c 称为**压缩指数**(compression index)。

A.Casagrande 发现,在压缩试验中进行若干次加荷-卸荷-再加荷循环后,所有再压缩曲线的斜率几乎都与开始部分的加荷曲线斜率基本一致。考虑到取样时必定卸荷,所以 $e\text{-}\lg p$ 曲线的初始平缓段是原位应力恢复阶段;受力超过其 p_c 后将发生较明显的变形。根据土的压缩变形特点,人们提出过几种根据 $e\text{-}\lg p$ 曲线确定 p_c 的方法,其中最简单的方法是由 Casagrande 提出的,具体做法如下(图 7.16):①在 $e\text{-}\lg p$ 曲线上找出曲率半径最小的点 A,过 A 点作水平线 $A1$ 和切线 $A2$;②作角 $1A2$ 的平分线 AB,与 $e\text{-}\lg p$ 曲线之直线段的延长线交于 C 点。C 点对应的压力即为 p_c。

必须指出,确定 p_c 应尽可能用质量高的原状试样做压缩试验。否则,任何

求 p_c 的方法也无法得出可靠的结果。

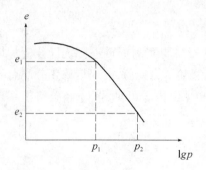

图 7.15　压缩指数

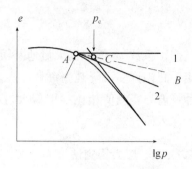

图 7.16　先期固结压力

(3)现场压缩曲线

受扰动影响,室内压缩试验得到的压缩曲线并非现场的现场压缩曲线,故需修正。对于正常固结土,土的扰动程度越大,压缩曲线越平缓。因此现场压缩曲线较室内压缩曲线陡。Schmertmann(1955)指出,对于同一种土,无论土样的扰动程度如何,室内压缩曲线都将在 $0.42e_0$(统计确定的经验值)处交于 D 点(图 7.17)。假设试样的初始孔隙比 e_0 就是现场土的初始孔隙比,再根据先期固结压力 p_c 和现有固结压力 p_0,便可确定土的**现场压缩曲线**。

对于正常固结土(图 7.17),根据 $p_c = p_0$ 和 e_0 确定 B 点,与 D 点相连,BD 即为现场压缩曲线,其斜率为压缩指数 C_c。对于超固结土(图 7.18),根据 p_0 和 e_0 确定 B 点,再通过 B 点作直线,与室内回弹再压缩曲线的平均线平行。根据 p_c 确定 C 点并连接 BC,BC 即为**现场再压缩曲线**,其斜率 C_e 称为**膨胀指数**或**回弹指数**。最后连接 CD 得现场压缩曲线,其斜率为压缩指数 C_c。

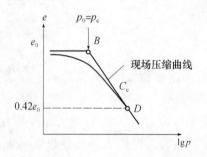

图 7.17　正常固结土

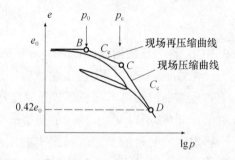

图 7.18　超固结土

(4)沉降计算公式

根据上述分析,土层的固结状态不同,其压缩性指标不同,沉降计算也不相同。考虑应力历史的沉降计算方法称为**应力历史法**(stress history method)。采用

分层总和法,将地基分成若干层计算其压缩变形。对于正常固结土(图7.19),根据单层压缩量公式,第 i 层的压缩量为

$$\Delta S_i = -\frac{H_i \Delta e_i}{1 + e_{0i}} = \frac{H_i C_{ci}}{1 + e_{0i}} \log \frac{p_{0i} + \Delta p_i}{p_{0i}} \qquad (7.33)$$

对于超固结土(图7.20),当 $p \leqslant p_c$ 时,第 i 层的压缩量为

$$\Delta S_i = -\frac{H_i \Delta e_i}{1 + e_{0i}} = \frac{H_i C_{ei}}{1 + e_{0i}} \lg \frac{p_{0i} + \Delta p_i}{p_{0i}} \qquad (7.34)$$

当 $p > p_c$ 时,有

$$\Delta S_i = -\frac{H_i (\Delta e_i' + \Delta e_i'')}{1 + e_{0i}} = \frac{H_i}{1 + e_{0i}} \left(C_{ei} \lg \frac{p_{ci}}{p_{0i}} + C_{ci} \lg \frac{p_{0i} + \Delta p_i}{p_{ci}} \right) \quad (7.35)$$

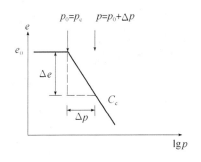

图 7.19　正常固结土

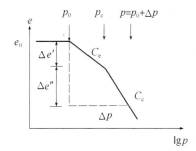

图 7.20　超固结土

7.3.5　Skempton-Bjerrum 法

前述各种分层总和法均未考虑侧向变形对沉降的影响,这样做一般情况下是可行的。但当软土层厚度相对基底尺寸较大时,侧向变形的影响不可忽略。A. W. Skempton 和 L. Bjerrum(1955)针对黏性土地基,提出了一种考虑侧向变形计算固结沉降量 S_c 的方法。此外,初始沉降 S_d 和次固结沉降 S_s 有时不可忽视。

(1)初始沉降计算

黏性土地基上基础的初始沉降占总沉降量的比例可能相当可观,应该加以考虑,且可采用弹性力学公式(7.11)进行估算。其中模量应采用弹性模量 E,即再加荷模量 E_{ur}。此外,饱和黏性土在加荷瞬时,其体积是不可压缩的,故取 $\nu = 0.5$。

(2)固结沉降计算

当地基中黏性土层的厚度超过基底尺寸时,侧向变形对固结沉降的影响不可忽略。设饱和土体中某单元的初始有效主应力为 σ_{1c} 和 σ_{3c}。施加附加应力增量 $\Delta\sigma_1$ 和 $\Delta\sigma_3$,t 时刻的有效主应力为

$$\left. \begin{array}{l} \sigma_1' = \sigma_{1c} + \Delta\sigma_1 - \Delta u \\ \sigma_3' = \sigma_{3c} + \Delta\sigma_3 - \Delta u \end{array} \right\}$$

固结稳定后,孔隙水压力 $\Delta u = 0$。加荷瞬时或不排水条件下的 Δu 可表示为

$$\Delta u = B[\Delta\sigma_3 + A(\Delta\sigma_1 - \Delta\sigma_3)] \tag{7.36a}$$

其中 A,B 为孔隙压力系数。对于饱和土,$B = 1$。此时,上式成为

$$\Delta u = \Delta\sigma_1\left[A + \frac{\Delta\sigma_3}{\Delta\sigma_1}(1 - A)\right] \tag{7.36b}$$

一方面,施加 $\Delta\sigma_1$ 和 $\Delta\sigma_3$ 引起的固结变形就是 Δu 消散的结果,故可按下式近似计算

$$S_c = \int_0^H m_v\Delta u \, dz = \int_0^H m_v\Delta\sigma_1\left[A + \frac{\Delta\sigma_3}{\Delta\sigma_1}(1 - A)\right]dz$$

另一方面,按侧限压缩计算的固结变形为

$$S_c' = \int_0^H m_v\Delta\sigma_1 dz$$

两变形之比为考虑侧向变形影响的固结沉降修正系数 C_ρ,即

$$C_\rho = \frac{S_c}{S_c'} = \frac{\int_0^H m_v\Delta\sigma_1\left[A + \frac{\Delta\sigma_3}{\Delta\sigma_1}(1 - A)\right]dz}{\int_0^H m_v\Delta\sigma_1 dz} = A + \alpha(1 - A) \tag{7.37}$$

其中

$$\alpha = \frac{\int_0^H \Delta\sigma_3 dz}{\int_0^H \Delta\sigma_1 dz} \tag{7.38}$$

研究表明,α 与荷载面的形状、尺寸 B 及压缩层厚度 H 有关。当 H 与 B 之比很小时,α 接近于 1,此时 C_ρ 约等于 1。此外,当 A 接近于 1 时,C_ρ 也约等于 1。可见,只有当 H 与 B 相比很小,或 A 接近于 1 时,利用侧限压缩量公式计算的结果才比较符合实际。否则,固结沉降量应为

$$S_c = C_\rho S_c' \tag{7.39}$$

(3)次固结沉降计算

通常将 $e\text{-}\lg t$ 曲线分成主固结阶段和次固结阶段,并认为次固结发生在主固结完成之后(图 7.21)。大量室内试验和现场试验都表明,次压缩量与时间的对数之间近似呈直线关系,故次压缩阶段的孔隙比变化可表示为

$$\Delta e = -C_\alpha \lg\frac{t}{t_1} \tag{7.40}$$

其中 t_1 为主固结完成(固结度达到 100%)的时间,可根据 $e\text{-}\lg t$ 曲线外推而得到。C_α

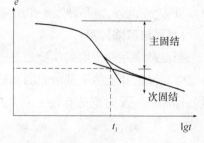

图 7.21 次固结

为次固结直线段斜率,称为**次压缩系数**。于是,采用分层总和法时,t 时刻的次压缩沉降量为

$$S_s = \sum_{i=1}^{n} \frac{-\Delta e_i}{1+e_{0i}} H_i = \sum_{i=1}^{n} \frac{H_i C_{ai}}{1+e_{0i}} \lg \frac{t}{t_1} \tag{7.41}$$

7.3.6 有关问题讨论

(1)应力路径

我们知道,土体中一点的应力状态在施工过程中及竣工后,将不断地发生变化,变化的轨迹可由应力路径来表示。应力路径对土的应变、孔隙水压力和强度均有重要影响,而前述各种方法未能考虑这种影响。研究表明,应力路径法能比较可靠地计算基础沉降。该法仍采用分层总和法,并考虑具体的应力路径,其步骤如下(Lambe,1967):

估计现场荷载作用下地基中代表性土单元(例如各分层的中点)的有效应力路径;在室内试验中复制现场有效应力路径,并量取试验各阶段的垂直应变;将各阶段的垂直应变与土层厚度相乘,得该土层的压缩变形量,将各分层的变形量求和可得总沉降量。

(2)基础规模

采用弹性力学公式计算地基沉降的方法,把问题过分简单化了,很难通过经验修正得到实际可用的公式。而分层总和法则能够适当考虑不同土层的影响,再引入经验系数进行修正可获得较好的相关性。不过,分层总和法虽简单易行,但理论上并不严谨,且主要适用于小型基础。现在的建筑规模巨大,最大柱荷载可达 3000t,基础埋深也越来越大。在地下空间开发利用的情况下,多层地下空间框筏结构已代替了箱形基础。此外,建筑上要求裙房与主楼之间不设沉降缝。这就要求在基础宽度近百米,面积超过万平方米的厚筏上建筑多个建筑物。有时人们采用有限元法计算沉降,但影响地基变形的因素很多,不容易得到符合实际的结果。例如,陈祥福(2005)采用有限元法计算了青岛中银大厦箱基沉降,计算值为 3～5mm,而实际沉降值为计算值的十多倍。普遍认为,提高变形计算精度始终是个难题。

(3)超填修正

当软土地基上的荷载是填土时,施工期间的地表沉降由后继填土所补填,从而使实际填土荷载大于原设计荷载。但当地下水位很高时,沉至地下水位以下的填土会受到浮力作用,导致基底附加压力减小(图 7.22)。这两种因素对沉降量的影响具有互补性,所以在沉降分析中应综合考虑。

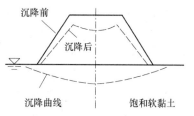

图 7.22 路基超填

(4)蠕变沉降

根据对长期观测资料的分析,浙江沿海地区饱和软黏土地基的蠕变沉降约占总沉降的 10%。有些软土路基经砂井堆载预压处理后,次压缩沉降仍可达 14% 以上(邵俊江等,2002)。到目前为止,蠕变沉降问题也没有得到很好地解决。

7.4 一维固结计算

针对饱和土地基的固结变形问题,Terzaghi(1923)首先提出了一维或单向固结理论,成为经典土力学的基本内容之一。本节在较复杂条件下推导一维固结方程,并简要列出一维固结度计算的基本公式。

7.4.1 一维固结方程

假定①土均质、饱和;②土粒和水不可压缩;③排水和固结变形均沿同一个方向(例如 z 方向)进行,侧向没有变形;④渗流服从 Darcy 定律;⑤在整个固结过程中,土的渗透系数 k、压缩系数 a 均为常数;⑥地面上作用大面积均布荷载 p_0 且一次施加。在上述假定下,可推导出孔隙水压力 u 满足的一维固结(one-dimentional consolidation)微分方程(Terzaghi,1943)

$$\frac{\partial u}{\partial t} = C_v \frac{\partial^2 u}{\partial z^2} \tag{7.42}$$

其中

$$C_v = \frac{k}{\gamma_w m_v} = \frac{(1 + e_1) k}{\gamma_w a} \tag{7.43}$$

C_v 称为**固结系数**(coefficient of consolidation),其中 e_1 为土的初始孔隙比。

早就有人指出,由于在固结过程中土的压缩性 a 和渗透性 k 均随有效应力的增大而减小。对于 C_v 来说,这两种变化的影响能在一定程度上互相抵消,因此 C_v 的变化不大。由于 a 减小更多,故 C_v 随有效应力的增大而增大。应该指出,按照上式计算 C_v 难以得到满意的结果,所以常用试验方法(常规压缩试验或连续加荷压缩试验)测定。

这里考虑较多的因素,建立更具普遍性的一维固结微分方程。设地基在 p 的作用下产生应力 $\Delta\sigma$ 并发生一维固结(图 7.23)。根据体积压缩系数的定义,单位时间内的体积应变为

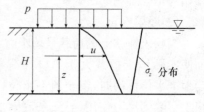

图 7.23 一维固结

$$\frac{\partial \varepsilon_v}{\partial t} = m_v \frac{\partial \sigma'}{\partial t} \tag{a}$$

于是,根据式(5.31),即

$$\frac{\partial \varepsilon_v}{\partial t} = -\frac{1}{\gamma_w}\left[\frac{\partial}{\partial x}\left(k_x \frac{\partial u}{\partial x}\right) + \frac{\partial}{\partial y}\left(k_y \frac{\partial u}{\partial y}\right) + \frac{\partial}{\partial z}\left(k_z \frac{\partial u}{\partial z}\right)\right] \tag{7.44}$$

有

$$m_v \frac{\partial \sigma'}{\partial t} = -\frac{1}{\gamma_w}\frac{\partial}{\partial z}\left(k_z \frac{\partial u}{\partial z}\right) \tag{b}$$

设 $k_z = k(z)$,并注意到

$$\sigma' = \sigma_z - u = \Delta\sigma + \gamma'(H - z) - u \tag{c}$$

可由式(b)得普遍形式的固结方程

$$\frac{\partial^2 u}{\partial z^2} + \frac{m_v \gamma_w}{k}\left(\frac{\partial \Delta\sigma}{\partial t} + \gamma'\frac{\partial H}{\partial t} - \frac{\partial u}{\partial t}\right) + \frac{1}{k}\frac{\mathrm{d}k}{\mathrm{d}z}\frac{\partial u}{\partial z} = 0 \tag{7.45}$$

上述方程可以考虑 p 或 $\Delta\sigma$ 和土层厚度 H 随时间变化,以及渗透系数 k 随深度而变化的情况。如果这三个量都是常数,则该式简化为 Terzaghi 方程(7.42)。

7.4.2　一维固结计算

一维固结问题归结为在一定的边界条件和初始条件下,求解式(7.42)。关于初始条件,在 $t = 0$ 即加荷瞬时,超孔隙水压力 u_0 等于固结应力(附加应力),故 u_0 的分布总是与 σ_z 的分布相同。

(1)单面排水 σ_z 均匀分布

假设土层厚度为 H,顶面透水而底面不透水,地表受大面积均布荷载 p_0 作用。此时,固结应力 σ_z 沿深度均匀分布,即 $\sigma_z = p_0$(图 7.24)。这就是 Terzaghi 问题,其初始条件和边界条件分别为

$$u\big|_{t=0} = u_0 = \sigma_z = p_0$$

$$u\big|_{z=0} = 0, \qquad \frac{\partial u}{\partial z}\bigg|_{z=H} = 0$$

采用分离变量法,不难求得上述条件下式(7.42)的解答(图 7.25)

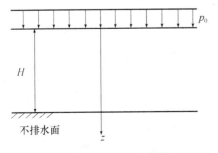

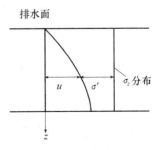

图 7.24　Terzaghi 课题　　　　　　　图 7.25　t 时刻的孔压分布

$$u = f(T_v) = p_0 \sum_{m=1}^{\infty} \frac{2}{M} \sin\left(\frac{Mz}{H}\right) \exp(-M^2 T_v) \tag{7.46}$$

其中 $T_v = \dfrac{C_v t}{H^2}$ 为无量纲的**时间因数**(time factor);$M = \dfrac{\pi}{2}(2m-1)$,$m = 1, 2, 3, \cdots$。

土体固结完成的程度称为**固结度**(degree of consolidation)。深度为 z 处的固结度 U_z 可定义为 t 时刻 z 处的有效应力与该处的固结应力之比,即

$$U_z = \frac{\sigma_z - u}{\sigma_z}$$

然而,更有实际的意义的是整个固结土层的**平均固结度** U,定义为 t 时刻有效应力面积与固结应力面积之比,即

$$U = \frac{\int_0^H (\sigma_z - u)\,\mathrm{d}z}{\int_0^H \sigma_z\,\mathrm{d}z} = 1 - \frac{\int_0^H u\,\mathrm{d}z}{\int_0^H u_0\,\mathrm{d}z} = 1 - \frac{\bar{u}}{u_0} \tag{7.47}$$

根据定义,当土层的压缩模量为常数时,不难做出下列推演

$$U = \frac{\int_0^H (\sigma_z - u)\,\mathrm{d}z}{\int_0^H \sigma_z\,\mathrm{d}z} = \frac{\int_0^H \sigma_z'\,\mathrm{d}z}{\int_0^H \sigma_z\,\mathrm{d}z} = \frac{\int_0^H (\sigma_z'/E_s)\,\mathrm{d}z}{\int_0^H (\sigma_z/E_s)\,\mathrm{d}z} = \frac{S_{ct}}{S_c} \tag{7.48}$$

这表明 t 时刻的固结度等于该时刻的沉降量与最终沉降量之比。将式(7.46)代入上式,可得 Terzaghi 课题的平均固结度

$$U = 1 - \sum_{m=1}^{\infty} \frac{2}{M^2} \exp(-M^2 T_v) \tag{7.49}$$

当固结度大于 30% 时,可按下式近似计算

$$U = 1 - \frac{8}{\pi^2} \exp\left(-\frac{\pi^2}{4} T_v\right) \tag{7.50}$$

(2)单面排水 σ_z 非均匀分布

如果土层单面排水(图 7.26),排水面的固结压力为 σ_z';不排水面的固结压力为 σ_z'',平均固结度为

$$U = 1 - \sum_{m=1}^{\infty} \frac{4}{M^2(\sigma_z' + \sigma_z'')}\left[\sigma_z' - (-1)^m \frac{\sigma_z'' - \sigma_z'}{M}\right] e^{-M^2 T_v} \tag{7.51a}$$

实用中取首项为

$$U = 1 - \frac{16}{(\sigma_z' + \sigma_z'')\pi^2}\left[\sigma_z' + \frac{2}{\pi}(\sigma_z'' - \sigma_z')\right] \exp\left(-\frac{\pi^2}{4} T_v\right) \tag{7.51b}$$

其中 H 为土层最大排水距离,单面排水时即为土层厚度 H_s。

(3)双面排水 σ_z 任意分布

如果土层双面排水(图 7.27),则任何固结应力分布条件下的固结度均与单面排水 σ_z 均匀分布时的固结度 U 相同,但其中的 H(最大排水距离)为土层厚度

H_s 的一半, 即 $H = H_s/2$。

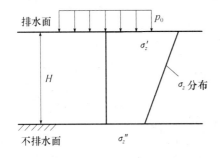

图 7.26　单面排水

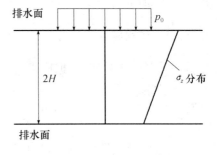

图 7.27　双面排水

7.4.3　有关问题讨论

由于 Terzaghi 固结理论简单实用, 所以在工程中获得极为广泛的应用。严格讲, 一维固结条件在实际中并不存在, 但当土层厚度均匀且相对于外荷载作用面尺寸较小时, 可近似地视为一维固结。多年来, 在多维固结理论研究不断取得进展的同时, 一维固结理论也获得较大改进, 研究方向侧重于对 Terzaghi 理论的修正。例如, 考虑土性指标在固结过程中的变化、压缩土层厚度随时间而变、荷载为时间的函数等, 这些修正使得计算模型能更加准确。

此外, 非 Darcy 渗流对固结的影响也值得注意。在其他假定与 Terzaghi 一维固结理论相同的情况下, 谢海澜等(2007)利用 Hansbo 非 Darcy 定律(5.11)推导出固结方程

$$\left.\begin{aligned}
\frac{\partial u}{\partial t} &= C_{\mathrm{v}} \frac{\partial^2 u}{\partial z^2}\left(\frac{\partial h/\partial z}{i_l}\right)^{m-1} \qquad & i \leqslant i_l \\
\frac{\partial u}{\partial t} &= C_{\mathrm{v}} \frac{\partial^2 u}{\partial z^2} \qquad & i > i_l
\end{aligned}\right\} \tag{7.52}$$

他们引入适当简化, 将解析法和数值法结合起来求解上述方程, 并与 Darcy 渗流固结相比较。计算表明, 考虑非 Darcy 渗流时, 达到同一固结度所需的时间延长了, 而且这种趋势随 m 值和 i_l 值的增大而更加明显。

7.5　拟多维固结计算

Rendulic 和 Terzaghi(1935)将 Terzaghi 一维固结理论推广到多维情况, 建立了拟多维固结理论。这种理论假设总体积应力或平均应力与时间无关, 从而使得位移与孔压非耦合化。R.A.Barron(1948)基于 Terzaghi 理论提出了轴对称情况

下的砂井固结计算方法,并得到广泛应用。曾国熙等(1997)也对砂井固结理论做出了重要贡献。

7.5.1　体积应变与应力

针对线弹性土骨架,根据广义 Hooke 定律,体积应变 ε_v 与平均有效应力 σ'_m 具有如下关系

$$\varepsilon_v = \frac{1}{3B}(\sigma'_x + \sigma'_y + \sigma'_z) = \frac{1}{B}\sigma'_m$$

其中 B 为体积弹性模量,其表达式为

$$B = \frac{E}{3(1 - 2\nu)}$$

根据有效应力原理

$$\sigma'_x = \sigma_x - u, \qquad \sigma'_y = \sigma_y - u, \qquad \sigma'_z = \sigma_z - u$$

有

$$\varepsilon_v = \frac{1}{3B}(\sigma_x + \sigma_y + \sigma_z - 3u) = \frac{3(1 - 2\nu)}{E}(\sigma_m - u) \tag{7.53}$$

7.5.2　非耦合固结方程

假定附加应力一次性施加在土体上,且体积应力 $\Theta = 3\sigma_m$ 与时间无关,则据式(7.53)有

$$\frac{\partial \varepsilon_v}{\partial t} = -\frac{3(1 - 2\nu)}{E}\frac{\partial u}{\partial t}$$

如果渗流介质均匀,即渗透系数与坐标无关,则将上式代入式(7.44)得

$$\frac{\partial u}{\partial t} = \frac{E}{3(1 - 2\nu)\gamma_w}\left(k_x \frac{\partial^2 u}{\partial x^2} + k_y \frac{\partial^2 u}{\partial y^2} + k_z \frac{\partial^2 u}{\partial z^2}\right) \tag{7.54}$$

如果骨架变形为平面应变问题,则容易得出

$$\frac{\partial \varepsilon_v}{\partial t} = -\frac{2(1 - 2\nu)(1 + \nu)}{E}\frac{\partial u}{\partial t} \tag{7.55}$$

代入式(7.44)得

$$\frac{\partial u}{\partial t} = \frac{E}{2(1 - 2\nu)(1 + \nu)\gamma_w}\left(k_x \frac{\partial^2 u}{\partial x^2} + k_z \frac{\partial^2 u}{\partial z^2}\right) \tag{7.56}$$

如果假定土骨架只在竖向发生压缩变形而水流是多维的,竖向压力 p 与时间无关,则体积应变为

$$\varepsilon_v = m_v(p - u)$$

及

$$\frac{\partial \varepsilon_v}{\partial t} = -m_v \frac{\partial u}{\partial t} \tag{7.57}$$

考虑到式(7.44),不难推出三维和二维渗流时固结微分方程分别为

$$\frac{\partial u}{\partial t} = \frac{1}{\gamma_{\mathrm{w}} m_{\mathrm{v}}} \left(k_x \frac{\partial^2 u}{\partial x^2} + k_y \frac{\partial^2 u}{\partial y^2} + k_z \frac{\partial^2 u}{\partial z^2} \right) \tag{7.58}$$

$$\frac{\partial u}{\partial t} = \frac{1}{\gamma_{\mathrm{w}} m_{\mathrm{v}}} \left(k_x \frac{\partial^2 u}{\partial x^2} + k_z \frac{\partial^2 u}{\partial z^2} \right) \tag{7.59}$$

比较式(7.54)和式(7.58)可知,两种条件下的方程在形式上完全相同,只是固结系数不一样。上述理论称为 **Terzaghi-Rendulic 固结理论**。如果排水和压缩变形均沿同一个方向进行,则容易得到 Terzaghi 一维固结微分方程(7.42)。

7.5.3 假设的合理性

在上述固结理论中,认为土体中各点的 $\Theta = 3\sigma_{\mathrm{m}}$ 不随时间而变。这个假定并不符合实际,现加以说明。对于三维固结问题,体积力是由孔隙水压力引起的。根据弹性力学中的协调方程,不难得到有效体积应力与孔隙水压力的关系

$$\nabla^2 \Theta' = -\frac{1+\nu}{1-\nu} \nabla^2 u \tag{a}$$

当 $k_x = k_y = k_z = $ 常数时,式(7.44)成为

$$\frac{\partial \varepsilon_{\mathrm{v}}}{\partial t} = -\frac{k}{\gamma_{\mathrm{w}}} \nabla^2 u \tag{b}$$

又因为

$$\Theta = \Theta' + 3u \tag{c}$$

将式(b),式(c)代入式(a)得

$$\nabla^2 \Theta = -\frac{2(1-2\nu)\gamma_{\mathrm{w}}}{(1-\nu)k} \frac{\partial \varepsilon_{\mathrm{v}}}{\partial t} \tag{7.60}$$

由式(7.60)可知,只有当 $\partial \varepsilon_{\mathrm{v}}/\partial t$ 不随时间变化,即体积应变 ε_{v} 是时间 t 的线性函数时,体积应力 Θ 才不随时间而变。ε_{v} 随时间 t 而线性变化,意味着压缩越来越快且一直保持下去,这是不可能的。事实上,$\partial \varepsilon_{\mathrm{v}}/\partial t$ 总是初期较大,后期越来越缓并趋于零。可见,在固结过程中,土体中各点的 Θ 并非为常量。

由于 Terzaghi-Rendulic 理论假定体积应力 Θ 与时间无关,故虽考虑了多维渗流或多维固结变形,理论上仍是不严格的,所以这种固结理论被称为**拟多维固结理论**。

7.5.4 砂井固结计算

(1)轴对称问题

对于**轴对称**(例如砂井固结)问题,如果土体水平渗透系数 k_{h} 和竖向渗透系数 k_{v} 不同,则固结方程式(7.54)或式(7.58)成为

$$\frac{\partial u}{\partial t} = C_{\mathrm{vh}} \left(\frac{\partial^2 u}{\partial x^2} + \frac{\partial^2 u}{\partial y^2} \right) + C_{\mathrm{vv}} \frac{\partial^2 u}{\partial z^2}$$

考虑到轴对称时直角坐标(x,y)与极坐标(r,θ)Laplace算子间的关系,上式成为

$$\frac{\partial u}{\partial t} = C_{vh}\left(\frac{\partial^2 u}{\partial r^2} + \frac{1}{r}\frac{\partial u}{\partial r}\right) + C_{vv}\frac{\partial^2 u}{\partial z^2} \tag{7.61}$$

其中C_{vh}和C_{vv}分别为水平向固结系数和竖向固结系数。考虑多维变形时,有

$$C_{hv} = \frac{k_h E}{3(1-2\nu)\gamma_w}, \qquad C_{vv} = \frac{k_v E}{3(1-2\nu)\gamma_w} \tag{7.62a}$$

若仅发生竖向压缩变形,则

$$C_{hv} = \frac{k_h}{\gamma_w m_v}, \qquad C_{vv} = \frac{k_v}{\gamma_w m_v} \tag{7.62b}$$

当渗流为各向同性时,上述两式分别成为

$$\frac{\partial u}{\partial t} = C_v\left(\frac{\partial^2 u}{\partial r^2} + \frac{1}{r}\frac{\partial u}{\partial r} + \frac{\partial^2 u}{\partial z^2}\right) \tag{7.63}$$

$$C_v = \frac{kE}{3(1-2\nu)\gamma_w} \quad \text{或} \quad C_v = \frac{k}{\gamma_w m_v} \tag{7.64}$$

问题归结为在一定边界条件和初始条件下,求解方程(7.61)或(7.63)。

(2)Barron解答

在大面积均布荷载p_0作用下,砂井地基固结属于轴对称问题。通常假定每个砂井的影响范围在平面上为一个圆,而且每个砂井的受力排水状态相同,故只需研究一个砂井及其影响范围即可(图7.28)。砂井固结计算以 Terzaghi 理论为基础,即假定地基只发生竖向压缩。设地基顶面排水,底面为不透水面,此时边界条件是齐次的。若假定均布荷载p_0突然一次性施加在砂井地基上,则采用分离变量法可将上述固结问题分解为水平向固结问题和竖向固结问题。为此,将孔隙水压力写成如下形式(Carrilo,1952)

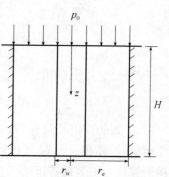

图 7.28　砂井固结

$$\frac{u(r,z,t)}{u_0} = \frac{u_r(r,t)}{u_0} \cdot \frac{u_z(z,t)}{u_0} \tag{7.65}$$

其中u_r和u_z分别为径向和竖向孔隙水压力。整个砂井影响范围内土柱体内的平均孔隙水压力亦应有同样的关系,即

$$\frac{\bar{u}}{u_0} = \frac{\bar{u}_r}{u_0} \cdot \frac{\bar{u}_z}{u_0} \tag{7.66}$$

将式(7.65)代入式(7.61)和定解条件,不难证明u_r,u_z分别满足下列方程、初始条件和边界条件

$$\frac{\partial u_r}{\partial t} = C_{\text{vh}} \left(\frac{\partial^2 u_r}{\partial r^2} + \frac{1}{r} \frac{\partial u_r}{\partial r} \right) \tag{7.67a}$$

$$u_r |_{t=0} = u_0 = p_0 \tag{7.67b}$$

$$u_r |_{r=r_\text{w}} = 0, \qquad \frac{\partial u_r}{\partial r} \bigg|_{r=r_\text{e}} = 0 \tag{7.67c}$$

及

$$\frac{\partial u_z}{\partial t} = C_{\text{vv}} \frac{\partial^2 u_z}{\partial z^2} \tag{7.68a}$$

$$u_z |_{t=0} = u_0 = p_0 \tag{7.68b}$$

$$u_z |_{z=0} = 0, \qquad \frac{\partial u_z}{\partial z} \bigg|_{z=H} = 0 \tag{7.68c}$$

其中 r_w，r_e 分别为砂井半径、单井影响范围的等效半径；H 为土层竖向排水距离，单面排水时为土层厚度 H_s，双面排水时为 $H_\text{s}/2$。

竖向固结问题(7.68)已有解答，即 Terzaghi 解答。针对水平方向的固结问题 (7.68)，Barron(1948) 给出了两种条件下的解析解：①自由应变假设，即假定在砂井影响范围内圆柱土体各点的竖向变形是自由的，且均布荷载不因地面出现差异沉降而重新分布；②等应变假设，即假定在砂井影响范围内圆柱体同一水平面上各点的竖向变形相等。已有研究表明，当井径比($n = d_\text{e}/d_\text{w}$)大于 5 时，两种条件下得到的固结度很接近。这里只给出等应变条件下的解答。

$$u_r = \frac{4\overline{u}_r}{d_\text{e}^2 F(n)} \left[r_\text{e}^2 \ln\left(\frac{r}{r_\text{w}}\right) - \frac{r^2 - r_\text{w}^2}{2} \right] \tag{7.69}$$

其中

$$F(n) = \frac{n^2}{n^2 - 1} \ln(n) - \frac{3n^2}{4n^2 - 1} \tag{7.70}$$

而 $\overline{u}_r$ 为 t 时刻(单个砂井影响范围内)孔隙水压力的平均值，可表示为

$$\overline{u}_r = \overline{u}_0 e^\lambda \tag{7.71}$$

$\overline{u}_0$ 为初始超孔隙水压力的平均值；λ 为

$$\lambda = -\frac{8T_\text{h}}{F(n)}, \qquad T_\text{h} = \frac{C_{\text{vh}}}{d_\text{e}^2} t \tag{7.72}$$

根据固结度的定义，可得径向平均固结度 U_r

$$U_r = 1 - \frac{\overline{u}_r}{\overline{u}_0} = 1 - \exp\left[\frac{-8T_\text{h}}{F(n)}\right] \tag{7.73}$$

考虑到式(7.66)及固结度的定义

$$U = 1 - \frac{\overline{u}}{u_0}, \qquad U_r = 1 - \frac{\overline{u}_r}{u_0}, \qquad U_z = 1 - \frac{\overline{u}_z}{u_0} \tag{7.74}$$

有

$$1 - U = (1 - U_r)(1 - U_z) \tag{7.75}$$

(3) 井阻和涂抹

在砂井地基固结过程中,水流向砂井并通过砂井流向垫层而排出。砂井对渗流具有一定的阻力,从而影响地基的固结速率,这种作用称为**井阻**(well resistance)。此外,在设置砂井的过程中,井周黏土薄层经受**涂抹作用**(smear action)而形成涂抹区。涂抹区的渗透性减小,其存在也将延滞径向渗流和固结过程。前面的解答没有考虑这两种作用,而当砂井长细比较大时,它们的影响是不可忽略的。考虑井阻和涂抹作用的径向固结方程为(曾国熙,1997)

$$\frac{\partial \bar{u}_r}{\partial t} = \begin{cases} C_{vh}\Big(\dfrac{1}{r}\dfrac{\partial u_r}{\partial r} + \dfrac{\partial^2 u_r}{\partial r^2}\Big)\dfrac{k_s}{k_h} & r_w \leqslant r \leqslant r_s \\[3mm] C_{vh}\Big(\dfrac{1}{r}\dfrac{\partial u_r}{\partial r} + \dfrac{\partial^2 u_r}{\partial r^2}\Big) & r_s \leqslant r \leqslant r_e \end{cases} \tag{7.76}$$

$$\frac{\partial^2 u_w}{\partial z^2} = -\frac{2k_s}{\gamma_w k_w}\frac{\partial u_r}{\partial r}\Big|_{r=r_w} \tag{7.77}$$

边界条件和初始条件分别为

$$\left.\begin{aligned} \partial u_r/\partial r &= 0 & r &= r_e \\ u_r &= r_w & r &= r_w \\ u_w &= 0 & z &= 0 \\ \partial u_w/\partial z &= 0 & z &= H \end{aligned}\right\} \tag{7.78}$$

$$\bar{u}_r = u_0 = p_0 \qquad t = 0 \tag{7.79}$$

在等应变假设条件下,上述问题的解答为

$$u_r = u_0 \sum_{m=0}^{\infty} \frac{1}{F_a + D}\Big[\frac{k_h}{k_s}\Big(\ln\frac{r}{r_w} - \frac{r^2 - r_w^2}{2r_e^2}\Big) + D\Big]\frac{2}{M}\sin\frac{Mz}{H}e^{-B_r t} \qquad r_w \leqslant r \leqslant r_s$$

$$u_r = u_0 \sum_{m=0}^{\infty} \frac{1}{F_a + D}\Big[\Big(\ln\frac{r}{r_s} - \frac{r^2 - r_s^2}{2r_e^2}\Big) + \frac{k_h}{k_s}\Big(\ln s - \frac{s^2 - 1}{2n^2}\Big) + D\Big]\frac{2}{M}\sin\frac{Mz}{H}e^{-B_r t}$$

$$r_s \leqslant r \leqslant r_e$$

$$u_w = u_0 \sum_{m=0}^{\infty} \frac{D}{F_a + D}\frac{2}{M}\sin\frac{Mz}{H}e^{-B_r t}$$

$$\bar{u}_r = u_0 \sum_{m=0}^{\infty} \frac{2}{M}\sin\frac{Mz}{H}e^{-B_r t} \tag{7.80}$$

其中

$$F_a = \Big(\ln\frac{n}{s} + \frac{k_h}{k_s}\ln s - \frac{3}{4}\Big)\frac{n^2}{n^2 - 1} + \frac{s^2}{n^2 - 1}\Big(1 - \frac{k_h}{k_s}\Big)\Big(1 - \frac{s^2}{4n^2}\Big) + \frac{k_h}{k_s}\frac{1}{n^2 - 1}\Big(1 - \frac{1}{4n^2}\Big)$$

$$D = \frac{8G(n^2 - 1)}{M^2 n^2}, \qquad M = \frac{2m + 1}{2}\pi, \qquad G = \frac{k_h}{k_w}\Big(\frac{H}{d_w}\Big)^2, \qquad B_r = \frac{8C_{vh}}{(F_a + D)d_e^2}$$

式中 k_h 为土的水平向渗透系数；k_s 为涂抹区内土的渗透系数；k_w 为砂井填料的渗透系数；r_s 为涂抹区半径；$s = r_s / r_w$。

由式(7.80)可得砂井地基的径向平均固结度 U_r

$$U_r = 1 - \sum_{m=0}^{\infty} \frac{2}{M} e^{-B_r t} \tag{7.81}$$

7.6　真多维固结计算

在非耦合固结理论中，假定体积应力 Θ 与时间无关，此时只需考虑连续条件和体积变形。前面的分析表明，即使一次性施加外部荷载，Θ 也与时间有关。此时，仅仅连续方程无法确定孔隙水压力，必须考虑平衡方程、几何方程和本构方程。Biot(1941)假定土骨架变形为线弹性小变形，渗流服从 Darcy 定律，孔隙水为含有封闭气泡的可压缩流体，推导出比较严密的三维固结微分方程，使多孔弹性介质固结理论趋于完善。本节仅考虑饱和土的渗透固结。

7.6.1　问题的基本方程

(1)平衡方程

对于饱和土静力学问题，第 1 章列出的总应力 σ_{ij} 平衡微分方程(1.1)成为

$$\sigma_{ji,j} - f_i = 0$$

结合有效应力原理(1.8)，可得有效应力 σ'_{ij} 和孔隙水压力 u_w（在 Biot 固结理论中用 u_w 表示孔隙水压力，以免同位移符号相混）表达的平衡方程

$$\sigma'_{ji,j} + u_{w,i} - f_i = 0 \tag{7.82}$$

(2)几何方程

几何方程为式(1.2)，即

$$\varepsilon_{ij} = -\frac{1}{2}(u_{i,j} + u_{j,i}) \tag{7.83}$$

(3)本构方程

根据有效应力原理，土的变形取决于有效应力，所以本构方程是有效应力与应变之间的关系。假设土骨架为各向同性的线性弹性介质，则本构方程为广义 Hooke 定律(1.3)，即

$$\sigma'_{ij} = \lambda \varepsilon_v \delta_{ij} + 2G\varepsilon_{ij} \tag{7.84a}$$

或

$$\boldsymbol{\sigma}' = \boldsymbol{D}\boldsymbol{\varepsilon} \tag{7.84b}$$

其中 $\boldsymbol{D}$ 为弹性矩阵。

(4)连续方程

假设土体完全饱和且土颗粒和孔隙水不可压缩,则连续方程由式(5.31)给出,即

$$\frac{\partial}{\partial x}\left(k_x \frac{\partial u_w}{\partial x}\right) + \frac{\partial}{\partial y}\left(k_y \frac{\partial u_w}{\partial y}\right) + \frac{\partial}{\partial z}\left(k_z \frac{\partial u_w}{\partial z}\right) + Q = 0 \qquad (7.85a)$$

或

$$\sum_{i=1}^{3}(k_i u_{w,i})_{,i} + Q = 0 \qquad (7.85b)$$

其中 $Q = \gamma_w \partial \varepsilon_v / \partial t$。

(5)边界条件

在固结问题中,边界条件包括位移、应力和孔压等三种边界条件。位移边界条件为式(1.6),即

$$u_i = \overline{u_i} \qquad 在 \Gamma_u 上 \qquad (7.86)$$

应力边界条件为式(1.7),结合有效应力原理,可得

$$n_j \sigma'_{ji} + u_w n_i = -\overline{p_i} \qquad 在 \Gamma_\sigma 上 \qquad (7.87)$$

孔隙水压力边界条件主要有三种:在第一类边界 Γ_1 为透水边界,边界上已知孔隙水压力,即

$$u_w\big|_{\Gamma_1} = u_w(x,y,z,t) \qquad (7.88)$$

第二类边界 Γ_2 为已知流量边界。考虑到流量边界条件(5.41)以及孔隙水压力与水头的关系,有

$$\left(k_x \frac{\partial u_w}{\partial x}l + k_y \frac{\partial u_w}{\partial y}m + k_z \frac{\partial u_w}{\partial z}n\right)\bigg|_{\Gamma_2} = -\gamma_w q \qquad (7.89a)$$

或

$$\sum_{i=1}^{3} k_i u_{w,i} n_i \bigg|_{\Gamma_2} = -\gamma_w q \qquad (7.89b)$$

其中 q 为单位时间内通过单位面积流出的水量;l,m,n 为边界 Γ_2 的外法线方向余弦。当边界不透水时,上述边界条件成为

$$\left(k_x \frac{\partial u_w}{\partial x}l + k_y \frac{\partial u_w}{\partial y}m + k_z \frac{\partial u_w}{\partial z}n\right)\bigg|_{\Gamma_2} = 0 \qquad (7.90)$$

此外,截断边界上的孔隙水压力是渐变的,可用外插法确定边界条件。但这样做会使总的系数矩阵不对称,增加计算量。最好是根据具体情况,处理成前两种边界。在边界截取范围较大时,这样处理对主要分析区域的影响是不大的。

(6)初始条件

求解固结问题需要初始条件,包括 $t = 0$ 时刻的位移场 u_i 和孔隙水压力场 u_w,即

$$u_i \big|_{t=0} = u_{i0}(x, y, z, 0) \tag{7.91}$$

$$u_w \big|_{t=0} = u_{w0}(x, y, z, 0) \tag{7.92}$$

在 Terzaghi 固结理论中,固结方程不包含外部荷载;它引起的初始孔隙水压力必须事先推求出来并作为初始条件。而在 Biot 固结理论中,孔隙水压力与外荷载之间的关系在平衡方程和应力边界条件中得到了反映,因此没有类似于 Terzaghi 理论中要求的初始条件。式(7.92)中规定的初始孔隙水压力并非当下的外部荷载所引起,而是加荷前残留在土体中未消散的。

7.6.2　Biot 方程的推导

(1)固结方程

对于空间固结问题,有 3 个平衡方程、6 个几何方程、6 个本构方程、1 个连续方程,共 16 个方程。其中包括 6 个应力分量、6 个应变分量、3 个位移分量、1 个孔隙水压力,共 16 个未知数。可见,在给定边界条件和初始条件时,问题是可以求解的。以位移和孔隙水压力为基本未知量。将几何方程(7.83)代入本构方程(7.84)可得

$$\sigma'_{ij} = \lambda \varepsilon_v \delta_{ij} - G(u_{i,j} + u_{j,i})$$

将上式代入平衡方程(7.82),并注意到

$$\varepsilon_v = \varepsilon_x + \varepsilon_y + \varepsilon_z = \varepsilon_{kk} = -u_{k,k} \tag{7.93}$$

可得用位移和孔压表示的微分方程

$$(\lambda + G)u_{j,ji} + Gu_{i,jj} - u_{w,i} + f_i = 0 \tag{7.94a}$$

其展开式为

$$\left.\begin{aligned}
(\lambda + G)\frac{\partial}{\partial x}\left(\frac{\partial u_x}{\partial x} + \frac{\partial u_y}{\partial y} + \frac{\partial u_z}{\partial z}\right) + G\nabla^2 u_x - \frac{\partial u_w}{\partial x} + X = 0 \\
(\lambda + G)\frac{\partial}{\partial y}\left(\frac{\partial u_x}{\partial x} + \frac{\partial u_y}{\partial y} + \frac{\partial u_z}{\partial z}\right) + G\nabla^2 u_y - \frac{\partial u_w}{\partial y} + Y = 0 \\
(\lambda + G)\frac{\partial}{\partial z}\left(\frac{\partial u_x}{\partial x} + \frac{\partial u_y}{\partial y} + \frac{\partial u_z}{\partial z}\right) + G\nabla^2 u_z - \frac{\partial u_w}{\partial z} + Z = 0
\end{aligned}\right\} \tag{7.94b}$$

式(7.85)与式(7.94)联立,就是饱和土的 Biot 固结方程。

(2)简要评述

在 Terzaghi 理论中,假定体积应力与时间无关,或只发生竖向压缩,这使得孔隙水压力与土骨架变形无耦合关联,从而固结变形问题只需求解连续方程。而在 Biot 真三维固结理论中没有作上述假定,孔隙水压力的变化与土骨架变形相互联系,理论推导严密。可见,Biot 理论是一种较合理的有效应力分析方法。

由于问题的复杂性,上述方程的求解通常需要采用数值方法,特别是有限单元法。Sandhu 等人(1969)首先将有限单元法用于分析 Biot 固结问题,此后固结

有限元分析获得了长足的发展。采用有限单元法求固结问题时,需要将平衡问题和连续问题分别处理。可以从式(7.85)和(7.94)出发采用加权余量法建立有限元方程,也可以从前述基本方程出发,推导有限元方程。第二种方式概念比较清晰,有助于理解各种方程和边界条件的处理。以下分平衡问题和连续问题,分别建立相应的有限元方程。

7.6.3 平衡问题的处理

(1)位移变分方程

平衡问题涉及平衡方程(7.82)、几何方程(7.83)、本构方程(7.84)、位移边界条件(7.86)和应力边界条件(7.87)。在采用几何方程和本构方程,并满足位移边界条件(直接引入有限元方程)的情况下,平衡问题仍需满足的方程有平衡方程(7.82)和应力边界条件(7.87)。将它们写成等效积分形式

$$-\int_{\Omega}(\sigma'_{ij,j} + u_{\mathrm{w},i} - f_i)\delta u_i \mathrm{d}\Omega + \int_{\Gamma_\sigma}(n_j\sigma'_{ji} + u_{\mathrm{w}}n_i + \overline{p}_i)\delta u_i \mathrm{d}\Gamma = 0 \qquad (a)$$

其中 δu_i 为虚位移或位移变分。对上式中的第一项进行分部积分

$$\int_{\Omega}\sigma'_{ij,j}\delta u_i \mathrm{d}\Omega = \int_{\Omega}(\sigma'_{ij}\delta u_i)_{,j}\mathrm{d}\Omega - \int_{\Omega}\sigma'_{ij}\delta u_{i,j}\mathrm{d}\Omega \qquad (b)$$

根据散度定理(Green 公式),即

$$\int_{\Omega}U_{i,i}\mathrm{d}\Omega = \int_{\Gamma}U_i n_i \mathrm{d}\Gamma$$

有

$$\int_{\Omega}(\sigma'_{ij}\delta u_i)_{,j}\mathrm{d}\Omega = \int_{\Gamma}n_j\sigma'_{ij}\delta u_i \mathrm{d}\Gamma = \int_{\Gamma_\sigma}n_j\sigma'_{ij}\delta u_i \mathrm{d}\Gamma + \int_{\Gamma_u}n_j\sigma'_{ij}\delta u_i \mathrm{d}\Gamma \qquad (c)$$

在满足给定位移的位移边界 Γ_u 上,虚位移为零,因为它不再有任何变化的可能。这样,上式中的最后一项为零。由于应变与位移满足几何方程,故有

$$\delta\varepsilon_{ij} = -\frac{1}{2}(\delta u_{i,j} + \delta u_{j,i})$$

考虑到应力张量的对称性,式(b)中最后一项为

$$\int_{\Omega}\sigma'_{ij}\delta u_{i,j}\mathrm{d}\Omega = \int_{\Omega}\frac{1}{2}(\sigma'_{ij}\delta u_{i,j} + \sigma'_{ji}\delta u_{j,i})\mathrm{d}\Omega = -\int_{\Omega}\sigma'_{ij}\delta\varepsilon_{ij}\mathrm{d}\Omega \qquad (d)$$

将式(c),式(d)代入式(b)得

$$\int_{\Omega}\sigma'_{ij,j}\delta u_i \mathrm{d}\Omega = \int_{\Gamma_\sigma}n_j\sigma'_{ij}\delta u_i \mathrm{d}\Gamma + \int_{\Omega}\sigma'_{ij}\delta\varepsilon_{ij}\mathrm{d}\Omega \qquad (e)$$

对式(a)中的第二项进行分部积分

$$\int_{\Omega}u_{\mathrm{w},i}\delta u_i \mathrm{d}\Omega = \int_{\Omega}(u_{\mathrm{w}}\delta u_i)_{,i}\mathrm{d}\Omega - \int_{\Omega}u_{\mathrm{w}}\delta u_{i,i}\mathrm{d}\Omega$$

$$= \int_{\Gamma_\sigma} u_w n_i \delta u_i \mathrm{d}\Gamma - \int_\Omega u_w \delta u_{i,i} \mathrm{d}\Omega$$

将上式和式(e)代入式(a)得

$$\int_\Omega \sigma'_{ij} \delta \varepsilon_{ij} \mathrm{d}\Omega = \int_\Omega f_i \delta u_i \mathrm{d}\Omega + \int_{\Gamma_\sigma} \bar{p}_i \delta u_i \mathrm{d}\Gamma + \int_\Omega u_w \delta u_{i,i} \mathrm{d}\Omega \qquad (7.95\mathrm{a})$$

或

$$\int_\Omega \delta \boldsymbol{\varepsilon}^\mathrm{T} \boldsymbol{\sigma}' \mathrm{d}\Omega = \int_\Omega \delta \boldsymbol{u}^\mathrm{T} \boldsymbol{f} \mathrm{d}\Omega + \int_{\Gamma_\sigma} \delta \boldsymbol{u}^\mathrm{T} \bar{\boldsymbol{p}} \mathrm{d}\Gamma + \int_\Omega \delta (\nabla \cdot \boldsymbol{u})^\mathrm{T} u_w \mathrm{d}\Omega \qquad (7.95\mathrm{b})$$

其中 ∇ 为矢量算子,即

$$\nabla = \boldsymbol{i} \frac{\partial}{\partial x} + \boldsymbol{j} \frac{\partial}{\partial y} + \boldsymbol{k} \frac{\partial}{\partial z} \qquad (7.96)$$

(2)变分方程的离散

将土体离散成单元组合体,单元位移、单元孔隙水压力可分别表示如下

$$\boldsymbol{u} = \begin{Bmatrix} u_x \\ u_y \\ u_z \end{Bmatrix} = \begin{bmatrix} N_1 \boldsymbol{I} & N_2 \boldsymbol{I} & \cdots & N_m \boldsymbol{I} \end{bmatrix} \boldsymbol{a}^e = \boldsymbol{N} \boldsymbol{a}^e \qquad (7.97)$$

$$u_w = \begin{bmatrix} N_1 & N_2 & \cdots & N_m \end{bmatrix} \boldsymbol{u}_w^e = \overline{\boldsymbol{N}} \boldsymbol{u}_w^e \qquad (7.98)$$

其中 N_i 为形函数; $\boldsymbol{I}$ 为单位矩阵; m 为单元的节点数; $\boldsymbol{a}^e$, $\boldsymbol{u}_w^e$ 分别为单元节点位移向量、单元节点孔隙水压力向量,即

$$\boldsymbol{a}^e = \begin{Bmatrix} \boldsymbol{a}_1 \\ \boldsymbol{a}_2 \\ \vdots \\ \boldsymbol{a}_m \end{Bmatrix}, \qquad \boldsymbol{a}_i = \begin{Bmatrix} u_{xi} \\ u_{yi} \\ u_{zi} \end{Bmatrix}, \qquad \boldsymbol{u}_w^e = \begin{Bmatrix} u_{w1} \\ u_{w2} \\ \vdots \\ u_{wm} \end{Bmatrix} \qquad (7.99)$$

将位移函数(7.97)代入几何方程(7.83)得

$$\boldsymbol{\varepsilon} = - \boldsymbol{B} \boldsymbol{a}^e \qquad (7.100)$$

代入本构方程(7.84)得

$$\boldsymbol{\sigma}' = - \boldsymbol{D} \boldsymbol{B} \boldsymbol{a}^e \qquad (7.101)$$

结构离散后,式(7.95)成为

$$\sum_e \int_{\Omega^e} \delta \boldsymbol{\varepsilon}^\mathrm{T} \boldsymbol{\sigma}' \mathrm{d}\Omega = \sum_e \left[\int_{\Omega^e} \delta \boldsymbol{u}^\mathrm{T} \boldsymbol{f} \mathrm{d}\Omega + \int_{\Gamma_\sigma^e} \delta \boldsymbol{u}^\mathrm{T} \bar{\boldsymbol{p}} \mathrm{d}\Gamma + \int_{\Omega^e} \delta (\nabla \cdot \boldsymbol{u})^\mathrm{T} u_w \mathrm{d}\Omega \right]$$

将式(7.97),式(7.98),式(7.100),式(7.101)代入上式,可得整体刚度方程

$$\boldsymbol{K} \boldsymbol{a} - \boldsymbol{L} \boldsymbol{u}_w = \boldsymbol{P} \qquad (7.102)$$

其中 $\boldsymbol{a}$ 为整体节点位移向量; $\boldsymbol{u}_w$ 为整体节点孔隙水压力向量。

$$\left. \begin{array}{lll} \boldsymbol{K} = \sum_e \boldsymbol{K}^e, & \boldsymbol{P} = \sum_e \boldsymbol{P}^e = \sum_e (\boldsymbol{P}_f^e + \boldsymbol{P}_p^e), & \boldsymbol{L} = \sum_e \boldsymbol{L}^e \\[3mm] \boldsymbol{K}^e = \int_{\Omega^e} \boldsymbol{B}^{\mathrm{T}} \boldsymbol{D} \boldsymbol{B} \mathrm{d}\Omega, & \boldsymbol{P}_f^e = \int_{\Omega^e} \boldsymbol{N}^{\mathrm{T}} \boldsymbol{f} \mathrm{d}\Omega, \\[3mm] \boldsymbol{P}_p^e = \int_{\Gamma_\sigma^e} \boldsymbol{N}^{\mathrm{T}} \overline{\boldsymbol{p}} \mathrm{d}\Gamma, & \boldsymbol{L}^e = \int_{\Omega^e} (\nabla \cdot \boldsymbol{N})^{\mathrm{T}} \overline{\boldsymbol{N}} \mathrm{d}\Omega \end{array} \right\} \quad (7.103)$$

7.6.4 连续问题的处理

(1)孔压变分方程

连续问题中包括连续方程(7.85)、第一类边界条件(7.88)和第二类边界条件(7.89)。若将第一类边界条件(7.88)作为强制边界条件(直接引入有限元方程),仍需满足的方程有连续方程(7.85)和第二类边界条件(7.89),它们的等效积分形式为

$$- \sum_{i=1}^{3} \int_{\Omega} (k_i u_{\mathrm{w},i})_{,i} \delta u_{\mathrm{w}} \mathrm{d}\Omega + \sum_{i=1}^{3} \int_{\Gamma_2} k_i u_{\mathrm{w},i} n_i \delta u_{\mathrm{w}} \mathrm{d}\Gamma - \int_{\Omega} Q \delta u_{\mathrm{w}} \mathrm{d}\Omega + \int_{\Gamma_2} \gamma_{\mathrm{w}} q \delta u_{\mathrm{w}} \mathrm{d}\Gamma = 0$$

$$(a)$$

对上式进行分部积分,可得下列孔压变分方程

$$\sum_{i=1}^{3} \int_{\Omega} k_i u_{\mathrm{w},i} \delta u_{\mathrm{w},i} \mathrm{d}\Omega - \int_{\Omega} Q \delta u_{\mathrm{w}} \mathrm{d}\Omega + \int_{\Gamma_2} \gamma_{\mathrm{w}} q \delta u_{\mathrm{w}} \mathrm{d}\Gamma = 0 \qquad (7.104a)$$

即

$$\int_{\Omega} \left[k_x \frac{\partial(\delta u_{\mathrm{w}})^{\mathrm{T}}}{\partial x} \frac{\partial u_{\mathrm{w}}}{\partial x} + k_y \frac{\partial(\delta u_{\mathrm{w}})^{\mathrm{T}}}{\partial y} \frac{\partial u_{\mathrm{w}}}{\partial y} + k_z \frac{\partial(\delta u_{\mathrm{w}})^{\mathrm{T}}}{\partial z} \frac{\partial u_{\mathrm{w}}}{\partial z} \right] \mathrm{d}\Omega -$$

$$\int_{\Omega} (\delta u_{\mathrm{w}})^{\mathrm{T}} Q \mathrm{d}\Omega + \int_{\Gamma_2} (\delta u_{\mathrm{w}})^{\mathrm{T}} \gamma_{\mathrm{w}} q \mathrm{d}\Gamma = 0 \qquad (7.104b)$$

(2)变分方程的离散

结构离散后,式(7.104)成为

$$\sum_e \int_{\Omega^e} \left[k_x \frac{\partial(\delta u_{\mathrm{w}})^{\mathrm{T}}}{\partial x} \frac{\partial u_{\mathrm{w}}}{\partial x} + k_y \frac{\partial(\delta u_{\mathrm{w}})^{\mathrm{T}}}{\partial y} \frac{\partial u_{\mathrm{w}}}{\partial y} + k_z \frac{\partial(\delta u_{\mathrm{w}})^{\mathrm{T}}}{\partial z} \frac{\partial u_{\mathrm{w}}}{\partial z} \right] \mathrm{d}\Omega -$$

$$\sum_e \int_{\Omega^e} (\delta u_{\mathrm{w}})^{\mathrm{T}} Q \mathrm{d}\Omega + \sum_e \int_{\Gamma_2^e} (\delta u_{\mathrm{w}})^{\mathrm{T}} \gamma_{\mathrm{w}} q \mathrm{d}\Gamma = 0 \qquad (7.105)$$

将式(7.98)代入上式得

$$\boldsymbol{K}_u u_{\mathrm{w}} + \boldsymbol{S} \dot{\boldsymbol{a}} = - \boldsymbol{F} \qquad (7.106)$$

其中 $\dot{\boldsymbol{a}}$ 为整体节点速度向量,而

$$\boldsymbol{K}_u = \sum_e \boldsymbol{K}_u^e, \qquad \boldsymbol{S} = \sum_e \boldsymbol{S}^e, \qquad \boldsymbol{F} = \sum_e \boldsymbol{F}^e \qquad (7.107)$$

$\boldsymbol{K}_u^e$ 相当于结构计算中的单元刚度矩阵,对于节点个数为 m 的单元

$$K_u^e = \begin{bmatrix} u_{11} & u_{12} & \cdots & u_{1m} \\ u_{21} & u_{22} & \cdots & u_{2m} \\ \vdots & \vdots & \vdots & \vdots \\ u_{m1} & u_{m2} & \cdots & u_{mm} \end{bmatrix} \tag{7.108a}$$

其中的元素为

$$u_{ij} = \int_{\Omega^e} \Big[k_x \frac{\partial N_i}{\partial x} \frac{\partial N_j}{\partial x} + k_y \frac{\partial N_i}{\partial y} \frac{\partial N_j}{\partial y} + k_z \frac{\partial N_i}{\partial z} \frac{\partial N_j}{\partial z} \Big] \mathrm{d}\Omega \tag{7.108b}$$

由于

$$Q = \gamma_w \frac{\partial \varepsilon_v}{\partial t} = -\gamma_w \frac{\partial}{\partial t} \Big(\frac{\partial u_x}{\partial x} + \frac{\partial u_y}{\partial y} + \frac{\partial u_z}{\partial z} \Big)$$

$$= -\gamma_w \frac{\partial}{\partial t} \Big[\frac{\partial}{\partial x} \quad \frac{\partial}{\partial y} \quad \frac{\partial}{\partial z} \Big] \begin{Bmatrix} u_x \\ u_y \\ u_z \end{Bmatrix} = -\gamma_w \Big[\frac{\partial}{\partial x} \quad \frac{\partial}{\partial y} \quad \frac{\partial}{\partial z} \Big] N\dot{a}^e$$

代入式(7.105)中的第二项,不难得到 S^e

$$S^e = \gamma_w \int_{\Omega^e} \overline{N}^T \Big[\frac{\partial}{\partial x} \quad \frac{\partial}{\partial y} \quad \frac{\partial}{\partial z} \Big] N \mathrm{d}\Omega \tag{7.109}$$

式(7.107)中的 F^e 为

$$F^e = \begin{bmatrix} F_1 & F_2 & \cdots & F_m \end{bmatrix}^T = \int_{\Gamma_2^e} \gamma_w N^T q \mathrm{d}\Gamma \tag{7.110}$$

7.6.5　方程的时间离散

式(7.106)中包含节点位移对时间的导数,需先采用差分法对其进行时间离散。可采用 Crank-Nicolson 差分格式,即

$$\frac{1}{2}(\dot{a}_t + \dot{a}_{t-\Delta t}) = \frac{1}{\Delta t}(a_t - a_{t-\Delta t}) \tag{7.111}$$

在 t 时刻满足方程(7.106),即

$$K_u u_w^t + S\dot{a}_t = -F_t \tag{a}$$

从式(7.111)中解出 $\dot{a}_t$ 后代入上式得

$$K_u u_w^t + \frac{2}{\Delta t} Sa_t = \frac{2}{\Delta t} Sa_{t-\Delta t} + S\dot{a}_{t-\Delta t} - F_t \tag{b}$$

根据 $t - \Delta t$ 时刻的方程(7.106)

$$K_u u_w^{t-\Delta t} + S\dot{a}_{t-\Delta t} = -F_{t-\Delta t} \tag{c}$$

解出 $S\dot{a}_{t-\Delta t}$ 后代入式(b)得

$$K_u u_w^t + \frac{2}{\Delta t} Sa_t = \frac{2}{\Delta t} Sa_{t-\Delta t} - K_u u_w^{t-\Delta t} - F_t - F_{t-\Delta t} \tag{7.112}$$

在 t 时刻列方程(7.102)

$$Ka_t - Lu_w^t = P^t \tag{7.113}$$

将式(7.112)与式(7.113)联立,可解得 t 时刻的整体节点位移向量 a_t 和整体节点孔隙水压力向量 u_w^t。求解 Δt 时刻的位移和孔压时,需要考虑初始条件。

7.6.6 初始孔压的处理

如果在加荷前存在初始孔隙水压力,则必须考虑其影响。设整体节点初始孔压向量为 u_{w0},则式(7.102)成为

$$Ka - L(u_w - u_{w0}) = P$$

即

$$Ka - Lu_w = P - P_0 \tag{7.114}$$

其中

$$P_0 = Lu_{w0} \tag{7.115}$$

式(7.106)成为

$$K_u(u_w - u_{w0}) + S\dot{a} = -F$$

即

$$K_u u_w + S\dot{a} = K_u u_{w0} - F \tag{7.116}$$

可见,初始孔压相当于外部荷载作用。

如果没有外荷载而只有初始孔压,则式(7.114)和(7.116)中的 P 和 F 均为零。例如,地基强夯后产生孔隙水压力,可用 Biot 固结方程求解孔压消散过程及相应的固结变形。此时,则 Biot 固结方程(7.85)和(7.94)仍然成立。不过,试验表明(钱家欢等,1994),强夯后固结期的渗流不再服从 Darcy 定律,而是渗流速度与水力梯度的 m 方成比例,即

$$v_i = -\overline{K}\left(\frac{1}{\gamma_w} \frac{\partial u_w}{\partial x_i}\right)^m \tag{7.117}$$

于是,式(7.85)成为

$$K_x \frac{\partial^2 u_w}{\partial x^2} + K_y \frac{\partial^2 u_w}{\partial y^2} + K_z \frac{\partial^2 u_w}{\partial z^2} + \gamma_w \frac{\partial \varepsilon_v}{\partial t} = 0 \tag{7.118}$$

其中

$$K_i = m\overline{K}\left|\frac{1}{\gamma_w} \frac{\partial u_w}{\partial x_i}\right|^{m-1} \tag{7.119}$$

方程(7.94)和(7.118)联立,可采用差分法求解。

7.6.7 非线性固结问题

在经典 Biot 固结理论中,假定土骨架符合线性弹性本构关系。不过,采用非线性弹性模型(例如 Duncan-Chang 模型)或弹塑性模型(例如剑桥模型)进行固结

分析,有限元法在原则上没有什么困难。增量形式的固结方程为

$$\Delta\sigma'_{ji,j} + \Delta u_{w,i} - \Delta f_i = 0 \tag{7.120}$$

$$\Delta\varepsilon_{ij} = -\frac{1}{2}(\Delta u_{i,j} + \Delta u_{j,i}) \tag{7.121}$$

$$\Delta\sigma'_{ij} = D^\tau_{ijkl}\Delta\varepsilon_{kl} \quad 或 \quad \Delta\boldsymbol{\sigma}' = \boldsymbol{D}^\tau\Delta\boldsymbol{\varepsilon} \tag{7.122}$$

$$\frac{\partial}{\partial x}\left(k_x\frac{\partial\Delta u_w}{\partial x}\right) + \frac{\partial}{\partial y}\left(k_y\frac{\partial\Delta u_w}{\partial y}\right) + \frac{\partial}{\partial z}\left(k_z\frac{\partial\Delta u_w}{\partial z}\right) + \gamma_w\frac{\partial\Delta\varepsilon_v}{\partial t} = 0 \tag{7.123}$$

事实上,式(7.95)和(7.104)的成立并不要求材料为线性弹性,而且同样适用于增量形式。因此只要将前面的公式改为增量形式,即可进行非线性或弹塑性有效应力分析。例如,式(7.102)和(7.106)的增量形式分别为

$$K\Delta a - L\Delta u_w = \Delta P \tag{7.124}$$

$$K_u\Delta u_w + S\Delta\dot{a} = -\Delta F \tag{7.125}$$

前面已经说过,采用有限元法进行非线性固结分析并不存在原则问题,很多人也做过这项工作。但是,正如折学森(1998)所说,对线弹性固结理论的任何有意义的改进,都将使计算工作量大为增加,并且还可能增加一些常规试验难以取得的土性参数,从而影响到它的实用性。

7.7　总应力法变形计算

采用有限元法对土体进行总应力非线性弹性或弹塑性分析,与其他固体力学计算没有什么区别。在计算技术高度发展的今天,非均质性、非线性、几何形状的任意性以及边界条件的复杂性等,都已不再是问题了。本节首先推导有限元方程(薛守义,2005a),然后说明土体与结构相互作用分析中用到的接触面单元。

7.7.1　有限元分析

(1)定解方程组

现列出总应力分析的基本方程,其中平衡方程、几何方程和边界条件与线性弹性方程相同,本构方程通常采用增量形式的非线性弹性模型和弹塑性模型。这里以弹塑性分析为例。

$$\sigma_{ji,j} - f_i = 0 \tag{7.126}$$

$$\varepsilon_{ij} = -\frac{1}{2}(u_{i,j} + u_{j,i}) \tag{7.127}$$

$$\Delta\boldsymbol{\sigma} = \boldsymbol{D}_{ep}\Delta\boldsymbol{\varepsilon} \tag{7.128}$$

$$n_j \sigma_{ji} = -\overline{p}_i \qquad \qquad 在 \Gamma_\sigma 上 \qquad \qquad (7.129)$$

$$u_i = \overline{u}_i \qquad \qquad 在 \Gamma_u 上 \qquad \qquad (7.130)$$

(2)有限元方程

在土体非线性分析中,无论采用 D-C 非线性弹性模型还是弹塑性模型,本构关系均为增量形式,故计算宜用增量法。将荷载分成若干增量,在每个增量步内非线性方程线性化,从而把非线性问题分解为一系列线性问题。

类似 7.6.3 中的推导,利用上述基本方程不难得出总应力分析时的虚功方程

$$\int_\Omega \delta\boldsymbol{\varepsilon}^{\mathrm{T}}\boldsymbol{\sigma}\mathrm{d}\Omega = \int_\Omega \delta\boldsymbol{u}^{\mathrm{T}}\boldsymbol{f}\mathrm{d}\Omega + \int_{\Gamma_\sigma} \delta\boldsymbol{u}^{\mathrm{T}}\overline{\boldsymbol{p}}\mathrm{d}\Gamma \qquad (7.131)$$

设 t 时刻的体积力和面积力分别为 $\boldsymbol{f}_t$ 和 $\overline{\boldsymbol{p}}_t$,在它们的作用下产生的节点位移 $\boldsymbol{a}_t$ 和应力 $\boldsymbol{\sigma}_t$ 等已经求得。现在的问题是求解 $t + \Delta t$ 时刻的解答,此时的荷载水平为 $\boldsymbol{f}_{t+\Delta t} = \boldsymbol{f}_t + \Delta\boldsymbol{f}$ 和 $\overline{\boldsymbol{p}}_{t+\Delta t} = \overline{\boldsymbol{p}}_t + \Delta\overline{\boldsymbol{p}}$。若 $t + \Delta t$ 时刻与外荷载平衡的应力为 $\boldsymbol{\sigma}_{t+\Delta t} = \boldsymbol{\sigma}_t + \Delta\boldsymbol{\sigma}$,则有限元离散后上式成为

$$\sum_e \int_{\Omega^e} \delta\boldsymbol{\varepsilon}^{\mathrm{T}}(\boldsymbol{\sigma}_t + \Delta\boldsymbol{\sigma})\mathrm{d}\Omega = \sum_e \Big[\int_{\Omega^e} \delta\boldsymbol{u}^{\mathrm{T}}(\boldsymbol{f}_t + \Delta\boldsymbol{f})\mathrm{d}\Omega + \int_{\Gamma_\sigma^e} \delta\boldsymbol{u}^{\mathrm{T}}(\overline{\boldsymbol{p}}_t + \Delta\overline{\boldsymbol{p}})\mathrm{d}\Gamma \Big]$$

$$\text{(a)}$$

由于 t 时刻的位移和应变是已知量,所以有

$$\delta\boldsymbol{\varepsilon} = \delta(\boldsymbol{\varepsilon}_t + \Delta\boldsymbol{\varepsilon}) = \delta\Delta\boldsymbol{\varepsilon}, \qquad \delta(\boldsymbol{u}_t + \Delta\boldsymbol{u}) = \delta\Delta\boldsymbol{u} \qquad (\text{b})$$

此外,将单元位移和位移增量表示成节点位移和位移增量的形式

$$\boldsymbol{u} = \boldsymbol{N}\boldsymbol{a}^e, \qquad \Delta\boldsymbol{u} = \boldsymbol{N}\Delta\boldsymbol{a}^e \qquad (\text{c})$$

代入几何方程和本构方程得

$$\Delta\boldsymbol{\varepsilon} = -\boldsymbol{B}\Delta\boldsymbol{a}^e, \qquad \delta\Delta\boldsymbol{\varepsilon} = -\boldsymbol{B}\delta\Delta\boldsymbol{a}^e, \qquad \Delta\boldsymbol{\sigma} = \boldsymbol{D}_{\mathrm{ep}}\Delta\boldsymbol{\varepsilon} = -\boldsymbol{D}_{\mathrm{ep}}\boldsymbol{B}\Delta\boldsymbol{a}^e \quad (\text{d})$$

将式(b),式(c),式(d)代入式(a),并进行单元集成得

$$\boldsymbol{K}\Delta\boldsymbol{a} = \Delta\boldsymbol{P} + \boldsymbol{Q} \qquad (7.132)$$

其中

$$\boldsymbol{K} = \sum_e \boldsymbol{K}^e, \qquad \boldsymbol{K}^e = \int_{\Omega^e} \boldsymbol{B}^{\mathrm{T}}\boldsymbol{D}_{\mathrm{ep}}\boldsymbol{B}\mathrm{d}\Omega \qquad (7.133)$$

$$\Delta\boldsymbol{P} = \sum_e \Delta\boldsymbol{P}^e, \qquad \Delta\boldsymbol{P}^e = \int_{\Omega^e} \boldsymbol{N}^{\mathrm{T}}\Delta\boldsymbol{f}\mathrm{d}\Omega + \int_{\Gamma_\sigma^e} \boldsymbol{N}^{\mathrm{T}}\Delta\overline{\boldsymbol{p}}\mathrm{d}\Gamma \qquad (7.134)$$

$$\boldsymbol{Q} = \boldsymbol{P}_t + \sum_e \int_{\Omega^e} \boldsymbol{B}^{\mathrm{T}}\boldsymbol{\sigma}_t\mathrm{d}\Omega \qquad (7.135)$$

$$\boldsymbol{P}_t = \sum_e \boldsymbol{P}_t^e, \qquad \boldsymbol{P}_t^e = \int_{\Omega^e} \boldsymbol{N}^{\mathrm{T}}\boldsymbol{f}_t\mathrm{d}\Omega + \int_{\Gamma_\sigma^e} \boldsymbol{N}^{\mathrm{T}}\overline{\boldsymbol{p}}_t\mathrm{d}\Gamma \qquad (7.136)$$

上式中的 $\boldsymbol{Q}$ 是 t 时刻的不平衡力。如果荷载 $\boldsymbol{P}_t$ 及其对应的应力 $\boldsymbol{\sigma}_t$ 精确满

足平衡条件,则 $Q=0$。在近似计算中做不到这一点,不过可将 Q 保留下来作为荷载校正项,这样做有利于迭代收敛。

7.7.2　接触面单元

在许多土工结构系统中,天然或人工土体与建筑结构共同工作,两者之间发生相互作用。例如房屋结构系统是由上部结构、基础和地基组成的;挡土结构体系是由挡土墙和天然土体或人工填土组成的,有时墙后土体中还加入锚杆、土钉等构件;隧道和地下结构体系是由地下建筑结构与周围土体组成的,有时周围介质中也打入锚杆。在上述土工问题中,结构与土体的材料不同,在接触面处发生复杂的相互作用。若采用有限元分析,需引入接触面单元,常用单元有无厚度的 Goodman(1976) 节理单元和有厚度的 Desai(1977) 薄层单元。

(1) 节理单元

当接触面很光滑时,接触面几乎就是剪切面,此时可采用无厚度的 Goodman 节理单元(图 7.29)。接触面切向应力 τ、法向应力 σ_n 与切向相对位移 w_s、法向相对位移 w_n 之间被表示成如下关系

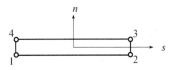

图 7.29　Goodman 单元

$$\begin{Bmatrix} \tau \\ \sigma_n \end{Bmatrix} = \begin{bmatrix} k_s & 0 \\ 0 & k_n \end{bmatrix} \begin{Bmatrix} w_s \\ w_n \end{Bmatrix} \tag{7.137}$$

其中 k_s,k_m 分别为切向、法向刚度系数,表示两片接触面之间产生单位相对位移所需的应力。

当接触面受压时,为了避免接触面处重叠,k_n 应取一极大的数值(如$10^8 kN/m^3$)。若算出的接触面法向应力为拉应力,而接触面不能承受拉应力,则令 k_n 为很小的值(如 $10 kN/m^3$),以使算出的拉应力可以忽略不计。接触面剪切或摩擦试验表明,剪应力 τ 与剪切相对位移 w_s 之间的关系可用双曲线模拟,即

$$\tau = \frac{w_s}{a + b w_s} \tag{7.138}$$

其中 a,b 是与 σ_n 有关的试验常数。对于某个 σ_n,有

$$a = \frac{1}{k_{si}}, \qquad b = \frac{1}{\tau_u} \tag{7.139}$$

而 k_{si} 为初始剪切刚度,即曲线 $w_s = 0$ 处的切线斜率;τ_u 为双曲线的渐进值,它们可表示为

$$k_{si} = K_1 \gamma_w \left(\frac{\sigma_n}{p_a} \right)^n \tag{7.140}$$

$$\tau_u = \frac{\tau_f}{R_f} = \frac{c + \sigma_n \tan\delta}{R_f} \tag{7.141}$$

其中 K_1, n, R_f(破坏比)$, c$ 和 δ(接触面的黏聚力和摩擦角)为试验常数。

将式(7.140),式(7.141)代入式(7.138),并通过求导等运算,可得切线剪切刚度系数 k_s^t

$$k_s^t = \frac{\partial \tau}{\partial w_s} = \left(1 - \frac{R_f \tau}{c + \sigma_n \tan\delta}\right)^2 K_1 \gamma_w \left(\frac{\sigma_n}{p_a}\right)^n \tag{7.142}$$

对于三维问题(接触面为 xy 面),接触面本构方程为

$$\begin{Bmatrix} \tau_x \\ \tau_y \\ \sigma_n \end{Bmatrix} = \begin{bmatrix} k_{sx} & 0 & 0 \\ 0 & k_{sy} & 0 \\ 0 & 0 & k_n \end{bmatrix} \begin{Bmatrix} w_{sx} \\ w_{sy} \\ w_n \end{Bmatrix} \tag{7.143}$$

其中切线剪切刚度系数为

$$k_{sx}^t = \left(1 - \frac{R_f \tau_x}{c + \sigma_n \tan\delta}\right)^2 K_1 \gamma_w \left(\frac{\sigma_n}{p_a}\right)^n \tag{7.144a}$$

$$k_{sy}^t = \left(1 - \frac{R_f \tau_y}{c + \sigma_n \tan\delta}\right)^2 K_1 \gamma_w \left(\frac{\sigma_n}{p_a}\right)^n \tag{7.144b}$$

(2)薄层单元

通常土与结构的相对滑动不仅仅发生在接触面上,而是在土体一侧一定厚度范围内形成一个剪切错动带。为此,Desai 建议在计算中采用有厚度的薄层单元来模拟这个剪切带。二维薄层单元的本构矩阵为

$$D = \begin{bmatrix} E_s & E_{sn} \\ E_{ns} & E_n \end{bmatrix} \tag{7.145}$$

其中 E_s, E_n, E_{sn} 和 E_{ns} 分别为模量的剪切分量,法向分量,耦合分量。

很显然,接触区的性质不是土的性质,也不是结构材料的性质,而是受到两者相互作用的影响。剪切分量 E_s 由试验确定,法向分量 E_n 通常按经验选取,而当无法测定法向和切向的耦合效应时,Desai 建议 E_{sn} 和 E_{ns} 取为零。剪切带的厚度 t 与接触面的粗糙度有关,其取值可通过单剪试验确定,也可按经验取值。Desai 建议取 $t = (0.01 \sim 0.1)B$,其中 B 为单元的宽度。

第 8 章

土 体 动 力 分 析

从 20 世纪 30 年代起,人们开始研究动力机器、运输车辆等振动作用下地基土的动力特性,60 年代达到较成熟的阶段。第二次世界大战后,爆炸作用下的土动力学问题受到关注。由于这种研究与军事工程有关,故其成果很少见诸于公开的刊物。同机器基础动力设计和防护工程相比,地震工程中土动力学的研究开始较晚。20 世纪 60 年代以来,在世界范围内地震活动频繁,引发很多地震工程问题。特别是 1964 年美国的阿拉斯加地震和日本的新泻地震,引起饱和砂土液化和地基失效从而造成结构的大范围破坏,极大地推动了人们对地基振动液化与失效的认识。

土体动力分析涉及到动荷载、动力特性以及计算理论与方法。其中确定符合实际的土动力特性是问题的核心与关键,因为它们是动力分析和稳定性评价的基本依据。本章内容包括①动力问题与动荷载;②土的动变形特性;③土的动强度特性;④拟静力分析;⑤总应力动力分析;⑥有效应力动力分析。

8.1 动力问题与动荷载

土动力学的研究对象与土静力学没有什么不同,其特殊性在于动荷载作用于土体之上。换句话说,动荷载引起动力问题,也决定着动力问题的特点。本节首先简要说明动力问题,然后介绍作用于土体上的各种动荷载。

8.1.1 动力问题的特点

任何振动系统都具有一定的质量和刚度。质量意味着趋于保持运动继续下去的惯性,而刚度则是扰动因变形而传播的前提。动荷载引起变形,刚度则通过产生复原力而起反作用。此外,一般振动系统均为非保守系统,即振动过程中要伴随能量的损耗,这种损耗表现为系统的阻尼(damping)特性。与静力问题相比,土动力问题具有如下特点:土的动力性质不同于其静力性质,这些重要的特性反映在本构模型和强度公式及其参数中;惯性力和阻尼力不可忽略,且系统固有参数随时间而变化;要求解得动力过程中各状态变量的时程,而不是像静力问题那样有一固定解。

严格地讲,任何实际的结构系统都是动态的。因此,动力问题与静力问题并没有十分明确的界限。然而这里有一个相对的实用标准:惯性力和阻尼力是位移随时间变化的直接结果,而仅当这些动态力是总荷载(动载 + 静载)的重要部分时,问题才从本质上具有动态特征。有时结构物所受动荷载并不显著,但因其频率与结构固有频率接近,从而引起显著的振幅。

此外,实际土体总是受到静荷载的作用,动荷载是在静荷载作用下叠加上去的。因此,动力稳定性研究的前提是静力稳定,并以静力分析结果为基础。事实上,土体静力状态对动力稳定有重大影响,动力特性及稳定性评价也都离不开静应力数据。相对于动应力,把静应力叫做初始应力。通常在动荷载作用之前,土体在静荷载作用下已经固结稳定,因此初始应力为有效应力。

8.1.2　动力问题的类型

一般地说,动荷载较小时,土颗粒之间的连结很少被破坏,颗粒间相互移动所耗损的能量也很少,土骨架的变形能够恢复,此时土处于黏弹性状态。随着动荷载的逐渐增大,颗粒间越来越多的连结遭到破坏,颗粒相互移动耗损的能量也逐渐增大,骨架产生不可恢复的塑性变形。当动荷载增大到一定程度时,颗粒间的连结几乎完全被破坏,土处于流动或破坏状态。这就是土在动荷载作用下变形与破坏的简略描述。

可见,土动力学问题的核心仍是变形与破坏,但这里谈论动力问题的类型是从其他方面来说的。动力问题的分类并不统一,就荷载输入方式而言,可分为两类。一类是动荷载作用于土体局部的源问题,例如机械振动问题、爆炸动力学问题。在这类问题中,土体的动力反应随远离荷载作用点而逐渐衰减。另一类是地震荷载引起的动力反应问题。通常是在计算域的底部边界上输入地震加速度,好像结构和地基被置于很大的振动台上振动。

在源问题中,局部突加荷载对于土体各部分质点的扰动不可能同时发生,而要经过一个传播过程,由局部扰动区逐渐传播到未扰动区。这种现象就是应力波的传播,波传播过程不可忽视。而在地震动力问题中,通常认为基岩与土体接触面上各点的运动相同,即各点运动的幅值、频率均相等且没有相位差;地震荷载一施加,系统各点便同时受到作用。这样,土体中一点的运动便包括两种成分,一是与基岩运动相同的牵连运动或刚体运动;二是相对于基岩的运动即相对运动。

8.1.3　土体上的动荷载

在土体上施加动荷载的情形是多种多样的,例如机器振动、坠物冲击、地震作用、爆破作用、炸弹爆炸、施工操作(如打桩)、车辆移动作用、风或波浪作用等。动荷载的特征主要包括最大幅值、持续时间、循环次数、加载速度或应变速率等。通常考虑三个方面,即最大幅值、频率和作用时间或循环作用的次数。

按照幅值变化和循环作用次数,动荷载可分为三种类型:一次**冲击荷载**、循环作用次数非常大的**疲劳荷载**和有限循环作用次数的**随机荷载**。冲击荷载(图8.1a)是一种撞击作用,形如一个单脉冲,爆破或爆炸所产生的荷载均属于这种类型。其特点如下:只有一次脉冲作用,整个荷载过程分为压力升高和降低两个阶段;荷载持续时间很短,特别是压力升高阶段的持续时间更短,有的只有几毫秒或几十毫秒,因此压力升高的速率非常大。在进行动力分析时,一般是输入短暂的冲击波压力。

机械振动产生疲劳荷载(图 8.1b),其特点是幅值和频率几乎不变,而循环次数很大(通常大于 10^3)。机器运行引起的动荷载,视机器类型不同,振幅和频率的变化范围较大。通常这种荷载引起多次重复的微幅振动问题,土体一般在弹性范围内工作。在进行动力分析时,输入已知频率的稳态周期力。

地震、风浪和车辆所产生的荷载均属于有限循环作用次数的随机荷载(图8.1c),其特点在于:荷载的方向是循环变化的;每次脉冲的幅值是随机的;循环作用次数有限,通常小于 10^3。对于地震,进行动力分析时需输入实测或推求的地面或基岩地震加速度时程,其特征要素是**最大加速度**、**频谱特性**或卓越周期(即地震加速度时程曲线上相应于最大加速度的周期)和**持续时间**。在土动力试验研究中,人们常用等效的简谐波来模拟地震荷载。

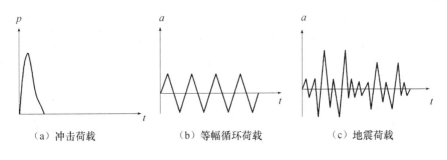

(a)冲击荷载　　　(b)等幅循环荷载　　　(c)地震荷载

图 8.1　动荷载

8.1.4　地震荷载的特征

当介质中受到局部扰动时,直接受到扰动的部位将发生变形,并使其质点发生振动。振动质点的能量将传递给其相邻质点,从而又引起相邻质点的振动。这种过程进行下去,振动就以应力波的形式逐渐扩散到介质的其他部分。当动应力不超过介质的弹性极限时将产生弹性波。在离震源一定距离以外的地层中,地震引起的变形处于弹性阶段。振动在介质内的传播过程叫做**波动**。弹性波在传播过程中并不引起质点的迁移,即质点只在自己的平衡位置附近振动,振动停止后仍留在初始的平衡位置。以下仅简要介绍地震波的基本概念,详见有关文献。

(1)P波和S波

弹性波分析表明(谢定义,1988),在无限弹性体内传播的波有纵波(P波)和横波(S波),它们称为**体波**(body wave)。其中,P波是由于介质对体积变化的反应引起的,并通过介质的扩张和收缩传播;质点的振动方向与波的传播方向一致,在固体、液体和气体中均可传播。P波的速度 v_P 为

$$v_P = \sqrt{\frac{\lambda + 2G}{\rho}} = \sqrt{\frac{E(1 - \nu)}{\rho(1 + \nu)(1 - 2\nu)}} \tag{8.1}$$

其中 λ, G, E, ν 为介质的弹性常数;ρ 为介质的密度。P波在地层中传播的速度约为 $5 \sim 10 \text{km/s}$,周期短($<0.2\text{s}$),振幅小。由于P波与体积变形有关,故称为**压缩波**(compressional wave);由于其传播方向与质点振动方向一致,又称为**纵波**(longitudinal wave);由于振动时这种波的传播速度比其他波的速度大而先到达监测点,又称为**初波**(Primary wave),简称P波。

S波的传播是由于介质具有剪切刚度,质点振动方向与波传播方向垂直,也就是质点在与波传播方向成直角的面内运动。S波的速度 v_S 为

$$v_S = \sqrt{\frac{G}{\rho}} = \sqrt{\frac{E}{2\rho(1 + \nu)}} \tag{8.2}$$

在地层内,v_S 约为 $3 \sim 5 \text{km/s}$。实测结果表明:浅源地震 $v_P/v_S = 1.67$;深源地震 $v_P/v_S = 1.78$。S波的周期长($0.5 \sim 2.5\text{s}$),振幅大。由于S波是由剪切引起的,故称为**剪切波**(shear wave);由于其传播方向与质点振动方向垂直,又称为**横波**(transverse wave);由于其波速小于P波的速度而次P波到达,又称为**次波**(secondary),简称S波。

(2)R波和L波

在均质无限弹性体中,只能产生纵波和横波这两种体波。而在均质半无限弹性体表面附近除纵波和横波外,还会产生一种**面波**(surface wave),这种波是Rayleigh首先发现的,称为Rayleigh波(简称R波)。R波的波速 v_R 满足下列公式

$$k^6 - 8k^4 + 8\frac{2 - \nu}{1 - \nu}k^2 - \frac{8}{1 - \nu} = 0 \tag{8.3}$$

其中 $k = v_R/v_S$。可见,只要给定泊松比 ν,便可由上式解得 k^2,进而得到 v_R。例如当 $\nu = 0.50$ 时,$v_R = 0.9554 v_S$;当 $\nu = 0.25$ 时,$v_R = 0.9194 v_S$。

对于R波,质点在波的传播方向和自由面法向组成的平面内按逆时针方向

旋转作椭圆运动,而与该平面垂直的水平方向没有振动(图 8.2)。这种波在表面振幅最大,而离开界面后幅度急剧减小(按指数规律衰减)。此外,研究表明,不管干扰力的类型如何,在远离振源的近地表处,质点振动主要由 R 波引起,而 P 波和 S 波所引起的振动位移量很小。有人曾研究圆形振源时的垂直振动,在总能量的分配中,R 波占 67%,S 波占 26%,P 波占 7%。

当半无限弹性体的上面有均匀厚度的另一种弹性表层,而表层的剪切波速小于下层剪切波速时,则在表层及两层交界面附近产生 **Love 波**,简称 L 波。L 波是一种纯切变弹性波,它的质点振动方向平行于表层而垂直于传播方向,只在地面水平运动,或说在地面上呈蛇形运动形式(图 8.3)。L 波的传播速度 v_L 满足下述方程

$$G_2\Big(1 - \frac{v_L^2}{v_{S2}^2}\Big)^{1/2} - G_1\Big(\frac{v_L^2}{v_{S1}^2} - 1\Big)^{1/2} \tan\Big[kH\Big(\frac{v_L^2}{v_{S1}^2} - 1\Big)^{1/2}\Big] = 0 \qquad (8.4)$$

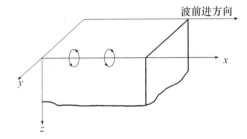
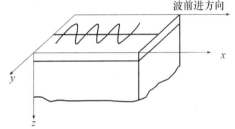

图 8.2　R 波　　　　　　　　　　　图 8.3　L 波

其中 $v_{S1} = \sqrt{G_1/\rho_1}$ 和 $v_{S2} = \sqrt{G_2/\rho_2}$ 分别为上层和下层土的剪切波速; G_1 和 G_2 分别为上层和下层土的剪切模量; $k = 2\pi/l$, l 为波长; H 为上层土厚度。研究表明, v_L 介于上下两层介质剪切波速之间。近似计算时,可取表层和下层的 L 波速分别等于其剪切波速 v_{S1} 和 v_{S2},或取两者的平均值。如果没有地表覆盖层,则不存在 L 波;反之,则不存在 R 波。

(3)地震波的传播

弹性波从有分界面的两种不同介质的一侧入射到另一侧时,它的一部分能量将在分界面上反射回原介质中,余下的能量则折射进另一介质。这种现象称为弹性波的反射和折射。从震源发出的波穿过地层界面时经反射与折射,逐渐变化着前进的方向。一般地说,介质离地表越深,其岩性越致密坚硬,波速也就越大。在近地表的松软介质中,波速急剧变小。设波向地面传播,在界面处与垂直向夹角为 θ_i,波速为 v_i,则根据 Snell 定律

$$\frac{v_1}{\sin\theta_1} = \frac{v_2}{\sin\theta_2} = \frac{v_3}{\sin\theta_3} = \cdots \qquad (8.5)$$

由于上层介质的 v_i 小于下层介质的 v_{i+1}，所以 $\theta_i < \theta_{i+1}$。可见，随着趋近地面，地震波传播方向逐渐趋向于竖直方向，即垂直于地面的方向(图 8.4)。这样，地震波在振幅变化的同时，P 波引起的振动越来越接近于竖直方向，S 波引起的振动则越来越接近于水平方向。所以在地表面，P 波感觉上是上下振动，而 S 波感觉上是水平振动。

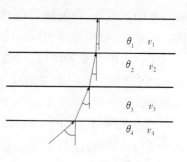

图 8.4 地震波传播

由于 P 波比 S 波速度大，所以地震时 P 波总是先到，构成一次地震的初震阶段。一般把从 P 波到 S 波之间的振动称为初振动。S 波次于 P 波到达，同随后到达的 L 波或 R 波一起，促使地面发生一段时间激烈的、持续的近水平振动，振动的周期和振幅都较大，构成一次地震的主震阶段，称为主振动。此后，振动逐渐衰减消失，构成一次地震的末尾阶段，称尾振动。同样，如果一个点源作用于均质弹性半空间表面，扰动以对称的环形波的形式向外扩展，从表面上观测质点的振动时程曲线可以分辨出依次到达的 P 波、S 波和 R 波。随着观测质点与震源距离的增大，各波到达的时间间隔增大，振幅减小。P 波和 S 波振幅的衰减比 R 波更快，因此 R 波是沿弹性半空间表面最重要的扰动。

地面或基岩的地震运动可分解为 x, y, z 三个分量。对于两个相互垂直的水平分量，其最大加速度和频谱组成都很接近，竖向分量最大值一般为水平分量的 $1/2 \sim 2/3$，其主振频率往往较水平分量为高。地震时，初震阶段的感觉很像汽车以中等速度行驶在铺砌不好的道路上给人的感觉，而后期的振动，特别是离震中相当远的地表运动，则主要是水平运动。地震波的这些特性以及工程中水平地震力的重要性，使人们特别重视波的水平分量。目前分析土体地震稳定性和变形问题，一般只考虑水平剪切振动。然而近些年来的研究表明，不考虑竖向振动的影响，有时会构成较大的误差，使工程抗震设计偏于危险。

(4)地震荷载输入

地震荷载是不规则变化的，在简单动力分析中，采用等幅循环荷载代替；在动力有限元分析中，则直接输入不规则的地震加速度时程。在土动力试验中，可以用等幅循环应力代替，也可以直接输入随机变化的循环动应力。

8.2 土的动变形特性

土动力学问题涉及的应变范围很大，剪应变从 10^{-6} 到 10^{-2}。不同应变范围内土的动力特性很不相同，需要区分若干种典型情况，并采用不同的试验方法进行测定。本章仅涉及应变较大的地震动力反应问题,主要利用动三轴和动单剪试验研究土的动力特性。

8.2.1 动力试验资料

针对实际工程进行的动力特性研究,最好在现场取原状土样。若需室内制备试样,则应尽可能与原位土的密度、结构、含水量或饱和度相符合。试验时还应尽可能模拟实际土的初始应力状态、动荷载及排水条件等。

试验时先在试样上施加初始应力并使其固结稳定,然后再加循环荷载。一般认为,剪切振动对土体的变形与破坏起主要作用,而动单剪试验可以方便地模拟这种受力状态。动单剪试样为圆饼,用带有侧限环或绕钢弦的橡胶膜包扎。试验时先施加初始法向应力 σ_0' 和剪应力 τ_0,并使试样在 K_0 条件下固结;然后施加循环剪应力 τ_d(图 8.5)。通常以水平面为参考面整理试验结果。

在动三轴试验中,初始固结应力为 σ_{1c} 和 σ_{3c},通常以 45°面为参考面,该面上的有效法向应力 $\sigma_0' = (\sigma_{1c} + \sigma_{3c})/2$,剪应力 $\tau_0 = (\sigma_{1c} - \sigma_{3c})/2$,初始剪应力比 $\alpha = \tau_0/\sigma_0'$。循环荷载分单向激振和双向激振两种。单向激振时,只施加轴向循环动应力 $\sigma_{1d} = \pm \sigma_d$(图 8.6)。在 45°面上,法向动应力和动剪应力均为 $\pm \sigma_d/2$。整理试验结果时,通常不考虑法向动应力的影响。双向激振时,施加轴向循环动应力 $\sigma_{1d} = \pm \sigma_d/2$,同时施加侧向循环动应力 $\sigma_{3d} = \mp \sigma_d/2$。这样,在 45°面上,法向动应力始终为零,而动剪应力则为 $\tau_d = \pm \sigma_d/2$。

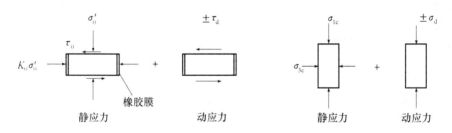

图 8.5　动单剪试验　　　　　　　图 8.6　动三轴试验

至于排水情况,动力试验通常在不排水条件下施加循环荷载,这是因为地震动历时很短,土体中的水来不及排出。这样,对于饱和土来说,试验过程中将不发生体积变形。

设参考面上的初始剪应力为 0,并沿该面施加循环剪应力 τ_d,可测得 τ_d 与动剪应变 γ_d 之间的关系(动三轴和动单剪试验所得 τ_d 与 γ_d 之间的关系类似,这一点已为大量试验所证实)。图 8.7 所示为不同剪应力幅值下的循环曲线,图 8.9 所示为同一剪应力幅多次循环的结果。一般地说,土的动应力应变关系具有如下特征:

①一次循环作用期间的应力应变轨迹线称为**滞回曲线**。可以证明,滞回环的面积表征一个循环中的能量耗损。随着循环应力水平的逐渐变大,连接滞回环顶点所得直线的斜率越来越小;滞回环所围的面积越来越大(图8.7)。

②循环应变水平不同的滞回环顶点即应力和应变最大值或幅值(τ_m 和 γ_m)落在初始加荷的应力应变曲线上,这条曲线称为**骨架曲线**(图8.8)。

③当应变较大时,荷载循环过程中将产生不断积累的塑性变形,滞回环中心不断朝应变增大的方向移动(图8.9)。

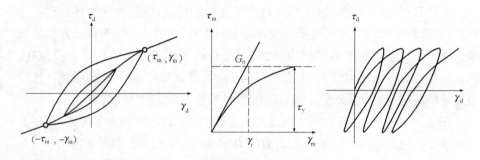

图 8.7 滞回曲线   图 8.8 骨架曲线   图 8.9 滞回环移动

可见,在循环荷载的作用下,土不仅具有**非线性**,而且具有**滞后性**和**塑性变形累积性**。骨架曲线反映了动应力应变关系的非线性;滞回曲线表示某个应力循环内各时刻应力应变之间的关系,反映了应变应力关系的滞后性;滞回环中心的移动反映了塑性变形的累积性。

8.2.2 试验曲线描述

(1)骨架曲线

骨架曲线接近双曲线,目前主要有两种表达式。一种是 Konder(1963)和 Hardin 等(1972)提出的。

$$\tau_m = \frac{\gamma_m}{1/G_0 + \gamma_m/\tau_y} \tag{8.6a}$$

或

$$\frac{\tau_m}{\tau_y} = \frac{\gamma_m}{\gamma_r} \Big/ \Big(1 + \left| \frac{\gamma_m}{\gamma_r} \right| \Big) \tag{8.6b}$$

其中 G_0 为最大动剪切模量;τ_y 为最大动剪应力;$\gamma_r = \tau_y/G_0$ 为参考剪应变。

另一种是 Ramberg-Osgood 表达式,即

$$\frac{\gamma_m}{\gamma_r} = \frac{\tau_m}{\tau_y} \Big(1 + \alpha \left| \frac{\tau_m}{2C_1\tau_y} \right|^{R-1} \Big) \tag{8.7}$$

其中 α,C_1 和 R 为试验参数。Streeter 分析了砂土的试验资料,发现当取 $\alpha = 1$,

$C_1 = 0.8$ 和 $R = 3$ 时,式(8.7)与式(8.6)两种曲线基本一致。

(2)滞回曲线

一般说来,骨架曲线是比较容易确定的,而描述滞回曲线就比较困难,尤其是任意循环荷载的情况。通常采用 Masing 二倍法构造滞回曲线,即假定滞回曲线的形状与骨架曲线一致,把骨架曲线的尺度放大一倍作为卸载曲线:卸载线在 $(-\tau_m, -\gamma_m)$ 处与骨架曲线相遇而且相切;滞回环对角线对应的割线模量就是试验曲线 $G(\gamma)$;开始卸载时的剪切模量等于初始剪切模量 G_0。与 Hardin 双曲线相应的滞回曲线为

$$\tau \pm \tau_m = \frac{\gamma \pm \gamma_m}{1/G_0 + |\gamma|/(2\tau_y)} \tag{8.8a}$$

或

$$\frac{\tau \pm \tau_m}{\tau_y} = \frac{\gamma \pm \gamma_m}{\gamma_r} \Big/ \left(1 + \left|\frac{\gamma - \gamma_m}{2\gamma_r}\right|\right) \tag{8.8b}$$

与 Ramberg-Osgood 公式相应的曲线为

$$\frac{\gamma \pm \gamma_m}{\gamma_r} = \frac{\tau \pm \tau_m}{\tau_y}\left[1 + \alpha\left|\frac{\tau - \tau_m}{2C_1\tau_y}\right|^{R-1}\right] \tag{8.9}$$

按 Masing 滞回曲线计算的阻尼比 $\lambda_1(\gamma)$ 一般不能与试验确定的阻尼比 $\lambda(\gamma)$ 相符,例如当应变充分大时,$\lambda_1(\gamma) > \lambda(\gamma)$。王志良等(1980)通过引进阻尼比退化系数 $R(\gamma)$ 或 $K(\tau)$ 使 Masing 曲线符合实际阻尼比曲线,即

$$\lambda(\gamma) = R(\gamma)\lambda_1(\gamma) = K(\tau)\lambda_1(\gamma) \tag{8.10}$$

8.2.3　简单动本构模型

目前土体动力分析中所用的本构模型有线性弹性模型、黏弹性模型、等效黏弹性模型、弹塑性模型等,其中应用最广泛的是等效黏弹性模型。这里通过基本元件及其组合简要说明线性弹性模型和黏弹性模型,而等效黏弹性模型和弹塑性模型则将在后面依次介绍。

(1)基本模型

最基本的本构模型也称为**基本元件**,包括弹性元件(弹性模量为 E)、黏性元件(黏性系数为 η)和塑性元件(屈服极限为 σ_s),它们在静应力 σ 和循环动应力 $\sigma_d = \sigma_m \sin\omega t$ 作用下的应力应变关系如图 8.10 所示。

对于弹性元件,动应力应变关系为过坐标原点的一条斜直线,应力应变曲线内的面积等于零。对于塑性元件,$|\sigma_d| \leqslant \sigma_s$。当 $|\sigma_d| < \sigma_s$ 时,动应变 $\varepsilon_d = 0$;而当 $|\sigma_d| = \sigma_s$ 时,ε_d 不定。可见,塑性元件的动应力应变关系为一个矩形。对于黏性元件,$\sigma_d = \eta\dot{\varepsilon}_d$。若动应力为简谐振动即 $\sigma_d = \sigma_m \sin\omega t$,则可得

$$\frac{\sigma_d^2}{\sigma_m^2} + \frac{(\varepsilon_d - \sigma_m/\eta\omega)^2}{(\sigma_m/\eta\omega)^2} = 1 \tag{8.11}$$

可见,黏性元件的动应力应变关系为一椭圆,其中心为$(\sigma_m/\eta\omega,0)$。

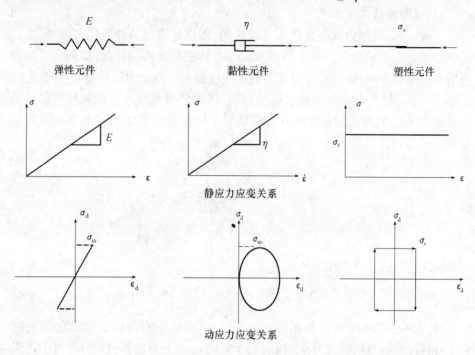

图 8.10 变形元件与应力应变关系

(2)组合模型

利用上述基本元件,可以组合成多种本构模型。这里只介绍几种常用的组合模型,它们是**理想弹塑性模型**、**Kelvin 黏弹性模型**和**双线性弹塑性模型**(图 8.11)。理想弹塑性模型由弹性元件和塑性元件串联而成。当$|\sigma_d| < \sigma_s$时,动应变 $\varepsilon_d = \sigma_d/E$;而当$|\sigma_d| = \sigma_s$时,$\varepsilon_d$ 不定,直至 σ_d 转向时,再沿弹性关系变化(图 8.11a)。

Kelvin 模型由弹性元件和黏性元件并联而成,是一种理想黏弹性模型。弹性元件表示土对变形的抵抗,黏性元件表示土对变形速率的抵抗。两个元件并联表示土的应力 σ_d 由弹性恢复力 σ_e 和黏性阻尼力 σ_v 共同承受,即

$$\sigma_d = \sigma_e + \sigma_v = E\varepsilon_d + \eta\dot{\varepsilon}_d \tag{8.12}$$

积分此方程,可知 Kelvin 模型的应力应变关系为一椭圆曲线(图 8.11b)。图中 $\bar{\sigma}_d = \sigma_d/\sigma_m, \bar{\varepsilon}_d = \varepsilon_d/\varepsilon_m, \varepsilon_m = \sigma_m/\sqrt{E^2 + (\eta\omega)^2}$。

对于双线性弹塑性模型(图 8.11c),当$|\sigma_d| \leqslant \sigma_s$时,$\sigma_d = E\varepsilon_d$;当$|\sigma_d| \geqslant \sigma_s$时,$\sigma_d = \sigma_s + E_1\varepsilon_d$。因此,双线性模型的应力应变关系为一平行四边形,两个边线的斜率分别为 E 和 E_1,其中 $E = E_1 + E_2$。

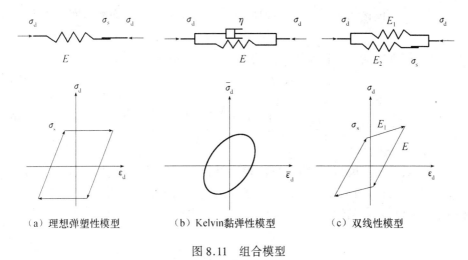

| （a）理想弹塑性模型 | （b）Kelvin黏弹性模型 | （c）双线性模型 |

图 8.11　组合模型

8.2.4　等效黏弹性模型

前面已经说明，在循环荷载下，土和理想黏弹性材料均产生滞回环，前者形状不规则，而后者则是椭圆。如果循环中产生塑性变形，则滞回曲线所围成的面积包括黏性和塑性能量耗损两部分。其中，黏性能量耗损与变形速度有关，而塑性能量耗损与塑性变形有关。可见，土的阻尼包括黏性阻尼和塑性阻尼。等效黏弹性模型将实际滞回环用倾角、面积相等的椭圆来代替（图 8.12），并认为能量耗损完全是黏性的，相应的阻尼定义为等效的黏性阻尼，并用**阻尼比**表示；将剪应力幅值与剪应变幅值之比定义为**动剪切模量**。

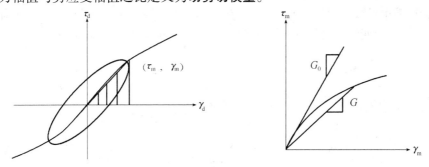

图 8.12　等效模量与阻尼比

（1）动力本构模型

对应于一个确定的应变幅，材料的动应力应变关系为一个图 8.12 所示的滞回环。从原点向滞回环顶点连一斜直线，该直线的斜率代表此应变幅下的动剪切模量，即所谓等效线性化模量 G（等效模量）。动剪切模量随剪应变幅值的增加而减小。由于滞回环顶点的轨迹与骨架曲线重合，故等效模量就是骨架曲线相

应的割线剪切模量 $G = \tau_m / \gamma_m$。由 Hardin 公式(8.6)确定的动剪切模量比为

$$G/G_0 = 1/(1 + \gamma_m/\gamma_r) \tag{8.13}$$

为了考虑标准双曲线与试验资料的误差,Hardin 提出修正

$$G/G_0 = 1/(1 + \gamma_h) \tag{8.14a}$$

$$\gamma_h = \frac{\gamma_m}{\gamma_r}\left[1 + a\exp\left(- b\frac{\gamma_m}{\gamma_r} \right) \right] \tag{8.14b}$$

其中 a , b 为试验常数。

在等效黏弹性模型中,用阻尼比表达材料的滞回性。所谓阻尼比就是阻尼与临界阻尼之比,而临界阻尼是指体系不出现震荡的最小阻尼值。等效黏弹性模型假定材料具有黏性阻尼,阻尼比 λ 可由下式求出

$$\lambda = \frac{A_L}{4\pi A_T} \tag{8.15}$$

其中 A_L 为滞回环的面积,表示在一个加荷卸荷循环中材料所吸收的能量;A_T 为阴影三角形的面积,表示到达该应变幅时,材料贮存的应变能(图8.12)。各种土的阻尼比均随剪应变的增加而增大。λ-γ 关系可表述为

$$\frac{\lambda}{\lambda_{max}} = \left(1 - \frac{G}{G_0} \right)^m \tag{8.16}$$

其中 λ_{max} 为最大阻尼比;m 为试验常数。

这样,土的动本构模型可由 G/G_0-γ 和 λ-γ(略去 γ_m 中的下标)这两条曲线表达,它们分别由式(8.14)和(8.16)确定,也可直接由试验曲线表达(图8.13)。采用等效黏弹性模型,可以方便地由试验资料确定动剪切模量和阻尼比,并且使动力反应分析简单可行。当应变很小时($< 10^{-4}$),常用弹性波速法和共振柱试验测定模型参数;当应变较大时($> 10^{-4}$),需要采用循环加载试验测定动力参数。

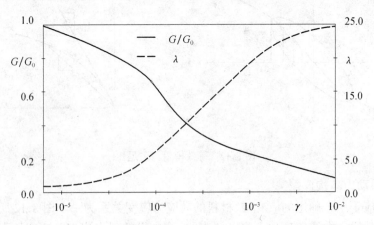

图 8.13　G/G_0-γ 曲线和 λ-γ 曲线

(2) G_0, λ_{max} 和 ν

通常将小应变($\gamma = 10^{-6}$)时的动剪切模量视为最大动剪切模量 G_0。Hardin 等人(1968)的研究表明,影响 G_0 的因素很多,但对于无黏性土来说,主要影响因素为有效平均应力 σ'_m 和孔隙比 e

$$G_0 = 6934 \cdot \frac{(2.17 - e)^2}{1 + e}(\sigma'_m)^{0.5}(\text{kPa}) \qquad 圆粒砂土 \qquad (8.17\text{a})$$

$$G_0 = 3229 \cdot \frac{(2.97 - e)^2}{1 + e}(\sigma'_m)^{0.5}(\text{kPa}) \qquad 角粒砂土 \qquad (8.17\text{b})$$

对于黏性土,主要因素除 σ'_m 和 e 外,还有超固结比 OCR

$$G_0 = 3229 \cdot \frac{(2.93 - e)^2}{1 + e}(\text{OCR})^k(\sigma'_m)^{0.5}(\text{kPa}) \qquad (8.18)$$

其中参数 k 值与塑性指数 I_p 有关。

上述公式是针对等压固结建立起来的。关于固结比 $K_c = \sigma_{1c}/\sigma_{3c}$ 对动剪切模量的影响,目前的看法并不统一。有些人(如 Hardin)认为 K_c 的影响不大,可以忽略不计;而另一些人(如何昌荣,1997)则强调了这种影响。孙静等(2007)通过砂土试验表明,K_c 对 G_0 有重要而不可忽略的影响。设 G_{max} 为非等压固结时的最大动剪切模量,则 G_{max} 随 K_c 增大而增大,可表示为

$$G_{max}/G_0 = 1 + 0.66(K_c - 1)^{0.54} \qquad (8.19)$$

他们的结果还表明,K_c 对 G/G_0-γ 曲线有一定影响。随 K_c 的增大,G/G_0-γ 曲线有所提高,即模量比增大。

最大阻尼比 λ_{max} 可根据试验确定,Hardin 等人给出的经验公式为

$$\lambda_{max} = 28 - 1.5\ln N \qquad\qquad 洁净饱和砂 \quad (8.20)$$

$$\lambda_{max} = 31 - (3 + 0.03f)/\sigma_m^{1/2} + 1.5f^{1/2} - 1.5\ln N \quad 饱和黏土 \quad (8.21)$$

其中 f 为振动频率。

对于砂土,ν 值的变化范围为 $0.3 \sim 0.35$。对于黏性土,ν 为 0.35(小应变时)至 0.5(破坏时)。对于充分饱和的土,其变化范围将更小。应注意,对不排水条件下的饱和黏土,在很短的地震持续时间内体积不发生变化,ν 为 0.5。但由于计算的需要,一般选用 $0.48 \sim 0.495$。确定 ν 值以后,可由 G, ν 计算模量 E 并形成割线矩阵 D,用于有限元计算。

(3) 孔隙水压力增长

黏弹性体在荷载循环结束时应变回到初始状态,故不会出现残余变形。为了在等效黏弹性范围内进行有效应力分析以考虑残余变形,必须知道振动孔隙水压力发展过程。在循环荷载作用下,尽管孔隙水压力 u 的瞬时变化可以是上升或下降,但一个荷载循环结束时,u 总是有所上升。通常忽略瞬时变化的细节,而只描述 u 的总体发展趋势,这就是所谓**平均过程理论**。学者们对振动孔

隙水压力进行了大量研究,提出了许多孔压发展公式。这里仅介绍两个最基本的模式。

Martin 等(1975)将不排水条件下孔隙水压力增量与排水条件下体积应变增量联系起来,提出经验公式

$$\Delta u = E_{\mathrm{ur}} \Delta \varepsilon_{\mathrm{v}} \tag{8.22}$$

其中 Δu 为不排水条件下一周应力循环引起的残余孔隙压力增量;E_{ur} 为相应于一周应力循环开始时有效应力状态下的回弹模量,可按静回弹试验测定;$\Delta \varepsilon_{\mathrm{v}}$ 为排水条件下一周应力循环引起的体积应变增量,可表示为

$$\Delta \varepsilon_{\mathrm{v}} = c_1 (\gamma_{\mathrm{d}} - c_2 \varepsilon_{\mathrm{v}}) + \frac{c_3 \varepsilon_{\mathrm{v}}^2}{\gamma_{\mathrm{d}} + c_4 \varepsilon_{\mathrm{v}}} \tag{8.23}$$

其中 c_1, c_2, c_3 和 c_4 为常数;ε_{v} 为排水条件体积应变增量的累加值。

Martin 公式所表达的是孔隙水压力增量与动应变之间的关系,这类关系称为孔压的应变模式。有许多称之为应力模式的公式将孔压与动应力相联系,Seed 根据等压固结不排水三轴试验提出的下述公式便是其中之一。

$$\frac{u}{\sigma'_{\mathrm{m}}} = \frac{2}{\pi} \arcsin \left(\frac{N}{N_{\mathrm{L}}} \right)^{1/(2\theta)} \tag{8.24a}$$

或

$$\frac{\Delta u}{\sigma'_{\mathrm{m}}} = \frac{1}{\pi \theta N_{\mathrm{L}} \sqrt{(1 - N/N_{\mathrm{L}})^{1/\theta}}} \left(\frac{N}{N_{\mathrm{L}} } \right)^{1/(2\theta)-1} \Delta N \tag{8.24b}$$

其中 θ 为试验常数,取决于土类和试验条件,大多数情况下可取 $\theta = 0.7$;N_{L} 为引起液化的次数,在其中隐含着动应力的影响。

(4)非等压固结模型

前面介绍的等效黏弹性模型是在等压固结(即 $K_{\mathrm{c}} = \sigma_{1\mathrm{c}} / \sigma_{3\mathrm{c}} = 1$)的基础上推导的。对于一般情况,沈珠江(1985)建议采用下列等效黏弹性模型。

$$\left. \begin{aligned} G &= \frac{k_2 p_{\mathrm{a}}}{1 + k_1 \gamma_{\mathrm{c}}} \left(\frac{\sigma_{\mathrm{m}}}{p_{\mathrm{a}}} \right)^{1/2} \\ \lambda &= \lambda_{\max} \frac{k_1 \gamma_{\mathrm{c}}}{1 + k_1 \gamma_{\mathrm{c}}} \end{aligned} \right\} \tag{8.25}$$

$$\left. \begin{aligned} \Delta \varepsilon_{\mathrm{v}} &= c_1 (\gamma_{\mathrm{d}})^{c_2} \exp(-c_3 S_{\mathrm{L}}) \frac{\Delta N}{1 + N_{\mathrm{e}}} \\ \Delta \gamma &= c_4 (\gamma_{\mathrm{d}})^{c_5} S_{\mathrm{L}} \frac{\Delta N}{1 + N_{\mathrm{e}}} \end{aligned} \right\} \tag{8.26}$$

$$\gamma_{\mathrm{c}} = \gamma_{\mathrm{d}}^{3/4} / \sigma_{\mathrm{m}}^{1/2} \tag{8.27}$$

$$N_{\mathrm{e}} = \sum \gamma_{\mathrm{d}} / \overline{\gamma}_{\mathrm{d}} \tag{8.28}$$

其中 $\overline{\gamma}_d$ 为某一时段的平均动剪应变幅值；$\sum\gamma_d$ 为各次动应变幅值的累加值；ΔN 为荷载次数的增加；S_L 为静应力水平，反映土的不等向应力状态。参数 k_1，k_2 和 λ_{max} 通过共振柱或动三轴的模量试验测定；参数 c_1，c_2，c_3，c_4 和 c_5 则由常规的动三轴试验测定。

8.2.5　弹塑性模型

等效黏弹性模型简单实用，可以较好地反映滞后性和非线性。但它毕竟不能很好地描述材料真实的非线性和弹塑性，为此学者们发展了土的弹塑性动本构模型，包括多环屈服面模型、边界面模型等。不过，这类模型远非成熟，在此仅简要介绍有关概念。

(1)多环屈服面模型

在等幅循环应力作用下产生残余变形时，应力应变滞回环将随循环次数的增加而逐渐向应变增大的方向移动(图 8.9)。这种现象无法用通常的静弹塑性模型描述。按照弹塑性理论，卸荷只引起弹性变形，而不产生残余体积应变或残余孔隙水压力。若幅值不变、连续加荷卸荷，则只在以前限定的弹性范围内变化，因而与试验结果不相符。

Mroz(1967)首先提出多环屈服面模型，Prevost(1977)将这种模型用于描述循环荷载下饱和黏土的变形。该模型假定应力空间中分布着由小到大一系列屈服面，应力点每碰到一个屈服面便屈服一次。随着应力点所碰环数的增多，塑性模量也逐段下降，由此推算的应力应变关系由多段折线所组成(图 8.14)。在多环屈服面模型中，一般将随动硬化和等向硬化结合起来，相应每一环的屈服面用下式表示

$$f_m = \left[(s_{ij} - \alpha_{ij}^m)(s_{ij} - \alpha_{ij}^m)\right]^{1/2} - k_m\sigma_m = 0 \tag{8.29}$$

其中 α_{ij}^m 表示第 m 个圆环的圆心，反映随动硬化；$k_m\sigma_m$ 表示第 m 个圆环的半径，反映等向硬化。α_{ij}^m 和 $k_m\sigma_m$ 均为塑性应变的函数。

(2)边界面模型

边界面模型由 Dafalias 等人(1982)提出，它是多环屈服面模型的发展。该模型只保留最小和最大两个环，即把多环改为双环(图 8.15)。外环固定不变并称为**边界面**，内环屈服面随应力点而运动，模量则随内环到外环的距离而变。边界面是在应力空间中应力点不能越过的限界。应力点距离边界面越远，模量也就越大。当内环与外环接触时，模量等于零，即达到破坏。由于模量连续变化，所以推求的应力应变曲线也是光滑的。为了计算塑性模量，该模型假定对于每个应力点 σ_{ij}，都可以在边界面上找到一个对偶应力 σ_{ij}^*；根据两点之间的距离 δ 计算硬化模量。

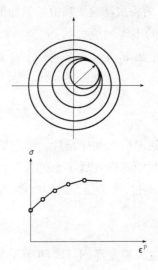

图 8.14 多环屈服面

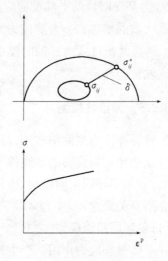

图 8.15 边界面

近年来,一些学者把边界面当作可以扩大的等向硬化面,进一步发展了边界面模型。Mroz 等(1979)提出了子午面上由两个椭圆组成的边界面模型(图 8.16),其边界面和屈服面的方程分别为

$$F = (p - c)^2 + q^2/M^2 - a^2(\varepsilon_v^p) = 0 \tag{8.30a}$$

$$f_0 = (p - \alpha_p)^2 + (q - \alpha_q)^2/M_0^2 - a_0^2(\varepsilon_v^p) = 0 \tag{8.30b}$$

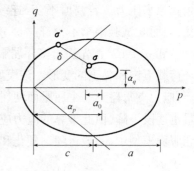

图 8.16 双椭圆

这里边界面为随塑性体积应变而扩大的等向硬化屈服面,内屈服面则是一个随动硬化的屈服面(α_p 和 α_q 为其圆心),两者的长轴半径分别为 a 和 a_0,长短轴之比分别为 M 和 M_0。对于实际应力点 $\boldsymbol{\sigma}$,硬化模量按下式计算

$$H_p = H_b + (H_{p0} - H_b)(\delta/\delta_0)^2 \tag{8.31}$$

其中 H_b 类似于回弹模量;H_p 相当于单调加载时的模量;δ_0 为两个椭圆中心重合时的相应距离。

8.2.6 塑性内时模型

塑性内时理论的概念在第 4 章中做过说明。Valanis(1971)首次用这种模型描述非线性材料的动本构特性,Bazant 等人(1976)则将其推广应用于岩土类材料。内时理论涉及到内时变量的选择,Valanis 起初选用 $d\xi = \sqrt{de_{ij}de_{ij}/2}$,后改为 $d\xi = \sqrt{de_{ij}^p de_{ij}^p/2}$。Bazant 等人提出了下列应力应变关系

$$\left.\begin{array}{l} \Delta\varepsilon_{v} = \dfrac{\Delta\sigma_{m}}{B} + \Delta\varepsilon_{v}^{p} \\[3mm] \Delta e_{ij} = \dfrac{\Delta s_{ij}}{2G} + \dfrac{s_{ij}}{2G}\Delta\varepsilon_{s}^{p} \end{array}\right\} \tag{8.32}$$

其中 $\Delta\varepsilon_{v}^{p}$ 和 $\Delta\varepsilon_{s}^{p}$ 分别为残余体积应变和残余广义剪应变,可按下式计算

$$\left.\begin{array}{l} \Delta\varepsilon_{v}^{p} = \dfrac{\Delta k}{c_{0}(1 + \alpha k)} \\[3mm] \Delta\varepsilon_{s}^{p} = \dfrac{\Delta\eta}{c_{1}(1 + \beta\eta/\gamma)\gamma} \end{array}\right\} \tag{8.33a}$$

$$\left.\begin{array}{l} \Delta k = F_{0}(\boldsymbol{\varepsilon},\boldsymbol{\sigma})\Delta\xi \\[2mm] \Delta\eta = F_{1}(\boldsymbol{\varepsilon},\boldsymbol{\sigma})\Delta\xi \end{array}\right\} \tag{8.33b}$$

其中 F_0 和 F_1 为已有的应变和应力状态函数,均为正值;$c_0,c_1,\alpha,\beta,\gamma$ 为参数。参数 k 与等效黏弹性模型的振动次数 N 类似,反映土的老化趋势,亦即在相同振幅条件下,后续的剪缩变形将随 k 的不断增大而逐步减小。

8.3　土的动强度特性

土的动强度是解决土体动力稳定问题的必要资料。饱和砂土振动液化使强度大幅度骤然丧失,因而是一种特殊的强度问题。本节首先介绍动强度的基本概念和试验原理;然后讨论液化、液化机理及抗液化强度;最后简要说明动强度或抗液化强度的影响因素。

8.3.1　动强度概念

土的动强度是指土在动荷载作用下破坏时的应力,而破坏常与动应变相联系。在循环荷载作用下,土的应变将随动应力的增大而增大,随荷载循环次数 N 的增大而增大。因此欲使试样产生一定的应变,可以采用低循环次数下高的动应力,也可采用高循环次数下低的动应力。通常是针对一定的循环次数来确定动强度。循环次数越低,动强度越高;循环次数越高,动强度越低。此外,动强度也与初始静应力有关。初始应力可以用两个变量表示,即参考面上的初始剪应力 τ_0 和初始有效法向应力 σ_0'。动强度定义为一定循环次数 N、一定初始剪应力比 $\alpha = \tau_0/\sigma_0'$ 下,参考面上初始静应力 τ_0 和动剪应变幅值达到某一数值时的循环剪应力 τ_{df} 之和,即 $\tau_0 + \tau_{df}$。很显然,如果所规定的破坏应变不同,那么相应的动强度也就不同。因此,合理地确定破坏应变是讨论动强度问题的基础。对于黏性土,通常以双幅动剪应变达到 5% 为破坏标准。

　　在研究土的动强度特性时,必须注意动荷载随时间变化的两种效应,即加荷速率效应和循环效应。一方面,在快速加荷时,土的动强度均大于静强度。随着加荷速率的增大,土的动强度也增大,而且含水量越大,强度的增大越显著。这种现象不仅出现在黏性土中,而且也发生在无黏性土中。例如,Casagrande 等(1948)进行的曼彻斯特干砂试验和 Seed 等(1954)进行的饱和细砂试验均发现强度增大15% ~ 20%。另一方面,在循环荷载下,与静强度相比,循环扰动则引起强度降低。动强度与静强度相比是增大还是减小取决于这两种因素的共同作用。

8.3.2　动强度曲线

　　对于特定的土,确定动强度的主要参数有初始剪应力比 $\alpha = \tau_0/\sigma_0'$、初始有效应力 σ_0'、动荷载循环次数 N、破坏剪应变 γ_{df}。为了确定动强度,在动单剪强度试验中,制备若干个相同的试样。首先保持 α 和 σ_0' 不变,分别在不同动剪应力 τ_d 下进行循环载荷试验。为确定 τ_d 大小对试验结果的影响,需要在 5 ~ 7 个 τ_d 下进行试验。然后保持 α 不变,改变 σ_0' 重复上述试验。为确定 σ_0' 对试验结果的影响,需要在 2 ~ 3 个 σ_0' 下进行试验。最后改变 α 重复上述试验。为确定 α 对试验结果的影响,需要在 2 ~ 3 个 α 下进行试验。

　　动强度可表示为达到破坏标准时的循环次数 N_f 与动应力比 τ_d/σ_0' 之间的关系,即 τ_d/σ_0'-$\lg N_f$ 曲线(图 8.17)。在循环次数、初始剪应力比确定后,可以绘出动强度 $\tau_f^d = \tau_0 + \tau_{df}$ 与 σ_0' 的关系,并整理出动强度参数(图 8.18)。

$$\tau_f^d = a + b\sigma_0' \tag{8.34}$$

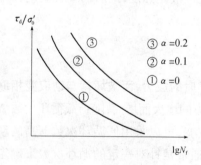

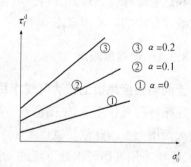

图 8.17　动单剪强度曲线　　　　　图 8.18　动单剪强度参数

其中参数 a, b 与 α 之间的关系近似为直线,可表示为

$$a = a_0 + a_1\alpha \tag{8.35a}$$

$$b = b_0 + b_1\alpha \tag{8.35b}$$

而 a_0, a_1, b_0, b_1 为试验常数。

在动三轴强度试验中,首先保持固结比 $K_c = \sigma_{1c}/\sigma_{3c}$ 和侧向固结压力 σ_{3c} 不变,分别在不同动荷载 σ_d 下进行试验。然后保持 K_c 不变,改变 σ_{3c} 重复上述试验。最后改变 K_c 重复上述试验。动强度可表示为达到破坏标准时的循环次数 N_f 与动应力 σ_d 的关系。通常按 $45°$ 面上的动剪应力 $\tau_d = \sigma_d/2$ 与 σ_{3c} 之比对 $\lg N_f$ 做出动强度曲线。试验表明,τ_d/σ_{3c}-$\lg N_f$ 曲线随 K_c 的增大而增高(图 8.19)。

根据上述动强度曲线,也可以求出动抗剪强度参数(图 8.20)。还可采用另一种方式求出动强度包线与参数。循环次数 N_f 和固结比 K_c 一定时,从曲线上可确定动强度比 τ_d/σ_{3c}。对于某确定的 σ_{3c},由 K_c 计算出 σ_{1c};并由 τ_d/σ_{3c} 算出 σ_d。于是,破坏时的大小主应力分别为 $\sigma_{1f} = \sigma_{1c} + \sigma_d$ 和 $\sigma_{3f} = \sigma_{3c}$,由此可绘出一个极限应力圆。对不同的 σ_{3c},重复上述做法可得若干个极限应力圆,从而确定出强度包线及相应的强度参数 c_d 和 φ_d。根据破坏时的动孔隙水压力 u_d,还可确定动荷载下土的有效应力强度参数 c'_d 和 φ'_d。

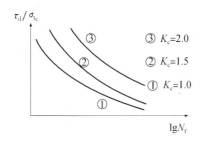
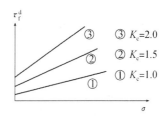

图 8.19　动三轴强度曲线　　　　　图 8.20　动三轴强度参数

按剪切破坏面确定动强度时,剪切面上的法向应力包括动应力和静应力。通常以静应力为参数比较方便,为此汪闻韶研究了单向激振时剪切破坏面 $(45° + \varphi'_d/2)$ 上的初始有效法向应力 σ'_{0f}、初始剪应力 τ_{0f}、动剪应力 τ_{df},推导出下列公式

$$\left.\begin{array}{l} \sigma'_{0f} = \sigma'_0 \pm \tau_0\sin\varphi'_d \\[2mm] \tau_{0f} = \tau_0\cos\varphi'_d \\[2mm] \tau_{df} = \tau_d\cos\varphi'_d \\[2mm] \alpha_f = \tau_{0f}/\sigma'_{0f} \end{array}\right\}$$

其中 φ'_d 为动有效内摩擦角;σ'_0,τ_0 和 τ_d 分别为 $45°$ 面上的初始法向应力,初始剪应力和动剪应力;"$\pm$"号分别适用于拉、压破坏情况。

8.3.3　抗液化强度

饱和砂土地层可以承受很大的静荷载,但在地震作用下却突然液化。**抗液化强度**(cyclic liquefaction resistance)问题是可液化土体抗震稳定性设计的关键问题之一。饱和砂土振动液化使土的强度急剧丧失,因此它不同于一般的动强度问题,但可视为一种特殊的强度问题。

(1)液化的标志

液化(liquefaction)指饱和无黏性土或黏粒含量较少的粉土在振动荷载作用下,由于抗剪强度丧失而转化为液体的现象。这种由固态向液态的转化是孔隙水压力增大而有效应力降低的结果。

孔隙水压力与强度密切相关。在循环荷载作用下,振动孔隙水压力峰值达到初始有效固结应力时称为**初始液化**。Seed 和 Lee(1966)用孔隙水压力值作为判断砂土液化的依据,认为液化是由于循环荷载作用下孔隙水压力上升导致强度完全丧失而造成的。

$$\tau_f = \sigma' \tan\varphi' = (\sigma - u)\tan\varphi'$$

当 $u = \sigma$ 时,发生液化现象。在动三轴试验中,中密砂的孔隙水压力上升很快,达到初始有效应力时应变突然增大,表明试样已发生破坏。故动三轴试验条件下发生液化的判别标准为孔压等于侧向压力,即

$$u = \sigma_{3c} \tag{8.36a}$$

而在侧限条件下,液化条件是孔压等于上覆有效应力,即

$$u = \sigma_{1c} = \sigma'_1 \tag{8.36b}$$

研究表明,孔隙水压力达到初始有效应力时,循环轴向应变或剪应变峰值范围一般为 2.5% ~ 3.5%。通常将循环双幅轴向应变峰值 DA = 5%或剪应变峰值达到 3%作为砂土初始液化的标准。可见,无黏性土液化的孔压标准和应变标准是相当的。

(2)液化的机理

土的液化机理(mechanism of soil liquefaction)及影响因素一直是液化研究中的一个重点和难点。目前,一般将土的液化机理概括为下列三种形式:循环活动性、砂沸和流滑。

循环活动性(cyclic mobility)是指在循环剪切过程中,由于土体积剪缩和剪胀的交替作用而引起孔隙水压力反复升降而造成的间歇性瞬态液化和有限制的流动变形现象。这种液化主要发生在中密和较密的饱和无黏性土中,不会出现在只发生剪缩的松砂中。循环活动性的产生不仅与砂土的密实程度有关,而且还与周围固结压力、主应力比、循环动应力幅及荷载循环次数等因素密切相关。**流滑**(flow slide)指在单向或循环剪切作用下,土体积持续剪缩,孔隙水压力不断上升,从而导致抗剪强度骤降而形成无限制的流动性大变形。主要发生在疏松的饱和无黏性土中。**砂沸**(sand boil)是指土中孔隙水压力超过上覆土体自重时所产生的喷砂冒水现象。

(3)抗液化强度

土的抗液化强度就是使土发生液化的最小应力。通过动三轴试验或动单剪试验,可以得到一定循环次数 N_L、一定初始法向应力 σ_0' 和剪应力比 α 下的抗液化动剪应力 τ_L。通常整理成液化剪应力比 τ_L/σ_0' 与达到初始液化的循环次数 N_L 的关系曲线。由于无黏性土的抗液化强度与黏性土的动强度在确定方法及表达方式上相似,故不再赘述。

8.3.4　动强度影响因素

影响饱和砂土液化或黏性土动强度降低的因素很多,主要有土性条件、初始应力状态、动荷载条件、排水条件等。以下作简要说明并限于抗液化强度。

(1)土性条件

土性条件主要包括平均粒径 d_{50}、不均匀系数 C_u、相对密度 D_r 和黏粒(粒径小于 0.005mm 的颗粒)含量 m_c。试验表明,颗粒越粗即 d_{50} 越大,动力稳定性越高。在同一级砂土中,C_u 超过 10 的砂土一般较难发生液化。但是,缺乏中间粒径的土、卵石和砾石等大颗粒不足以形成稳定骨架的土都具有较低的抗液化强度。相对密度 D_r 越大,抗液化强度越高。由于 D_r 与标准贯入击数 $N_{63.5}$ 直接相关,故可根据 $N_{63.5}$ 判断液化的可能性。关于细粒含量对砂土液化的影响,存在不同的意见。有一种观点认为砂土的抗液化强度随细粒含量的增加而增大;另一种观点与此正好相反;还有的研究发现,当细粒含量增加时,抗液化能力先减小到一最小值,随后则逐步增大。可见,这个问题尚需进一步研究。

一般地说,粉土的液化机理与砂土基本相似。但是,由于粉土颗粒组成及孔隙中薄膜水的物理化学作用与砂土的不同,抗液化性能方面也表现出显著的不同。黏粒含量 m_c 增加到一定程度时(例如 10% 以上),动力稳定性有所增大,因此粉土的稳定性比砂土为高。研究表明(苏彤等,2001):在地震作用下,易发生液化的土类为 $m_c < 15\%$(有时甚至可达 20%)的饱和土,主要包括 $m_c < 3\%$ 的饱和砂土和 m_c 为 3% ~ 10% 的饱和粉土。此外,土的结构对液化也有影响,例如排列和胶结状况良好的土具有较高的抗液化能力。原状土比重塑土难以液化,抗液化剪应力增加 1.5 ~ 2 倍。

(2)初始应力

初始应力对抗液化能力有显著影响。例如,上覆有效应力 $\sigma_{v0}' = \sigma_{1c}$ 越大,液化的可能性越小。在三轴试验条件下,初始应力状态常用初始固结应力比 $K_c = \sigma_{1c}/\sigma_{3c}$ 或初始剪应力比 $\alpha = \tau_0/\sigma_0'$ 来表示。K_c 越大,抗液化能力也越大。

(3)动荷条件

动荷载的波形、频率、振幅、持续时间、作用方向等因素对抗液化强度均有影响。冲击荷载作用时,孔隙水压力突然升高;振动荷载作用时,孔隙水压力逐渐上升。试验表明,冲击荷载下砂土的抗液化能力比振动荷载的大。振动持续时间对孔隙水压力的发展影响显著,因此即使动荷载的幅值并不很大,如果振动持续时间很长,也可能引起砂土液化。

(4)排水条件

排水条件指土层的透水程度、排渗路径、排渗边界条件等。通常认为地震荷载作用时间很短,孔隙水来不及排出,故在不排水条件下进行试验。但是,如果振动时间较长,土的渗透性较强,土层较薄或土层边界排渗条件良好,振动过程中孔压会消散,从而增加抗液化能力。

8.4　拟静力分析

到目前为止,在实际工程抗震分析与设计中,主要采用拟静力法(method of pseudostatic analysis)。所谓拟静力法就是将地震作用由地震惯性力代替并将其视为一种静荷载,永久地施加于结构物或土体的一个方向上,与静荷载叠加进行静力计算。

8.4.1　挡土墙动土压力

首先提出地震拟静力计算理论的是日本学者大森房吉。他假定结构物是绝对的刚体,受到地震作用时处于水平振动状态。此后,Mononobe 等(1929)引入地震惯性力,对 Coulomb 土压力理论进行修正。设破坏楔体重 W,水平和垂直加速度分别为 a_h 和 a_v。在对挡土墙稳定最不利的情况下,水平惯性力朝向墙作用,大小为 Wa_h/g;垂直惯性力可能是垂直向上或向下,其大小为 Wa_v/g。重力与惯性力的合力 $\overline{W}$ 及其与垂线夹角 ψ 为(图 8.21)

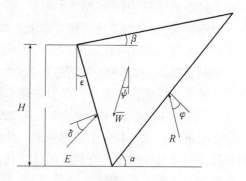

图 8.21　土压力与惯性力

$$\left.\begin{array}{l} \overline{W} = W\sqrt{(1+\alpha_v)^2 + \alpha_h^2} \\[2mm] \psi = \tan^{-1}\dfrac{\alpha_h}{1 \pm \alpha_v} \end{array}\right\} \tag{8.37}$$

其中 $\alpha_h = a_h/g$,$\alpha_v = a_v/g$ 分别为水平、垂直加速度系数。地震条件下的土压力 $E_{总}$ 等于静力下的土压力和地震引起的土压力增量之和,计算公式为

$$E_{总} = \frac{1}{2}\gamma H^2 \frac{\cos^2(\varphi - \psi - \varepsilon)(1 \pm \alpha_{\mathrm{v}})}{\cos\psi\cos^2\varepsilon\cos(\delta + \varepsilon + \psi)}\left\{1 + \left[\frac{\sin(\varphi + \delta)\sin(\varphi - \beta - \psi)}{\cos(\varepsilon - \beta)\cos(\delta + \varepsilon + \psi)}\right]^{1/2}\right\}^{-2}$$

$$(8.38)$$

8.4.2　地基动力稳定性

　　动荷载作用下地基的破坏型式较为复杂。如果垂直荷载占优势,地基破坏与静力条件下的相同;如果水平荷载占优势,基础可能发生滑移;而往返力矩的作用则可能反复地在基础两侧的地基中引起滑动。很显然,各种情况下的稳定分析是不相同的。对此,这里不准备展开说明,只是指出:当垂直荷载占优势并采用拟静力法进行地基动力稳定性分析时,地基承载力仍按静力情况计算,而在计算基底压力时考虑基础传给地基的附加惯性力。

8.4.3　土坡动力稳定性

　　采用拟静力法和条分法进行土坡稳定分析时,在每个土条的形心处施加一个水平向地震惯性力,有时还需施加竖向惯性力。不考虑惯性力对土条底面法向力的影响时,容易得出安全系数计算公式。例如对于瑞典条分法,可得计算公式

$$F_{\mathrm{s}} = \frac{\sum\limits_{i=1}^{n}\left[c_i'l_i + (W_i\cos\alpha_i - u_il_i)\tan\varphi_i'\right]}{\sum\limits_{i=1}^{n}W_i\sin\alpha_i + \sum\limits_{i=1}^{n}X_ie_i/R}$$

$$(8.39)$$

其中 X_i 为第 i 土条所受的水平惯性力; e_i 为 X_i 的作用点到滑动圆心的距离(图8.22)。

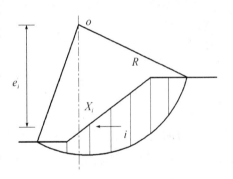

图 8.22　土坡稳定与惯性力

8.4.4　有关问题说明

　　最初拟静力法把结构作为刚体处理,故从顶到底都将采用同样的惯性力。显然,这种方法既不能反映地震运动的特征,也不能考虑结构各点振动的不同。随着强震观测、动力计算和试验成果的积累,各国抗震设计总的趋势是逐步向动力分析的方向发展。但目前按动力方法进行抗震设计仍存在许多困难,例如在地震运动的选择、动力分析方法、分析结果的评价等方面都有一些不明的问题和变量。为了避免在设计中纠缠于目前无法解决的问题和判断,取得大致统一的抗震设计标准,并适应现行的设计经验和震害实践,力求简单易行,对传统的拟

静力法进行了改进。我国水工建筑物抗震设计规范对拟静力法的改进,是针对地震惯性力的设计方法而进行的:采用动力理论,提出考虑动力放大效应的地震惯性力分布图形。

在地震时土体不仅受到惯性力的作用,饱和土中还将因反复振动产生孔隙水压力,从而引起抗剪强度的降低,甚至发生砂土和粉土液化。土石坝震害调查表明(张克绪,1980):①震害常常表现为流动性的滑坡;②可以在远离震中的低烈度区,甚至六度区发生;③常常仅限于坝体中的饱和区;④一般发生在强烈地震动之后,有时甚至发生在地震完全停息之后。对于饱和无黏性土,地震作用主要是使土的孔隙水压力升高,抗剪强度大幅度降低。很显然,在②和④两种情况下,地震惯性力可以忽略不计。密云水库白河主坝设计时曾用拟静力法校核过地震稳定性,而实际上却在远低于设计烈度的地震作用下发生了滑坡。可见,拟静力法不适合分析饱和无黏性土体的地震稳定性。但经验表明,当抗剪强度降低不大于15%时,拟静力法仍可采用。

此外,实际地震加速度远大于拟静力法中采用的设计加速度,因此土体会产生一定的地震滑动位移。但当土的强度降低不明显时,滑动位移仍可处于允许范围之内。

8.5 总应力动力分析

到目前为止,已发展了多种土体动力反应分析方法,包括剪切块理论、剪切梁法、集中质量法、地震滑动位移分析、动力有限元分析等。本节仅介绍动力有限元分析方法,且限于总应力分析法。

8.5.1 基本方程

考虑到振动系统中由质量、阻尼和刚度所引起的三种力以及外荷载,将振动系统离散后,便可得到有限元系统的运动方程(K. J. Bathe,1976)

$$M\ddot{a} + C\dot{a} + Ka = P \tag{8.40}$$

其中 M,C,K 分别为整体质量矩阵、阻尼矩阵和刚度矩阵,由相应的单元矩阵集合而成;$\ddot{a},\dot{a},a,P$ 分别为整体节点加速度、速度、位移和动荷载向量。在动力分析中,由于惯性力和阻尼力出现在平衡方程中,因此得到的求解方程不是代数方程组,而是常微分方程组。

对于地震反应问题,需要从系统底部边界处输入地震加速度,而直接施加于结构之上的动荷载 $P = 0$。通常假定所有给定加速度的边界点同时运动,且阻尼力和弹性(或弹塑性)恢复力分别只与相对速度和相对位移(相对于有限元系统的基底而言)有关,而惯性力则与绝对加速度有关。现仍以 $\ddot{a},\dot{a},a$ 分别表示相对加速度、相对速度和相对位移,$\ddot{a}_g$ 表示地震牵连加速度,则式(8.40)变为

$$M\ddot{a} + C\dot{a} + Ka = - Mr\ddot{a}_g \tag{8.41}$$

其中 $\ddot{a}_g = [\ddot{a}_{gx}(t) \quad \ddot{a}_{gy}(t) \quad \ddot{a}_{gz}(t)]^T$,$\ddot{a}_{gx}$,$\ddot{a}_{gy}$ 和 $\ddot{a}_{gz}$ 分别为地震在 x,y,z 方向上的加速度分量;r 为影响系数矩阵,即

$$r = \begin{bmatrix} 1 & 0 & 0 & 1 & 0 & 0 & \cdots \\ 0 & 1 & 0 & 0 & 1 & 0 & \cdots \\ 0 & 0 & 1 & 0 & 0 & 1 & \cdots \end{bmatrix}^T \tag{8.42}$$

式(8.41)表明,地震动力反应问题可以化为边界上静止不动而在计算域各点上作用有惯性力的问题。必须指出,在整个系统的基底输入相同地震加速度的做法,对于大型系统是不合适的,可能导致对结构物反应的偏保守估计。

8.5.2 系数矩阵

(1)质量矩阵

由上可见,采用有限单元法进行结构动力计算,必须建立结构系统的整体质量矩阵 M、阻尼矩阵 C 和刚度矩阵 K。整体质量矩阵 M 的元素 m_{ij} 称为质量影响系数,其物理意义是自由度 j 的单位加速度在自由度 i 方向引起的力。在对结构进行离散化处理时,分配单元质量的常用方法有两种,即一致质量法和集中质量法。相应地,可以得到**一致质量矩阵**(consistent mass matrix)和**集中质量矩阵**(lumped mass matrix)。一致质量法按下式计算单元质量矩阵

$$M^e = \int_{\Omega^e} \rho N^T N \mathrm{d}\Omega \tag{8.43}$$

采用这种方法推导质量矩阵时,使用了与推导单元刚度矩阵相同的位移函数,故称其为一致质量矩阵。又因为单元的动能和势能是相互协调的,故也称为协调质量矩阵。采用一致质量法求出的整体质量矩阵是与整体刚度矩阵相仿的带状对称方阵。

集中质量法简单地将单元的质量集中分配于单元的节点,每个节点所分配到的质量视该节点所管辖的范围而定。此外,假定质量集中在点上,一般不考虑转动惯量,所以与转动自由度相关的质量系数为零。另一方面,任一节点的加速度仅在这一点上产生惯性力,对其他点没有作用,即质量矩阵中的非对角线元素为零。因此,集中质量矩阵是对角矩阵,而且其对角线上与转动自由度对应的元素为零。

集中质量矩阵简单、计算方便。但对于高次单元,如何将单元的质量分配到

各个节点上不易把握。一致质量矩阵是非对角线的,所以采用这种方法计算时,工作量要比采用集中质量法大得多。研究表明,采用一致质量矩阵将高估系统的最高自振频率;而采用集中质量矩阵则以同样量级低估最高自振频率。因此,Lysmer(1978)建议在实际应用中采用混和质量矩阵,即这两种矩阵的平均值。

(2)阻尼矩阵

动力学方程中的阻尼项代表系统在运动与变形过程中所耗散的能量。土体中的阻尼包括黏性阻尼、滞后阻尼、空气阻尼等。黏性阻尼的能量损耗取决于运动速度,随频率而变;滞后阻尼包含摩擦产生的能量损耗,与频率几乎无关,而取决于应变率的大小。考虑全部因素确定阻尼力是不可能的,通常是用等效黏性阻尼来代替,即认为材料的阻尼与黏滞流体中的黏性阻尼相似,阻尼力与运动速度或应变速度成线性关系。所谓等效是指假定的黏性阻尼在振动一周所产生的能量耗散与实际阻尼相同。

若假设阻尼力正比于运动速度,则单元 e 内单位体积材料的阻尼力为 $\boldsymbol{f}_d = -\alpha\dot{\boldsymbol{u}} = -\alpha\boldsymbol{N}\boldsymbol{a}^e$($\alpha$ 为阻尼系数,$\boldsymbol{N}$ 为单元形函数,$\boldsymbol{a}^e$ 为单元节点位移向量),则单元阻尼矩阵按下式计算

$$\boldsymbol{C}^e = \alpha\int_{\Omega^e}\rho\boldsymbol{N}^T\boldsymbol{N}d\Omega = \alpha\boldsymbol{M}^e \tag{8.44}$$

此时的单元阻尼矩阵正比于单元质量矩阵。若假定阻尼力正比于应变速率 $\dot{\boldsymbol{\varepsilon}}$,则阻尼应力 $\boldsymbol{\sigma}_d$ 可表为 $\beta\boldsymbol{D}\dot{\boldsymbol{\varepsilon}}$($\beta$ 为阻尼系数),于是可以得到单元阻尼矩阵

$$\boldsymbol{C}^e = \beta\int_{\Omega^e}\boldsymbol{B}^T\boldsymbol{D}\boldsymbol{B}d\Omega = \beta\boldsymbol{K}^e \tag{8.45}$$

其中 $\boldsymbol{D}$ 为弹性矩阵;$\boldsymbol{B}$ 为几何矩阵;$\boldsymbol{K}^e$ 为单元刚度矩阵。此时的单元阻尼矩阵正比于单元刚度矩阵。

事实上,土中阻尼同时包含上述两种成分。再考虑到阻尼比与动剪应变幅有关,而地震动过程中土体各点的动剪应变不同,Idriss 等(1973)建议把单元阻尼矩阵写成 Rayleigh 阻尼的形式

$$\boldsymbol{C}^e = \alpha_e\boldsymbol{M}^e + \beta_e\boldsymbol{K}^e \tag{8.46}$$

$$\alpha_e = \lambda_e\omega_1, \qquad \beta_e = \lambda_e/\omega_1 \tag{8.47}$$

其中 ω_1 为系统的基频,由系统的总体质量矩阵和总体刚度矩阵确定;λ_e 为单元 e 的阻尼比,根据该单元的动应变幅值确定。

必须指出,由单元阻尼矩阵集成的总体阻尼矩阵不满足正交条件;而且阻尼系数一般依赖于频率,我们事先并不知道。可见,要精确地确定阻尼矩阵相当困难,通常将实际结构的阻尼矩阵简化为质量矩阵和刚度矩阵的线性组合,即 Rayleigh 阻尼

$$\boldsymbol{C} = \alpha\boldsymbol{M} + \beta\boldsymbol{K} \tag{8.48}$$

其中 α, β 为不依赖于频率的常数。采用整体 Rayleigh 阻尼矩阵能够满足振型正交条件,但它要求整个系统的材料具有相同的阻尼比,这显然是有局限性的。

8.5.3　边界条件

采用有限元法分析土力学问题通常需将无限域转变成有限域,并设定边界条件。在静力分析中,相对说边界问题容易解决。只要有限元区域足够大、边界离感兴趣的部分足够远,便可采用**简单截断边界**,即令边界节点固定或自由。而在动力分析中,边界问题就不再那么简单了。除了特殊情况下可以采用简单截断边界外,通常需要专门处理。之所以如此,是因为在动力问题中截断边界处存在反射问题。例如,对于端部固定的一维土柱,波传播分析表明:如果传播的是压缩波,那么在固定端反射回来仍是一个大小相等的压缩波;如果传播的是拉伸波,那么在固定端反射回来仍是一个大小相等的拉伸波。可见,无论是压缩波还是拉伸波,固定端处的应力都将加倍。对于较软弱的地基,反射波在土体中会很快消散,因此可以像静力分析那样在离建筑物较远处(一般可选择 5～10 倍建筑物特征尺度)设置简单截断边界;也可以在邻近边界的单元中人为地增大阻尼系数以消耗反射波。对于其他情况,最好采用更符合实际的边界,例如**黏滞边界**、**透射边界**等。相对于简单的截断边界,采用这类边界时可设置较小的计算区域。

黏滞边界由 Lysmer 等人(1969)提出,其基本思想是在边界上设置阻尼器以吸收外传波的能量。具体做法是在边界上施加黏性阻尼分布力,并将其转化为等效边界节点集中力。Lysmer 建议的阻尼分布力为

$$\left.\begin{array}{l}\bar{\sigma} = a\rho v_{\mathrm{p}}\dot{w} \\[2mm] \bar{\tau} = b\rho v_{\mathrm{s}}\dot{u}\end{array}\right\} \tag{8.49}$$

其中 $\bar{\sigma}, \bar{\tau}$ 分别为边界上的正应力和剪应力;$\dot{w}, \dot{u}$ 分别为边界法向和切向速度分量;$v_{\mathrm{p}}, v_{\mathrm{s}}$ 分别为入射的压缩波和剪切波速度;a, b 为系数,与波的频率有关。计算实践表明,若 a 和 b 取为常数,则计算误差很大。

众所周知,从无限域中截取有限域,在截面边界上必存在被切除部分对计算域的作用力。将这一作用力先计算出来并加在边界上,则有限域的计算结果便与原来的无限域解答相同。基于这种思想所设置的边界称为透射边界,其物理概念清晰,效果也较好。然而在动力分析之前想求出截面边界上的作用力并非易事,通常只能针对特定问题求其近似解。Lysmer 等(1972)针对刚性基岩上成层土水平传播 R 波的情况,推导了在侧边界上作用力与边界位移的关系。

必须指出,黏滞边界和透射边界上的作用力均与频率有关,一般只适宜在频域内求解。谢康和等(2002)指出,要想在时域中求解非线性问题,除了把边界取得尽可能远一些外,目前还没有更合适的办法。此外,为了避免截面边界问题,可以将有限元与无限元或边界元相结合进行数值计算。通常在动力问题中,感

兴趣的区域变形较大,非线性明显,适合采用有限元计算;而远域的变形较小,可视为弹性介质并采用无限元或边界元进行离散,以描述波向无限远处传递的辐射边界条件。一般说来,对于局部荷载的源问题用边界元较好,而地震反应问题最好用无限元。

8.5.4 时域分析

动力有限元方程组的解法主要有三种,即振型叠加法、直接积分法和复反应分析法。前两种属于时域法,第三种属于频域法。这里简要说明时域分析法的基本思想,具体解法详见薛守义(2005a)。

(1)振型叠加法

一般情况下,方程组(8.40)是耦合的。振型叠加法的基本思想是先将方程组非耦合化,然后再积分求解非耦合方程组。M 和 K 是振型正交的,而且在采用系统比例阻尼假设下,C 将也是振型正交的。所以借助振型向量所构成的位移变换矩阵,便可实现方程组的非耦合化。

由于高阶振型对结构动力响应的贡献一般都很小,通常只计算最低的 3 到 5 个振型即可。振型叠加法的缺点是必须求解特征值问题。另外,由于该法应用了叠加原理,故只适用于线性问题。

(2)直接积分法

直接积分法也称为逐步积分法,它是指在逐步积分前不对耦合方程组进行任何形式的变换。求解的基本思路基于如下两个概念:将在求解时域 $0 < t < T$ 内任何时刻都应满足运动方程的要求,代之以仅在相隔 Δt 的离散时间点上满足运动方程;在某时域内假定运动状态变量的时变规律或采用某种差分格式就时间变量离散方程组。在此基础上,可以建立由 t 时刻运动状态 $\ddot{a}_t, \dot{a}_t, a_t$ 计算 $t + \Delta t$ 时刻运动状态 $\ddot{a}_{t+\Delta t}, \dot{a}_{t+\Delta t}, a_{t+\Delta t}$ 的公式。假设的时变规律或采用的差分格式不同,对时间 t 的离散方法就不同,从而也就得到不同的数值积分方法。目前主要有中心差分法、线性加速度法、Newmark-β 法和 Wilson-θ 法。

当采用直接积分法时,高阶振型的动力响应是被自动积分的。也就是说,运动方程(8.40)的直接积分等价于用一个统一的时间步长 Δt 去积分非耦合方程组的每个方程。如果采用的算法是有条件稳定的,那么为了保证解的稳定性,时间步长必须小于临界时间步长。在有限单元法中,由结构最小固有周期决定的临界时间步长是非常小的时段。

然而,在结构动力反应中,高频分量的贡献是很小的,只要考虑结构的低频部分即可,从而可采用较大的时间步长。如果算法是无条件稳定的,那就意味着当采用较大的 Δt 时,不会因高阶振型的误差使低阶振型的解失去意义。因此,无条件稳定的算法显示出优越性。限定算法中的参数取值,Newmark-β 法和 Wilson-θ 法都是无条件稳定的。

8.5.5　频域分析

复反应分析法利用快速 Fourier 变换技术,在频域内求解运动方程。在频域内分析时,以频率为自变量,用对应于各频率的幅值和相位描述输入荷载以及运动状态变量。时域与频域相互转换的基础是 Fourier 变换。复反应分析法在土动力学分析中得到了广泛的应用,现对其做简要介绍。

(1)Fourier 变换

函数 $f(t)$ 的 Fourier 变换 $F(\omega)$ 及其逆变换公式为

$$F(\omega) = \frac{1}{2\pi}\int_{-\infty}^{+\infty} f(t)\mathrm{e}^{-i\omega t}\mathrm{d}t \tag{8.50a}$$

$$f(t) = \int_{-\infty}^{+\infty} F(\omega)\mathrm{e}^{i\omega t}\mathrm{d}\omega \tag{8.50b}$$

实际中,$f(t)$ 只在时间区间 $[0,T]$ 上非零。于是,上式成为

$$F(\omega) = \frac{1}{2\pi}\int_{0}^{T} f(t)\mathrm{e}^{-i\omega t}\mathrm{d}t \tag{8.51a}$$

$$f(t) = \int_{0}^{T} F(\omega)\mathrm{e}^{i\omega t}\mathrm{d}\omega \tag{8.51b}$$

设 $f(t)$ 在 N 个离散点处已知,则离散的 Fourier 变换 $F(\omega)$ 可在 N 个频率 ω_k 处有定义

$$\omega_k = \frac{2\pi k}{T}, \qquad k = 0,1,\cdots,N-1 \tag{8.52}$$

于是,式(8.51)可写成

$$F(\omega_k) = \frac{1}{2\pi}\sum_{j=0}^{N-1} f(t_j)\mathrm{e}^{-i\omega_k t_j}(t_{j+1}-t_j), \qquad k = 0,1,\cdots,N-1 \tag{8.53a}$$

$$f(t_j) = \sum_{k=0}^{N-1} F(\omega_k)\mathrm{e}^{i\omega_k t_j}(\omega_{k+1}-\omega_k), \qquad j = 0,1,\cdots,N-1 \tag{8.53b}$$

由此可见,若 $f(t)$ 有 N 个数据,要得到 N 个简谐波幅值 $F(\omega_k)$,所作的乘法次数将正比于 N^2。当 N 较大时,计算量很大。为了解决这个问题,Cooley 等人(1965)提出了**快速 Fourier 变换**算法。该法利用指数函数的运算特点以及二进制算法中的一些技巧,把计算式(8.53)的乘法次数降低为正比于 $N\cdot\lg N$。

(2)方程的变换

对运动方程(8.40)作 Fourier 变换得

$$\boldsymbol{M}\ddot{\boldsymbol{U}}(\omega) + \boldsymbol{C}\dot{\boldsymbol{U}}(\omega) + \boldsymbol{K}\boldsymbol{U}(\omega) = \boldsymbol{R}(\omega) \tag{8.54}$$

其中 $\boldsymbol{U}(\omega),\dot{\boldsymbol{U}}(\omega),\ddot{\boldsymbol{U}}(\omega),\boldsymbol{R}(\omega)$ 分别是 $\boldsymbol{a}(t),\dot{\boldsymbol{a}}(t),\ddot{\boldsymbol{a}}(t),\boldsymbol{P}(t)$ 的 Fourier 变换。

对任一特定频率 ω_0，设位移的振幅向量为 $\boldsymbol{A}$，相位角为 θ_0，则复数表示的位移向量为

$$\boldsymbol{a}(t) = \boldsymbol{A}\exp(i\omega_0 t - \theta_0)$$

且

$$\dot{\boldsymbol{a}}(t) = i\omega_0\boldsymbol{A}\exp(i\omega_0 t - \theta_0) = i\omega_0\boldsymbol{a}(t)$$

$$\ddot{\boldsymbol{a}}(t) = -\omega_0^2\boldsymbol{A}\exp(i\omega_0 t - \theta_0) = -\omega_0^2\boldsymbol{a}(t)$$

考虑到 $\boldsymbol{a}(t)$ 的 Fourier 变换为 $\boldsymbol{U}(\omega)$，则 $\dot{\boldsymbol{a}}(t)$，$\ddot{\boldsymbol{a}}(t)$ 的 Fourier 变换分别为

$$\dot{\boldsymbol{U}}(\omega) = i\omega_0\boldsymbol{U}(\omega) \tag{8.55}$$

$$\ddot{\boldsymbol{U}}(\omega) = -\omega_0^2\boldsymbol{U}(\omega) \tag{8.56}$$

方程(8.54)变为

$$(\boldsymbol{K} + i\omega_0\boldsymbol{C} - \omega_0^2\boldsymbol{M})\boldsymbol{U}(\omega) = \boldsymbol{R}(\omega) \tag{8.57}$$

如果用复刚度矩阵 $\boldsymbol{K}^*$ 表示式(8.57)中的刚度矩阵和阻尼矩阵，则

$$(\boldsymbol{K}^* - \omega_0^2\boldsymbol{M})\boldsymbol{U}(\omega) = \boldsymbol{R}(\omega) \tag{8.58}$$

$$\boldsymbol{K}^* = \boldsymbol{K} + i\omega_0\boldsymbol{C} \tag{8.59}$$

(3)复刚度矩阵

可见，问题归结为如何形成复刚度矩阵。为说明问题简单起见，考虑单自由度系统。此时，式(8.58)，式(8.59)成为

$$(k^* - \omega_0^2 m)U(\omega) = R(\omega) \tag{8.60}$$

$$k^* = k + i\omega_0 c \tag{8.61}$$

由结构动力学可知，对于单自由度系统，若阻尼比为 λ，则

$$c = 2\lambda\sqrt{km} = 2\lambda k/\omega_0 \tag{8.62}$$

代入式(8.61)得

$$k^* = k(1 + 2i\lambda) \tag{8.63}$$

对于多自由度系统，只要用复数形式的弹性系数 E^* 或 G^* 计算复弹性矩阵 $\boldsymbol{D}^*$ 及复单元刚度矩阵 $\boldsymbol{K}^{e*}$ 即可，它们分别为

$$E^* = E(1 + 2i\lambda) \tag{8.64}$$

$$G^* = G(1 + 2i\lambda) \tag{8.65}$$

$$\boldsymbol{D}^* = \boldsymbol{D}(1 + 2i\lambda) \tag{8.66}$$

$$\boldsymbol{K}^{e*} = \int_{\Omega^e}\boldsymbol{B}^{\mathrm{T}}\boldsymbol{D}^*\boldsymbol{B}\mathrm{d}\Omega \tag{8.67}$$

(4)复反应分析

式(8.58)逆变换为

$$(\boldsymbol{K}^* - \omega_0^2\boldsymbol{M})\boldsymbol{a}(t) = \boldsymbol{P}(t) \tag{8.68}$$

在地震反应问题中，$P(t) = -Mr\ddot{a}_g$，故

$$(K^* - \omega_0^2 M)a(t) = -Mr\ddot{a}_g \tag{8.69}$$

任何一个波形都可以被表示为一个时间 t 的函数 $f(t)$，也可以被表示为一些简谐波之和。在地震反应分析中，假定输入运动可表示成有限项简谐波之和，即截断的 Fourier 级数

$$\ddot{a}_g(t) = \mathrm{Re}\sum_{n=0}^{N/2} \ddot{U}_{gn}\exp(i\omega_n t) \tag{8.70}$$

其中 Re 表示取实部；N 是输入运动的点数；$\ddot{U}_{gn}$ 是频率为 ω_n 的简谐波的 Fourier 系数。

研究表明，对于阻尼比较小的情况，系统的反应量可以近似地看作与输入运动频率相同的简谐运动。于是，反应量可写成

$$a(t) = \mathrm{Re}\sum_{n=0}^{N/2} U_n\exp(i\omega_n t) \tag{8.71}$$

其中 U_n 是频率为 ω_n 时节点位移向量的 Fourier 系数。将式(8.70)，式(8.71)代入式(8.69)得

$$\mathrm{Re}\sum_{n=0}^{N/2}(K^* - \omega_n^2 M)U_n\exp(i\omega_n t) = -Mr\mathrm{Re}\sum_{n=0}^{N/2}\ddot{U}_{gn}\exp(i\omega_n t)$$

即

$$(K^* - \omega_n^2 M)U_n = -Mr\ddot{U}_{gn} \tag{8.72}$$

定义

$$K_n^* = K^* - \omega_n^2 M \tag{8.73}$$

则式(8.72)变成静力形式的线性方程组

$$K_n^* U_n = -Mr\ddot{U}_{gn} \tag{8.74}$$

这是一组需要确定在各频率 ω_n 上位移向量 Fourier 系数 U_n 的线性方程组，求解后再代入快速 Fourier 逆变换公式，可得系统在时域内的反应。

8.5.6 等效线性分析

在地震反应分析中，输入运动是不规则的地震时程，分析得到的剪应变、剪应力、加速度等也是不规则的时程曲线。采用弹塑性动本构模型进行真非线性分析，或采用等效黏弹性模型并使计算中每一时刻的动变形特性都与动剪应变幅相适应，计算将是十分烦琐的。为了避开这种麻烦，Seed 等人(1969)采用等效黏弹性模型并进行等效线性分析。他们认为，假若在动力分析中所采用的动剪切模量 G、阻尼比 λ 与分析中所得到的等效剪应变 γ_e 相适应，则可以把采用线性分析所得到的结果作为非线性问题的近似解答。在等效线性分析中，动变形

特性指标与等效剪应变的适应性通过迭代实现,具体步骤如下:

①为各单元假定初始的 G,λ;

②以该值形成单元刚度矩阵和阻尼矩阵,进而形成系统的整体运动方程并求解之;

③根据运动方程的求解结果,确定各单元内的动剪应变时程及其等效剪应变 γ_e;

④由 γ_e 以及 G/G_0-γ,λ-γ 曲线确定各单元新的 G,λ;

⑤将新得到的 G,λ 值与计算中采用的 G,λ 值比较。若相对误差满足迭代要求,则认为此时的 G,λ 和 γ_e 为计算结果。否则,以新的 G,λ 值重复②至⑤的迭代过程,直到满足要求为止。

在上面的说明中,引入了等效剪应变 γ_e 的概念,液化或破坏分析中还将用到等效剪应力 τ_e 或平均剪应力。我们知道,动力分析得到的剪应变和剪应力时程是不规则的。为了确定单元的 G,λ,也为了将动力分析结果与等幅循环载荷试验所得动强度比较,须按照等效的原则将不规则的动剪应变和剪应力时程等效化或平均化。所谓等效是指在液化或破坏方面的效果相等。换言之,将一种理想的均匀动剪应力 τ_e 和实际不规则的剪应力时程分别施加到土单元上,最终会使土达到相同的变形与破坏。与特定时程等效的剪应变或剪应力由两个值决定,即数值大小和等效循环次数。Seed 选取

$$\gamma_e = 0.65 \max_t |\gamma_{max}| \tag{8.75}$$

$$\tau_e = 0.65 \max_t |\tau_{max}| \tag{8.76}$$

其中 $\max_t |\gamma_{max}|$ 和 $\max_t |\tau_{max}|$ 分别是整个振动持续时间内一点或单元的最大剪应变幅和最大剪应力幅,0.65 是经验系数。如此确定数值后,Seed 研究了等效循环次数 N_{eq} 与地震震级之间的关系,见表 8.1。

表 8.1　地震等效循环次数与震级、持续时间的关系

震　级	等效循环次数 N_{eq}	震动持续时间(s)
5.5 ~ 6.0	5	8
6.5	8	14
7.0	12	20
7.5	20	40
8.0	30	60

8.5.7　动力稳定性评价

(1)液化判断

并非所有饱和砂土在振动作用下都会发生液化现象,例如密实砂土就不易

液化。饱和砂土振动液化需要两个必要条件:**振动作用足以破坏土的结构;结构破坏以后,土粒发生移动的趋势不是松胀而是压密**。由于影响液化的因素很多,到目前为止,液化判别问题仍然没有很好地解决。就地基液化的评价标准而言,主要有以 Seed 等人为代表的抗液化剪应力准则和以 Casagrande 为代表的临界孔隙比准则。这两种不同的液化判别标准代表着液化研究的两种不同途径。

Casagrande(1932,1936)认为存在一个剪切破坏时体积不发生变化(既不压缩也不膨胀)的密度,其相应的孔隙比就是临界孔隙比。他用临界孔隙比的概念解释砂土液化现象。如果砂土的孔隙比小于临界孔隙比,就不会液化;否则,在排水受阻的情况下剪切时将会液化。但是,临界孔隙比并非常数,而是与围压有关。此外,密实砂土的结构不易为振动所破坏;结构即使破坏,伴随着出现的土粒移动趋向也不是压密而是松胀。根据液化破坏表现出过量位移和变形这一特点,强调土的流动特征,而并不强调土体所处的应力状态和是否发生初始液化。

抗液化剪应力准则也称为**剪应力对比法**,它是 Seed(1966,1971)提出的液化判别方法,在国内外获得广泛应用。在一维分析中,该法将地基视为具有水平自由表面的均质土体,忽略地表建筑物引起的附加应力的作用。通过一维地震反应分析求得地震等效剪应力 τ_e。通过对比 τ_e 与抗液化剪应力 τ_L,来判定土体是否发生液化。对于具有斜坡的土体,须进行二维或三维地震反应分析,求得地震等效剪应力 τ_e 后,采用剪应力对比法进行液化判断。与剪应力对比法类似,Dobry 等人(1980)提出了剪应变对比法:将等效剪应变 γ_e 与发生液化时的剪应变 γ 进行比较,以 $\gamma_e \geqslant \gamma$ 作为液化标准。采用上述方法可以确定土体中可能液化的区域。

(2)安全系数

对于非液化土体,可基于有限元分析结果进行动力稳定性评价。通常利用滑弧法计算边坡整体安全系数

$$F_s = \frac{\sum (\tau_{0i} + \tau_{dfi}) l_i}{\sum (\tau_{0i} + \tau_{ei}) l_i} \qquad (8.77)$$

其中 $\tau_{0i} + \tau_{dfi}$ 为通过单元 i 之滑动面上的动强度;$\tau_{0i} + \tau_{ei}$ 为通过单元 i 之滑动面上的总剪应力,即静动剪应力之和;l_i 为通过单元 i 之滑动面的长度。

8.6　有效应力动力分析

由于振动过程中有效应力发生变化,而剪切模量与有效应力相关,所以模量不仅随剪应变幅在变,也随有效应力而变。在总应力动力分析中,最大剪切模量只取决于初始有效应力,没有考虑振动孔隙水压力上升而引起的降低。为此,学

者们发展了有效应力动力分析法。早期的有效应力动力分析是在等效黏弹性模型及总应力法的基础上发展起来的,后来引入真正的非线性或弹塑性动力本构模型进行增量非线性有效应力分析。本节简要介绍这两种分析方法的基本思想。

8.6.1　等效线性有效应力分析

采用黏弹性模型进行土体有效应力动力分析的方法是 Finn(1977)首先提出来的。由于振动孔隙水压力的上升,有效应力从而剪切模量将不断减小。所以整个振动过程的分析应当分时段进行。逐时段计算出孔隙水压力、有效应力,并修正剪切模量,不断计算直到地震动结束。这就是有效应力动力分析法的基本思想。但当时 Finn 的分析仅针对一维地基进行,而且不考虑振动过程中的排水与孔隙水压力消散。沈珠江(1980b,1982)、徐志英等(1981)和徐志英等(1985)将这种方法推广到二维和三维情况,不仅考虑孔隙水压力的增长,而且还能考虑孔隙水压力在地震动期间的消散、扩散及应力重分布的影响。基本做法是:

①把整个振动过程分成许多小的时段(1~2秒),假定在每一时段内土为等效黏弹性体,按前述总应力法的步骤进行等效线性分析。为了使动变形参数与动剪应变幅相适应,每个时段的动力计算需迭代2~3次。

②采用某种孔压增长模式,根据算出的动应力或动应变幅值计算这一时段内孔隙水压力的增量 Δu。将 Δu 与 Biot 固结方程相结合进行静力计算,结果是把 Δu 转化为节点的永久位移及残余孔隙水压力 Δu_r。

③用该时段末的 Δu_r 计算平均有效应力,修正剪切模量,并用于下一时段的计算。动力分析与静力分析如此交替进行,直到振动结束。把各个时段的残余变形或孔隙水压力增量累加起来,即得相应的平均发展曲线。动力计算过程结束以后,还可继续进行静力计算,以确定振动孔隙水压力的消散过程。

8.6.2　真非线性有效应力分析

如果不对滞回曲线形状的拟合提出严格的要求,等效黏弹性模型可以较好地反映滞后性和非线性。但土的真实变形是不可能完全用黏弹性模型模拟的,因为黏弹性体在荷载循环结束时应变将回到初始状态,不会出现残余变形。采用真非线性或弹塑性动力本构模型进行真非线性分析,则能较好地反映土的实际变形特性,且可直接求得任意时刻土体内各点的动力响应。

等效黏弹性分析把本来含有塑性变形的滞回环当作黏性项处理,真非线性动力分析则去掉阻尼项 Ca,而直接根据非线性或弹塑性本构方程用切线模量形成切线刚度矩阵 K^t,通过沿加载与卸载不同路径的增量分析考虑应力应变关系的滞回性。Finn 等(1986)推出了非线性有效应力动静力分析程序 TARA-3,分析中逐时段确定剪切模量。在初始加载过程中,本构关系采用骨架曲线(8.6);在卸载再加载过程中采用滞回曲线(8.8);若再加载过程中动剪应力幅超过其历史上最大值时,应力应变关系按骨架曲线。

可以直接从动力平衡微分方程、几何方程、弹塑性动本构方程、连续方程以及定解条件等基本方程出发,采用有限元法进行弹塑性动力有效应力分析。这种分析的计算量相当大,到目前为止尚未在实践中得到广泛应用。

第9章

土体流变分析

经典土力学以弹性理论和极限平衡理论为基础,假定土在荷载作用下产生的应力、变形和强度与时间无关。此外,土性参数的确定以某一时间内的试验资料为依据。例如在每级荷载下固结试验的稳定标准为 24 小时或每小时变形不超过 0.005mm;抗剪强度值以某时间内使试样剪切破坏来确定。然而,土性参数和状态变量都是时间的函数。在工程实践中,人们也从软土地基的长期沉降、土坡的蠕变滑移、隧道的收敛变形、基坑开挖引起的临空向位移等现象认识到时间效应的重要性。而且可以预计,随着工程规模的不断扩大,土体时效变形和长期稳定问题将越来越突出。有时必须将土视为具有弹性、塑性和黏性的黏弹塑性材料或**流变材料**(rheological material)进行流变分析。

本章介绍土体流变学(rheology)问题:①土的流变特性;②线性流变模型与计算;③非线性流变模型与计算;④土体流变与强度问题。

9.1　土的流变特性

研究土的流变特性需要进行流变试验,试验仪器主要有直剪仪、常规三轴仪、固结仪和平面应变仪等。本节首先说明土的流变形象,然后分别介绍土的蠕变特征与长期强度特性。

9.1.1　流变现象

土的流变现象主要包括蠕变、松弛、流动和长期稳定性,故流变试验主要有恒定荷载下的蠕变试验、恒定变形下的松弛试验以及恒定应变速率试验等。陈宗基(1990)特别强调,试验要进行足够长的时间,以便可以将资料外延应用于工程实际。

(1)**蠕变**(creep):指在恒定荷载 $\sigma(\tau)$ 作用下,应变 $\varepsilon(\gamma)$ 随时间 t 而增长的现象(图 9.1)。

(2)**松弛**(relaxation):指当应变 $\varepsilon(\gamma)$ 一定时,应力 $\sigma(\tau)$ 随时间 t 而逐渐减小

的现象(图 9.2)。

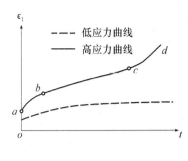

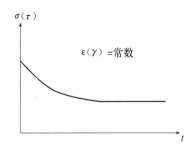

图 9.1　蠕变曲线　　　　　　　　图 9.2　松弛曲线

(3)**流动**(flow):指时间一定时应变速率 $\dot{\varepsilon}(\dot{\gamma})$ 与应力 $\sigma(\tau)$ 的关系。流动这一术语用于固体是从黏滞液体理论中借用来的,指的是形状不断地和无止境地变化。换句话说,流动是指随时间而发展和具有固定速率的剪切变形。

(4)**长期强度**(long-term strength):指的是这样一个应力值,只要应力不超过该值,材料就不会破坏。这项研究涉及一定时间内强度与时间的关系。

9.1.2　蠕变特性

(1)特征阶段

土具有两种典型的流变曲线,即蠕变曲线(图 9.1)和松弛曲线(图 9.2)。图 9.1 所示为 σ_3 为常数、不同偏应力 $q = \sigma_1 - \sigma_3$ 作用下的三轴压缩试验蠕变曲线(轴向应变 ε_1 与时间 t 的关系)。单轴压缩或直接剪切的蠕变曲线,即 $\varepsilon(\gamma)$ 与 t 的关系也具有相同的特征。

在较小恒定荷载 $(\sigma_1 - \sigma_3)_1$ 作用下,土的变形虽然随着时间而有所增长,但蠕变变形的速率则随时间而递减,最后变形趋于某一稳定值。在较大的恒定荷载 $(\sigma_1 - \sigma_3)_2$ 作用下(大于或等于长期强度),土的变形随时间不断增加,最后趋于破坏;且应力越大,破坏越早。此时,蠕变曲线可分为下列四个特征阶段:瞬时变形阶段(oa):施加荷载即刻发生的变形,为弹性变形或弹塑性变形;阻尼蠕变阶段(ab):也称为瞬态蠕变阶段,此阶段的应变速率随时间逐渐降低;等速蠕变阶段(bc):也称为稳态蠕变阶段,应变速率基本保持不变;加速蠕变阶段(cd):此阶段的应变速率加快直至破坏。

(2)蠕变曲线

许多三轴压缩和直接剪切蠕变试验表明,不论是正常固结还是超固结土,也不论是在排水还是在不排水条件下,均存在如下规律性(图 9.3):①当偏应力或剪应力小于一定值时,应变与时间的对数呈直线关系,直线的坡度随应力的增大而增大;②当应力大于一定值时,应变与时间对数曲线为凹状曲线,这表明在某一定时间后将达到破坏。图9.3和图9.4中偏应力水平随曲线编号而增大。

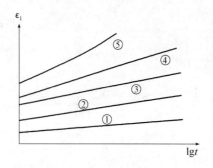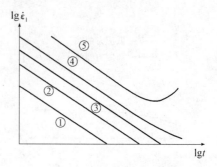

图9.3　黏土不排水 ε_1-lg$t$ 曲线　　　　　图9.4　黏土不排水 lg$\dot{\varepsilon}_1$-lg$t$ 曲线

将应变速率与时间的关系绘于双对数纸上,通常可以发现:当应力水平较小时,应变速率的对数值随时间的对数值线性地减小,且曲线的斜率基本上与蠕变应力无关;而当应力水平较高时,曲线向上弯曲;蠕变破坏时,曲线的斜率将发生反向变化(图9.4)。此外,当时间一定时,应变速率的对数随偏应力值的增大而线性地增大,且曲线的斜率基本上与蠕变时间无关。在蠕变破坏之前,应变速率 $\dot{\varepsilon}_1$ 与时间 t、偏应力 q 之间的关系曲线可表示为

$$\ln\dot{\varepsilon}_1(q,t) = \ln A - m\ln t + \alpha q \tag{9.1}$$

其中 m 和 α 为试验常数;$A = \dot{\varepsilon}_1(0,1)$ 为 $t = 1\text{min}$、$q = 0$ 时的应变速率。

(3)蠕变成分

荷载作用下土所发生的不可逆体积变形(压密)会随时间而增长,这是其基本特征之一。在20世纪30年代中期,有人提出土的体积变形不仅是由于水的排出,而且还有土骨架的蠕变。由孔隙水排出引起的固结称为主固结,由土骨架蠕变引起的固结称为次固结。50年代初建立的综合性固结理论认为,主固结和次固结同时发生,并且把次固结看成是黏弹性体积变形。

饱和土的蠕变可在排水和不排水两种条件下发生。排水蠕变包括体积应变和剪应变两部分,并假定在常有效应力条件下变形。例如次压缩是主固结完成之后的排水蠕变变形。不排水蠕变则产生剪应变和有效应力变化,并假定在常体积和恒定总应力条件下发生变形。

9.1.3　长期强度

在室内土工试验中,通常规定某一很短时间内将试样剪坏,测定破坏时的剪应力值,此值即为土的抗剪强度。例如,通过三轴试验测定不排水强度,一般不超过30分钟,测定有效强度一般也不超过4至8小时。试验表明,土的抗剪强度是时间的函数,而且时间跨度很长。很显然,常规试验方法并没有考虑较长时

间对强度的影响。通常把常规方法确定的强度称为**标准强度**,把较长时间对应的强度称为**长期强度**。标准强度大于长期强度。此外,研究表明,土中黏粒含量越大,强度与时间的关系就越明显。砂土的强度虽然也与时间有关,但并不显著,对工程没有意义。因此人们研究的重点自然是黏性土的长期强度。

(1)黏性土的屈服强度

E.C.Gueze 和陈宗基(1953)根据一系列试验研究,认为黏土具有三种屈服值,即第一屈服值 f_1、第二屈服值 f_2 和第三屈服值 f_3。当剪应力 $\tau < f_1$ 时,变形几乎测不出来;当 $f_1 < \tau < f_2$ 时,变形能完全恢复;当 $f_2 < \tau < f_3$ 时,产生流动;当 $\tau > f_3$ 时,土的结构开始破坏并很快失去稳定。残余剪应变 γ^{p} 的大小随剪应力的大小而定。如果剪应变速率 $\dot{\gamma}^{\mathrm{p}}$ 为常数,则塑性流动就是均匀流动。因此 f_1 和 f_3 的物理意义可从不同剪应力作用下的流动曲线上反映出来(图9.5)。当剪应力 $\tau \geq f_3$ 时,$\dot{\gamma}^{\mathrm{p}}$ 与 τ 之间不符合直线关系。当 $\tau < f_3$ 时,有

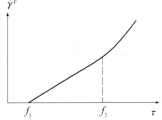

$$\tau - f_1 = \eta \dot{\gamma}^{\mathrm{p}} \tag{9.2}$$

可见,f_1 是流动起始阻力,直线斜率 η 就是黏滞系数。

图 9.5 流动曲线

(2)黏性土的长期强度

前面已指出,如果作用荷载较小,蠕变速率随时间而逐渐减小,最后趋于停止,土并未破坏。而当荷载达到一定值时,蠕变速率增加,最后导致土的破坏。村山朔郎把该界限值作为长期强度,称为上屈服值 τ_0。他认为,如果荷载大于上屈服值,则经过一定时间后颗粒间的黏结完全被切断而产生蠕变破坏。事实上,τ_0 与第三屈服值 f_3 的意义相同。

Casagrande 等人(1951)曾在保持含水量不变的情况下,对各种黏土进行了长期无侧限抗压强度试验。结果表明强度随时间而降低,且与时间对数呈直线关系。一些三轴试验也表明,破坏时的偏应力 $q = \sigma_1 - \sigma_3$ 随时间对数的增加而线性地减小。任意时刻 t 的强度 q_t 可表示为

$$q_t = q_{\mathrm{s}}\left[1 - \xi \lg\left(\frac{t}{t_{\mathrm{s}}} \right) \right] \tag{9.3}$$

其中 q_{s} 为标准强度;t_{s} 为常规强度试验时间;ξ 为强度减小系数。

实用上,可根据式(9.3)及工程有效服务期(例如 50~100 年)来确定长期强度。流变试验表明,长期强度一般相当于标准峰值强度的 70%~90%。有些黏土的长期强度显著地小于峰值强度,达到 50%。

(3)长期强度的机理

黏性土的强度为什么会随时间而降低? Walker(1969)曾用饱和黏土试样进

行过三轴试验,研究其蠕变过程中孔隙水压力 u 的变化,以此说明强度因蠕变而减小的现象。结果表明:在不排水条件下,蠕变变形可以使 u 增加,而有效应力向破坏包线移动。如果移动到破坏包线,则试样将处于破坏状态。

蠕变过程中的孔隙水压力 u 是时间对数 $\lg t$ 的函数,且与平均有效应力 p' 有关。若以孔隙水压力的变化速率 $\dot{u}$ 为纵轴,p' 为横轴,则 $\dot{u}$ 与 p' 呈直线关系(图9.6)。

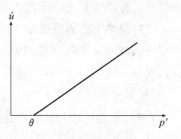

图9.6 流动曲线

$$\dot{u} = \frac{p' - \theta}{2\eta} \qquad (9.4)$$

其中 η 为黏滞系数;θ 为直线与横轴的交点,表明只有 p' 超过 θ 时,才产生孔隙水压力变化。

对于超固结的饱和黏土,不排水蠕变使强度降低。这是因为施加剪应力后产生剪胀和负孔隙水压力;在试样或土体内,负孔隙水压力分布不均匀,集中于应变大的区域。随着时间的增加,水分向负孔隙水压力区转移,因而强度低于正常不排水剪强度。

从机理上讲,黏性土抗剪强度主要包括黏聚分量、剪胀分量和摩擦分量。黏聚分量可分为两部分,即与应变率无关的联结和与应变率有关的黏滞。伏斯列夫(1965)在分析黏性土的长期强度时曾指出黏滞部分 c_v。若将其与应变率表示为线性关系,则有

$$c_v = \eta\dot{\gamma} \qquad (9.5)$$

其中 $\dot{\gamma}$ 为剪应变率。上式表明,黏滞部分随着应变率的减小而减小,最后可以达到零。在常规试验确定的标准强度中包含一定的黏滞分量,而这一部分随着时间的消失将表现为强度降低。

9.1.4 影响因素

土的流变特性与许多因素有关,例如黏土矿物的类型与含量、土的结构、密实程度、饱和度等。以下对若干因素的影响做出简要说明。

(1)黏土矿物

黏土矿物的类型及含量对土的流变特性有重要影响。一般来说,土的塑性越大,流变性就越显著。对含有蒙脱石、伊利石和高岭石的土进行的三轴蠕变试验表明(Mitchell,1976),稳态蠕变速率 $\dot{\varepsilon}_1$ 与黏土矿物的类型和含量 m_c 具有很好的相关性(图9.7)。由于塑性指数取决于黏土矿物的类型和含量,所以稳态蠕变速率与塑性指数也密切相关(图9.8)。

必须指出,并非只有含黏土矿物颗粒的黏性土才有流变性。由于堆石体颗粒接触点应力很高,有时也会表现出较明显的流变变形。

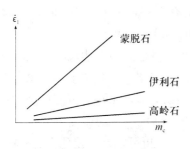
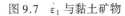

图 9.7　$\dot{\varepsilon}_1$ 与黏土矿物

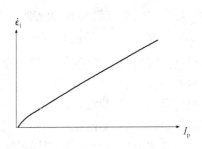

图 9.8　$\dot{\varepsilon}_1$ 与塑性指数

(2)应力历史

通常情况下,天然土体是各向异性的,这与其所受应力历史有关。关于各向异性对蠕变的影响,试验资料并不多。图 9.9 所示为一种原状黏土的三轴蠕变试验曲线示意图,试样分别等压固结和 K_0 固结。结果表明,在固结应力 σ_{1c}、偏应力 $q = \sigma_1 - \sigma_3$ 相同的条件下,等压固结试样的破坏轴向应变比 K_0 固结试样的相应值大得多。这说明应力路径对蠕变具有明显的影响,在为实际应用做蠕变试验时,试验条件应尽可能模拟现场应力条件。

(3)温度变化

在常规试验中,一般都没有考虑温度 T 对土性的影响。实际上,温度对土的强度和变形均有明显影响。试验表明,在其他条件不变时,随温度升高,孔隙压力增大,有效应力减小,因而土的强度降低,蠕变速率增加(图 9.10)。此外,应力松弛也随温度的升高而增大。因此,在研究土的流变特性时,一般要求在温度不变的条件下进行。否则,试验结果的解释将复杂化。

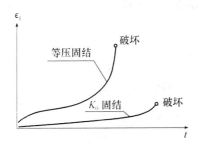

图 9.9　蠕变与应力历史

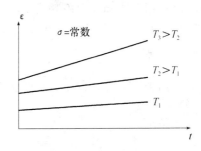

图 9.10　蠕变与温度

9.2　线性流变计算

在流变问题的研究中,常用**流变模型**(rheological model)表达材料的流变性质。最简单的流变模型称为**流变元件**,常用的有 Hooke 弹性体、Newton 黏滞体和 St. Venant 塑性体,此外还有理想的 Euclide 刚体和 Pascal 液体。这些元件是构造复杂流变模型的基本单元,各种固体材料均可以用它们来表达流变性质。这样构成的流变模型可以把比较复杂的性质直观地表现出来,有助于从概念上认识材料变形的弹性、塑性和黏性分量,因而为许多研究者所采用。流变模型中包含有参数,它们须经室内流变试验或现场观测资料确定。土的流变参数难于测定是个非常突出的问题,利用现场观测资料进行反分析可能是比较现实的途径。

9.2.1　基本元件模型

(1)Hooke 弹性元件

Hooke 弹性元件(H)是完全弹性的,应力与应变呈线性关系,流变模型用弹簧表示(图 9.11)。简单应力条件下的流变方程为

$$\left.\begin{array}{l} \sigma = E\varepsilon \\ \tau = G\gamma \end{array}\right\} \tag{9.6a}$$

对于复杂应力状态

$$\left.\begin{array}{l} \sigma_m = 3B\varepsilon_m \\ s_{ij} = 2Ge_{ij} \end{array}\right\} \tag{9.6b}$$

其中 σ_m 和 ε_m 分别为平均应力和平均应变;B 为体积模量;G 为剪切模量;E 为弹性模量;ν 为泊松比。

(2)Newton 黏滞元件

Newton 元件(N)代表一种不可压缩的黏滞材料,其模型用一个黏壶(dashpot)表示,黏壶内充满黏滞液体和一个可移动的活塞(图 9.12)。简单应力条件下的流变方程为

$$\dot{\varepsilon}(\dot{\gamma}) = \frac{\sigma(\tau)}{\eta} \tag{9.7}$$

其中 $\sigma(\tau)$ 表示公式对正应力和剪应力都适用,下同。

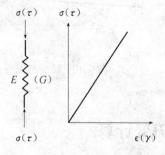

图 9.11　Hooke 弹性

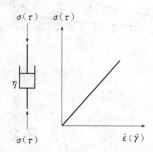

图 9.12　Newton 黏滞性

一般说,黏性对材料本构特性的影响主要反映在偏应力与偏应变率之间的关系上。考虑到这一点,普遍的流变方程可表示为

$$\sigma_{ij} = B\varepsilon_{m}\delta_{ij} + 2\eta\dot{e}_{ij} \tag{9.8}$$

其中包含了弹性的体积变形分量,若不考虑体积变形,则有

$$s_{ij} = 2\eta\dot{e}_{ij} \tag{9.9}$$

(3) St. Venant 塑性元件

St. Venant 塑性元件(V)是理想刚塑性的,并假定物体不可压缩,其模型是一对摩擦接触的摩擦片,面上有一与法向压力无关的起始摩擦阻力(图9.13)。当所施加应力小于该摩擦阻力时,不发生变形;而当等于或大于摩擦阻力时,就产生塑性流动变形。简单应力条件下的流变方程为

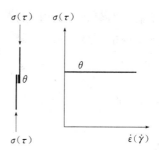

图 9.13　St. Venant 塑性

$$\left.\begin{array}{ll} \varepsilon(\gamma) = 0 & \text{当 } \sigma(\tau) < \theta \\ \sigma(\tau) = \lambda\dot{\varepsilon}(\dot{\gamma}) & \text{当 } \sigma(\tau) = \theta \end{array}\right\} \tag{9.10a}$$

其中 θ 是起始摩擦阻力或屈服应力;λ 是流动比例系数。对于复杂应力状态有

$$\left.\begin{array}{ll} \varepsilon_{v} = 3\varepsilon_{m} = 0 & \\ e_{ij} = 0 & \text{当 } s_{ij} < \theta_{ij} \\ s_{ij} = 2\lambda\dot{e}_{ij} & \text{当 } s_{ij} = \theta_{ij} \end{array}\right\} \tag{9.10b}$$

其中 θ_{ij} 是起始摩擦阻力张量。

9.2.2　组合流变模型

将基本的流变元件串联或并联起来构成组合流变模型,可以表达材料较为复杂的流变特性。例如将弹性元件和黏滞元件组合起来构成黏弹性模型,将弹性元件、黏滞元件和塑性元件组合起来构成黏弹塑性模型。这类模型很多(Suklje,1969;蒋彭年,1982),这里只介绍几种常用的模型。

(1) Maxwell 模型

Maxwell 模型(M)是 Maxwell(1868)提出的**黏弹性模型**,由弹性元件(H)和黏滞元件(N)串联组合而成(图9.14a)。在 $t = 0$ 的时刻突然施加应力 $\sigma(\tau)$(图9.14b)。由于元件串联,所以作用在两元件上的应力相等,而总应变速率为两者之和。对于简单应力状态,考虑到式(9.6)和式(9.7)有

$$\dot{\varepsilon} = \frac{\dot{\sigma}}{E} + \frac{\sigma}{\eta} \tag{9.11}$$

解此方程得

$$\varepsilon = \frac{\sigma}{E} + \frac{1}{\eta}\int_{0}^{t}\sigma\mathrm{d}t \tag{9.12a}$$

在常应力 σ 作用下,有

$$\varepsilon = \frac{\sigma}{E} + \frac{\sigma}{\eta}t \tag{9.12b}$$

t_1 时的应变为

$$\varepsilon_1 = \frac{\sigma}{E} + \frac{\sigma}{\eta}t_1 \tag{9.13a}$$

若在 t_1 时刻将应力卸除,弹性应变 $\varepsilon_0 = \sigma/E$ 也随之恢复,则由式(9.13a)可知 $t \geq t_1$ 时的应变为

$$\varepsilon = \frac{\sigma}{\eta}t_1 \tag{9.13b}$$

可见,卸荷后蠕变变形完全不能恢复(图9.14c)。

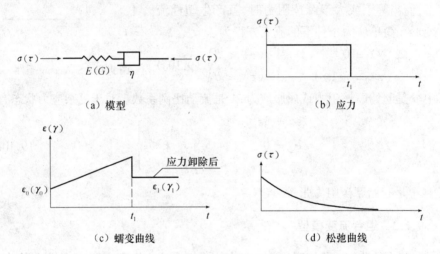

（a）模型　　　　　　　　　　　　（b）应力

（c）蠕变曲线　　　　　　　　　　（d）松弛曲线

图 9.14　Maxwell 模型

　　为研究 Maxwell 模型的松弛特性,设 $t = 0$ 时刻发生弹性应变 ε_0 后,应变保持不变。积分式(9.11)得

$$\sigma = E\varepsilon_0 \exp\left(-\frac{E}{\eta}t\right) \tag{9.14}$$

可见,应变不变时应力将按指数规律衰减,当 $t \to \infty$ 时,应力趋于零(图9.14d)。

　　现在讨论复杂应力状态,且只考虑偏应力和偏应变。式(9.6)对 t 微分得

$$\dot{s}_{ij} = 2G(\dot{e}_{ij})_H$$

式(9.9)可写成

$$s_{ij} = 2\eta(\dot{e}_{ij})_N$$

根据上述两式,偏应变速率为

$$\dot{e}_{ij} = (\dot{e}_{ij})_H + (\dot{e}_{ij})_N = \frac{1}{2G}\dot{s}_{ij} + \frac{1}{2\eta}s_{ij} \tag{9.15a}$$

或

$$\dot{s}_{ij} + \frac{G}{\eta}s_{ij} = 2G\dot{e}_{ij} \tag{9.15b}$$

解此微分方程得

$$s_{ij} = \left[s_{ij0} + 2G\int_0^t \dot{e}_{ij}\exp\left(\frac{G}{\eta}t\right)\mathrm{d}t \right]\exp\left(-\frac{G}{\eta}t\right) \tag{9.16}$$

如果应变速率 $\dot{e}_{ij}$ 为常数,则

$$s_{ij} = s_{ij0}\cdot\exp\left(-\frac{G}{\eta}t\right) + 2\eta\dot{e}_{ij}\left[1 - \exp\left(-\frac{G}{\eta}t\right)\right] \tag{9.17}$$

若应变速率为 0,则上式变为

$$s_{ij} = s_{ij0}\cdot\exp\left(-\frac{G}{\eta}t\right) \tag{9.18}$$

这就是当应变速率为零时,应力随时间而松弛的表达式。当 $t\to\infty$ 时,应力趋于零。

(2)Kelvin 模型

Kelvin 模型(K)又称为 **Voigt 模型**,它也是一种黏弹性模型,由 Hooke 弹性元件和 Newton 黏滞元件并联而成(图 9.15a)。由于两个元件并联,所以应力分布于两者之中。简单应力状态下的流变方程为

$$\sigma = E\varepsilon + \eta\dot{\varepsilon} \tag{9.19}$$

解此方程得

$$\varepsilon = \left[\varepsilon_0 + \frac{1}{\eta}\int_0^t \sigma\exp\left(\frac{E}{\eta}t\right)\mathrm{d}t \right]\exp\left(-\frac{E}{\eta}t\right) \tag{9.20a}$$

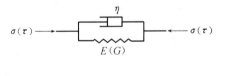

（a）模型

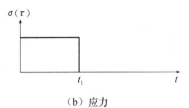

（b）应力

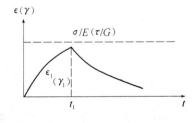

（c）蠕变曲线

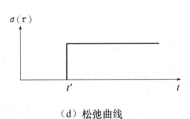

（d）松弛曲线

图 9.15   简单应力状态 Kelvin 模型

当初始应变 $\varepsilon_0 = 0$ 时,有

$$\varepsilon = \left[\frac{1}{\eta} \int_0^t \sigma \exp\left(\frac{E}{\eta} t \right) \, \mathrm{d}t \right] \exp\left(-\frac{E}{\eta} t \right) \tag{9.20b}$$

当 σ 为常数时,由上式可得

$$\varepsilon = \varepsilon_0 \exp\left(-\frac{E}{\eta} t \right) + \frac{\sigma}{E} \left[1 - \exp\left(-\frac{E}{\eta} t \right) \right] \tag{9.21}$$

当初始应变 $\varepsilon_0 = 0$ 且应力不变时,应变随时间而增长(图 9.15c)。如果在 t_1 时刻应变达到 ε_1,这时退去应力 $\sigma = 0$(图 9.15b),则 ε_1 相当于初始应变,式 (9.21) 变为

$$\varepsilon = \varepsilon_1 \exp\left[-\frac{E}{\eta} (t - t_1) \right] \tag{9.22}$$

这表明应变不是瞬时消失,而是随时间增长逐渐减退到零(图 9.15c)。这种现象称为**弹性后效**。若在某时刻 t' 发生应变 ε' 且此后保持不变,则由式(9.19)得

$$\sigma = E\varepsilon' \tag{9.23}$$

这说明应力不会衰减(9.15d),所以 Kelvin 模型又称为非松弛模型。

在复杂应力状态下(图 9.16)

$$s_{ij} = (s_{ij})_H + (s_{ij})_N = 2Ge_{ij} + 2\eta \dot{e}_{ij} \tag{9.24a}$$

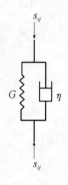
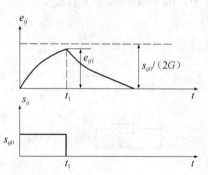

图 9.16　复杂应力状态 Kelvin 模型

或

$$\dot{e}_{ij} + \frac{G}{\eta} e_{ij} = \frac{s_{ij}}{2\eta} \tag{9.24b}$$

解此方程得

$$e_{ij} = \left[e_{ij0} + \frac{1}{2\eta} \int_0^t s_{ij} \exp\left(\frac{G}{\eta} t \right) \, \mathrm{d}t \right] \exp\left(-\frac{G}{\eta} t \right) \tag{9.25}$$

当 s_{ij} 为常数时,则由上式可得

$$e_{ij} = e_{ij0} \cdot \exp\left(-\frac{G}{\eta} t \right) + \frac{1}{2G} s_{ij} \left[1 - \exp\left(-\frac{G}{\eta} t \right) \right] \tag{9.26}$$

当起始应变 $e_{ij0} = 0$ 而应力不变时,应变随时间而增长。如果在 t_1 时刻,应变达到 e_{ij1},这时退去应力,则式(9.26)变为

$$e_{ij} = e_{ij1} \cdot \exp\left[-\frac{G}{\eta}(t - t_1) \right] \tag{9.27}$$

(3) Bingham 模型

Bingham 模型(B)由 St.Venant 塑性元件和 Newton 黏滞元件并联而成,它是一种黏塑性模型。当应力 σ_{ij} 超过了 St.Venant 体的起始摩擦阻力 θ_{ij} 时,才开始产生变形。这时如果保持 σ_{ij} 不变,则 Newton 黏壶产生流动,应变速率 $\dot{\varepsilon}_{ij}$ 视 σ_{ij} 大小而定(图 9.17)。由于 $\sigma_{ij} = (\sigma_{ij})_V + (\sigma_{ij})_N$,故当 $\sigma_{ij} \geqslant \theta_{ij}$ 时,流变方程为

$$\sigma_{ij} = \theta_{ij} + 2\eta\dot{\varepsilon}_{ij} \tag{9.28a}$$

即

$$\dot{\varepsilon}_{ij} = \frac{\sigma_{ij} - \theta_{ij}}{2\eta} \tag{9.28b}$$

对于一维情况,当应力 σ 为常数、屈服应力为 $\theta = \sigma_s$ 时,积分上式得

$$\varepsilon = \frac{\sigma - \sigma_s}{\eta}t \tag{9.29}$$

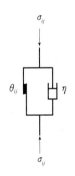
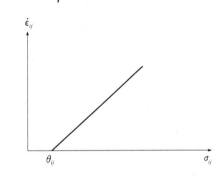

图 9.17　Bingham 模型

一般情况下,固体材料并不是在任意荷载下都开始流动,仅仅在应力超过某个极限之后才发生流动。因此,比较适用的不是理想的 Newton 黏滞理论,而是 Bingham 黏塑性流动理论。

9.2.3　复合流变模型

组合流变模型是由两个基本元件串联或并联而成的,进一步将单个基本元件或组合模型与组合模型并联或串联,便构成所谓复合流变模型,其流变方程也按前述方法求得。学者们提出的复合流变模型也很多,这里仅介绍土力学中常用的 Merchant 模型、Nishihara 模型和广义 Kelvin 模型。

(1) Merchant 模型

Merchant 模型由 Hooke 弹性体和 Kelvin 黏弹性体串联而成,其模型如图 9.18a 所示。很显然,该模型的应变等于 Hooke 体的应变和 Kelvin 体的应变之和。注意到式(9.6)和式(9.20),有

$$\varepsilon = \frac{\sigma}{E_0} + \left[\frac{1}{\eta} \int_0^t \sigma \exp\left(\frac{E}{\eta}t \right) \mathrm{d}t \right] \exp\left(-\frac{E}{\eta}t \right) \tag{9.30}$$

在常应力作用下,积分上式得

$$\varepsilon = \frac{\sigma}{E_0} + \frac{\sigma}{E}\left[1 - \exp\left(-\frac{E}{\eta}t \right) \right] \tag{9.31}$$

可见,应变将随时间不断增大,当 $t \to \infty$ 时,最终应变 $\varepsilon_{\mathrm{ult}}$ 为

$$\varepsilon_{\mathrm{ult}} = \frac{\sigma}{E_0} + \frac{\sigma}{E} \tag{9.32}$$

若在 t_1 时刻把 σ 卸掉,则应变可完全恢复(图 9.18b)。

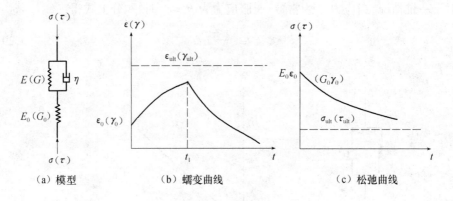

| （a）模型 | （b）蠕变曲线 | （c）松弛曲线 |

图 9.18　Merchant 模型

此外,Merchant 模型的流变方程为

$$\eta\dot{\varepsilon} + E\varepsilon = \frac{E_0 + E}{E_0}\sigma + \frac{\eta}{E_0}\dot{\sigma}$$

如果发生初始应变 $\varepsilon_0 = \sigma/E_0$ 后保持应变不变,则上式的解为

$$\sigma = \frac{E_0\varepsilon_0}{E_0 + E}\left[E + E_0\exp\left(-\frac{E_0 + E}{\eta}t \right) \right] \tag{9.33}$$

当 $t \to \infty$ 时,最终应力 σ_{ult} 为

$$\sigma_{\mathrm{ult}} = \frac{E_0 E\varepsilon_0}{E_0 + E}$$

可见,当应变保持不变时,Merchant 模型的应力只部分松弛(图 9.18c)。

(2) Nishihara 模型

Nishihara 模型由 Hooke 体、Kelvin 体和 Bingham 体串联而成,或说由 Merchant

体和 Bingham 体串联而成(图 9.19)。这个模型能比较全面地反映材料变形的弹性、黏弹性和黏塑性效应。根据式(9.29)和式(9.31),一维情况下的流变方程为

$$\varepsilon = \begin{cases} \dfrac{\sigma}{E_1} + \dfrac{\sigma}{E_2}\Big[\,1 - \exp\Big(-\dfrac{E_2}{\eta_1}t\Big)\,\Big] & \sigma \leqslant \sigma_s \\[4mm] \dfrac{\sigma}{E_1} + \dfrac{\sigma}{E_2}\Big[\,1 - \exp\Big(-\dfrac{E_2}{\eta_1}t\Big)\,\Big] + \dfrac{\sigma - \sigma_s}{\eta}t & \sigma > \sigma_s \end{cases} \tag{9.34}$$

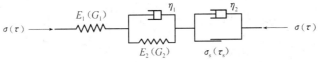

图 9.19　Nishihara 模型

(3)广义 Kelvin 模型

广义 Kelvin 模型也称**广义 Voigt 模型**,由一个 Maxwell 体和 N 个 Kelvin 体串联而成,其总应变为一个 Maxwell 体和 N 个 Kelvin 体应变之和(图 9.20)。在常应力作用下,根据式(9.12)和式(9.21),广义 Kelvin 模型的流变方程为

$$\varepsilon = \sigma\Big\{ \dfrac{1}{E_0} + \dfrac{t}{\eta_0} + \sum_{i=1}^{N} \dfrac{1}{E_i}\Big[\,1 - \exp\Big(-\dfrac{E_i}{\eta_i}t\Big)\,\Big] \Big\} \tag{9.35}$$

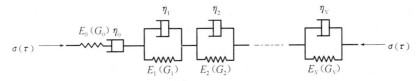

图 9.20　广义 Kelvin 模型

9.2.4　Boltzmann 方程

黏弹性材料在单位常应力作用下产生的应变称为**蠕变柔量**(creep compliance)或**蠕变度函数** $J(t)$,它是时间 t 的单调函数。例如根据式(9.35),广义 Kelvin 模型的 $J(t)$ 为

$$J(t) = \dfrac{1}{E_0} + \dfrac{t}{\eta_0} + \sum_{i=1}^{N} \dfrac{1}{E_i}\Big[\,1 - \exp\Big(-\dfrac{E_i}{\eta_i}t\Big)\,\Big] \tag{9.36}$$

单位常应变作用下的应力称为**松弛模量**(relaxation modulus) $Y(t)$,它也是时间 t 的单调函数。例如根据式(9.14),Maxwell 模型的松弛模量为

$$Y(t) = \dfrac{\sigma}{\varepsilon} = E\exp\Big(-\dfrac{E}{\eta}t\Big) \tag{9.37}$$

变应力作用下的应变和变应变条件下的应力可由叠加原理求得,分别为

$$\varepsilon(t) = J(t)\sigma(0) + \int_0^t J(t - \tau)\frac{\mathrm{d}\sigma(\tau)}{\mathrm{d}\tau}\mathrm{d}\tau \tag{9.38}$$

$$\sigma(t) = Y(t)\varepsilon(0) + \int_0^t Y(t - \tau)\frac{\mathrm{d}\varepsilon(\tau)}{\mathrm{d}\tau}\mathrm{d}\tau \tag{9.39}$$

分别积分得

$$\varepsilon(t) = J(0)\sigma(t) + \int_0^t \sigma(\tau)\frac{\mathrm{d}J(t - \tau)}{\mathrm{d}(t - \tau)}\mathrm{d}\tau \tag{9.40}$$

$$\sigma(t) = Y(0)\varepsilon(t) + \int_0^t \varepsilon(\tau)\frac{\mathrm{d}Y(t - \tau)}{\mathrm{d}(t - \tau)}\mathrm{d}\tau \tag{9.41}$$

上述两个方程统称为 **Boltzmann 方程**。

采用线性的流变组合模型时,可容易地通过求解常微分方程获得蠕变柔量 $J(t)$ 和松弛模量 $Y(t)$。但当采用非线性流变方程时,困难将大为增加,通常不得不采用试验方法确定它们。由于土的应力松弛试验要比蠕变试验困难得多,所以由蠕变柔量 $J(t)$ 确定松弛模量 $Y(t)$ 便具有实际意义。原则上讲,$J(t)$ 与 $Y(t)$ 可相互表示,即知道其中的一个,便可以用微分方程或积分方程表示出另一个。但是,这种关系仅仅是理论上的。朱伯芳(1999)阐述了由混凝土的 $J(t)$ 确定 $Y(t)$ 的数值方法、递推算法和近似算法。这些算法都是将时间离散成一系列时段,并假定在每一时段内待求变量为常数或线性变化,通过叠加获得 $Y(t)$ 的近似值。

对式(9.40),式(9.41)作 Laplace 变换,分别得

$$\tilde{\varepsilon} = \lambda \tilde{J}\tilde{\sigma} \tag{9.42}$$

$$\tilde{\sigma} = \lambda \tilde{Y}\tilde{\varepsilon} \tag{9.43}$$

其中 λ 为变换参数。

9.2.5　流变固结计算

Terzaghi 固结理论以孔隙水压力消散为依据,没有考虑次固结的影响。这样处理对于流变性较差的黏性土是可行的,但对软黏土变形计算可能带来明显的误差。为此,陈宗基,Merchant,K.Y.Lo 等学者发展了流变固结理论。这里首先介绍陈宗基(1958)提出的计算方法,它是最早的流变固结理论之一;然后简单介绍刘加才等(2007)基于广义 Kelvin 模型而得到的双层黏弹性地基固结分析与结果。

(1)单层土地基

陈宗基认为次固结来源于:①偏应力产生的黏滞剪切流动。②球应力产生的黏滞体积流动。体积变形的延滞是由于土骨架本身的黏弹性质以及孔隙水挤出的延滞。③上述两种流动产生的同时,也产生硬化作用。据此,他提出如图

9.21 所示的流变模型来模拟土的固结,该模型将 Hooke 体和 Maxwell 体并联。其中 Hooke 体表示球应变部分,Maxwell 体表示偏应变部分,即

$$\sigma_m = 3B\varepsilon_m \tag{a}$$

$$\dot{e}_{ij} = \frac{\dot{s}_{ij}}{2G} + \frac{s_{ij}}{2\eta} \tag{b}$$

式(b)可以表示为

$$s_{ij} = \frac{2\partial/\partial t}{1/\eta + (1/G)\partial/\partial t} e_{ij} \tag{c}$$

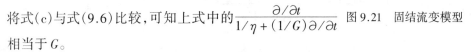

将式(c)与式(9.6)比较,可知上式中的 $\dfrac{\partial/\partial t}{1/\eta + (1/G)\partial/\partial t}$ 相当于 G。

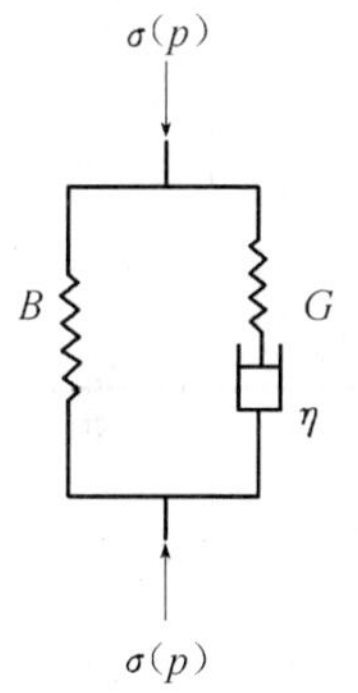

图 9.21 固结流变模型

对于一维固结问题,垂直方向的有效应力为 $\sigma' = \sigma'_1$, $\varepsilon_v = \varepsilon_1$。根据广义 Hooke 定律,有

$$\sigma' = \lambda\varepsilon_v + 2G\varepsilon_1 = (\lambda + 2G)\varepsilon_1 \tag{9.44}$$

用 ρ 表示沉降,则

$$\varepsilon_1 = \varepsilon_v = -\frac{\partial\rho}{\partial z} \tag{d}$$

代入式(9.44)并微分得

$$\frac{\partial\sigma'}{\partial z} = -(\lambda + 2G)\frac{\partial^2\rho}{\partial z^2} \tag{e}$$

当施加大面积均布荷载 $\sigma = p_0$ 后,根据有效应力原理,有

$$\frac{\partial u}{\partial z} = -\frac{\partial\sigma'}{\partial z} = (\lambda + 2G)\frac{\partial^2\rho}{\partial z^2} \tag{9.45}$$

注意到

$$\lambda + 2G = B + \frac{4}{3}G = B + \frac{4}{3}\frac{\partial/\partial t}{1/\eta + (1/G)\partial/\partial t} \tag{9.46}$$

代入式(9.45)得

$$\frac{\partial u}{\partial z} = \left[B + \frac{4}{3}\frac{\partial/\partial t}{1/\eta + (1/G)\partial/\partial t} \right]\frac{\partial^2\rho}{\partial z^2} \tag{9.47}$$

由于 $\dfrac{\partial\varepsilon_v}{\partial t} = -\dfrac{1}{1+e_1}\dfrac{\partial e}{\partial t}$($e_1$ 为初始孔隙比),并注意到式(d),有 $\dfrac{\partial\varepsilon_v}{\partial t} = -\dfrac{\partial^2\rho}{\partial z\partial t}$。从而

$$\frac{\partial e}{\partial t} = (1 + e_1)\frac{\partial^2\rho}{\partial z\partial t}$$

对于一维固结,不难推出

$$\frac{\partial e}{\partial t} = \frac{k(1 + e_1)}{\gamma_w}\frac{\partial^2 u}{\partial z^2}$$

结合以上两式得

$$\frac{k}{\gamma_w} \frac{\partial^2 u}{\partial z^2} = \frac{\partial^2 \rho}{\partial z \partial t} \tag{9.48}$$

设土层厚度为 H，单面排水。求解式(9.45)和式(9.48)，可得孔隙水压力 u 和沉降 ρ 的表达式为

$$u = \frac{4p_0}{\pi} \sum_{n=0}^{\infty} \left[\frac{(-1)^n}{2n+1} \cos\left(\frac{H-z}{H} \frac{2n+1}{2} \pi \right) \exp \frac{\omega g^2 t}{T'} P(\omega, \alpha) \right]_{\omega_1, \omega_2} \tag{9.49}$$

$$\rho = \frac{Hp_0}{B} \Big\{ 1 - (1 - g^2) \exp\left(-\frac{g^2 t}{T'} \right) - \frac{8}{\pi^2} \sum_{n=0}^{\infty} \Big[\frac{1}{(2n+1)^2} \times$$

$$\frac{\exp(\omega g^2 t / T')(1 + g^2 \omega) - (1 - g^2)\exp(-g^2 t / T')}{\omega + 1} \Big] P(\omega, \alpha) \Big\}_{\omega_1, \omega_2} \tag{9.50}$$

其中

$$\omega_{1,2} = \frac{-(1 - \alpha) \pm \sqrt{(-\alpha)^2 + 4g^2 \alpha}}{2g^2}$$

$$\alpha = -\frac{C_v T'}{H^2} \left(\frac{2n+1}{2} \pi \right)^2, \qquad C_v = \frac{Bk}{g^2 \gamma_w}$$

$$P(\omega, \alpha) = \frac{(\omega + 1)\alpha}{g^2 \omega^2 + \alpha}, \qquad g^2 = \frac{1 + \nu}{3(1 - \nu)}$$

当 α 很大时，可令 $\alpha - 1 \approx \alpha$，则式(9.49)和式(9.50)分别近似地表示为

$$u = \frac{4p_0}{\pi} \sum_{n=0}^{\infty} \frac{(-1)^n}{2n+1} \exp\left[-T_v \left(\frac{2n+1}{2} \pi \right)^2 \right] \left(1 + \frac{g^2}{\alpha} \right) \cos\left(\frac{H-z}{H} \frac{2n+1}{2} \pi \right) \tag{9.51a}$$

$$\rho = \frac{Hp_0}{K} \Big\{ 1 - (1 - g^2) \exp\left(-\frac{g^2 t}{T'} \right) - \frac{8g^2}{\pi^2} \sum_{n=0}^{\infty} \Big[\frac{1}{(2n+1)^2} \exp\left[-T_v \left(\frac{2n+1}{2} \pi \right)^2 \right] \left(1 + \frac{g^2}{\alpha} \right) \Big] \Big\} \tag{9.51b}$$

其中 $T_v = \dfrac{C_v t}{H^2}$。当 $T' = \eta/G \to \infty$ 即 $\alpha \to \infty$ 时，土体将无流动特性，上述两式可进一步写成

$$u = \frac{4p_0}{\pi} \sum_{n=0}^{\infty} \frac{(-1)^n}{2n+1} \exp\left[-T_v \left(\frac{2n+1}{2} \pi \right)^2 \right] \cos\left(\frac{H-z}{H} \frac{2n+1}{2} \pi \right) \tag{9.52a}$$

$$\rho = \frac{Hp_0 g^2}{B} \Big\{ 1 - \frac{8}{\pi^2} \sum_{n=0}^{\infty} \frac{1}{(2n+1)^2} \exp\left[-T_v \left(\frac{2n+1}{2} \pi \right)^2 \right] \Big\} \tag{9.52b}$$

此即 Terzaghi 固结方程的解。

计算表明，当时间较短时，黏滞流动结果(9.51b)与 Terzaghi 结果(9.52b)比较接近；而当时间很长时，按式(9.51b)所得结果要比按式(9.52b)所得结果大。这显然是流变固结理论考虑蠕变的缘故。

(2)双层土地基

采用广义 Kelvin 黏弹性模型，研究双层黏土地基的一维固结(图9.22)。广

义 Kelvin 模型的蠕变柔量 $J(t)$ 为式(9.36),它可以写成

$$J(t) = a_0\Big\{ 1 + b_0 t + \sum_{i=1}^{N} a_i[1 - \exp(-b_i t)] \Big\}$$

(9.53)

其中

$$a_0 = \frac{1}{E_0}, \quad b_0 = \frac{E_0}{\eta_0}, \quad a_i = \frac{E_0}{E_i}, \quad b_i = \frac{E_i}{\eta_i}$$

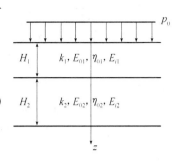

图 9.22 双层地基

根据土体单元体积变化连续性条件,可得两层土的控制方程

$$\frac{k_i}{\gamma_w} \frac{\partial^2 u_i}{\partial z^2} = a_{0i} \frac{\partial u_i}{\partial t} + \int_0^t \frac{\partial u_i}{\partial \tau} \frac{\mathrm{d} J_i(t-\tau)}{\mathrm{d}(t-\tau)} \mathrm{d}\tau$$

(9.54)

其中 k 为渗透系数;u 为超孔隙水压力;$i = 1, 2$ 分别代表第 1,2 层土。在两层土接触面 $z = H_1$ 处,满足孔隙水压力和流量连续条件,即

$$u_1\big|_{z=H_1} = u_2\big|_{z=H_1}, \qquad k_1 \frac{\partial u_1}{\partial z}\Big|_{z=H_1} = k_2 \frac{\partial u_2}{\partial z}\Big|_{z=H_1}$$

设土层顶面($z=0$)透水,底面($z=H=H_1+H_2$)不透水,则土层的上下边界条件为

$$u_1\big|_{z=0} = 0, \qquad \frac{\partial u_2}{\partial z}\Big|_{z=H} = 0$$

初始条件为

$$u_1\big|_{t=0} = u_2\big|_{t=0} = u_0 = p_0$$

刘加才等(2007)推导并求解了上述黏弹性固结方程。计算结果表明,土的黏滞性降低了土体的固结速度,且深度越大,影响越明显。

9.2.6 李氏比拟解法

对黏弹性本构方程实施 Laplace 变换,得式(9.42),即 $\tilde{\varepsilon} = \lambda \tilde{J} \tilde{\sigma}$。可见,只要把弹性本构方程中的弹性模量 E 换成 $(\lambda \tilde{J})^{-1}$ 即可得到该式。假定泊松比为常量,可将式(9.42)扩展为

$$\tilde{\sigma} = \frac{1}{\lambda \tilde{J}(1+\nu)(1-2\nu)} \begin{bmatrix} 1-\nu & \nu & \nu & 0 & 0 & 0 \\ & 1-\nu & \nu & 0 & 0 & 0 \\ & & 1-\nu & 0 & 0 & 0 \\ & 对 & & \dfrac{1-2\nu}{2} & 0 & 0 \\ & & 称 & & \dfrac{1-2\nu}{2} & 0 \\ & & & & & \dfrac{1-2\nu}{2} \end{bmatrix} \tilde{\varepsilon}$$

(9.55)

在黏弹性问题中,平衡方程和几何方程不显含时间 t,它们的 Laplace 变换在形式上不变。从而结合上述黏弹性本构方程,可得

$$\left.\begin{array}{l} \dfrac{3\,\widetilde{B} + \widetilde{G}}{3}\dfrac{\partial\,\widetilde{\dot{\varepsilon}}_{\mathrm{v}}}{\partial x} + \widetilde{G}\,\nabla^2\,\widetilde{u}_x - \dfrac{\partial\,\widetilde{u}_{\mathrm{w}}}{\partial x} + X = 0 \\[3mm] \dfrac{3\,\widetilde{B} + \widetilde{G}}{3}\dfrac{\partial\,\widetilde{\dot{\varepsilon}}_{\mathrm{v}}}{\partial y} + \widetilde{G}\,\nabla^2\,\widetilde{u}_y - \dfrac{\partial\,\widetilde{u}_{\mathrm{w}}}{\partial y} + Y = 0 \\[3mm] \dfrac{3\,\widetilde{B} + \widetilde{G}}{3}\dfrac{\partial\,\widetilde{\dot{\varepsilon}}_{\mathrm{v}}}{\partial z} + \widetilde{G}\,\nabla^2\,\widetilde{u}_z - \dfrac{\partial\,\widetilde{u}_{\mathrm{w}}}{\partial z} + Z = 0 \end{array}\right\} \tag{9.56}$$

其中 $\widetilde{B}$,$\widetilde{G}$ 为由 B,G 变化而得,将其中的 E 换成 $(\lambda\breve{J})^{-1}$,即

$$\widetilde{B} = \frac{1}{3\lambda\breve{J}(1-2\nu)}, \qquad \widetilde{G} = \frac{1}{2\lambda\breve{J}(1+\nu)} \tag{9.57}$$

此外,对于弹性问题和黏弹性问题,连续方程(7.44)的 Laplace 变换式具有相同的形式,即

$$\frac{\partial}{\partial x}\Big(k_x\frac{\partial\,\widetilde{u}_{\mathrm{w}}}{\partial x}\Big) + \frac{\partial}{\partial y}\Big(k_y\frac{\partial\,\widetilde{u}_{\mathrm{w}}}{\partial y}\Big) + \frac{\partial}{\partial z}\Big(k_z\frac{\partial\,\widetilde{u}_{\mathrm{w}}}{\partial z}\Big) + \gamma_{\mathrm{w}}\lambda\,\widetilde{\dot{\varepsilon}}_{\mathrm{v}} = 0 \tag{9.58}$$

可见,实施 Laplace 变换以后,弹性问题和黏弹性问题的 Biot 固结方程具有相同的形式。如果已获得弹性解答,只要把其中的 E 换成 $(\lambda\breve{J})^{-1}$,然后进行 Laplace 逆变换,便可得出黏弹性解答。这种求解黏弹性力学问题的方法是由 E.H.Lee (1955)提出来的,被称为**李氏比拟法**。在这种方法的扩展与应用方面,钱家欢 (1966)做出了贡献。

9.2.7　简化计算方法

在很多情况下,土体的流变变形可以近似地视为应力不变而应变随时间不断增加的结果。此时,可首先采用非流变方法计算荷载引起的应力,然后利用常应力下的流变本构模型进行土体的流变变形分析。

9.3　非线性流变计算

在流变模型理论中,基本元件的本构方程均为线性,因此其线性组合模型的本构方程也将是线性的。许多实际材料的性质并不能满意地用简单的组合模型来描述,而采用复杂的非线性组合模型又常遇到数学上的困难。因此在解决实际问题时,常在试验的基础上引入假设来建立经验性的非线性流变本构方程。

9.3.1 黏弹性模型

黏弹性模型假设总应变为弹性应变与黏性应变或蠕变应变之和,其应变率形式和增量形式分别为

$$\dot{\varepsilon}_{ij} = \dot{\varepsilon}_{ij}^{e} + \dot{\varepsilon}_{ij}^{c} \tag{9.59a}$$

或

$$d\boldsymbol{\varepsilon} = d\boldsymbol{\varepsilon}^{e} + d\boldsymbol{\varepsilon}^{c} \tag{9.59b}$$

其中弹性应变率(或增量)与应力率(或增量)之间符合 Hooke 定律,即

$$\dot{\sigma}_{ij} = D_{ijkl}\dot{\varepsilon}_{kl}^{e} \tag{9.60a}$$

或

$$d\boldsymbol{\sigma} = \boldsymbol{D}d\boldsymbol{\varepsilon}^{e} \tag{9.60b}$$

其中 D_{ijkl}, $\boldsymbol{D}$ 分别为弹性张量、弹性矩阵。根据式(9.59b)和(9.60b),黏弹性本构方程为

$$d\boldsymbol{\sigma} = \boldsymbol{D}(d\boldsymbol{\varepsilon} - d\boldsymbol{\varepsilon}^{c}) \tag{9.61}$$

可见,将黏性应变视为初应变,则黏弹性问题归结为具有初应变的弹性问题。

在流变问题中,温度的影响比较显著。但是,在流变方程中通常并不显含温度变量,而是通过测量不同温度下的材料常数来考虑温度对蠕变的影响。根据单轴蠕变试验资料,蠕变应变通常可表示为

$$\varepsilon^{c} = A\sigma^{m}t^{n} \tag{9.62}$$

其中 A, m, n 是与温度有关的材料常数。经验表明,上述规律适合于描述初始阶段的蠕变。若 σ 不变,则

$$\dot{\varepsilon}^{c} = An\sigma^{m}t^{n-1} \tag{9.63}$$

将单轴试验中观察到的规律推广到多轴状态。例如,用广义剪切蠕变应变 ε_{s}^{c} 和广义剪应力 q 代替单轴蠕变方程中的应力和应变,有

$$\varepsilon_{s}^{c} = Aq^{m}t^{n} \tag{9.64}$$

此外,还常将蠕变应变率表示为应力和蠕变应变的某个函数,即

$$\dot{\varepsilon}_{ij}^{c} = f(\sigma_{ij}, \varepsilon_{ij}^{c}) \quad \text{或} \quad \dot{\boldsymbol{\varepsilon}}^{c} = f(\boldsymbol{\sigma}, \boldsymbol{\varepsilon}^{c}) \tag{9.65}$$

例如,对于蠕变应变与应力之间的关系,可假定流动法则依然成立

$$\dot{\varepsilon}_{ij}^{c} = \lambda_{c}\frac{\partial f}{\partial \sigma_{ij}} \tag{9.66}$$

其中 f 是与塑性理论相似的加载函数。将上式代入式(9.65),再根据广义剪应力公式,可以推出

$$\lambda_{c} = \frac{3\dot{\varepsilon}_{s}^{c}}{2q} \tag{9.67}$$

9.3.2　弹黏塑性模型

弹黏塑性模型认为应变由弹性应变、黏性应变和塑性应变三部分组成,应变率和应变增量可分别表示为

$$\dot{\varepsilon}_{ij} = \dot{\varepsilon}_{ij}^{e} + \dot{\varepsilon}_{ij}^{c} + \dot{\varepsilon}_{ij}^{p} \tag{9.68a}$$

$$d\boldsymbol{\varepsilon} = d\boldsymbol{\varepsilon}^{e} + d\boldsymbol{\varepsilon}^{c} + d\boldsymbol{\varepsilon}^{p} \tag{9.68b}$$

如果弹性应变与塑性应变耦合,且弹塑性应变率(或增量)与应力率(或增量)之间符合下述关系

$$d\boldsymbol{\sigma} = \boldsymbol{D}_{ep}d\boldsymbol{\varepsilon}^{ep} \tag{9.69}$$

其中 $\boldsymbol{D}_{ep}$ 为弹塑性矩阵,则根据式(9.68b)和式(9.69),弹黏塑性本构方程为

$$d\boldsymbol{\sigma} = \boldsymbol{D}_{ep}(d\boldsymbol{\varepsilon} - d\boldsymbol{\varepsilon}^{c}) \tag{9.70}$$

可见,将黏性应变视为初应变,则弹黏塑性问题归结为具有初应变的弹塑性问题。

如果材料只在塑性阶段才呈现明显的黏性,且蠕变与塑性耦合,则假设应变可以分解为弹性应变与黏塑性应变两部分,应变率可表示为

$$\dot{\varepsilon}_{ij} = \dot{\varepsilon}_{ij}^{e} + \dot{\varepsilon}_{ij}^{\eta p} \tag{9.71}$$

其中应力率与弹性应变率之间符合 Hooke 定律。假设黏塑性应变的出现由黏塑性屈服函数 f 控制,屈服条件为

$$f(\sigma_{ij}, \varepsilon_{ij}^{\eta p}, k) = 0 \quad \text{或} \quad f(\boldsymbol{\sigma}, \boldsymbol{\varepsilon}^{\eta p}, k) = 0 \tag{9.72}$$

黏塑性流动法则为

$$\dot{\varepsilon}_{ij}^{\eta p} = \gamma < \phi(f) > \frac{\partial g}{\partial \sigma_{ij}} \tag{9.73}$$

其中 $g(\sigma_{ij})$ 是黏塑性势函数,上式表明塑性应变率的方向就是黏塑性势面的外法线方向。当 $g = f$ 时,为相关联的黏塑性流动; γ 是控制塑性流动速率的流动参数。对于 $x > 0$, $\phi(x)$ 是一个正的单调增函数。为保证在屈服面内部($f < 0$)的应力状态不引起黏塑性流动,使用了符号 < >,其含义是

$$< \phi(x) > = \begin{cases} \phi(x) & x \geqslant 0 \\ 0 & x < 0 \end{cases} \tag{9.74}$$

若采用相关联的黏塑性流动法则,则黏塑性应变率表为

$$\dot{\varepsilon}_{ij}^{\eta p} = \gamma < \phi(f) > \frac{\partial f}{\partial \sigma_{ij}} \tag{9.75}$$

1958 年, Freudenthal 提出一种弹黏塑性本构模型,并获得广泛应用。该模型也认为应变率可以分解为弹性应变率与黏塑性应变率两部分,其本构方程为

$$\left. \begin{array}{ll} \dot{e}_{ij} = \dfrac{1}{2G}\dot{s}_{ij} + \dfrac{1 - k/\sqrt{J_2}}{2\eta}s_{ij} & \sqrt{J_2} \geqslant k \\[3mm] \dot{e}_{ij} = \dfrac{1}{2G}\dot{s}_{ij} & \sqrt{J_2} < k \end{array} \right\} \quad (9.76)$$

其中 k 为剪切屈服值。补充弹性的平均应变与平均应力之间的关系，上式成为

$$\left. \begin{array}{ll} \dot{e}_{ij} = \dfrac{1}{2G}\dot{s}_{ij} + \dfrac{1 - k/\sqrt{J_2}}{2\eta}s_{ij} & \sqrt{J_2} \geqslant k \\[3mm] \dot{e}_{ij} = \dfrac{1}{2G}\dot{s}_{ij} & \sqrt{J_2} < k \\[3mm] \dot{\varepsilon}_{\mathrm{m}} = \dfrac{1}{3B}\dot{\sigma}_{\mathrm{m}} \end{array} \right\} \quad (9.77)$$

将式(9.77)与 Maxwell 流变模型相比较，可发现两个不同。其一，Freudenthal 模型增加了屈服条件，只有当应力达到屈服极限时才出现黏塑性变形，而根据 Maxwell 模型，只要有偏应力就会产生黏性变形；其二，Freudenthal 模型是非线性模型，而 Maxwell 模型是线性模型。

9.3.3　黏塑性问题求解

(1)应变增量

现阐述有限元法求解黏塑性问题的基本思想。设已求得 t 时刻的节点位移 a_t、应力 σ_t、黏塑性应变率 $\dot{\varepsilon}_t^{\eta\mathrm{p}}$ 和应变 $\varepsilon_t^{\eta\mathrm{p}}$，现在问题是求 $t + \Delta t$ 时刻的解答。从 t 到 $t + \Delta t$ 所产生的黏塑性应变增量可表示为

$$\Delta\boldsymbol{\varepsilon}^{\eta\mathrm{p}} = \Delta t\big[(1 - \theta)\dot{\boldsymbol{\varepsilon}}_t^{\eta\mathrm{p}} + \theta\dot{\boldsymbol{\varepsilon}}_{t+\Delta t}^{\eta\mathrm{p}}\big] \quad (9.78)$$

当 $\theta = 0$ 时，上式为向前差分法；当 $\theta = 1$ 时，为向后差分法。

将黏塑性本构方程(9.75)写成向量形式

$$\dot{\boldsymbol{\varepsilon}}^{\eta\mathrm{p}} = \gamma < \phi(f) > \frac{\partial f}{\partial \boldsymbol{\sigma}} \quad (9.79)$$

对 $\dot{\boldsymbol{\varepsilon}}^{\eta\mathrm{p}}$ 在 t 时刻作 Taylor 展开并取线性项，则

$$\dot{\boldsymbol{\varepsilon}}_{t+\Delta t}^{\eta\mathrm{p}} = \dot{\boldsymbol{\varepsilon}}_t^{\eta\mathrm{p}} + \boldsymbol{H}_t\Delta\boldsymbol{\sigma} \quad (9.80)$$

其中

$$\boldsymbol{H}_t = \Big(\frac{\mathrm{d}\dot{\boldsymbol{\varepsilon}}^{\eta\mathrm{p}}}{\mathrm{d}\boldsymbol{\sigma}}\Big)_t = \boldsymbol{H}_t(\boldsymbol{\sigma}_t) \quad (9.81)$$

而 $\Delta\boldsymbol{\sigma}$ 是在 Δt 内产生的应力增量。将式(9.80)代入式(9.78)得

$$\Delta\boldsymbol{\varepsilon}^{\eta\mathrm{p}} = \Delta t\dot{\boldsymbol{\varepsilon}}_t^{\eta\mathrm{p}} + \boldsymbol{C}_t\Delta\boldsymbol{\sigma} \quad (9.82)$$

其中

$$\boldsymbol{C}_t = \theta\Delta t\boldsymbol{H}_t \quad (9.83)$$

(2)应力增量

弹性应变增量与应力增量服从广义 Hooke 定律,即

$$\Delta\boldsymbol{\sigma} = \boldsymbol{D}\Delta\boldsymbol{\varepsilon}^e = \boldsymbol{D}(\Delta\boldsymbol{\varepsilon} - \Delta\boldsymbol{\varepsilon}^{\eta p}) \tag{9.84}$$

注意到单元应变与单元节点位移向量之间的关系

$$\Delta\boldsymbol{\varepsilon} = -\boldsymbol{B}\Delta\boldsymbol{a}^e \tag{9.85}$$

将上式和式(9.82)代入式(9.84)得

$$\Delta\boldsymbol{\sigma} = -\hat{\boldsymbol{D}}(\boldsymbol{B}\Delta\boldsymbol{a}^e + \dot{\boldsymbol{\varepsilon}}_t^{\eta p}\Delta t) \tag{9.86}$$

其中

$$\hat{\boldsymbol{D}} = (\boldsymbol{I} + \boldsymbol{D}\boldsymbol{C}_t)^{-1}\boldsymbol{D} = (\boldsymbol{D}^{-1} + \boldsymbol{C})^{-1} \tag{9.87}$$

(3)平衡方程

设整体节点荷载增量为 $\Delta\boldsymbol{P}$,根据增量虚功方程可得增量平衡方程为

$$-\sum_e \int_{\Omega^e} \boldsymbol{B}^{\mathrm{T}}\Delta\boldsymbol{\sigma}\mathrm{d}\Omega + \Delta\boldsymbol{P} = 0$$

将式(9.86)代入上式得

$$\boldsymbol{K}\Delta\boldsymbol{a} + \Delta\boldsymbol{P} + \boldsymbol{R} = 0 \tag{9.88}$$

其中

$$\boldsymbol{K} = \sum_e \boldsymbol{K}^e, \qquad \boldsymbol{K}^e = \int_{\Omega^e} \boldsymbol{B}^{\mathrm{T}}\hat{\boldsymbol{D}}\boldsymbol{B}\mathrm{d}\Omega \tag{9.89}$$

$$\boldsymbol{R} = \sum_e \boldsymbol{R}^e, \qquad \boldsymbol{R}^e = \int_{\Omega^e} \boldsymbol{B}^{\mathrm{T}}\hat{\boldsymbol{D}}\dot{\boldsymbol{\varepsilon}}_t^{\eta p}\Delta t\mathrm{d}\Omega \tag{9.90}$$

(4)回代求解

由平衡方程(9.88)解得节点位移增量 $\Delta\boldsymbol{a}$,由式(9.86)求得单元的应力增量 $\Delta\boldsymbol{\sigma}$。于是

$$\boldsymbol{a}_{t+\Delta t} = \boldsymbol{a}_t + \Delta\boldsymbol{a}, \qquad \boldsymbol{\sigma}_{t+\Delta t} = \boldsymbol{\sigma}_t + \Delta\boldsymbol{\sigma} \tag{9.91}$$

由式(9.84),式(9.85)可得

$$\Delta\boldsymbol{\varepsilon}^{\eta p} = -(\boldsymbol{B}\Delta\boldsymbol{a}^e + \boldsymbol{D}^{-1}\Delta\boldsymbol{\sigma})$$

于是

$$\boldsymbol{\varepsilon}_{t+\Delta t}^{\eta p} = \boldsymbol{\varepsilon}_t^{\eta p} + \Delta\boldsymbol{\varepsilon}^{\eta p} \tag{9.92}$$

9.3.4 蠕变问题

蠕变应变率不仅取决于当时的应力应变状态,而且一般说与整个应力应变历史有关。因此,为了确定某个时间段内的蠕变增量 $\Delta\boldsymbol{\varepsilon}^c$,必须知道以前所有时段的应力应变状态。在计算过程中实际上可以获得这些数据,所以在原则上没有什么困难。然而,实际执行起来便显露出难题,因为要存储全部应力应变史的数据是不现实的。

如果不考虑蠕变应变 $\boldsymbol{\varepsilon}^c$ 对蠕变应变率 $\dot{\boldsymbol{\varepsilon}}^c$ 的影响,则式(9.65)成为

$$\dot{\boldsymbol{\varepsilon}}^c = f(\boldsymbol{\sigma}) \tag{9.93}$$

将此式与黏塑性本构方程(9.79)加以比较,可知两者在形式上完全一致。因此只要将上述公式中的 $\dot{\boldsymbol{\varepsilon}}_t^{\gamma p}$ 换成 $\dot{\boldsymbol{\varepsilon}}_t^c$,$\Delta\boldsymbol{\varepsilon}^{\gamma p}$ 换成 $\Delta\boldsymbol{\varepsilon}^c$,并令

$$\boldsymbol{H} = \left[\frac{\partial f(\boldsymbol{\sigma})}{\partial \boldsymbol{\sigma}}\right]_t \tag{9.94}$$

即可得到蠕变分析的各种公式。

9.4　土体流变与强度问题

挡土墙土压力、土坡稳定性及地基承载力也受流变的影响。例如,Casagrande 根据一些挡土墙长期实测资料指出,竣工后土压力仍发生变化。尽管挡土墙位移已经超过墙高的千分之一,土压力却远大于主动土压力,有些甚至接近静止土压力(卢肇钧等,1981)。事实上,挡土墙地基蠕变及填土蠕变都会影响土压力的大小。填土中的剪应力与法向应力之比达到一定值时,便产生蠕变。这时,如果挡土墙静止不动,土的蠕变将受到限制,同时填土中产生应力松弛,结果是土压力将逐渐增大,达到静止土压力为止(Schiffman,1959)。如果能够保证黏性填土排水畅通,则流变性不显著,用主动土压力设计挡土墙是可行的。否则,应考虑应力松弛导致土压力增大的效应。

Peterson 曾指出,许多黏土路堤和边坡的计算安全系数在1.5至2.5之间,但在施工完成后的6个月至4年之内发生破坏。强度随时间降低可解释这类边坡失稳现象,例如在上述例子中强度降低了约50%。通常土坡变形与破坏的整个过程可分为两个阶段。第一阶段从土体内剪应力集中区的蠕变开始,称为深层蠕变阶段。第二阶段称为剪切阶段,即土体因剪切破坏而失去稳定。较为准确地估算土坡破坏时间,对适时采取措施具有重要意义。人们发现,深层蠕变阶段可以持续很长时间,而剪切阶段持续的时间很短。此外,土坡破坏前变形明显增大。到目前为止,土坡失稳时间的预测并没有严密的理论分析方法,只能根据室内试验或现场观测资料建立预测的经验公式。一般地说,蠕变破坏时间(从蠕变开始算起)的对数与应变速率成正比。

关于流变与土体强度计算,主要是强度参数的取值问题。例如,土坡长期稳定性分析的一种可用方法是采用长期强度指标进行,此时的计算方法与通常的土坡稳定分析没有什么区别。问题是用很低的长期强度指标进行工程设计将使造价大为增加,这个问题仍需要进一步地仔细研究。

第 10 章

土体可靠性分析

在岩土工程设计中,人们一直在不断地寻求更合理的设计方法,而合理的设计基于正确的预测。众所周知,土体行为预测所用的模型及参数均具有明显的不确定性,而且在计算力学和试验技术已取得巨大成就的今天,不确定性因素在设计中占据了重要地位。很显然,要想改进设计方法,必须对各种不确定性因素给予妥善处理。在各种有关的处理方法中,可靠性分析被公认为是一种较为科学的方法,因此可靠性理论被应用于土力学是必然的。

可靠性研究从 20 世纪 30 年代开始,当时主要是围绕飞机失事问题展开的。40 年代,А. Р. РЖаницын 提出一次二阶矩理论,来估计结构的失效概率;60 年代 Cornell 提出了可靠度指标 β 的概念。此后,结构设计中引入概率极限状态设计原则,采用以荷载和抗力分项系数描述的设计表达式。岩土工程领域的可靠性研究开始于 60 年代,并由国际标准化组织岩土工程技术委员会(ISO/TC182)主持编制了国际标准,对各级岩土工程提出了可靠度指标的建议值。目前在软土地基上填土、边坡、基础沉降及桩基等问题上已达到了实际应用的阶段。但由于岩土本身的复杂性,普遍采用概率极限设计方法尚存在许多问题。本章介绍土体可靠性分析的基本方面,内容包括①土体的不确定性与对策;②变量统计特征与计算;③可靠性分析的水准;④各种可靠性分析方法;⑤其他有关问题。

10.1 土体不确定性与对策

在岩土工程勘察、设计、施工、运营等各个环节中,都存在着显著的**不确定性**(uncertainty),它们使工程师在预测土体行为、采取设计措施时不得不面对多种可能性。很显然,这种可能性越多,设计难度就越大。本节只讨论与土体有关的不确定性以及可采取的对策。

10.1.1 多种不确定性

就土体而言,很多因素都难以预先确定,或仅在某种程度上可预估而无确切把握。例如,我们可以通过地质勘察了解土体的结构及其他地质条件,但不可能彻底搞清楚;可以对某地层取样进行试验,测定土性参数,但不可能获得参数的真值;在分析计算时总要引入一些简化假设。这些都将引起土体行为预测的**可靠性**(reliability)问题。

(1)模型的不确定性

对于任何复杂事物的分析,其出发点必是对现实事物进行逼真而又可行的理想化,也就是建立分析模型。模型是原型的理想化替代物,要求它必须反映原型的主要特征,略去次要特征。而主要特征与问题的性质和所关注的目标有关。可见,建构模型并无统一标准;就具体问题而言,模型也不是唯一的,其不确定性由此而来。在土工问题中,分析模型主要包括地质模型、变形破坏机制、材料本构模型,以及力学计算模型等。每一个模型都包含着不确定性,而目前关于这一问题的可靠性研究很不充分。

土体地质模型是根据地质特征和工程问题进行抽象而得到的,需要考虑的地质信息主要有土体的组成、结构、应力历史、地下水等因素。土体变形破坏机制是根据地质模型和工程作用加以判断的。预测可能出现的变形破坏形式和机制是很关键的问题。若判断不正确,便无法合理地开展力学试验,确定可靠的力学参数。材料本构模型包括变形本构模型和强度理论等。没有变形本构模型,应力变形分析就无法进行;没有强度理论就无法根据计算结果判断材料是否发生破坏。土体的力学计算必然要基于一定的计算公式,这种设计公式中除了参数或变量的概率分布特征以外,还有很多未能考虑的因素。计算模型必定会因机制未明和简化处理而带来不确定性。例如,实际土体破坏具有多种可能性,每种破坏形式相应的分析要求采用不同的方法,而事前我们不能肯定地对破坏形式做出判断。

(2)参数的不确定性

土性参数包括地质参数和材料性质参数。这些参数依时空而有显著变化,即具有空间变异性和时间变异性。在特定的问题中,地质条件和特性参数本是确定性的量,但我们无法确切地得到这些参数的真值;即便得到所有确切的数值,也会因过分散乱而无法精确地引入计算中。

土性参数不确定性的来源主要有两个方面:一是介质不均匀而带来的固有变异性,二是系统不确定性。从理论上讲,介质特性是空间坐标和时间的函数,在分析计算中,若能够考虑这种精确关系则是最理想的。但实际上很难办到,而且对工程而言也没有必要这样做。因此,需要用统计的方法来处理这种空间变异性和离散性。系统不确定性主要包括由试验偏差和随机量测误差构成的试验不确定性,以及因试样数量不充分而引起的统计不确定性。一般来说,试验不确定性会随着试验设备的改进和试验技术的提高而减小;统计不确定性则随着统计方法的改善和试样数量的增加而减小;空间变异性则是土体固有的,我们只能尽可能准确地描述它,而不能实质性地减小它。

(3)作用的不确定性

土体结构系统在施工和使用期间要经受其自身的和外加的各种作用,并因此产生各种效应(应力、变形、破坏等)。我们知道,将来可能发生的自然现象如地震、降雨、风压等都是概率现象,这些因素在设计时需加以考虑,但我们不能确知。此外,工程中遇到的其他荷载或作用也往往是不确定性的。很显然,作用的不确定性同土性参数的不确定性一样,也将引起土体行为的不确定性。

10.1.2　可选择的对策

到目前为止,土体变形和稳定性计算的精度不高,土工设计仍然停留在经验或半经验阶段。实践表明,面对各种各样的不确定性,要想用唯一的方法处理所有问题是不可能的。这就需要研究处理不同种类不确定性的最佳方法,以及解决具体工程的最佳方法组合。这只能在工程实践中逐渐摸索,不断总结经验。以下是对付不确定性的几种方法。

(1)总安全系数法

在20世纪中叶之前,结构设计普遍应用容许应力法或总安全系数法。典型的设计步骤如下:根据个别或相当多的材料试验资料,凭经验规定材料强度的约定值;凭经验规定可能的荷载值,并基于线弹性理论作结构分析;根据经验选定安全系数,从而可确定出容许应力;设计要求结构在使用期间其内任何一点的应力不得超过容许应力。在岩土工程中,地基设计引入安全系数确定容许承载力、边坡设计引入安全系数降低强度参数之类的做法,都是与结构设计中的容许应力法相似的。

在土工设计中,安全系数是一个非常重要的概念,而且采用多大的安全系数往往成为问题的关键。当前工程规模越来越大,安全系数越来越重要。这是因为它不仅关系到工程的安全以及由此引起的社会政治效益,而且安全系数稍有差别将对工程费用产生巨大的影响。早期设计安全系数的选择纯粹是经验性的,大多是先武断地估计一个安全系数,然后再逐渐逼近实际情况。具体采用多大的安全系数,主要与分析方法的完善程度和工程的重要性或破坏后的严重性有关。在工程设计的历史发展过程中,安全系数起初用得很大。随着研究工作的深入以及力学计算方法的发展才逐渐降低。另外,不同的分析方法要求采用不同的安全系数。例如一种能够考虑较多因素的分析设计方法可能采用较小的安全系数,而采用某种非常简化的分析设计法时,则要达到同前种设计具有大致相同的安全度就可能要求较高的设计安全系数。岩土工程结构系统与结构工程相比,具有更多、更大的不确定性。因此,习惯采用比结构工程大得多的安全系数来对付可能发生的偏差。

很显然,传统的容许应力法是定值设计法,即在求解问题时不考虑所有状态变量和参数的不确定性,而是将它们统统看成确定的量;且用一个笼统的安全系数来考虑众多不确定性因素的影响,不加区别地对待材料强度、荷载作用等不确定性因素。事实上,对不同的变量,我们所具有的知识或了解的程度不同,而且性质也可能不同,因此采用分项安全系数比较合理。后来的确有人采用三个安全系数分别考虑荷载、材料性能及工作条件等方面的不确定性因素的影响。虽然在某些变量或参数取值时也用数理统计方法找出其平均值,但未能考虑各参数的离散性对安全度的影响,也没有给出结构可靠度的定义和分析可靠度的方法。很显然,由于用确定性模型处理不确定性问题,在理论上必定存在不完备性。安全系数并不是定量表示安全性的尺度。如果我们对安全系数的定义、强度参数取值的方法以及计算方法等没有严格的规定,那么安全系数就不具有确切的含义。这样一来,相同的安全系数并不意味着相同的安全储备;甚至安全系数较大者,安全程度反而较低。在不同类型的工程中,设计安全度更无法比较。例如地基设计中安全系数一般采用 2~3,但这并不是说地基有 2~3 倍的安全度,只是就现行的设计计算方法来说,经验表明采用这一安全系数是合适的。同样地,当采用极限平衡分析确定边坡的安全系数时,1.2~1.3 的设计安全系数是合适的。在这里,特别地不能进行横向比较,说地基设计的安全度比边坡设计的安全度要高出 2 倍多,我们只能说两者的安全度从实际上是可接受的。人们承认,不能定量地表示结构的安全度是安全系数法的最大缺点(松尾,1990)。

(2)可靠性设计法

安全系数法虽然简单,但安全系数并不是对安全度的确切度量,人们自然要追求实际工程安全性的定量表达。为此,人们已将可靠度的概念引进了工程设计领域,期望用**可靠度指标**(reliability index)或**失效概率**(failure probability)这个基本尺度进行工程设计并比较各种建筑物的安全性。

可靠性设计法也称为**概率极限状态设计法**,其实质是力图定量地考虑各种不确定性因素,而且有统一的度量结构安全度的标准。只要失效概率很小,小到公众可以接受的程度,就可以认为结构设计是可靠的。这里需要考虑的是安全与经济。Casagrande(1964)指出:"任何工程项目本身都存在着风险。人们必须认识这种风险的存在,而且必须采取使安全度和经济之间达到某种平衡的步骤来对付这种风险。"我们对建筑材料的统计性质和结构系统的可靠度计算已有相当的知识,并已引入了概率极限状态设计原则。而土体的不均质性及时间变异性是异常突出的事实,通常情况下我们无法彻底搞清它们,因此土工可靠性研究困难重重。

(3)动态设计与施工

动态设计与施工方法使土工系统具有弹性,即使得整个系统具有可改变的余地。这显然是一种信息化设计与施工方法,越来越受到工程界的欢迎。由于在施工之前的初步设计阶段存在各种不确定性,可能在施工过程中发生当初没有预料到的事态,此时必须修改原来的设计与施工方案。这种方法分为先期设计和动态设计两个阶段。土体开挖工作根据先期设计中得到的最优解来进行;在施工过程中进行现场观测以便估计施工现场的安全性并用来判断是否要修改先期设计。这样的设计必然要求具有弹性或灵活可变性。人们预测,动态设计法与可靠性方法结合具有很好的前景,实际上,动态设计与施工本身就是根据不断获得的信息来消除设计与施工方面的不确定性。

10.2　变量统计特征与计算

在现实问题的数学分析中,那些与随机事件有关的量被视为**随机变量**,掌握它们的概率统计特征非常重要。在土力学可靠性研究中,通常是对于相对均质的区域,①在不同的空间位置取样测定土性指标;②将这些指标值视为随机变量的获得值并构成样本或子样;③对样本进行统计分析以求得经验分布的矩(均值及标准差等);④研究样本的经验分布,并选取某种概率模型对经验分布进行拟合。

10.2.1　参数的统计特征

(1)点的变异性

将土体划分为若干个相对均质的区域;从每个相对均质的区域内取样进行试验,测定土性参数 X 的值。试样近似为散布于土体中的点,所以试验测得的参数值反映土体中"点"的性质。若将 X 视为随机变量,$x_1, x_2, \cdots, x_n$ 为 X 的一组样本。X 的均值 $E(X)$ 或 $\overline{X}$ 或 μ_X、方差 $V(X)$ 或 σ_X^2、标准差 σ_X 和变异系数 δ_X 分别为

$$E(X) = \overline{X} = \mu_X = \frac{1}{n}\sum_{i=1}^{n} x_i \tag{10.1}$$

$$V(X) = \sigma_X^2 = \frac{1}{n-1}\sum_{i=1}^{n}(x_i - \mu_X)^2 \tag{10.2}$$

$$\sigma_X = \sqrt{V(X)} = \sqrt{\frac{1}{n-1}\sum_{i=1}^{n}(x_i - \mu_X)^2} \tag{10.3}$$

$$\delta_X = \frac{\sqrt{V(X)}}{\overline{X}} = \frac{\sigma_X}{\mu_X} \tag{10.4}$$

　　土性参数的随机变量模型简便易行,但这种模型是有缺陷的,因为即使相对均质的区域也并不均匀,土性参数与空间位置有关,且不同点处的参数之间具有某种程度的相关性,即具有自相关性。在许多情况下,整个土体的性状取决于一定范围内土性的空间平均特性,例如边坡潜在滑动面上的平均抗剪强度,沉降计算中地基土层的平均压缩性等。实际应用中也发现随机变量模型存在问题,例如地基可靠度研究表明,采用子样方差计算得到的可靠度指标远远小于上部结构规范所规定的目标可靠度指标。也就是说,计算得到的失效概率非常高,与工程实际运行情况不符。因此人们认为,岩土工程可靠度分析时不应当采用子样的变异系数,而应采用空间均值的变异系数(包承钢等,1997)。

(2)空间的变异性

　　如果承认土体的性状与行为由土性参数的空间平均特性所控制,那么将土性参数视为纯随机变量的经典模型便无法满足对参数**空间变异性**(spatial variability)做出客观分析与评价的需要。比较合理的方式是把参数看成具有结构性和随机性双重性质的区域化变量,即**随机场**(random field):在研究区域内,参数取值随空间位置而变化;域内任何一点的参数都具有随机性;域内不同点处的参数之间具有某种程度的相关性(张征等,1996)。研究表明,考虑空间变异性非常重要,因为参数的变异性会在空间平均中减小。P. Lumb 于 1975 年首次提出空间变异性的概念,E. H. Vanmarcke 在 1977 年提出剖面概率模型或随机场理论。采用 Vanmarcke 提出的随机场理论,可简捷地用一个折减系数把土性参数的点变异性与空间均值的变异性联系在一起,使点统计参数转化为空间均值的统计参数(冷伍明等,1995;冷伍明,2000)。

　　根据 Vanmarcke 的随机场理论,对于**一维随机场**,有

$$E[X]_E = E[X] \tag{10.5a}$$

$$V[X]_E = \Gamma^2 \cdot V[X] \tag{10.5b}$$

或

$$\sigma_E = \Gamma \cdot \sigma_X \tag{10.5c}$$

其中 $E[X]$, $V[X]$ 和 σ_X 分别为点的均值、方差和标准差;$E[X]_E$, $V[X]_E$ 和 σ_E 分别为空间均值及其方差和标准差;Γ 为折减系数,Γ^2 称为方差函数,与土性的自相关性和平均化范围有关,其近似表达式为(Vanmarcke,1977)

$$\Gamma^2 = \begin{cases} 1 & r \leqslant L_r \\ L_r/r & r \geqslant L_r \end{cases} \tag{10.6a}$$

其中 r 是进行空间平均的范围,取决于土工结构物的几何尺寸、土层情况等;L_r 称为**相关距离**或**波动幅度**,其定义为

$$L_r = \lim_{r \to \infty} r \cdot \Gamma^2(r) \tag{10.6b}$$

相关距离 L_r 的含义是指,在 L_r 范围内的土被认为土性强烈相关,而距离大于 L_r 时土性互不相关。相关距离 L_r 的计算可采用递推法,其基本步骤为:首先计算土性参数的点方差 $V[X]$,然后依次计算参数在不同范围 r 上均值的方差 $V[X]_E$,从而根据式(10.5b)得到 $\Gamma^2(r)$。随 r 的逐渐增大,$r \cdot \Gamma^2(r)$ 将趋于稳定值,此即 L_r。

研究表明,土层的水平相关距离一般在 30m 以上。所以当所研究的土体水平尺度较小时,可按一维随机场处理。而当土体水平尺度较大时,应按多维随机场处理,其分析方法同一维是类似的。土层的垂直相关距离较小,一般在 5m 以下。例如(高大钊,2002),上海地区典型土层的相关距离为 0.4 ~ 1.2m,大多在 0.4 ~ 0.7m。一般情况下,$r > L_r$,所以土性参数经空间平均后,其变异系数减小。

10.2.2 常用的概率分布

(1)正态分布

现介绍随机变量的概率特征。最著名且很有用的概率分布是正态分布。设随机变量 X 服从正态分布,均值为 μ_X、标准差为 σ_X 的正态分布 $N(\mu_X, \sigma_X)$,随机变量 X 的概率密度函数为(图 10.1)

$$f_X(x) = \frac{1}{\sigma_X \sqrt{2\pi}} \exp\left[-\frac{1}{2}\left(\frac{x - \mu_X}{\sigma_X} \right)^2 \right] \qquad -\infty < x < \infty \qquad (10.7)$$

均值和方差的计算公式为

$$\left. \begin{aligned} \mu_X &= \overline{X} = \int_{-\infty}^{\infty} x f_X(x) \mathrm{d}x \\ \sigma_X^2 &= V(X) = \int_{-\infty}^{\infty} (x - \mu_X)^2 f_X(x) \mathrm{d}x \end{aligned} \right\} \qquad (10.8)$$

概率分布函数为(图 10.2)

$$F_X(x) = \int_{-\infty}^{x} f_X(x) \mathrm{d}x \qquad (10.9)$$

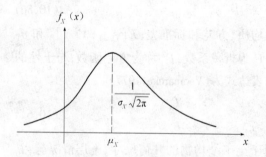

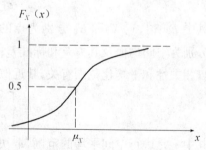

图 10.1　正态概率密度函数　　　　图 10.2　正态概率分布函数

令 $u = \dfrac{x - \mu_X}{\sigma_X}$，则得一标准化的随机变量 U，其均值 $\mu_U = 0$，标准差 $\sigma_U = 1$。这种分布称为**标准正态分布**，其概率密度函数 $\varphi(u)$（图 10.3）和概率分布函数 $\Phi(u)$（图 10.4）分别为

$$\left.\begin{aligned} \varphi(u) &= \frac{1}{\sqrt{2\pi}} \exp\left(-\frac{1}{2} u^2 \right) \\ \Phi(u) &= \frac{1}{\sqrt{2\pi}} \int_{-\infty}^{u} \exp\left(-\frac{1}{2} u^2 \right) \mathrm{d}u \end{aligned}\right\} \qquad (10.10)$$

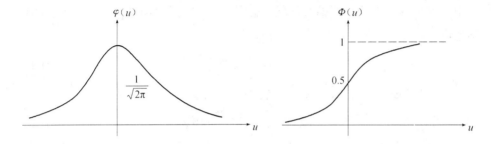

图 10.3　标准正态概率密度函数　　　　　图 10.4　标准正态概率分布函数

(2)对数正态分布

对于随机变量 X，如果 $Y = \ln X$ 是正态变量的话，则称 X 服从对数正态分布，其概率密度函数为

$$f_X(x) = \frac{1}{\sigma_Y \sqrt{2\pi}} \exp\left[-\frac{1}{2} \left(\frac{\ln x - \mu_Y}{\sigma_Y} \right)^2 \right] \qquad 0 < x < \infty \qquad (10.11)$$

其中 $\mu_Y = \overline{Y} = \overline{\ln X}$ 和 $\sigma_Y = \sqrt{V(Y)} = \sqrt{V(\ln X)}$ 分别为 Y 的均值和标准差，它们与 X 的均值 μ_X 和标准差 σ_Y 有如下关系

$$\left.\begin{aligned} \mu_X &= \exp\left(\mu_Y + \frac{1}{2} \sigma_Y^2 \right) \\ \mu_Y &= \ln \mu_X - \frac{1}{2} \sigma_Y^2 \\ \sigma_X^2 &= \mu_X^2 (\exp \sigma_Y^2 - 1) \\ \sigma_Y^2 &= \ln\left(1 + \frac{\sigma_X^2}{\mu_X^2} \right) = \ln(1 + \delta_X^2) \end{aligned}\right\} \qquad (10.12)$$

根据式(10.7)，式(10.11)可知，对于正态分布和对数正态分布，随机变量的均值和方差完全确定了概率密度函数。

(3)β 分布

采用正态分布意味着随机变量在整个实数轴上都有定义。通常的情况是在远离平均值的地方，随机变量取值的可能性很小，甚至是不可能的，但根据正态

分布仍会算得小概率。计及分布尾部的小概率使估计的失效概率偏大,甚至失去实际意义。可见,**如果土性参数具有明显的有限范围,或经验分布明显不对称,或尾部小概率过大,则不宜采用正态分布拟合**。此时可以采用 β 分布,它是一种适用性非常广泛的模型,特别是通过调整它的两个参数,可以模拟各种形态的经验分布。设随机变量 X 服从 β 分布,其概率密度函数为

$$f_X(x) = \frac{(b-a)^{-(1+\alpha+\beta)}}{B(\alpha+1,\beta+1)}(x-a)^\alpha(b-x)^\beta$$

$$a \leqslant x \leqslant b, \quad \alpha > -1, \quad \beta > -1 \tag{10.13}$$

其中 a 和 b 分别为分布范围的下限和上限;α 和 β 为分布的尺度参数,由实测数据加以估计;B 为 Beta 函数,即

$$B(\alpha+1,\beta+1) = \frac{\Gamma(\alpha+1)\Gamma(\beta+1)}{\Gamma(\alpha+\beta+2)} \tag{10.14}$$

其中 $\Gamma(\cdot)$ 为 gamma 函数,定义为

$$\Gamma(C) = \int_0^\infty x^{C-1}e^{-x}dx \tag{10.15}$$

并有递推公式

$$\Gamma(C+1) = C\Gamma(C) \tag{10.16}$$

具体计算可根据已经制定出的 Γ 函数表查表进行。

取下列变换,得归一化随机变量 Y

$$y = \frac{x-a}{b-a} \qquad 0 < y < 1 \tag{a}$$

则 Y 的概率密度函数为

$$f_Y(y) = \frac{1}{B(\alpha+1,\beta+1)}y^\alpha(1-y)^\beta \tag{b}$$

且

$$f_X(x) = f_Y(y)(b-a)^{-1} \quad \text{或} \quad f_Y(y) = f_X(x)(b-a) \tag{c}$$

根据式(b),归一化变量 Y 的均值和方差分别为

$$\overline{Y} = \frac{\alpha+1}{\alpha+\beta+2}, \qquad V(Y) = \frac{(\alpha+1)(\beta+1)}{(\alpha+\beta+2)^2(\alpha+\beta+3)} \tag{d}$$

从此解得尺度参数

$$\left.\begin{array}{l} \alpha = \dfrac{\overline{Y}^2}{V(Y)}(1-\overline{Y}) - (1-\overline{Y}) \\[3mm] \beta = \dfrac{\alpha+1}{\overline{Y}} - (\alpha+2) \end{array}\right\} \tag{10.17}$$

而从式(a)可得

$$\overline{Y} = \frac{\overline{X}-a}{b-a}, \qquad V(Y) = \frac{1}{(b-a)^2}V(X) \tag{10.18}$$

对于给定的试验数据,可求得样本的均值 $\overline{X}$ 和方差 $V(X)$;代入式(10.18)得 $\overline{Y}$ 和 $V(Y)$,再代入式(10.17)可得尺度参数 α 和 β。求得 α 和 β 后,可计算分布中的 B 函数。

10.2.3　经验分布的拟合

(1)绘直方图

将随机变量 X 的实测数据分配到一系列区间,区间数目 k 可根据样本容量 N(数据个数)由下式确定

$$k = 1 + 3.3 \lg N$$

设数据的上下限分别为 b 和 a,则区间的间隔 Δ 为

$$\Delta = \frac{b - a}{k}$$

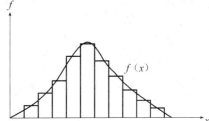

图 10.5　直方图与概率密度函数

取区间 i 的中值 x_i' 作为该区间内所有数据的代表性数值,其内数据个数 f_i 称为**频数**,表示 x_i' 有 f_i 个权。于是,区间 i 的频率 P_i 为

$$P_i = \frac{f_i}{N}, \quad 且 \quad N = \sum_{i=1}^{k} f_i \tag{10.19}$$

根据每个区间的频率 f_i/N,可绘出**直方图**。从直方图中可以直观地看出经验分布的基本形态。随着数据的不断增多,区间间隔逐渐减小,阶梯形的直方图逐渐接近光滑曲线。

(2)拟合检验

根据直方图,采用某理论模型拟合经验分布并进行拟合检验。现对检验中起重要作用的 χ^2 分布作简要介绍。若随机变量 $X_1, X_2, \cdots, X_n$ 相互独立,且服从标准正态 $N(0,1)$ 分布,则新的随机变量

$$\chi^2 = \sum_{i=1}^{n} x_i^2 \tag{10.20}$$

服从自由度为 υ 的 χ^2 分布,其概率密度函数为

$$f(\chi^2, \upsilon) = \frac{1}{2^{\upsilon/2} \Gamma(\upsilon/2)} (\chi^2)^{\frac{\upsilon}{2}-1} e^{-\frac{\chi^2}{2}} \tag{10.21}$$

均值 $E(\chi^2) = \upsilon$,方差 $V(\chi^2) = 2\upsilon$。

在进行拟合检验时,首先提出统计假设 H_0,即假设随机变量 X 服从某种概率分布,然后在一定显著水平上检验该假设是否可信。如果检验的结果可信,就表示经验分布与假设的理论分布相差不大;否则上述假设不成立,需选用其他理

论分布。具体检验方法如下。

根据假设的分布可求出经验分布区间 i 上的理论概率 P_i' 和理论频数 NP_i'，经验频数 f_i 与理论频数 NP_i' 之差反映了经验分布与假设分布之间的差别。构造下述统计量

$$D = \sum_{i=1}^{k} \frac{(f_i - NP_i')^2}{NP_i'} \tag{10.22}$$

当 $N \to \infty$ 时，统计量 D 趋向于 χ^2 分布。令 $P[D > \chi_\alpha^2] = \alpha$（$\alpha$ 一般取 0.05），可查得 χ^2 的临界值 χ_α^2。$D < \chi_\alpha^2$ 表示统计假设可信，$D > \chi_\alpha^2$ 表示统计假设不可信。在查临界值时，自由度 $v = k - a - 1$，k 为经验分布的区间数，a 称为约束数，即限定分布的统计量个数。通常假定分布的形式，作为统计量的均值和方差根据样本估计，此时 $a = 2$。

为方便计算，引入样本的均值 $\overline{X}$ 和标准差 σ_X，取标准化变量

$$z = \frac{x' - \overline{X}}{\sigma_X} \tag{10.23}$$

则标准化间隔 $\Delta z = z_{i+1} - z_i = \Delta / \sigma_X$，与假设分布的概率密度函数 $f(z)$ 之积就是理论概率，即 $P_i' = f(z)\Delta z$。于是，式(10.22)成为

$$D = N \sum_{i=1}^{k} \frac{[P_i - f(z)\Delta z]^2}{f(z)\Delta z} = N \sum_{i=1}^{k} d_i \tag{10.24}$$

10.2.4 参数的统计研究

(1)统计研究方法

在统计分析中，总体和样本是两个重要概念。随机变量的总体由其所有可能的取值构成，而样本则是其中的部分取值。统计分析的任务和目的在于通过对样本的统计分析来了解总体的统计特征，例如求样本的矩并作为总体矩的估值。显然，任何随机变量的统计研究首先是统计样本的确定。样本的概念是重要的，没有一定的准则就可能得到不真实的结果。统计特性研究一般是在工程分区的基础之上进行的，整个工程土体被划分为若干个相对均质的区域，而每个区域内的参数都构成一个目标总体。然而，许多人对于同一种土，将很大范围乃至全国范围内的试验资料放在一起组成样本。很显然，这样获得的统计特征并不代表任何真实土体的统计特征(薛守义等，1999)。

在统计特定区域某参数的变异性时，实际上包括了试验和统计变异性，以及因空间位置不同而带来的固有的空间变异性。结构工程不具有这一特点，因此要根据土体不同于其他人工材料的特点，选择或设计特殊的统计方法，以求正确地反映参数的统计特征。首先，现场取样测试土性参数时，其试验变异性特别是随机量测误差是很难研究的，因为同一位置只能取得一个试样，其试样结果也只

能有一个。也就是说,要从某点取得很多数据以获得该处参数的统计性质,这在现实中是不可能的。其次,通过大量土力学试验获得参数的统计资料,这种方法往往是行不通的,因为经费和时间各方面都会受到限制。再次,土性参数的空间变异性非常显著,不适当的统计分析本身必然会引进大量的不确定性,对此还未形成比较成熟的评价方法。最后,基本变量概率分布的假定不当可能会给可靠度分析带来显著的误差。看来,土性参数的统计特征研究是个非常艰难的任务。

(2)参数的统计特征

从 20 世纪 60 年代起,学者们对土性参数的统计性质进行了大量研究。相对于结构材料而言,土性参数的离散性较大,点变异系数一般大于 0.3;而且力学参数的变异性大于物理参数的变异性。参数的空间变异性通常比点变异性要小,例如大量研究表明(高大钊,2002),上海地区黏性土黏聚力 c 的空间变异系数为 0.125 ~ 0.193,内摩擦角 φ 的空间变异系数为 0.090 ~ 0.100。

土性参数的概率分布比较复杂,孔隙比 e、天然含水量 w、重度 γ、液限 w_L、塑限 w_p、塑性指数 I_p 及液性指数 I_L 都服从正态分布,而力学参数一般不服从正态分布。此外,土性参数之间可能存在相关性。如果参数间的相关系数较小,可以视为相互独立的随机变量;否则必须考虑相关性。研究表明,黏性土的 c' 和 $\tan\varphi'$ 之间存在较强的负相关性,相关系数在 − 0.5 左右;而重度 γ 和 $\tan\varphi'$ 之间则存在正相关。

10.2.5　函数的均值与方差

(1)变量的线性组合

设 X 为随机变量, a , b 为常数,且

$$Y = aX + b \tag{10.25}$$

则随机变量 Y 的均值和方差分别为

$$\left. \begin{array}{l} \overline{Y} = a\,\overline{X} + b \\ V(Y) = a^2 V(X) \end{array} \right\} \tag{10.26}$$

设 X_1 , X_2 为随机变量,且

$$Y = a_1 X_1 + a_2 X_2 \tag{10.27}$$

则随机变量 Y 的均值和方差分别为

$$\left. \begin{array}{l} \overline{Y} = a_1\,\overline{X_1} + a_2\,\overline{X_2} \\ V(Y) = a_1^2 V(X_1) + a_2^2 V(X_2) + 2a_1 a_2 \mathrm{cov}(X_1, X_2) \\ \quad\ = a_1^2 V(X_1) + a_2^2 V(X_2) + 2a_1 a_2 \rho_{X_1, X_2} \sqrt{V(X_1)V(X_2)} \end{array} \right\} \tag{10.28}$$

其中 $\mathrm{cov}(X_1, X_2)$ 为协方差; ρ_{X_1, X_2} 为相关系数,即

$$\rho_{X_1, X_2} = \frac{\mathrm{cov}(X_1, X_2)}{\sqrt{V(X_1)V(X_2)}} \tag{10.29}$$

当 X_1 和 X_2 相互独立时，$\text{cov}(X_1, X_2) = 0$，于是

$$V(Y) = a_1^2 V(X_1) + a_2^2 V(X_2) \tag{10.30}$$

一般地，设 $X_1, X_2, \cdots, X_n$ 为随机变量，且

$$Y = X_1 + X_2 + \cdots + X_n = \sum_{i=1}^{n} X_i \tag{10.31}$$

则随机变量 Y 的均值和方差分别为

$$\overline{Y} = \overline{X}_1 + \overline{X}_2 + \cdots + \overline{X}_n = \sum_{i=1}^{n} \overline{X}_i \tag{10.32}$$

$$V(Y) = \sum_{i=1}^{n} V(X_i) + \sum_{i=1}^{n} \sum_{j \neq i}^{n} \text{cov}(X_i, X_j) \tag{10.33}$$

(2)变量的乘积函数

设 $X_1, X_2, \cdots, X_n$ 为相互独立的随机变量，且

$$Y = X_1 X_2 \cdots X_n \tag{10.34}$$

则随机变量 Y 的均值和方差分别为

$$\overline{Y} = \overline{X}_1 \overline{X}_2 \cdots \overline{X}_n \tag{10.35}$$

$$V(Y) = (\overline{X}_2 \cdots \overline{X}_n)^2 V(X_1) + (\overline{X}_1 \overline{X}_3 \cdots \overline{X}_n)^2 V(X_2) + \cdots + (\overline{X}_1 \overline{X}_2 \cdots \overline{X}_{n-1})^2 V(X_n)$$

$$= (\overline{X}_1 \overline{X}_2 \cdots \overline{X}_n)^2 - \delta_{X_1}^2 \delta_{X_2}^2 \cdots \delta_{X_n}^2 \tag{10.36}$$

(3)变量的一般函数

设 Y 为 X 的一般函数，表示为

$$Y = g(X) \tag{10.37}$$

直接计算 Y 的均值和方差比较困难。为此，可首先将其在随机变量平均值（即中心点）处作 Taylor 级数展开，并取一次项使之线性化

$$Y \approx g(\overline{X}) + \frac{\mathrm{d}g}{\mathrm{d}X}\Big|_{\overline{X}} (X - \overline{X}) \tag{10.38}$$

其中 $(\mathrm{d}g/\mathrm{d}X)|_{\overline{X}}$ 表示在 $\overline{X}$ 处取值。

注意到 $g(\overline{X})$ 和 $(\mathrm{d}g/\mathrm{d}X)|_{\overline{X}}$ 都是常数，对式(11.38)分别取均值和方差得

$$\overline{Y} \approx g(\overline{X}) \tag{10.39}$$

$$V(Y) \approx V(X) \left(\frac{\mathrm{d}g}{\mathrm{d}X}\Big|_{\overline{X}} \right)^2 \tag{10.40}$$

当函数 $g(X)$ 近似线性时，式(10.39)，式(10.40)会给出很好的结果；当 X 方差相对于 $g(\overline{X})$ 来说很小时，即使函数 $g(X)$ 的非线性较强，上述公式也可近似采用。

10.3 可靠性分析的水准

结构可靠性设计要求进行可靠性分析，即引入不确定性计算结构可靠度或

失效概率,并设法使计算的失效概率小于允许的失效概率。允许失效概率是依据计算方法的完善性、工程经验、经济状况等因素确定的可接受的风险值,它的选择应使结构建造费用与期望的破坏损失费的总和为最小。本节不谈论允许失效概率问题,而是首先介绍极限状态、失效概率等基本概念,然后简要说明可靠性分析的水准。

10.3.1 极限状态与方程

在我国《建筑结构可靠度设计统一标准》(GB 50068)中,结构**极限状态**(limit state)被定义为:"整个结构或结构的一部分超过某一特定状态就不能满足设计规定的某一功能要求,此种特定状态应为该功能的极限状态。"在现有极限状态设计法中,区分了**承载力极限状态**(ultimate limit state)和**正常使用极限状态**(service limit state)。

承载能力极限状态对应于结构达到最大承载能力或出现不适于继续承载的变形。例如,土体的一部分发生倾覆或滑移、建筑结构被压屈或因材料强度被超过而破坏、结构发生过度的塑性变形而不适于继续承载等。这种极限状态出现的概率应当很低,因为它可能导致人身伤亡和大量财产损失。正常使用极限状态对应于结构达到正常使用或耐久性能的某项规定限值。可理解为结构使用功能的破坏或损害,或结构质量的恶化,而结构不失稳并能继续承载。由于这种极限状态对生命的危害较小,故允许出现的概率较高。

此外,有时应考虑**破坏-安全极限状态**,它对应于已出现局部破坏的结构的最大承载能力状态。一般说来,当由于偶然事件而出现特大作用时,要求结构仍保持完整无缺是不现实的,只能要求结构不致因此而发生灾难性的破坏。目前计算这种极限状态还缺乏必要的统计资料和实践经验。

通常可靠性设计是将该领域中所使用的设计公式和基准作为基础,写出极限状态方程。描述极限状态的功能函数称为**极限状态方程**。极限状态方程中的基本变量作为随机变量考虑时,这种极限状态方程称为**概率极限状态方程**。结构的功能在于以其抗力来承受荷载或作用,因而可把构成功能函数的各随机变量分为抗力和荷载两大类。以 R 表示抗力,S 表示荷载或荷载效应,则极限状态方程可写成

$$Z = R - S = g(X_1, X_2, \cdots, X_n) = 0 \qquad (10.41)$$

其中 Z 为**安全储备**;g 为**状态函数**;$X_1, X_2, \cdots, X_n$ 为**基本随机变量**。研究表明,如果极限状态方程中的基本随机变量服从正态分布,则安全储备 Z 或状态函数 g 也服从正态分布。

根据传统的设计原则,抗力 R 及荷载效应 S 都取定值,例如均值 $\overline{R}$ 和 $\overline{S}$,而且 $\overline{R}$ 大于 $\overline{S}$ 时就认为可靠。但实际上并非如此,因为 R 和 S 都是存在不确定性的随

机变量,要保证 R 总是大于 S 通常是不可能的。在一定情况下,R 有可能小于 S,这种可能性的大小用概率表示就是失效概率或破坏概率 P_f,与图 10.6 中的阴影面积有关,其计算式为

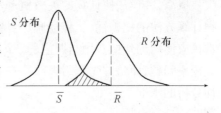

S 分布　　　　　　R 分布

$\bar{S}$　　　　$\bar{R}$

$$P_f = P[Z = R - S \leqslant 0] \qquad (10.42)$$

图 10.6　失效的可能性

计算表明,基本变量的变异系数越大,失效概率也越高。

　　在土力学中,土体的安全系数 F_s 一般定义为

$$F_s = \frac{抗力}{荷载效应} = \frac{R}{S} \qquad (10.43)$$

极限状态方程可写成

$$F_s = R/S = 1 \qquad (10.44a)$$

或写成通用形式

$$Z = R - S = g(X_1, X_2, \cdots, X_n) = 0 \qquad (10.44b)$$

　　在不同的工程问题中,R 和 S 分别定义为不同的力学量。例如在地基强度问题中,R 为地基承载力,S 为基底压力;在挡土结构物倾覆稳定验算问题中,R 为抗倾覆力矩,S 为倾覆力矩;在土坡稳定问题中,R 为抗滑力或抗滑力矩,S 为滑动力或滑动力矩;在基础沉降分析中,R 为容许的沉降,S 为估计的沉降。

10.3.2　可靠性与分析水准

　　如果结构体系具有安全、适用和耐久性能,人们就认为它有可靠性。一般将可靠性定义为在规定的条件下和规定的时间内完成预定功能的能力。可靠性的数量化指标就是**可靠度**,定义为结构在规定的条件下和规定的时间内,具备预定功能的概率。相应地,结构失效或破坏的可能性就称为失效概率。在此,规定的条件是指正常设计、正常施工和正常使用,而设计、施工和使用中的人为过失则不在可靠度考虑的范围之内。规定的时间是指结构的设计基准期。可靠度与时间有密切的关系,没有时间概念就无所谓可靠度。规定时间的长短将随对象和使用目的的不同而不同。我国《建筑结构可靠度设计统一标准》(GB 50068)明确规定建筑结构的设计基准期为 50 年。设计基准期只是计算结构失效概率的参考时间坐标,即在这个时间域内计算结果有效。结构的使用超过设计基准期后,并不意味这结构会立即不能使用,而只是其失效概率将比预计值增大。因此,设计基准期虽与寿命有关,但却是不同的概念。

　　须指出,失效概率的概念既适用于破坏也适用于变形,例如沉降量超过允许值的概率也称为失效概率。此外,**可靠概率**或**可靠度** P_s 与失效概率互补,即

$$P_f + P_s = 1 \tag{10.45}$$

可靠性分析有三个水准,即全概率法、近似概率法和半概率法。**全概率法**精确计算失效概率,因而要求知道每个基本变量的概率密度函数,并进行二重积分或多重积分,对整个结构进行精确的概率分析。实际上,无论是基本变量概率密度函数的确定,还是失效概率的计算都很困难。因此,尽管从理论上讲全概率法是处理不确定性的最佳方法,但在实际工程中却是难以应用的,仅在重大的和特殊工程中才有可能。

采用**近似概率法**不必知道所有基本变量的概率分布,但要求知道荷载效应和抗力的分布类型和形状。作为近似概率法特例的一次二阶矩法,只考虑荷载效应和抗力的二阶矩,即均值和标准差;结构体系的安全度由**可靠度指标**(reliability index)来表示,而可靠度指标可根据二阶矩计算。在**半概率法**中,安全度由荷载系数和抗力系数来表示,这些系数可根据二阶矩的可靠度分析得到。目前该法已进入实用阶段,正逐步成为许多国家制定标准规范的基础。

10.4 全概率与 Monte Carlo 法

简单情况下可以采用全概率法直接进行可靠度计算。在复杂条件下,若已知基本随机变量的概率分布,可以采用 Monte Carlo 模拟法计算失效概率。

10.4.1 全概率法

(1)全概率积分

假如随机变量 R 和 S 相互独立,它们的概率密度函数分别为 $f_R(r)$ 和 $f_S(s)$。在荷载效应的任一水平 s,随机变量 S 在微小区间 ds 内出现的概率为 $f_S(s)ds$。抗力 R 的值小于该荷载效应水平的概率为

$$P = \int_{-\infty}^{s} f_R(r)dr$$

在荷载效应水平 s 上失效的概率为

$$P_f = f_S(s)ds \int_{-\infty}^{s} f_R(r)dr$$

考虑到所有可能的荷载效应值,通过积分可求得失效概率

$$P_f = P[R - S \leq 0] = \int_{-\infty}^{\infty} \left[\int_{-\infty}^{s} f_R(r)dr \right] f_S(s)ds \tag{10.46}$$

假如随机变量 R 和 S 相互不独立,已知其联合分布,则失效概率可按下式计算

$$P_f = P[R - S \leqslant 0] = \iint_D f_{R,S}(r,s)drds \qquad (10.47)$$

其中 $f_{R,S}(r,s)$ 为随机变量 R 和 S 的联合概率密度函数；D 为失效域。当 R 和 S 相互独立时，$f_{R,S}(r,s) = f_R(r)f_S(s)$，式（10.47）变为式（10.46）。

(2)独立正态变量

如果极限状态方程中的基本随机变量相互独立且服从正态分布，则 R 和 S 相互独立并服从正态分布，安全储备 Z 也服从正态分布 $N(\mu_Z, \sigma_Z^2)$，且

$$\overline{Z} = \mu_Z = \overline{R} - \overline{S} = \mu_R - \mu_S \qquad (10.48)$$

$$V(Z) = \sigma_Z^2 = V(R) + V(S) = \sigma_R^2 + \sigma_S^2 \qquad (10.49)$$

失效概率 P_f 为

$$P_f = P[Z \leqslant 0] = \int_{-\infty}^0 f_Z(z)dz = \frac{1}{\sigma_Z\sqrt{2\pi}}\int_{-\infty}^0 \exp\left[-\frac{1}{2}\left(\frac{z-\mu_Z}{\sigma_Z}\right)^2\right]dz$$

令 $u = \dfrac{z - \mu_Z}{\sigma_Z}$，则上式成为

$$P_f = \frac{1}{\sqrt{2\pi}}\int_{-\infty}^{-\mu_Z/\sigma_Z} e^{-u^2/2}du = 1 - \frac{1}{\sqrt{2\pi}}\int_{-\infty}^{\mu_Z/\sigma_Z} e^{-u^2/2}du = 1 - \Phi\left(\frac{\mu_Z}{\sigma_Z}\right) \quad (10.50)$$

其中 Φ 为标准正态分布函数。

定义**中心安全系数** $\overline{F}_s$

$$\overline{F}_s = \frac{\overline{R}}{\overline{S}} \qquad (10.51)$$

从而有

$$P_f = 1 - \Phi\left(\frac{\mu_Z}{\sigma_Z}\right) = 1 - \Phi\left(\frac{\overline{R} - \overline{S}}{\sqrt{\sigma_R^2 + \sigma_S^2}}\right) = 1 - \Phi\left(\frac{\overline{F}_s - 1}{\sqrt{\overline{F}_s^2\delta_R^2 + \delta_S^2}}\right)$$

$$(10.52)$$

其中 δ_R, δ_S 分别为 R, S 的变异系数。

定义**可靠度指标** β

$$\beta = \frac{\overline{Z}}{\sqrt{V(Z)}} = \frac{\mu_Z}{\sigma_Z} \qquad (10.53)$$

则

$$P_f = P[Z \leqslant 0] = 1 - \Phi(\beta) = \Phi(-\beta) \qquad (10.54)$$

$$\beta = \frac{\overline{F}_s - 1}{\sqrt{\overline{F}_s^2\delta_R^2 + \delta_S^2}} \qquad (10.55)$$

(3)β 的意义

现说明可靠度指标 β 的意义。将极限状态方程中的 R 和 S 变换为标准正态变量

$$\hat{R} = \frac{R - \overline{R}}{\sigma_R}, \qquad \hat{S} = \frac{S - \overline{S}}{\sigma_S}$$

则极限状态方程 $Z = R - S = 0$ 成为

$$\hat{R}\sigma_R - \hat{S}\sigma_S + \overline{R} - \overline{S} = 0$$

上式除以 $-\sigma_Z = -\sqrt{\sigma_R^2 + \sigma_S^2}$ 并注意到式 (10.53)，得

$$\hat{R}\cos\theta_R + \hat{S}\cos\theta_S - \beta = 0 \tag{10.56}$$

其中

$$\cos\theta_R = -\frac{\sigma_R}{\sigma_Z}, \qquad \cos\theta_S = \frac{\sigma_S}{\sigma_Z} \tag{10.57}$$

极限状态方程 (10.56) 为图 10.7 所示的极限状态线，$\widehat{OP}^*$ 为坐标原点到极限状态线的距离。根据式 (10.56) 不难发现 $\widehat{OP}^* = \beta$，$\cos\theta_R$ 和 $\cos\theta_S$ 是矢量 $\widehat{OP}^*$ 的方向余弦。P^* 点称为**设计验算点**。

以基本随机变量构成坐标系，极限状态方程 $Z = g(X_1, X_2, \cdots, X_n) = 0$ 通常为多维曲面。将方程中相互独立的正态变量 $X_1, X_2, \cdots, X_n$ 标准化，得到标准正态随机变量 $\hat{X}_1, \hat{X}_2, \cdots, \hat{X}_n$。此时 β 为新坐标系中原点 $\hat{O}$ 到极限状态曲面 $Z = g(\hat{X}_1, \hat{X}_2, \cdots, \hat{X}_n) = 0$ 的垂直距离 $\widehat{OP}^*$，P^* 就是设计验算点。为直观起见，图 10.8 中示出三个正态变量的情况。

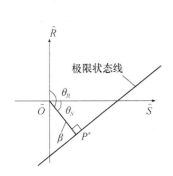

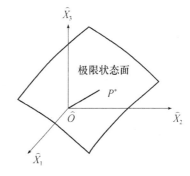

图 10.7　β 的简单示意　　　　　　　图 10.8　β 的复杂示意

现以土坡稳定分析为例，说明 β 和 P_f 的计算。采用瑞典条分法计算土坡失效概率时，假设土坡几何参数的变异性很小，可忽略不计。土坡稳定的极限状态函数为

$$Z = g(M_R, M_S) = M_R - M_S$$

其中滑动力矩 M_S 和抗滑力矩 M_R 分别为

$$M_S = R \sum_{i=1}^{n} W_i \sin\alpha_i = R \sum_{i=1}^{n} \gamma_i V_i \sin\alpha_i \tag{a}$$

$$M_R = R \sum_{i=1}^{n} \tau_{\mathrm{f}i} l_i = R \sum_{i=1}^{n} (\gamma_i V_i \cos\alpha_i \tan\varphi_i + c_i l_i) \tag{b}$$

其中 R 为滑动面半径；$W_i, V_i, \gamma_i, \alpha_i, c_i, \varphi_i, l_i$ 分别为土条 i 的重量、体积、重度、底面倾角，以及滑动面的黏聚力、内摩擦角、长度。

假设各土条的 $\gamma_i, c_i, \tan\varphi_i$ 均为服从正态分布的随机变量，且 γ_i 与 $c_i, \tan\varphi_i$ 相互独立，则 M_S 和 M_R 相互独立并服从正态分布。根据式(10.53)，式(10.54)可知，可靠度指标 β 和失效概率 P_{f} 分别为

$$\beta = \frac{\overline{M_R} - \overline{M_S}}{\sqrt{V(M_R) + V(M_S)}} \tag{10.58}$$

$$P_{\mathrm{f}} = P[Z \leqslant 0] = 1 - \Phi(\beta) = \Phi(-\beta) \tag{10.59}$$

对式(a)，式(b)实施运算，可得 M_S, M_R 的均值和方差

$$\overline{M_S} = R \sum_{i=1}^{n} \overline{\gamma_i} V_i \sin\alpha_i$$

$$V(M_S) = R^2 \sum_{i=1}^{n} V(\gamma_i)(V_i \sin\alpha_i)^2$$

$$\overline{M_R} = R \sum_{i=1}^{n} (\overline{\gamma_i} V_i \cos\alpha_i \overline{\tan\varphi_i} + \overline{c_i} l_i)$$

$$V(M_R) = R^2 \sum_{i=1}^{n} \big[V(\gamma_i)(V_i \cos\alpha_i \tan\varphi_i)^2 + V(\tan\varphi_i)(\gamma_i V_i \cos\alpha_i)^2 +$$

$$V(c_i) l_i^2 + 2 V_i \cos\alpha_i \rho_{c_i, \tan\varphi_i} \sqrt{V(\gamma_i) V(\tan\varphi_i) V(c_i)} \big]$$

其中 $\rho_{c_i, \tan\varphi_i}$ 为 c_i 和 $\tan\varphi_i$ 的互相关系数。

10.4.2　Monte Carlo 模拟法

Monte Carlo 模拟法又称为随机模拟法，它是一种依据抽样理论，利用电子计算机研究随机变量的数值计算方法。该法的基本思想是：若已知状态变量的概率分布，根据结构的极限状态方程 $Z = g(X_1, X_2, \cdots, X_n) = 0$，利用 Monte Carlo 模拟法产生符合状态变量概率分布的一组随机数 $x_1, x_2, \cdots, x_n$，将其代入状态函数 $g(X_1, X_2, \cdots, X_n)$，便得到计算状态函数的一个随机数。如此用同样的方法可产生 N 个状态函数的随机数。如果在 N 个状态函数的随机数中有 M 个小于或等于其临界值，则当 N 足够大时，根据大数定律，此时的频率已近似于概率，因而可得失效概率为

$$P_{\mathrm{f}} = P[Z = g(X_1, X_2, \cdots, X_n) \leqslant 0] = \frac{M}{N} \tag{10.60}$$

如有必要,也可由已得的 N 个状态函数值来求得其均值 μ_Z 和标准差 σ_Z,从而得到可靠指标 β。

Monte Carlo 法的理论比较成熟、精度比较高,其收敛性与极限状态方程的非线性、变量分布的非正态性无关,适应性强。就可靠度计算而言,若随机变量的变异系数大于 30%,近似概率法的计算结果往往远离精确解,而 Monte Carlo 法无此问题。由于计算是通过大量而简单的重复抽样实现的,模型和程序简单且不受状态分布模型以及变量间关系的限制,所以得到广泛应用。

10.5　近似概率法

如果极限状态函数 $Z = g(X_1, X_2, \cdots, X_n)$ 是线性的,基本随机变量服从正态分布,则可以采用全概率法直接计算可靠度指标 β 和失效概率 P_f。但当状态函数为非线性或变量不服从正态分布时,直接计算其均值和标准差就比较困难,此时可采用本节介绍的近似概率法,即**一次二阶矩法**。

10.5.1　中心点法

设基本随机变量 $X_1, X_2, \cdots, X_n$ 相互独立,状态函数 g 是随机变量的非线性函数。首先将 g 在变量均值处作 Taylor 级数展开,并取一次项使之线性化

$$Z \approx g(\overline{X}_1, \overline{X}_2, \cdots, \overline{X}_n) + \sum_{i=1}^{n} (X_i - \overline{X}_i) \frac{\partial g}{\partial X_i}\Big|_{\overline{X}_i} \tag{10.61}$$

然后利用随机变量的平均值和标准差求解可靠度指标。这就是一次二阶矩中心点法的基本原理。考虑到变量的相互独立性,对上式分别取均值和方差得

$$\overline{Z} = \mu_Z \approx g(\overline{X}_1, \overline{X}_2, \cdots, \overline{X}_n) \tag{10.62}$$

$$\sigma_Z^2 \approx \sum_{i=1}^{n} \sigma_{X_i}^2 \left(\frac{\partial g}{\partial X_i}\Big|_{\overline{X}_i}\right)^2 \tag{10.63}$$

可靠度指标为

$$\beta = \frac{\mu_Z}{\sigma_Z} = \frac{g(\overline{X}_1, \overline{X}_2, \cdots, \overline{X}_n)}{\sqrt{\sum_{i=1}^{n} \sigma_{X_i}^2 \left(\frac{\partial g}{\partial X_i}\Big|_{\overline{X}_i}\right)^2}} \tag{10.64}$$

中心点法概念清楚,计算简便。当可靠度指标较小或失效概率较大(例如 $\beta \leqslant 3.09$ 或 $P_f \geqslant 10^{-3}$)时,结果对状态函数的概率分布类型不很敏感,具有较好的实用性。但若基本变量的概率分布为非正态分布或非对数正态分布,则可靠度指标的计算结果与实际出入较大。此外,该法选用的线性化点(平均值)在可靠区而不在失效边界上,级数展开略去高次项的误差将随着线性化点到失效边界

距离的增加而增大。

现采用中心点法和地基极限承载力的一般计算公式计算地基的失效概率。假设基础尺寸和埋深等几何量为确定性的量,而基底压力 p 以及 c,φ,γ 等土性指标为相互独立的正态变量。极限承载力的一般计算公式为(6.37),即

$$p_u = \frac{1}{2}\gamma B N_\gamma + \gamma_0 d N_q + c N_c$$

其均值和方差分别为

$$\overline{p}_u = \frac{1}{2}\overline{\gamma}B\,\overline{N}_\gamma + \overline{\gamma}_0 d\,\overline{N}_q + \overline{c}\,\overline{N}_c$$

$$V(p_u) = \left(\frac{\partial p_u}{\partial c}\right)^2 V(c) + \left(\frac{\partial p_u}{\partial \varphi}\right)^2 V(\varphi) + \left(\frac{\partial p_u}{\partial \gamma}\right)^2 V(\gamma) + \left(\frac{\partial p_u}{\partial \gamma_0}\right)^2 V(\gamma_0)$$

其中的一阶偏导数在均值处赋值,公式为

$$\frac{\partial p_u}{\partial c} = N_c, \qquad \frac{\partial p_u}{\partial \gamma} = B N_\gamma, \qquad \frac{\partial p_u}{\partial \gamma_0} = d N_q,$$

$$\frac{\partial p_u}{\partial \varphi} = \frac{1}{2}\gamma B \frac{\partial N_\gamma}{\partial \varphi} + \gamma_0 d \frac{\partial N_q}{\partial \varphi} + c \frac{\partial N_c}{\partial \varphi}$$

地基承载力极限状态方程为

$$p_u - p = 0$$

可靠度指标和失效概率分别为

$$\beta = \frac{\overline{p}_u - \overline{p}}{\sqrt{V(p_u) + V(p)}}$$

$$P_f = 1 - \Phi(\beta)$$

其中 $\overline{p}, V(p)$ 为基底压力的均值和方差。

10.5.2　验算点法

为了克服中心点法的缺点,人们在失效边界上寻求线性化点,所选取的点通常在结构最大可能失效概率对应的设计验算点 $P^*(X_1^*, X_2^*, \cdots, X_n^*)$。经这样改进后的一次二阶矩法称为**验算点法**。注意到验算点在极限状态曲面上,即

$$g(X_1^*, X_2^*, \cdots, X_n^*) = 0 \tag{10.65}$$

则线性化的极限状态函数为

$$Z \approx g(X_1^*, X_2^*, \cdots, X_n^*) + \sum_{i=1}^{n}(X_i - X_i^*)\frac{\partial g}{\partial X_i}\bigg|_{P^*} = \sum_{i=1}^{n}(X_i - X_i^*)\frac{\partial g}{\partial X_i}\bigg|_{P^*}$$

$$\tag{10.66}$$

其均值为

$$\overline{Z} = \mu_Z \approx \sum_{i=1}^{n}(\overline{X}_i - X_i^*)\frac{\partial g}{\partial X_i}\bigg|_{P^*} \tag{10.67}$$

假设**基本随机变量相互独立**,则 Z 的标准差为

$$\sigma_Z \approx \sqrt{\sum_{i=1}^{n} \left(\sigma_{X_i} \frac{\partial g}{\partial X_i} \bigg|_{P^*} \right)^2}$$

引入分离函数式将其线性化得

$$\sigma_Z \approx \sum_{i=1}^{n} \alpha_i \sigma_{X_i} \frac{\partial g}{\partial X_i} \bigg|_{P^*} \qquad (10.68)$$

其中

$$\alpha_i = \frac{\sigma_{X_i} \dfrac{\partial g}{\partial X_i} \bigg|_{P^*}}{\sqrt{\sum_{i=1}^{n} \left(\sigma_{X_i} \dfrac{\partial g}{\partial X_i} \bigg|_{P^*} \right)^2}} \qquad (10.69)$$

其中 α_i 表示第 i 个随机变量对整个标准差的相对影响,称为**灵敏系数**。

根据可靠度指标的定义,有

$$\beta = \frac{\mu_Z}{\sigma_Z} = \frac{\sum\limits_{i=1}^{n} (\overline{X}_i - X_i^*) \dfrac{\partial g}{\partial X_i} \bigg|_{P^*}}{\sum\limits_{i=1}^{n} \alpha_i \sigma_{X_i} \dfrac{\partial g}{\partial X_i} \bigg|_{P^*}} \qquad (10.70)$$

上式可整理为

$$\sum_{i=1}^{n} \frac{\partial g}{\partial X_i} \bigg|_{P^*} (\overline{X}_i - X_i^* - \beta \alpha_i \sigma_{X_i}) = 0 \qquad (10.71)$$

注意到基本变量的相互独立性,有

$$\overline{X}_i - X_i^* - \beta \alpha_i \sigma_{X_i} = 0 \qquad (i = 1,2,\cdots,n) \qquad (10.72)$$

式(10.65)与式(10.72)联立,可由这 $n+1$ 个方程求得 X_i^* 和 β 这 $n+1$ 个未知数。可采用迭代法求解,具体步骤如下:

①选取验算点坐标的初值,一般取 $X_i^* = \overline{X}_i$;

②由式(10.69)计算 α_i;

③将 α_i 代入式(10.72),解得 $X_i^* = X_i^*(\beta)$;

④将 $X_i^* = X_i^*(\beta)$ 代入式(10.65),解得 β;

⑤将此 β 代入 $X_i^* = X_i^*(\beta)$,求出 X_i^* 的新值;

⑥以新 X_i^* 重复第②步至第④步,直到前后两次 β 值足够接近为止。最后所得的 β 即为所求的可靠度指标,X_i^* 即为设计验算点坐标。

例如,采用简化 Bishop 法计算土坡失效概率。假设土坡几何参数为确定性的量,基本随机变量服从正态分布且相互独立。Bishop 法安全系数计算公式见式(6.64),即

$$F_s = \frac{\sum_{i=1}^{n} \left[c_i' b_i + (W_i - u_i b_i) \tan\varphi_i' \right] / m_{ai}'}{\sum_{i=1}^{n} W_i \sin\alpha_i}$$

其中

$$m_{ai}' = \cos\alpha_i + \frac{\sin\alpha_i \tan\varphi_i'}{F_s}$$

令 $F_s = 1$，$f_i = \tan\varphi_i'$ 并注意到 $W_i = \gamma_i V_i$，可得极限状态方程

$$\sum_{i=1}^{n} \left[c_i' b_i + (\gamma_i V_i - u_i b_i) f_i \right] / m_{ai} - \sum_{i=1}^{n} \gamma_i V_i \sin\alpha_i = 0$$

其中

$$m_{ai} = \cos\alpha_i + \sin\alpha_i f_i$$

此时，基本随机变量为 γ_i, c_i', f_i, u_i，共 $4n$ 个。假设它们均为正态分布且相互独立，均值和标准差分别为 $\overline{\gamma}_i, \overline{c}_i', \overline{f}_i, \overline{u}_i$ 和 $\sigma_{\gamma_i}, \sigma_{c_i'}, \sigma_{f_i}, \sigma_{u_i}$，则不难用验算点法计算 β 和 P_f。验算点 P^* 的坐标 $\gamma_i^*, c_i'^*, f_i^*, u_i^*$ 和 β 的计算公式为

$$g(\gamma_i^*, c_i^*, f_i^*, u_i^*) = 0$$

$$\overline{\gamma}_i - \gamma_i^* - \beta\alpha_\gamma \sigma_{\gamma_i} = 0$$

$$\overline{c}_i' - c_i'^* - \beta\alpha_{c_i'} \sigma_{c_i'} = 0$$

$$\overline{f}_i - f_i^* - \beta\alpha_f \sigma_{f_i} = 0$$

$$\overline{u}_i - u_i^* - \beta\alpha_{u_i} \sigma_{u_i} = 0$$

$$(i = 1, 2, \cdots, n)$$

其中

$$\alpha_{\gamma_i} = \sigma_{\gamma_i} \frac{\partial g}{\partial \gamma_i}\bigg|_{P^*} \bigg/ \sqrt{\sum_{X_i} \left(\sigma_{X_i} \frac{\partial g}{\partial X_i}\bigg|_{P^*} \right)^2}$$

上式根号中的求和表示对所有 $4n$ 个随机变量进行。其余的 α 计算式与上式相似。可见，只需计算出状态函数对各随机变量的导数即可，它们是

$$\frac{\partial g}{\partial \gamma_i} = \frac{V_i f_i}{m_{ai}} - V_i \sin\alpha_i, \qquad \frac{\partial g}{\partial c_i'} = \frac{b_i}{m_{ai}}, \qquad \frac{\partial g}{\partial u_i} = -\frac{b_i f_i}{m_{ai}},$$

$$\frac{\partial g}{\partial f_i} = \frac{\gamma_i V_i - u_i b_i}{m_{ai}} - \frac{\left[c_i' b_i + (\gamma_i V_i - u_i b_i) f \right] \sin\alpha_i}{m_{ai}^2}$$

10.5.3　正态变换与 JC 法

前面所介绍的方法均假定基本变量为正态分布。如果不是这样，可先将它们变换为正态变量。如果随机变量 R, S 为对数正态分布，则根据对数正态变量

与正态变量参数之间的关系(10.53)和(10.12),可以得到

$$\beta = \frac{\overline{\ln R} - \overline{\ln S}}{\sqrt{V(\ln R) + V(\ln S)}} = \frac{\ln\left(\overline{R}/\sqrt{1 + \delta_R^2}\right) - \ln\left(\overline{S}/\sqrt{1 + \delta_S^2}\right)}{\sqrt{\ln(1 + \delta_R^2) + \ln(1 + \delta_S^2)}} \qquad (10.73)$$

$$P_f = 1 - \Phi(\beta) \qquad (10.74)$$

其中 δ_R, δ_S 分别为 R, S 的变异系数。

Rackwitz, Hasofer 等人提出,当基本变量为其他非正态分布时,可以先将其当量化(等效化)为正态分布;然后再用验算点法计算可靠度指标。这种方法为国际安全度联合委员会(JCSS)所推荐,故通常称为 **JC 法**。变量当量化的一个条件是:在验算点 P^* 处,当量正态变量 X_i'(其平均值为 $\mu_{X_i'}$,标准差为 $\sigma_{X_i'}$)的分布函数值 $F_{X_i'}(x_i^*)$ 与原变量 X_i(其平均值为 μ_{X_i},标准差为 σ_{X_i})的分布函数值 $F_{X_i}(x_i^*)$ 相等,即

$$\Phi\left(\frac{x_i^* - \mu_{X_i'}}{\sigma_{X_i'}}\right) = F_{X_i}(x_i^*) \qquad (10.75)$$

从而

$$\mu_{X_i'} = x_i^* - \Phi^{-1}[F_{X_i}(x_i^*)]\sigma_{X_i'} \qquad (10.76)$$

变量当量化的另一个条件是:在验算点 P^* 处,当量正态变量 X_i' 的概率密度函数值 $f_{X_i'}(x_i^*)$ 与原变量的概率密度函数值 $f_{X_i}(x_i^*)$ 相等,即

$$\frac{\mathrm{d}}{\mathrm{d}x_i}\Phi\left(\frac{x_i - \mu_{X_i'}}{\sigma_{X_i'}}\right)\Big|_{x_i = x_i^*} = \varphi\left(\frac{x_i^* - \mu_{X_i'}}{\sigma_{X_i'}}\right)\Big/\sigma_{X_i'} = f_{X_i}(x_i^*)$$

考虑到式(10.76),整理上式可得当量正态变量的 $\sigma_{X_i'}$

$$\sigma_{X_i'} = \frac{\varphi\{\Phi^{-1}[F_{X_i}(x_i^*)]\}}{f_{X_i}(x_i^*)} \qquad (10.77)$$

其中 Φ 为标准正态分布函数;Φ^{-1} 为标准正态分布函数的反函数;φ 为标准正态分布的概率密度函数。

10.5.4   变量变换与独立性

采用近似概率法要求基本随机变量相互独立。如果它们不是相互独立的,则可先将其独立化,然后再计算可靠度指标。设 $X_1, X_2, \cdots, X_n$ 为相关的正态变量,其标准化变量 $\widehat{X}_1, \widehat{X}_2, \cdots, \widehat{X}_n$ 的协方差为

$$\mathrm{cov}(\widehat{X}_i, \widehat{X}_j) = E[(\widehat{X}_i - \mu_{\widehat{X}_i})(\widehat{X}_j - \mu_{\widehat{X}_j})] = \frac{E[(X_i - \mu_{X_i})(X_j - \mu_{X_j})]}{\sigma_{X_i}\sigma_{X_j}}$$

$$= \frac{\text{cov}(X_i, X_j)}{\sigma_{X_i} \sigma_{X_j}} = r_{ij}$$

可见,标准化变量的协方差矩阵就是原变量的相关矩阵,即

$$C_{\hat{X}} = R_X \qquad (10.78)$$

$C_{\hat{X}}$ 为实对称矩阵,存在互不相同的 n 个特征值 $\lambda_i (i = 1, 2, \cdots, n)$,且正交的特征向量矩阵 T 与特征值组成的对角线矩阵 λ 具有如下关系

$$\lambda = T^T C_{\hat{X}} T \qquad (10.79)$$

设 $Y = [Y_1 \quad Y_2 \quad \cdots \quad Y_n]^T$ 为新变量组成的向量,由标准化变量组成的向量 $\hat{X} = [\hat{X}_1 \quad \hat{X}_2 \quad \cdots \quad \hat{X}_n]^T$ 经下列正交变换而得

$$Y = T^T \hat{X} \qquad (10.80)$$

则 Y 的协方差矩阵为

$$C_Y = E(YY^T) = E(T^T \hat{X} \hat{X}^T T) = T^T E(\hat{X} \hat{X}^T) T = T^T C_{\hat{X}} T = \lambda \quad (10.81)$$

可见,新变量的协方差矩阵为对角线矩阵,这表明 $Y_1, Y_2, \cdots, Y_n$ 是相互独立的。根据式(10.80)和标准化变换,可用新变量 $Y_1, Y_2, \cdots, Y_n$ 表示原变量 $X_1,$ $X_2, \cdots, X_n$;再将其代入极限状态方程,可得相互独立的新变量所满足的极限状态方程。

10.6 半概率法与分项系数

对于重要工程可采用全概率法或近似概率法直接进行设计或可靠度校核。但即使是近似概率法,计算工作量也相当大,对于一般工程是不实用的。为此,人们提出在设计验算点处将极限状态方程转化为以基本变量**标准值**和**分项系数**表达的极限状态实用设计表达式,这就是所谓半概率法。

在半概率法中,安全度不是用一个总安全系数,而是用若干个分项系数来表达,例如荷载效应分项系数、抗力分项系数等。分项系数反映目标可靠度或设计可靠指标以及基本变量变异性的影响,可根据二阶矩的可靠度分析得到。N.C.Lind(1971)已经把分项系数与可靠度指标 β 联系起来,由 β 的算式推演出分项系数的表达式。

10.6.1 实用设计公式

在传统的容许应力设计法中,保证整个结构在工作荷载作用下产生的应力不大于容许应力,并采用一个总安全系数考虑所有相关的不确定性,设计公式可

表示为

$$S \leqslant R/F_s \qquad (10.82)$$

其中 S 为荷载效应；R 为抗力；F_s 为容许安全系数。

在**概率极限状态设计**（limit state design）中，采用荷载效应和抗力的标准值和分项系数，设计公式的一般表达式为

$$\Phi R_n = \sum \alpha_i S_{ni} \qquad (10.83)$$

其中 Φ 为抗力系数，反映与抗力有关的不确定性；R_n 为抗力的标准值，代表对抗力的最优估值；S_{ni} 为第 i 项荷载效应的标准值；α_i 为相应 S_{ni} 的荷载系数，反映该项荷载的不确定性。

上述设计公式在形式上同人们习惯的设计表达式相近，但其中各分项系数的取值是以近似概率法确定的。采用规范进行概率极限状态设计时，人们可完全按照习惯的方式进行，无需复杂的概率统计运算和可靠性分析。我国 1994 年颁布的《建筑桩基设计规范》规定，桩基按概率极限状态法进行设计，考虑承载能力和正常使用两种极限状态。

10.6.2　参数的标准值

参数的标准值也称为特征值，它作为置信概率 $1 - \alpha$ 的分位数是按概率方法取得的。设随机变量 X 的概率分布函数为 $F_X(x)$，按某一规定的概率 α，取其分布上相应的某个分位值 Z_α，即

$$P\{X > x_k\} = 1 - F_X(x_k) = \alpha \qquad (10.84)$$

则 x_k 就定义为 X 的标准值。如果随机变量为正态分布，则

$$x_k = \mu_k \pm Z_\alpha \sigma_X \qquad (10.85)$$

其中 Z_α 为标准正态分布上的 α 百分点。α 值取决于工程的重要性和设计工作阶段，一般取 0.05。对于特别重要的工程，可提高要求，将风险降低到 0.01。对于初步设计阶段和可以允许承担较大风险的情况，可取 0.10 或更大一些。

10.6.3　分项系数的确定

概率极限状态设计使设计基于某种可以接受的风险或失效概率之上。设计可靠指标或分项系数的确定涉及到国家的技术经济政策。通常是研究设计安全系数与设计可靠指标或失效概率之间的关系，目的是提出与现行确定性规范中安全系数的安全水准相当的失效概率和分项系数的建议值。目前广泛采用的校准法就是这样一种方法，即按用分项系数设计的安全水准与用传统安全系数设计的安全水准大体相当的原则确定设计可靠指标。

10.7 其他有关问题

我国岩土工程可靠度问题的研究已经取得了可喜进展,铁道部以及上海地区的地基基础设计规范等已采用概率极限状态设计原则。但是,土工结构可靠性分析与设计十分复杂,许多问题仍有待深入研究,本节将简要说明值得注意的几个问题。

10.7.1 随机有限元法

随机有限元法是基于有限元原理,计算土体可靠指标或失效概率的方法。随机有限元法的实质是在常规有限元法的基础上,改输入参数(例如弹性模量、荷载等)为随机变量或随机过程。单元应力和节点位移均为随机变量的函数或随机过程。

在随机变量的情况下,只要随机变量存在均值和方差,就可求得应力和位移在统计上的均值和方差。土的强度参数亦是随机变量,这样求得应力后就可根据一定的强度准则建立起稳定性的极限状态方程 $Z = g(X_1, X_2, \cdots, X_n) = 0$。接下来的分析可以结合一次二阶矩法进行。若与中心点法耦合,形成线性一次逼近法;若与验算点法耦合,则成为迭代验算法。

地震加速度的幅值、频率和持续时间等特征受震源、传播过程、地质条件等多种因素影响,而且人们对这些影响的细节仍不清楚。现有的强震记录表明,不仅不同地震的记录之间差异很大,而且同一地震不同地点的记录也表现出明显的空间差异性。所以地震荷载和动力反应均为随机过程。在地震动力随机有限元分析中,输入的加速度不再是时间的确定性函数 $\ddot{u}_g(t)$,而是随机过程 $\ddot{U}_g(t)$。

10.7.2 多重失效模式

前面的可靠性计算都是针对单一失效模式进行的,而土工结构物往往具有多种可能的失效模式。例如建筑物地基基础可能因地基承载力不足而失效,也可能因沉降过大而失效;挡土结构物的失效形式则可能是墙体倾覆、墙体沿墙底滑移或地基承载力不足等。通常将系统的失效模式称为分量。若各失效模式间相互独立,如何计算系统的失效概率?

设所研究的系统有 k 个失效模式或分量,每个分量的失效概率为 P_{fi},可靠概率为 P_{si};整个系统的失效概率和可靠概率分别为 P_f, P_s。如果任一分量失效都会导致系统的失效,即分量间的逻辑关系为串联,则系统的可靠性是所有分量的可靠性之积,即

$$P_{\mathrm{s}} = \prod_{i=1}^{k} P_{\mathrm{s}i} = \prod_{i=1}^{k} (1 - P_{\mathrm{f}i}) \tag{10.86}$$

而系统的失效概率为

$$P_{\mathrm{f}} = 1 - P_{\mathrm{s}} = 1 - \prod_{i=1}^{k} (1 - P_{\mathrm{f}i}) \tag{10.87}$$

如果所有 k 个分量都失效系统才失效,即分量间的逻辑关系为并联,则系统的失效概率是所有分量失效概率之积,即

$$P_{\mathrm{f}} = \prod_{i=1}^{k} P_{\mathrm{f}i} \tag{10.88}$$

实际系统的分量可能既有串联又有并联,按照各分量间的逻辑关系和上述算法,不难计算系统的失效概率。

10.7.3　预测值的置信区间

在对土体的行为进行预测时,由于计算公式中的一些变量具有变异性,公式本身也并非完全可靠,所以实际值是不可能准确预测的。可以采用概率方法确定预测量值的置信区间,使实际值以大概率落在这个区间内。

通常置信区间的上下限由 t 分布分位值确定。设随机变量 X, Y 相互独立,且 X 服从 $N(0,1)$ 分布,Y 服从 χ^2 分布,则新的随机变量

$$t = \frac{X}{\sqrt{Y/\upsilon}} \tag{10.89}$$

服从自由度为 υ 的 t 分布,其概率密度函数为

$$f(t,\upsilon) = \frac{1}{\sqrt{\upsilon} B(1/2,\upsilon/2)} \left(1 + \frac{t^2}{\upsilon}\right)^{-(\upsilon+1)/2} \tag{10.90}$$

均值 $E(t) = 0$,方差 $V(t) = \dfrac{\upsilon}{\upsilon-2}$。式(10.90)中的 Beta 函数为

$$B(1/2,\upsilon/2) = \int_0^1 x^{-\frac{1}{2}} (1-x)^{\frac{\upsilon}{2}-1} \mathrm{d}x \tag{10.91}$$

从方差算式可知,当 υ 较大时,$V(t) = 1$,t 分布接近于标准正态分布。这一点也可从 t 分布的概率密度函数曲线(图 10.9)看出。

概率为 α 的双侧分位值 $t_{\alpha/2}$ 满足

$$P[t < t_{\alpha/2}] = \alpha/2$$

及

$$P[t > t_{\alpha/2}] = \alpha/2$$

对于 $\alpha = 10\%$,$t_{\alpha/2} = 1.645$。

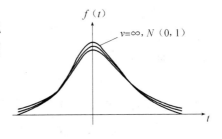

图 10.9　t 分布

现以基础沉降预测为例说明置信区间的确定。沉降置信区间的上下限由下式求得

$$\left.\begin{array}{l}S_{\max} = \overline{S}(1 + t_{\alpha/2}\delta_S) \\ S_{\min} = \overline{S}(1 - t_{\alpha/2}\delta_S)\end{array}\right\} \tag{10.92}$$

其中 δ_S 为沉降的变异系数,即

$$\delta_S = \frac{\sqrt{V(S)}}{\overline{S}} \tag{10.93}$$

沉降的均值 $\overline{S}$ 和方差 $V(S)$ 可根据常用的沉降计算公式计算,例如应力面积法计算公式

$$S = \psi_s \sum_{i=1}^{n} \frac{p_0}{E_{si}}(\overline{\alpha_i}z_i - \overline{\alpha_{i-1}}z_{i-1}) \tag{10.94}$$

10.7.4　设计公式的精度

任何设计公式或极限状态方程都基于理想化模型,误差和不确定性是不可避免的。设计公式本身所具有的精度问题极其重要,按照精度极差或连精度的大致范围也不清楚的公式进行可靠性设计是没有实际意义的,而土力学中的许多计算公式就属于这种情况。为了说明设计公式的精度,松尾(1990)提出

$$F = G + e \tag{10.95}$$

其中 F 为真值安全系数;G 为设计公式中抗力与主动力之比;e 为误差。真值安全系数 F 是事先不可能知道的,但实际产生破坏这一事实可以认为是在 $F = 1$ 的情况下发生的。因此,误差可根据实际破坏实例按下式计算

$$e = 1 - G \tag{10.96}$$

根据松尾的研究,采用 $\varphi = 0$ 分析法设计软土地基上的填土,具有相当高的精度。应该注意的是,如果我们要研究当初设计时整个设计方法的精度,则应采用设计时的安全系数 G;如果要排除设计参数取值失误的因素,那么可取实际破坏面附近土性参数的代表值计算安全系数 G。

10.7.5　可靠度方法问题

可靠性设计所需的数学工具问题已基本得到解决,土工可靠性分析可以移植结构可靠性分析中获得成功应用的一次二阶矩法。该法在计算可靠度指标时,对荷载和抗力的概率分布做了假定。对于一些复杂情况可以采用 Monte Carlo 模拟法或随机有限元法等。例如,如果只知道变量的均值和方差,可以在假定的概率分布下,求得可靠度指标和失效概率;如果已知变量的概率分布和参数,既可采用一次二阶矩法,又可以采用 Monte Carlo 模拟法求得比较精确的解;如果需要比较详细地了解土体变形性状和局部破坏状况,可以采用随机有限元

法。

　　采用可靠性设计方法并不意味着否定传统的定值设计法,它只是定值法的发展与补充。在可靠性研究中,计算模式和分析模型一般仍采用确定性方法常用的模式,需要研究的是变量随机性带来的影响、分析各种不同模式的不确定性、研究各种不同模式对各个变量的敏感程度有何差别、从可靠性分析角度评价与选用计算公式或分析模型等等。例如,研究地基极限承载力的理论计算时,还是用 Terzaghi 公式或 Hansen 公式,而没有必要从承载力公式的改进研究起;研究边坡稳定性时,仍采用已发展的各种条分法等。必须强调,可靠性分析中所采用的确定性模型应反映问题的主要因素,而次要的、不确定的因素则通过变异性分析加以考虑。

　　为了更好地处理土工问题中的不确定性因素,加强可靠性分析与设计的研究是必要的。但是,可靠性设计仅仅是处理不确定性的一种方法,而且不一定是最好的方法。人们承认土工结构可靠性问题比建筑结构复杂得多,许多工作还很不充分,远未能进入实用阶段。事实上,多方面的欠缺限制了可靠性方法在土工中的应用。例如,如果对土性参数的了解不充分,或极限状态方程十分粗糙,则可靠性设计没有多大意义。根据目前的状况,有许多问题需要进一步研究,其中参数空间变异性问题尤为重要。由于没有获得可靠的空间变异性数据,许多分析基于点变异性,而这种分析可能过分偏于保守。高大钊(2002)指出,如果用子样变异系数进行可靠度分析,所得到的失效概率并不是整体失稳的失效概率,而是最薄弱部位局部失稳的失效概率。

　　必须指出,可靠性设计同安全系数法一样,只是处理不确定性问题的一种方法,并不是在所有情况下都是最佳的。在目前的研究水平上,哪些工程问题不适宜采用这种方法,哪些工程问题可以采用这种方法,我们必须有清醒的认识。

第 11 章

非饱和土体分析

经典土力学主要是针对**饱和土**(saturated soil)的性状发展起来的,前面各章所阐述的内容也属于饱和土力学。然而实际中经常遇到**非饱和土**(unsaturated soil),例如在干旱及半干旱地区,地下水位通常较深,表层土体是非饱和的。此外,经压实的填土一般也都是非饱和土。

从物质组成和力学性状上讲,非饱和土均不同于饱和土。所以针对饱和土发展的力学理论和方法不能适当地描述和解释非饱和土的力学现象。很显然,由于非饱和土的普遍存在,对其进行研究是非常必要的。自 20 世纪 50 年代以来,学者们对非饱和土的变形和强度进行过大量的试验研究。近些年来,在计算理论方面也取得明显进展。但到目前为止,非饱和土力学分析仍存在很多问题。例如,非饱和土的力学性质难以准确测定;非饱和土力学的理论基础不够严格,建立控制方程所引入的假定往往过多;至关重要的流量边界条件不稳定且难以预估。这些都使得非饱和土力学发展缓慢,且限制了现有理论的实际应用。

本章阐述非饱和土力学的基本内容,主要包括①非饱和土的基本概念与工程问题;②非饱和土的力学特性;③非饱和土体渗流计算;④非饱和土体强度计算;⑤非饱和土体变形计算。

11.1　非饱和土的概念与问题

在介质构成上,非饱和土与饱和土存在显著区别。这不仅使得它们的力学性状及工程问题不同,而且描述力学性状的应力状态也发生了实质性的变化。本节首先说明非饱和土的介质特征,然后介绍描述非饱和土力学性状的应力状态,最后简要讨论非饱和土力学问题的特殊性。

11.1.1　四相介质

众所周知,土是一种多相混合物。混合物的部分作为独立的相,必须满足两个条件:①具有与相邻物质不同的性质;②具有明确的分界面。例如,饱和土是由固相(土颗粒)和液相(水)组成的。通常认为非饱和土是三相的,即由土颗粒、水和空气组成。Fredlund 等人则认为除了这三相外,非饱和土中还有第四相,即**水-气分界面**(water-air interphase)或称**收缩膜**(contractile skin)。收缩膜的显著特性就是它能够承受拉力,它在张力作用下像弹性薄膜那样交织于整个土的结构中。将非饱和土视为四相物,有利于对土单元进行应力分析。其中两相(即土粒和收缩膜)在外加应力梯度作用下达到平衡,而另外两相(即水和空气)则在外加应力梯度作用下产生流动。当然,在体积和质量分析中则没有必要将收缩膜当作独立的相,因为收缩膜的厚度相当于几个分子层,故其体积很小,其质量可视为水的质量的一部分。

非饱和土随**饱和度**(degree of saturation)不同将处于三种不同状态,即①气封闭水连通;②水气均连通;③气连通水封闭。通常饱和度大于 90% 左右时,气体以封闭状态存在;饱和度小于 80% 时,土体是气相连通的;饱和度在 80% ~ 90% 之间时,则介于连通气相与封闭气泡之间的过渡状态。在第一种状态下,气体以小气泡形式封闭在孔隙水中。这时可以把含气水当作可压缩液体,运用饱和土理论进行分析。在第三种状态下,孔隙水以薄膜水和水蒸气的形式存在,不需要考虑它的存在与流动,而且此时土的强度也比较高,不需要进行专门研究。可见,惟有水气双通状态的非饱和土体才是非饱和土力学研究的对象。

11.1.2 应力状态

土体的变形、强度与破坏取决于应力状态或应力状态的改变,土力学分析所采用的应力状态变量必须适宜描述土的力学性状。对于饱和土,有效应力概念已经成为力学分析的重要基础。这是因为土颗粒和孔隙水不可压缩时,饱和土的变形、强度与破坏均取决于有效应力$(\sigma_{ij} - u_w \delta_{ij})$。现在的问题是,决定非饱和土变形与破坏的应力状态是怎样的?

许多学者曾试图像饱和土那样,采用一个有效应力状态来描述非饱和土。结果是应力状态变量中含有土性参数。这里仅列出一个被广泛引用的非饱和土有效应力公式(Bishop,1959)

$$\sigma' = (\sigma - u_a) + \chi(u_a - u_w) \tag{11.1}$$

其中 u_a 为孔隙气压力;χ 是与饱和度有关的参数。对于饱和土 $\chi = 1$,对于干土 $\chi = 0$。由于参数 χ 与土的性质有关,故式(11.1)意味着将土性参数引入了应力状态变量。这种做法是不合理的,一点的应力状态应该独立于该处材料的性质。试验也表明,多数土的体积变化与有效应力之间并不存在单一的关系,当饱和度低于某临界值时更是如此。

假定每个相均形成独立的、线性的、连续一致的应力场,可以写出每个相的平衡方程。利用气相、液相、收缩膜及单元的总体平衡方程,可以求出土骨架的平衡方程,这种方程中包含三个独立的应力张量。若以 u_a 为基准,则描述非饱和土力学性状的三个应力状态为 $(\sigma_{ij} - u_a\delta_{ij})$,$(u_a - u_w)\delta_{ij}$ 和 $u_a\delta_{ij}$。若以 u_w 或 σ_{ij} 为基准,则应力状态分别为 $(\sigma_{ij} - u_w\delta_{ij})$,$(u_a - u_w)\delta_{ij}$ 和 $u_w\delta_{ij}$;$(\sigma_{ij} - u_a\delta_{ij})$,$(\sigma_{ij} - u_w\delta_{ij})$ 和 σ_{ij}。Fredlund 等(1993)认为,最适宜的应力状态为第一组,其中 $(\sigma_{ij} - u_a\delta_{ij})$ 称为**净应力**(net stress),$(u_a - u_w)$ 称为**基质吸力**(matric suction)。他们还指出,当土颗粒和孔隙水不可压缩时,$u_a\delta_{ij}$ 可以被削掉,此时独立的应力状态只有两个。为了验证非饱和土应力状态的有效性或适当性,Fredlund 等人进行过试验。在试验中,改变应力状态各组成部分(即 σ,u_w,u_a)的数值,但保持应力状态变量本身(即 $\sigma - u_a$,$u_a - u_w$)的数值不变。如果所建议的应力状态变量是适当的话,则试验中土样的总体积和饱和度都不应当有任何变化。他们的试验结果得出了肯定的结论。实际上,在天然非饱和土体中,u_a 接近于零,因为土中的空气与大气连通。在水气双通的压实土中,u_a 可能为正值,但一般也不大。在这种情况下,u_a 对非饱和土体影响很小,可以用净应力和吸力两组独立变量来描述非饱和土的力学性状。

11.1.3 基质吸力

非饱和土中总的吸力除基质吸力 $s = (u_a - u_w)$ 外,还有**渗透吸力** π(osmotic suction),它是由孔隙水中所含可溶盐引起的。无论是饱和土还是非饱和土,渗透吸力都同样起作用。当土中的含盐量由于化学污染而改变时,渗透吸力的变化对土的性状可能产生明显的影响。但渗透吸力随含水量的变化不明显,因此环境只引起含水量变化时,渗透吸力基本上不变。在试验中包括了渗透吸力的影响,因此只要含盐量不变化,便不再需要单独考虑渗透吸力。以下基质吸力将简称为吸力。

在没有覆盖的条件下,环境变化对地表附近土层的吸力影响很大。例如干旱季节与潮湿季节的吸力剖面很不一样(图 11.1)。土中的吸力在干旱季节上升,潮湿季节下降,而且吸力变化最大的是靠近地表部分。有覆盖时,由于水分长期缓慢集聚,可造成吸力下降,而且吸力随季节变动发生的变化不明显。地面植被通过**蒸腾**(evapo-transpiration)作用,可对孔隙水施加高达 1～2MPa 的张力。蒸腾作用使土中的水分减少,吸力增大。相反地,**入渗**(infiltration)使土中水分增加,吸力减小。

在非饱和土力学问题中,通常孔隙气压力等于或约等于大气压,而孔隙水压力相对于大气压为负值。换句话说,通常吸力就是**负孔隙水压力**。此外,吸力与**表面张力**(surface tension)密切相关,它是由收缩膜分子之间的作用引起的。通常把土中的孔隙通道视为毛细管来分析毛细张力。由于表面张力 T(收缩膜单位长度上的张力)的作用,毛细管内的水被向上拉,从而使水上升。粗略的计算表

明,黏性土中毛管水上升高度 h_c 可达 10m 以上。此时,孔隙水压力 u_w 为

$$u_w = p_a - \frac{2T\cos\alpha}{r} = p_a - \gamma_w h_c \qquad (11.2)$$

假定大气压 $p_a = 0$(即以大气压为基准),则 u_w 为负值。

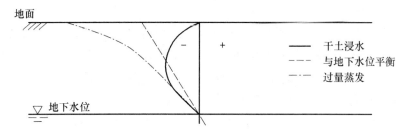

图 11.1　孔隙水压力典型剖面

吸力是解决非饱和土力学问题的关键。许多试验表明(Fredlund,1993),低饱和度时吸力可达很高的数值;当含水量趋于零时,可达 620 ~ 980MPa。至于吸力的影响,对于黏性土来说,吸力的不断增大伴随着体积的缩小和强度的增大。但这种影响随着土趋近完全变干而越来越不重要。众所周知,在土完全变干之前的一段,无论吸力增大多少,土的体积基本保持不变。这说明吸力对于干土的体积变化或抗剪强度已不起多大作用,而 $(\sigma_{ij} - u_a\delta_{ij})$ 成为控制力学性状的唯一应力状态变量。

11.1.4　问题及实质

非饱和土力学问题与饱和土力学问题在类型上是对应的,包括渗流问题、变形问题和强度问题。可以提出的具体问题很多,例如填筑过程中填土孔隙水压力和孔隙气压力是如何变化的? 土体的变形是怎样发展的? 土坝建成后水库蓄水将使坝体内孔隙压力发生怎样的变化并引起多大的变形? 坝体稳定性有何变化? 库水位骤降时,情况又是怎样的? 连续长时间降雨对非饱和土坡将产生怎样的影响? 土体内的孔隙水压力、抗剪强度以及稳定性如何变化? 设非饱和土地基在荷载作用下已变形稳定。如果发生水渗入,地基中的孔隙压力将如何变化? 地基会产生多大的附加变形? 特别地,当地基为**湿陷性黄土**(collapsible loess)或**膨胀土**(expansive soil)时,在荷载和渗入共同作用下将发生怎样的湿陷变形或湿胀变形;膨胀土地基在荷载和蒸发作用下将发生怎样的干缩变形? 等等。

将饱和土和非饱和土加以区分是必要的,因为两者在性状上存在着显著的差异。但并非所有非饱和土体都需要进行非饱和土力学分析。设计通常是针对若干可能的不利条件进行验算,而非饱和状态在许多情况下并非最危险状态。例如在边坡稳定问题中,负孔隙水压力使土的抗剪强度比饱和土的大;人们认为

这部分强度是不可靠的,故通常不考虑其有利影响。在许多情况下,运营期间的土体可能处于完全饱和状态,而且这种状态是最不利的,此时按饱和土参数进行设计是合理的。经典土力学之所以主要针对饱和土,也许是因为工程土体在运营期内的某个时期常会处于饱和状态,而饱和土的变形性大、强度低,按此状态设计似乎等于考虑了最不利情况。

然而,将非饱和土视为饱和土进行分析总是得出保守的结果吗? 答案是否定的。如果土体环境条件不发生变化,那么按饱和土力学原理设计的非饱和土体将会安全运营,因为非饱和土的力学性能要比饱和土的好。问题在于环境条件改变时,非饱和土的含水量将发生变化,从而改变土的力学性状,使已就位的土体与结构系统受到附加的影响。例如,膨胀土地基浸水时隆起,失水时下沉,轻型结构可能遭到损坏;黄土地基浸水发生湿陷变形,导致建筑物破坏;降水使非饱和土坡中的负孔隙水压力降低及土体软化,从而降低土的抗剪强度,使土坡失去稳定。问题的关键在于,有些情况下最危险的状态既不是非饱和状态,也不是饱和状态,而是在这两种状态之间的转换。根据上面的说明,如果处于非饱和状态的湿陷性黄土和膨胀土按一般黏性土设计,而运营期又会饱和,则可能会出现问题。

可见,非饱和土工程问题起因于环境变化,环境变化造成土体流量边界条件的明显改变,从而引起土体附加变形乃至破坏。危险性根源于非饱和土的力学性状对环境条件变化的敏感性。至于非饱和土体在荷载作用下的固结变形和稳定性问题,似乎并不具有特别重要的实际意义,尽管了解这些方面是有益的。当然,有时利用非饱和土的良好性能可提高经济效益,但必须注意特定条件下吸力的可靠性。

11.2　非饱和土的力学特性

为了预测非饱和土体的渗流、变形和破坏,必须研究非饱和土的渗透性、变形特性和强度特性。在这一点上同饱和土没有什么两样,只是研究起来更为复杂而已。

11.2.1　强度特性

人们早就发现,毛细现象使非饱和土的强度增大,而且有人建议通过无侧限抗压试验来研究毛细张力的作用。自 20 世纪 50 年代以来,学者们利用改造过的常规三轴仪或直剪仪对非饱和土进行过大量的试验研究。试验表明,抗剪强度随吸力的增大而增大。现已提出的强度公式主要有 Bishop 公式、Fredlund 公式、卢肇钧公式和杨代泉公式。

（1）Bishop 强度公式

通常认为，非饱和土的抗剪强度由三部分组成，即真黏聚力、净法向应力所产生的摩擦力，以及吸力所产生的附加摩擦力或吸附强度。Bishop 等（1960）提出的抗剪强度公式为

$$\tau_f = c' + (\sigma - u_a)\tan\varphi' + \chi(u_a - u_w)\tan\varphi' \tag{11.3}$$

其中 c'、φ' 为有效强度参数，通过饱和土试验确定；u_a 为孔隙气压力；u_w 为孔隙水压力；$0 \leqslant \chi \leqslant 1$ 为参数，取决于饱和度、土类、干湿循环以及加载和吸力的应力路线。许多研究表明，Bishop 公式中的参数 χ 不易选用。

（2）Fredlund 强度公式

Fredlund 等人（1978）采用净法向应力（$\sigma - u_a$）和吸力（$u_a - u_w$）这两个独立的应力状态变量，提出了强度公式

$$\tau_f = c' + (\sigma - u_a)\tan\varphi' + (u_a - u_w)\tan\varphi^b \tag{11.4}$$

其中 φ^b 为与吸力有关的摩擦角，可通过非饱和土常规三轴试验测定，方法如下：控制 $(\sigma - u_a)_f$ 值为常数，改变 $(u_a - u_w)$ 值可得不同的 τ_f 值；在 τ_f-$(u_a - u_w)$ 图（图 11.2）上求得 φ^b。对于一般土，φ' 大于 φ^b，φ^b 约为 φ' 的一半或更多一些。

试验表明（Gan 等，1988；刘国楠等，1992）φ^b 并不是常数，而是与吸力有关。当土样接近饱和、吸力很小时，φ^b 接近于饱和土的 φ'；当土样饱和度降低、吸力增大时，φ^b 逐渐减小。图 11.3 所示为一种土的试验结果。考虑到参数 χ 和 φ^b 的性质，Bishop 公式（11.3）和 Fredlund 公式（11.4）并没有实质上的差异。

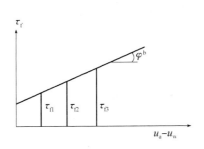

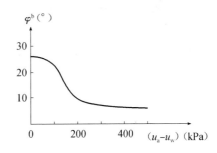

图 11.2　φ^b 的确定　　　　　　图 11.3　φ^b 与吸力的关系

（3）卢肇钧强度公式

解决非饱和土强度问题的关键是吸力测定技术的突破，但目前吸力测试仍较繁难复杂，故未能在实际中普遍应用。因此，人们一直在努力寻求代替吸力的途径，Fredlund 也确认有这种必要性。卢肇钧等（1992）通过试验发现，吸附强度与膨胀压力 p_s 有线性关系，因而建议用 p_s 代替吸力作为参变量，强度公式写为

$$\tau_f = c' + (\sigma - u_a)\tan\varphi' + p_s\tan\varphi' \tag{11.5}$$

膨胀压力是指非饱和土试样在侧限条件下浸水时,为维持其体积不变所需施加的竖向压力。卢肇钧之所以用 p_s 代替吸力,是因为吸力难于测定。但正如沈珠江(2000b)所指出的,膨胀压力并不适用于所有的非饱和土类(例如黄土)。此外,已有资料还不足以证明膨胀土中吸附强度与 p_s 之间都有这样简单的线性关系。

(4)杨代泉强度公式

杨代泉等(1992)根据击实土试验,认为吸附强度与含水量之间的关系是线性的,因而建议将强度公式写为

$$\tau_f = c' + (\sigma - u_a)\tan\varphi' + (w_s - w)\tan\varphi_w \tag{11.6}$$

其中 w_s 为饱和含水量。

(5)其他可选的方案

沈珠江(2000b)认为,比较实际的做法还是把强度分成两部分,测定土样在吸水或失水过程中的强度,由此算出 c, φ 随含水量的变化规律。此外,在实践中,更为方便的是采用非饱和黏土不排水 UU 试验确定强度。在这种试验中,随着围压的增大,非饱和土中的孔隙气体被压缩,强度随之增大。随着孔隙气体的不断压缩和溶解于孔隙水中,试样饱和度逐渐提高,强度增长也越来越慢。当饱和度 $S_r < 100\%$ 时,强度包线呈曲线。当 $S_r = 100\%$ 时,强度包线与饱和土相同为一水平线(图 11.4)。从实用的角度讲,一般应力范围内强度包线可近似为直线

$$\tau_f = c_u + \sigma\tan\varphi_u \tag{11.7}$$

其中 σ 为总应力;c_u 和 φ_u 为总应力强度指标。但选定 c_u 和 φ_u 时,应使 σ 的范围符合实际情况,因为非饱和土的强度包线不是直线。

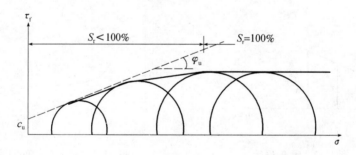

图 11.4 非饱和土 UU 试验

由于非饱和土的抗剪强度与吸力之间具有强烈的非线性,一些学者建议采用非线性强度公式。例如 Rohm 等认为两者之间可能存在双曲线关系,沈珠江(1996b)也提出了相应的公式

$$\tau_f = c' + (\sigma - u_a)\tan\varphi' + \frac{u_a - u_w}{1 + d(u_a - u_w)}\tan\varphi' \tag{11.8}$$

其中 d 为试验常数。

11.2.2　变形特性

非饱和土的变形特性与吸力有关,集中反映在本构方程中。非饱和土的本构关系比较复杂,需要进行非饱和土试验,并引入非饱和土参数。起初在非饱和土体变形研究中,大多采用线性弹性本构模型。近些年来,学者们发展了非线性弹性模型和弹塑性模型。例如,杨代泉(1992)和陈正汉(1998)分别提出了非饱和土的非线性弹性本构模型;Alonso 等(1990)基于修正剑桥模型提出了一个弹塑性本构模型。

(1)本构模型框架

采用双变量应力状态理论,非饱和土的应变增量 $d\boldsymbol{\varepsilon}$ 由净应力增量 $d\boldsymbol{\sigma}^* = d(\boldsymbol{\sigma} - u_a\boldsymbol{\delta})$ 和吸力增量 $ds\boldsymbol{\delta} = d(u_a - u_w)\boldsymbol{\delta}$ 引起,可表示为

$$d\boldsymbol{\varepsilon} = \boldsymbol{C}_{nt}d\boldsymbol{\sigma}^* + \boldsymbol{C}_{st}ds\boldsymbol{\delta} \tag{11.9}$$

其中 $\boldsymbol{\delta} = \begin{bmatrix} 1 & 1 & 1 & 0 & 0 & 0 \end{bmatrix}^T$; $\boldsymbol{C}_{nt}$ 和 $\boldsymbol{C}_{st}$ 分别为相应于净应力和吸力的切线柔度矩阵。通常假定吸力的变化只引起体积应变,即 $\boldsymbol{C}_{st}$ 可写为

$$\boldsymbol{C}_{st} = \frac{1}{H_t}\begin{bmatrix} 1 & 0 & 0 & 0 & 0 & 0 \\ 0 & 1 & 0 & 0 & 0 & 0 \\ 0 & 0 & 1 & 0 & 0 & 0 \\ 0 & 0 & 0 & 0 & 0 & 0 \\ 0 & 0 & 0 & 0 & 0 & 0 \\ 0 & 0 & 0 & 0 & 0 & 0 \end{bmatrix} \tag{11.10}$$

其中 H_t 为与吸力有关的切线弹性模量。式(11.9)可写为

$$d\boldsymbol{\sigma}^* = \boldsymbol{D}_{nt}(d\boldsymbol{\varepsilon} - d\boldsymbol{\varepsilon}_0) \tag{11.11}$$

其中

$$\boldsymbol{D}_{nt} = \boldsymbol{C}_{nt}^{-1}, \quad d\boldsymbol{\varepsilon}_0 = \boldsymbol{C}_{st}ds\boldsymbol{\delta} = \begin{bmatrix} 1 & 1 & 1 & 0 & 0 & 0 \end{bmatrix}^T\frac{ds}{H_t} \tag{11.12}$$

现在的问题是如何确定 $\boldsymbol{D}_{nt}$。最简便的做法是将饱和土的本构模型推广到非饱和土,学者们也主要是遵循这个思路进行的。这样得到的模型还可实现非饱和土与饱和土的平顺过渡,即当吸力逐渐减小到零时,非饱和土的本构模型逐渐退化为饱和土的模型。以下简要介绍线性弹性和非线性弹性的典型模型。

(2)线弹性模型

假设非饱和土是各向同性的线弹性材料,则其应力应变关系可表示为 Hooke 定律相似的形式,即

$$\varepsilon_x = \frac{\sigma_x - u_a}{E} - \frac{\nu}{E}(\sigma_y + \sigma_z - 2u_a) + \frac{u_a - u_w}{H}, \qquad \gamma_{xy} = \frac{\tau_{xy}}{G}$$

$$\varepsilon_y = \frac{\sigma_y - u_a}{E} - \frac{\nu}{E}(\sigma_z + \sigma_x - 2u_a) + \frac{u_a - u_w}{H}, \qquad \gamma_{yz} = \frac{\tau_{yz}}{G} \quad (11.13a)$$

$$\varepsilon_z = \frac{\sigma_z - u_a}{E} - \frac{\nu}{E}(\sigma_x + \sigma_y - 2u_a) + \frac{u_a - u_w}{H}, \qquad \gamma_{zx} = \frac{\tau_{zx}}{G}$$

或

$$\sigma_x - u_a = 2G(\varepsilon_x + \alpha\varepsilon_v) - \beta(u_a - u_w), \qquad \tau_{xy} = G\gamma_{xy}$$

$$\sigma_y - u_a = 2G(\varepsilon_y + \alpha\varepsilon_v) - \beta(u_a - u_w), \qquad \tau_{yz} = G\gamma_{yz} \quad (11.13b)$$

$$\sigma_z - u_a = 2G(\varepsilon_z + \alpha\varepsilon_v) - \beta(u_a - u_w), \qquad \tau_{zx} = G\gamma_{zx}$$

其中 H 为与吸力有关的弹性模量;α, β 分别为

$$\alpha = \frac{\nu}{1 - 2\nu}, \qquad \beta = \frac{E}{H(1 - 2\nu)} \tag{11.14}$$

由式(11.13)可知,D_{nt} 与饱和土的相同,表明没有考虑吸力对弹性常数 E 和 ν 的影响。

(3)非线性模型

通常将 Duncan-Chang 模型推广到非饱和土。一种做法是将 D-C 模型中的 σ_3 用 $\sigma_3 + \chi s$ 代替,例如

$$E_i = K_E p_a \Big(\frac{\sigma_3 + \chi s}{p_a}\Big)^n, \qquad \nu_i = G - F \lg\Big(\frac{\sigma_3 + \chi s}{p_a}\Big) \tag{11.15}$$

$$(\sigma_1 - \sigma_3)_f = \frac{2c\cos\varphi + 2(\sigma_3 + \chi s)\sin\varphi}{1 - \sin\varphi} \tag{11.16}$$

另一种途径是 σ_3 不变,修正其中的系数。陈正汉等人(1998)采用 D-C 模型的 $E - B$ 形式,并建议把 K_E 和 K_B 看作吸力的线性函数,即

$$E_i = \Big(K_E^0 + c_1\frac{s}{p_a}\Big) p_a\Big(\frac{\sigma_3}{p_a}\Big)^n \tag{11.17}$$

$$B_t = \Big(K_B^0 + c_2\frac{s}{p_a}\Big) p_a\Big(\frac{\sigma_3}{p_a}\Big)^m \tag{11.18}$$

其中 K_E^0 和 K_B^0 分别为饱和土的 K_E 和 K_B;c_1, c_2 为试验常数。

Alonso 等(1990)根据饱和土的临界状态概念,将修正剑桥模型推广到非饱和土,提出了一个弹塑性本构模型。该模型将应力空间(p, q)扩展为广义应力空间(p, q, s),饱和土时吸力 s 等于零,该模型退化为饱和土本构模型。其他学者例如缪林昌(2007)也提出了类似的模型。到目前为止,这种模型远非成熟,这里不再介绍模型的具体细节。

(4)体积变化模型

当只考虑体积变化时,可建立体积变化模型。土单元体总的体积变化等于

各项体积变化的总和。假设土粒不可压缩,并忽略收缩膜的体积变化,则体积应变为

$$\varepsilon_v = -\frac{\mathrm{d}V}{V_0} = -\frac{\mathrm{d}V_v}{V_0} = -\frac{\mathrm{d}V_w}{V_0} - \frac{\mathrm{d}V_a}{V_0} = \varepsilon_v^w + \varepsilon_v^a \qquad (11.19)$$

其中 V_0 为初始体积;V_v,V_w,V_a 分别为孔隙体积、水的体积和空气体积。设非饱和土体发生 K_0 即侧限压缩,Fredlund 等人以体积应变 ε_v、孔隙水体积应变 ε_v^w、空气体积应变 ε_v^a 与净应力和吸力之间的关系作为本构方程

$$\varepsilon_v = -\frac{\mathrm{d}V_v}{V_0} = m_{1k}^s \mathrm{d}(\sigma - u_a) + m_2^s \mathrm{d}(u_a - u_w) \qquad (11.20)$$

$$\varepsilon_v^w = -\frac{\mathrm{d}V_w}{V_0} = m_{1k}^w \mathrm{d}(\sigma - u_a) + m_2^w \mathrm{d}(u_a - u_w) \qquad (11.21)$$

$$\varepsilon_v^a = -\frac{\mathrm{d}V_a}{V_0} = m_{1k}^a \mathrm{d}(\sigma - u_a) + m_2^a \mathrm{d}(u_a - u_w) \qquad (11.22)$$

其中 m_{1k}^s,m_{1k}^w 和 m_{1k}^a 分别为 K_0 条件下净应力作用时孔隙体积、水体积和空气体积变化系数;m_2^s,m_2^w 和 m_2^a 分别为 K_0 条件下吸力作用时孔隙体积、水体积和空气体积变化系数。显然,$m_{1k}^s = m_{1k}^w + m_{1k}^a$,$m_2^s = m_2^w + m_2^a$。

　　试验表明,非饱和土的体积变化与应力路径有关,取决于试样是趋于饱和度增加还是饱和度减小。饱和度增加或减小过程中的滞后现象是造成体积变化受应力路径影响的主要原因。此外,m_2^w 和 m_2^a 并非常数。前节曾指出,当土的饱和度趋于零时,吸力的变化对土体积变化不再起作用,故 m_2^w 和 m_2^a 趋于零。

11.2.3　渗透特性

(1)水渗透性

　　通常土中水的驱动势能用水头表示,水头则由位置水头和压力水头组成,而水的流动则是由水力坡降引起的。这些概念和原理对于饱和土和非饱和土都是适用的。试验表明,当含水量一定时,非饱和土中水的流速与水力坡降成正比,渗透系数为常数。这表明 Darcy 定律对于非饱和土是成立的。事实上,非饱和土中水仅通过水占有的孔隙空间流动;而空气所占有的孔隙对水的流动来说是非传导性的流槽,故其性状与固相的相似。这样,非饱和土就可以被视为一种含水量减小了的饱和土,Darcy 定律的适用性由此得到了论证。

　　在饱和土中,渗透系数 k 是孔隙比 e 的函数;而非饱和土的渗透系数 k_w 则是孔隙比 e、含水量 w 或饱和度 S_r 的函数,即

$$k_w = k_w(S_r, e) \qquad (11.23)$$

或

$$k_w = k_w(w, e) \qquad (11.24)$$

孔隙比 e 的变化通常对 k_w 的影响是次要的,而饱和度 S_r 或含水量 w 的影响则十分明显。这是因为饱和度不同,渗透通道不同,渗透系数也就不同。当土变成非饱和时,空气首先取代某些大孔隙中的水,导致水通过较小孔隙流动;吸力的增加导致水占有的孔隙体积进一步减少。结果是水的渗透系数随着可供水流动的空间减少而急剧降低。

　　在非饱和土渗透系数变动过程中,忽略孔隙比变化的影响,则渗透系数仅为含水量的函数。此外,常用**体积含水量** θ 代替含水量 w,定义为

$$\theta = \frac{V_w}{V} \tag{11.25}$$

水的渗透系数可表示为 $k_w(\theta)$。如果土中水头为 h_w,则非饱和土的渗流定律为

$$\left. \begin{array}{l} v_x = - k_w(\theta) \dfrac{\partial h_w}{\partial x} \\[2mm] v_y = - k_w(\theta) \dfrac{\partial h_w}{\partial y} \\[2mm] v_z = - k_w(\theta) \dfrac{\partial h_w}{\partial z} \end{array} \right\} \tag{11.26}$$

$k_w(\theta)$ 可通过试验直接测定。渗透试验既可在室内进行,也可在现场进行。常用的经验公式有

$$k_w(\theta) = k_s \left(\frac{\theta}{\theta_s} \right)^n \tag{11.27}$$

或

$$k_w(s) = \frac{a}{s^n + b} \tag{11.28}$$

其中 k_s, θ_s 分别为饱和土的渗透系数、体积含水量,θ/θ_s 即饱和度;n, a, b 为试验参数。

　　体积含水量 θ 与吸力 $s = u_a - u_w$ 之间具有一定的关系,这种关系称为土-水特征曲线。于是,$k_w(\theta)$ 可写成 $k_w(s)$,下列公式是 Gardner(1958)根据试验给出的。

$$k_w(s) = \frac{k_s}{1 + a(s/\gamma_w)^n} \tag{11.29}$$

其中 a, n 为试验常数。

　　应该指出,对于给定的土,当由湿至干或由干至湿达到同一含水量时,渗透性并不一致。亦即渗透性并非含水量的单值函数。

(2)气渗透性

　　驱动土中空气流动的原因有多种,例如雨水入渗使孔隙中的空气压缩及湿度变化;压实填土中的空气可因加荷而流动。当饱和度大于90%左右时,气相

被封闭,其流动是通过孔隙水而扩散。连通空气的流动受浓度或压力梯度所控制,而位置梯度的效应可忽略不计。土中空气的流动服从 **Fick 定律**,即通过单位面积的空气质量流量与空气浓度的梯度成比例,其表达式为

$$
\left.
\begin{array}{l}
J_{ax} = - D_{ax} \dfrac{\partial C}{\partial x} \\[2mm]
J_{ay} = - D_{ay} \dfrac{\partial C}{\partial y} \\[2mm]
J_{az} = - D_{az} \dfrac{\partial C}{\partial z}
\end{array}
\right\}
\qquad (11.30)
$$

其中 J_a 为通过单位面积土的空气质量流量;D_a 为土中空气流动的传导常数;C 为空气浓度,用单位体积中空气质量表示为

$$
C = \frac{M_a}{V_a / [(1 - S_r) n]} = \rho_a (1 - S_r) n \qquad (11.31)
$$

其中 M_a 为土中空气的质量;V_a 为土中空气的体积;S_r 和 n 分别为土的饱和度和孔隙率;ρ_a 为空气的密度。

C 中的 ρ_a 与绝对气压 $\overline{u_a} = u_a + u_{atm}$($u_a$ 为压力表气压,$u_{atm} = 101.3\text{kPa}$ 为标准大气压)有关。于是,可得 Fick 定律的另一种形式

$$
\left.
\begin{array}{l}
J_{ax} = - D_{ax}^* \dfrac{\partial u_a}{\partial x} \\[2mm]
J_{ay} = - D_{ay}^* \dfrac{\partial u_a}{\partial y} \\[2mm]
J_{az} = - D_{az}^* \dfrac{\partial u_a}{\partial z}
\end{array}
\right\}
\qquad (11.32)
$$

其中 D_{ax}^* 等称为空气流动的传导系数,其表达式为

$$
D_{ax}^* = D_{ax} \frac{\partial C}{\partial u_a}, \qquad D_{ay}^* = D_{ay} \frac{\partial C}{\partial u_a}, \qquad D_{az}^* = D_{az} \frac{\partial C}{\partial u_a} \qquad (11.33)
$$

此外,孔隙气压力 u_a 也可用孔隙气压力头 h_a 表示,即 $u_a = \rho_a g h_a$。若空气流动速度为 v_a,则 $J_{ax} = v_a \rho_a$。于是,Fick 定律的另一种修正形式为

$$
\left.
\begin{array}{l}
v_{ax} = - k_{ax} \dfrac{\partial h_a}{\partial x} \\[2mm]
v_{ay} = - k_{ay} \dfrac{\partial h_a}{\partial y} \\[2mm]
v_{az} = - k_{az} \dfrac{\partial h_a}{\partial z}
\end{array}
\right\}
\qquad (11.34)
$$

其中 $k_a = D_a^* g$ 称为**空气渗透系数**或**透气性系数**。

(3)影响因素

试验表明,k_a 基本上与 k_w 成反比。k_a 随含水量或饱和度的增加而减小,在

接近最优含水量 w_{op} 时，k_a 急剧降低；而达到 w_{op} 时，气相变成封闭的，此时的空气将通过水扩散而流动。虽然随含水量的增加，k_a 减小而 k_w 增加；但在气封闭之前，透气性在所有含水量下都比透水性大，主要原因是水的黏度远远大于气的黏度。此外，土的含水量越小，土中水和颗粒表面的距离越紧，相互作用也就越强，从而对水的流动阻力越大。可见，含水量减小使 k_w 降低，不仅仅是因过水断面减小，还有更复杂的物理化学作用。

在非饱和土渗透试验中，为了正确地测定 k_w 和 k_a，必须保持土的结构和特定的饱和度不变，分别控制 u_w 和 u_a 并建立水和气的单独循环。但这种测定方法相当麻烦，而且容易产生误差。

11.3　非饱和土体渗流计算

非饱和土体的流量边界条件通常是不稳定的，例如在水库蓄水或水位骤降过程中，边界流量不断变化；在土坡问题中，入渗和蒸发也会造成几乎不断变化的水流条件。不稳定的渗流边界将导致**非稳定渗流**，渗流场中土的含水量随时间而变，进而吸力及土的体积也随之发生变化。此时的渗流问题同固结问题没有本质上的区别，只是在这种渗流问题中没有外部荷载作用，土体变形是由吸力改变引起的。

本节仅考虑绝热条件下的**稳定渗流**，此时非饱和土体中每一点的渗透系数不随时间而变，但通常是各点互不相同。饱和土中渗透性的空间差异归因于孔隙介质的不均匀分布；而在非饱和土中，主要是由于孔隙水或饱和度的非均匀分布。换句话说，即使土颗粒或孔隙分布是均匀的，孔隙水体积的不均匀分布也会导致渗透性的非均质性。此外，在渗流计算中不考虑空气通过水的扩散、空气溶解于水，以及水蒸气的移动等。

11.3.1　一维稳定渗流

对于饱和土体和非饱和土体，渗流微分方程的推导是相同的，只是饱和土中孔隙水压力为正值，而非饱和土中一般为负值。设非饱和土体中沿 z 方向发生稳定渗流，水的渗透系数为 k_w。从渗流场中取出微元体（厚度为 dz，过水断面为 $dxdy$）（图 11.5）。

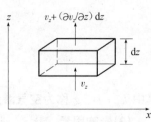

根据稳定渗流的连续性条件

$$\left(v_z + \frac{\partial v_z}{\partial z}dz\right)dxdy - v_z dxdy = 0$$

可得

图 11.5　一维渗流

$$\frac{\partial v_z}{\partial z} = 0$$

其中 v_z 为 z 方向的水流速度。将非饱和土 Darcy 定律代入上式,得

$$\frac{\partial}{\partial z}\left(k_{\mathrm{w}} \frac{\partial h}{\partial z}\right) = 0$$

展开式为(注意到稳定渗流时变量与时间无关)

$$k_{\mathrm{w}} \frac{\mathrm{d}^2 h}{\mathrm{d}z^2} + \frac{\mathrm{d}k_{\mathrm{w}}}{\mathrm{d}z} \frac{\mathrm{d}h}{\mathrm{d}z} = 0 \tag{11.35}$$

11.3.2　多维稳定渗流

(1)二维渗流

设非饱和土为各向异性的渗流介质,x 和 z 方向的渗透系数分别为 $k_{\mathrm{w}x}$ 和 $k_{\mathrm{w}z}$。对于二维渗流(y 方向无渗流),取微元体($\mathrm{d}x\mathrm{d}y\mathrm{d}z$)进行分析(图 11.6)。根据稳定渗流的连续性条件

$$\left(v_x + \frac{\partial v_x}{\partial x}\mathrm{d}x - v_x\right)\mathrm{d}y\mathrm{d}z + \left(v_z + \frac{\partial v_z}{\partial z}\mathrm{d}z - v_z\right)\mathrm{d}x\mathrm{d}y = 0$$

可得

$$\frac{\partial v_x}{\partial x} + \frac{\partial v_z}{\partial z} = 0 \tag{11.36}$$

其中 v_x 和 v_z 分别为 x 和 z 方向的水流速度。将非饱和土 Darcy 定律代入上式得

$$\frac{\partial}{\partial x}\left(k_{\mathrm{w}x} \frac{\partial h}{\partial x}\right) + \frac{\partial}{\partial z}\left(k_{\mathrm{w}z} \frac{\partial h}{\partial z}\right) = 0 \tag{11.37}$$

展开式为

$$k_{\mathrm{w}x} \frac{\partial^2 h}{\partial x^2} + k_{\mathrm{w}z} \frac{\partial^2 h}{\partial z^2} + \frac{\partial k_{\mathrm{w}x}}{\partial x} \frac{\partial h}{\partial x} + \frac{\partial k_{\mathrm{w}z}}{\partial z} \frac{\partial h}{\partial z} = 0 \tag{11.38}$$

通过堤坝的渗流包括非饱和区和饱和区的水流(图 11.7)。非均质饱和土沿 x 和 z 方向的渗透系数分别为用 $k_{\mathrm{s}x}$ 和 $k_{\mathrm{s}z}$ 表示,则不难得到饱和土体渗流控制方程

$$k_{\mathrm{s}x} \frac{\partial^2 h}{\partial x^2} + k_{\mathrm{s}z} \frac{\partial^2 h}{\partial z^2} + \frac{\partial k_{\mathrm{s}x}}{\partial x} \frac{\partial h}{\partial x} + \frac{\partial k_{\mathrm{s}z}}{\partial z} \frac{\partial h}{\partial z} = 0 \tag{11.39}$$

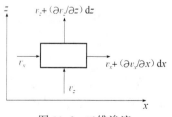

图 11.6　二维渗流

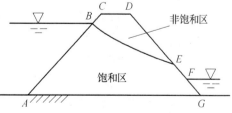

图 11.7　堤坝渗流

比较式(11.38)和式(11.39),不难发现饱和土和非饱和土的稳定渗流遵循相同的控制方程,只是渗透系数不同而已。

(2)三维渗流

对于非饱和土体三维稳定渗流,根据连续性条件容易推导出渗流控制方程

$$\frac{\partial}{\partial x}\left(k_{wx}\frac{\partial h}{\partial x}\right) + \frac{\partial}{\partial y}\left(k_{wy}\frac{\partial h}{\partial y}\right) + \frac{\partial}{\partial z}\left(k_{wz}\frac{\partial h}{\partial z}\right) = 0 \tag{11.40}$$

展开式为

$$k_{wx}\frac{\partial^2 h}{\partial x^2} + k_{wy}\frac{\partial^2 h}{\partial y^2} + k_{wz}\frac{\partial^2 h}{\partial z^2} + \frac{\partial k_{wx}}{\partial x}\frac{\partial h}{\partial x} + \frac{\partial k_{wy}}{\partial y}\frac{\partial h}{\partial y} + \frac{\partial k_{wz}}{\partial z}\frac{\partial h}{\partial z} = 0$$

$$\tag{11.41}$$

11.3.3　空气稳定渗流

根据质量连续性原理并利用 Fick 定律,不难推导出空气的稳定渗流方程,其形式与稳定水流方程相同。例如,对于二维空气渗流

$$\left(J_{ax} + \frac{\partial J_{ax}}{\partial x}dx - J_{ax}\right)dydz + \left(J_{az} + \frac{\partial J_{az}}{\partial z}dz - J_{az}\right)dxdy = 0$$

即

$$\frac{\partial J_{ax}}{\partial x} + \frac{\partial J_{az}}{\partial z} = 0$$

将 Fick 定律(11.32)代入上式得

$$D_{ax}^*\frac{\partial^2 u_a}{\partial x^2} + D_{az}^*\frac{\partial^2 u_a}{\partial z^2} + \frac{\partial D_{ax}^*}{\partial x}\frac{\partial u_a}{\partial x} + \frac{\partial D_{az}^*}{\partial z}\frac{\partial u_a}{\partial z} = 0 \tag{11.42}$$

事实上,在许多情况中可以不考虑空气的流动,且在稳定渗流分析中,通常均假定孔隙气压力达到恒定的平衡状态。

11.3.4　边界条件与数值计算

由于非饱和土的二维渗流方程不再是 Laplace 方程,故流网技术不再适用。此外,对于绝大多数饱和土体渗流问题,可容易地确定水头边界条件和不透水边界条件。但对于非饱和土体渗流问题,则存在较大困难。例如,在饱和土渗流分析中,假定自由面或浸润线上满足两个条件,即压力水头为大气压;浸润线为流线。而在非饱和土渗流分析中,第二条不再是正确的了。

现考虑一维稳定渗流条件(图11.8)。在相对于地下水位而言的静力平衡条件下,孔隙水压力为负值,此时的水头在整个土体中为零,不再有垂直方向的渗流。环境变化可引起垂直方向的渗流,同时改变负孔隙水压力分布。稳定蒸发将使孔隙水压力进一步降低,引起向上的稳定渗流;稳定入渗则使孔隙水压力升高,引起向下的稳定渗流。此时,稳定的蒸发率和入渗率作为地面处的边界条

件;而地下水位作为下部边界条件,其孔隙水压力头为零。

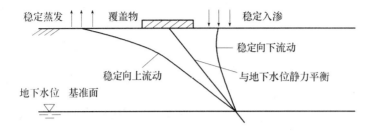

图 11.8 稳定入渗与稳定蒸发

通常土体由饱和区和非饱和区组成,数值计算可将整个土体当作渗流域。此时的边界条件与饱和土渗流分析时的有所不同,现针对图 11.7 加以说明。*AB* 和 *FG* 仍为已知水头的第一类边界;*AG* 为已知流量的第二类边界(不透水边界);*EF* 为渗出面边界,在此边界上 $h = z$。与饱和土渗流分析的不同之处在于,*BC*、*CD* 和 *DE* 是多出来的流量边界,而未知的浸润面边界 *BE* 则无需考虑。

计算时先假定土体全域饱和,根据边界条件计算出水头 $h = z + \phi$,其中 ϕ 在饱和区为正的压力势,在非饱和区为负的基质势。然后根据求得的 ϕ 调整渗透系数,重新进行计算,直到计算结果达到精度要求。渗流场确定后,找出 $\phi = 0$ 的面,它就是浸润面。这种方法称为饱和-非饱和法,特别之处在于不需要假定浸润面,而且有限元网格在迭代计算过程中是固定的。

11.4 非饱和土体强度计算

非饱和土体强度计算(挡土墙土压力、地基承载力和土坡稳定分析)时,只要将非饱和土的抗剪强度公式(11.4)改写为

$$\tau_f = c + (\sigma - u_a)\tan\varphi' \tag{11.43}$$

$$c = c' + (u_a - u_w)\tan\varphi^b \tag{11.44}$$

则经典饱和土力学中的传统土压力理论、地基承载力公式和土坡稳定性分析方法均可用于非饱和土体。可见,将非饱和土体强度问题视为饱和土体强度问题的延伸是最自然不过的事情。这里只简单地讨论几个相关问题。

11.4.1 张拉与开裂

设非饱和土体静止不动。根据式(11.13),水平方向的应力应变关系为

$$\varepsilon_h = \frac{\sigma_h - u_a}{E} - \frac{\nu}{E}(\sigma_v + \sigma_h - 2u_a) + \frac{u_a - u_w}{H}$$

考虑到 $\varepsilon_h = 0$，得静止侧压力计算公式

$$\sigma_h - u_a = \frac{\nu}{1 - \nu}(\sigma_v - u_a) - \frac{E}{(1 - \nu)H}(u_a - u_w) \tag{11.45}$$

静止侧压力系数 K_0 定义为水平净应力 $\sigma_h - u_a$ 与垂直净应力 $\sigma_v - u_a$ 之比，则

$$K_0 = \frac{\sigma_h - u_a}{\sigma_v - u_a} = \frac{\nu}{1 - \nu} - \frac{E}{(1 - \nu)H}\frac{(u_a - u_w)}{(\sigma_v - u_a)} \tag{11.46}$$

可见，K_0 随吸力增加而减小；当土变干到一定程度时，K_0 值可降为零。此时，也就意味着出现裂缝。对于挡土墙，即使静止不动，非饱和填土时也可出现开裂区。实际挡土墙总是发生一定的位移，而且离开填土移动或转动时，很容易达到主动极限平衡状态。此时，Rankine 主动土压力为

$$p_a = \sigma_h - u_a = (\sigma_h - u_a)K_a - 2c\sqrt{K_a} \tag{11.47}$$

其中 $K_a = \tan^2(45° - \varphi'/2)$ 为主动土压力系数；c 按式（11.44）计算。

按式（11.47）不难计算出开裂深度。很显然，由于非饱和填土的 c 比饱和填土的大，故开裂区深度也较大。当张拉区深度等于墙高时，主动土压力为零。同样的道理，如果竖直开挖的深度不超过张拉区深度，土体便能够自立而不需要支撑。当然，对于临时性竖直开挖自撑的基坑，必须设法保持吸力，例如可使用不透水薄膜覆盖挖方边坡。

11.4.2　考虑基质吸力

在非饱和土体强度问题中，吸力是提高土黏聚力的重要因素。计算表明，吸力可明显提高地基承载力和土坡稳定性，减小挡土墙主动土压力。因此，有时考虑吸力很有意义。例如，建筑物基础可能设置在离地下水位比较高的地方。如果建筑物周围有比较充分的地面和地下排水设施，可以合理假设基底以下的吸力能保持。当地下水位很深、土坡潜在滑动面位于地下水位以上时，考虑吸力对土坡稳定性的贡献也是合理的。问题的关键是对吸力做出合理的估计。吸力随环境条件而变化，长期预测是困难的。若有实测值，必须保证其可靠，方可在设计中使用。在土坡稳定分析中，通常不考虑吸力对抗剪强度及稳定性的贡献，就是因为它并不十分可靠。

11.4.3　浸水与稳定性

非饱和土的强度比相应的饱和土强度为高，而浸水将使土的强度降低。特别是黄土浸水后强度急剧降低，其中黏聚力 c 的降低尤为明显。这是降雨引发非饱和土体边坡失稳的主要原因。采用降低后的强度参数和土坡稳定分析方法，不难计算出浸水时土坡的安全系数。

11.5　非饱和土体变形计算

外荷载作用引起的附加应力将由土骨架、孔隙气体和孔隙水共同承担,其大小取决于它们的相对压缩性。如果允许孔隙流体排出土体,超孔隙气压力和超孔隙水压力将随时间而消散,附加应力最终全由骨架承担。非饱和土的这一固结过程是非常复杂的现象,涉及到两种介质的流动。特别是非饱和土体内孔隙的表现比较复杂:一部分气体从土体中排出;一部分溶解于水中;还有一部分发生体积变化。为方便起见,通常近似地将水和空气当作两种不相混合流体的运动问题来处理。

目前常用的非饱和土体固结分析方法主要有两种,一种是从 Biot 固结理论出发,考虑土骨架变形与孔隙压力的耦合,求解出位移分量、孔隙水压力和孔隙气压力。另一种是从 Terzaghi 固结理论出发,考虑孔隙水和孔隙气的流动,联合求解孔隙水压力消散方程和孔隙气压力消散方程。这些理论与方法通常采用下述假设:①土处于水气双通状态;②土颗粒和水不可压缩;③不考虑气相通过水扩散、溶解于水以及水蒸气移动等的影响;④固结变形为小变形。

应该指出,非饱和土固结理论并不像饱和土那么重要,这是因为非饱和土的固结比饱和土固结要快得多。在施加荷载的瞬时,非饱和土体会产生较大的体积变化,而随时间增加的体积变化较小。此外,外荷在非饱和土中引起的孔隙水压力远小于总应力。

11.5.1　非耦合固结理论

土体发生一维固结时,变形表现为体积变化。描述饱和土固结过程的微分方程是孔隙水压力方程;而描述非饱和土固结过程则需要孔隙水压力和孔隙气压力微分方程。由于水不可压缩,故非饱和土体中水的流量用体积表示,即等于流速 v 乘以断面面积 A;而非饱和土体中气体的流量则用质量来表达,控制渗流的偏微分方程通过质量守恒来推导。此外,假定液相和气相的体积变化系数在固结过程中保持不变,但可随应力状态而不同。

(1)液相微分方程

设非饱和土沿 z 方向发生一维固结(图 11.9)。取微元体(厚度为 $\mathrm{d}z$,断面为 $\mathrm{d}x\mathrm{d}y$,体积为 $V_0 = \mathrm{d}x\mathrm{d}y\mathrm{d}z$)。单位时间内通过该微元体的净流出水量为

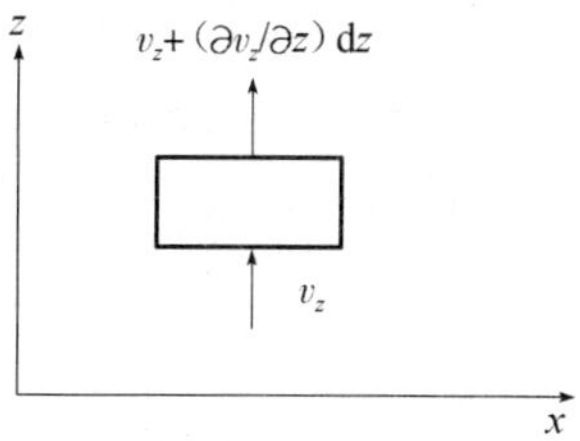

图 11.9　一维固结

$$q_w = \left(v_z + \frac{\partial v_z}{\partial z} dz - v_z \right) dx dy = \frac{\partial v_z}{\partial z} dx dy dz$$

其中 v_z 为 z 方向的水流速度。

注意到 $h = z + u_w / \gamma_w$，非饱和土的渗流定律为

$$v_z = -k_w \frac{\partial h}{\partial z} = -\frac{k_w}{\gamma_w} \frac{\partial u_w}{\partial z} - k_w \tag{11.48}$$

于是有

$$q_w = -\left(\frac{k_w}{\gamma_w} \frac{\partial^2 u_w}{\partial z^2} + \frac{1}{\gamma_w} \frac{\partial k_w}{\partial z} \frac{\partial u_w}{\partial z} + \frac{\partial k_w}{\partial z} \right) V_0$$

根据体积变形的本构方程(11.21)，注意到体积变化系数与时间无关，并假定荷载一次性瞬时施加(即 σ 与时间无关)，则单位时间内微元体中水体积的减小量为

$$-\frac{\partial V_w}{\partial t} = \left[m_{1k}^w \frac{\partial (\sigma - u_a)}{\partial t} + m_2^w \frac{\partial (u_a - u_w)}{\partial t} \right] V_0$$

$$= \left[-m_{1k}^w \frac{\partial u_a}{\partial t} + m_2^w \frac{\partial u_a}{\partial t} - m_2^w \frac{\partial u_w}{\partial t} \right] V_0$$

考虑到水不可压缩，根据连续性原理，q_w 应等于 $-\partial V_w / \partial t$，从而

$$-m_{1k}^w \frac{\partial u_a}{\partial t} + m_2^w \frac{\partial u_a}{\partial t} - m_2^w \frac{\partial u_w}{\partial t} = -\frac{k_w}{\gamma_w} \frac{\partial^2 u_w}{\partial z^2} - \frac{1}{\gamma_w} \frac{\partial k_w}{\partial z} \frac{\partial u_w}{\partial z} - \frac{\partial k_w}{\partial z}$$

整理上式得

$$\frac{\partial u_w}{\partial t} = -C_w \frac{\partial u_a}{\partial t} + C_v^w \frac{\partial^2 u_w}{\partial z^2} + \frac{C_v^w}{k_w} \frac{\partial k_w}{\partial z} \frac{\partial u_w}{\partial z} + C_g \frac{\partial k_w}{\partial z} \tag{11.49}$$

其中

$$C_w := \frac{m_{1k}^w - m_2^w}{m_2^w}, \qquad C_v^w = \frac{k_w}{m_2^w \gamma_w}, \qquad C_g = \frac{1}{m_2^w} \tag{11.50}$$

在某些情况下，式(11.49)中最后一项与其他项相比可忽略不计。此外，如果渗透系数 k_w 随空间位置没有显著变化，即 $\partial k_w / \partial z$ 很小，则简化方程为

$$\frac{\partial u_w}{\partial t} = -C_w \frac{\partial u_a}{\partial t} + C_v^w \frac{\partial^2 u_w}{\partial z^2} \tag{11.51}$$

在很多情况下，超孔隙气压力的消散几乎是立即完成的。此时便不再需要下面将要推导的气相微分方程；而且由于 $u_a = 0$，式(11.51)简化为与 Terzaghi 固结方程相同的形式

$$\frac{\partial u_w}{\partial t} = C_v^w \frac{\partial^2 u_w}{\partial z^2} \tag{11.52}$$

(2)气相微分方程

单位时间内通过微元体的净流出空气质量为

$$q_a = \left(J_{az} + \frac{\partial J_{az}}{\partial z} dz - J_{az} \right) dx dy = \frac{\partial J_{az}}{\partial z} dx dy dz \tag{a}$$

其中 J_{az} 为 z 方向通过单位面积的气流质量速度。z 方向的 Fick 定律为

$$J_{az} = -D_{az}^* \frac{\partial u_a}{\partial z}$$

代入式(a)得

$$q_a = \frac{\partial J_{az}}{\partial z} V_0 = -\left(D_{az}^* \frac{\partial^2 u_a}{\partial z^2} + \frac{\partial D_{az}^*}{\partial z} \frac{\partial u_a}{\partial z} \right) V_0 \tag{b}$$

另一方面,单位时间内微元体中气体质量的减小量显然等于 q_a,其值为

$$q_a = -\frac{\partial(\rho_a V_a)}{\partial t} = -\rho_a \frac{\partial V_a}{\partial t} - V_a \frac{\partial \rho_a}{\partial t} \tag{c}$$

气相是可压缩的,气体的密度 ρ_a 与压力 u_a 有关,满足下述理想气体定律:

$$\rho_a = \frac{\omega_a}{RT} \bar{u}_a = \frac{\omega_a}{RT}(u_a + \bar{u}_{atm}) \tag{d}$$

其中 ω_a 为空气的分子质量;R 为气体常数;T 为绝对温度。此外,V_a 也可表示为饱和度 S_r 和孔隙率 n 的函数,即

$$V_a = (1 - S_r) nV \approx (1 - S_r) nV_0 \tag{e}$$

将式(d),式(e)代入式(c)得

$$q_a = -\rho_a \frac{\partial V_a}{\partial t} - (1 - S_r) nV_0 \frac{\omega_a}{RT} \frac{\partial u_a}{\partial t} \tag{f}$$

比较式(b)与式(f),有

$$-\rho_a \frac{\partial V_a}{\partial t} = (1 - S_r) nV_0 \frac{\omega_a}{RT} \frac{\partial u_a}{\partial t} - \left(D_{az}^* \frac{\partial^2 u_a}{\partial z^2} + \frac{\partial D_{az}^*}{\partial z} \frac{\partial u_a}{\partial z} \right) V_0 \tag{g}$$

根据体积变形的本构方程(11.22),体积变化系数与时间无关,并假定荷载一次性瞬时施加(即 σ 与时间无关),则

$$-\rho_a \frac{\partial V_a}{\partial t} = \rho_a \left(-m_{1k}^a \frac{\partial u_a}{\partial t} + m_2^a \frac{\partial u_a}{\partial t} - m_2^a \frac{\partial u_w}{\partial t} \right) V_0 \tag{h}$$

比较式(g)与式(h),得气相微分方程

$$\frac{\partial u_a}{\partial t} = -C_a \frac{\partial u_w}{\partial t} + C_v^a \frac{\partial^2 u_a}{\partial z^2} + \frac{C_v^a}{D_{az}^*} \frac{\partial D_{az}^*}{\partial z} \frac{\partial u_a}{\partial z} \tag{11.53}$$

其中

$$C_a = \frac{m_2^a / m_{1k}^a}{1 - m_2^a / m_{1k}^a - (1 - S_r) n / (\bar{u}_a m_{1k}^a)} \tag{11.54}$$

$$C_v^a = \frac{D_{az}^*}{(\omega_a / RT)} \frac{1}{\bar{u}_a m_{1k}^a (1 - m_2^a / m_{1k}^a) - (1 - S_r) n} \tag{11.55}$$

若 $\partial D_{az}^* / \partial z$ 可忽略不计,则式(11.53)简化为

$$\frac{\partial u_a}{\partial t} = - C_a \frac{\partial u_w}{\partial t} + C_v^a \frac{\partial^2 u_a}{\partial z^2} \qquad (11.56)$$

(3) 多向渗流问题

当土层发生一维压缩、多向渗流时，类似前面的推导不难得出液相和气相的微分方程。例如对于各向同性平面渗流问题（y 方向无渗流），有

$$\frac{\partial u_w}{\partial t} = - C_w \frac{\partial u_a}{\partial t} + C_v^w \frac{\partial^2 u_w}{\partial x^2} + \frac{C_v^w}{k_w} \frac{\partial k_w}{\partial x} \frac{\partial u_w}{\partial x} + C_v^w \frac{\partial^2 u_w}{\partial z^2} + \frac{C_v^w}{k_w} \frac{\partial k_w}{\partial z} \frac{\partial u_w}{\partial z} + C_g \frac{\partial k_w}{\partial z}$$

$$\qquad (11.57)$$

$$\frac{\partial u_a}{\partial t} = - C_a \frac{\partial u_w}{\partial t} + C_v^a \frac{\partial^2 u_a}{\partial x^2} + \frac{C_v^a}{D_a^*} \frac{\partial D_a^*}{\partial x} \frac{\partial u_a}{\partial x} + C_v^a \frac{\partial^2 u_a}{\partial z^2} + \frac{C_v^a}{D_a^*} \frac{\partial D_a^*}{\partial z} \frac{\partial u_a}{\partial z}$$

$$\qquad (11.58)$$

(4) 定解条件

在特定的初始条件和边界条件下，可采用差分法求解方程(11.49)，(11.53)或(11.57)，(11.58)。解得 u_w 和 u_a 后，也可分别计算液相和气相的土层平均固结度。

求解上述固结方程需要孔隙压力（包括孔隙水压力和孔隙气压力）的初始条件和边界条件。初始孔隙水压力和孔隙气压力可通过总附加应力和孔隙压力参数估计，所谓孔隙压力参数反映不排水条件下孔隙压力随总应力改变而变化的情况。施加荷载的瞬时产生的孔隙压力称为不排水孔隙压力。在不排水条件下，孔隙水和孔隙气体都不允许排出土外，荷载产生的附加应力将由土骨架、孔隙气体和孔隙水共同承担，其大小取决于它们的相对压缩性。非饱和土的体积变化主要由空气的压缩以及少量水的压缩所致，而土颗粒的压缩可以忽略不计。各种加荷（包括单轴加荷、K_0 加荷、等压加荷、三轴加荷）及不排水条件下孔隙压力参数已被推导出来，参见 Fredlund 等人(1993)。

11.5.2　耦合固结理论

Dakshannamurthy 等(1984)将连续方程与平衡方程相耦合，采用线弹性本构模型建立了非饱和土体三维固结方程。杨代泉等(1992)采用非线性弹性模型分析了非饱和土体固结变形。陈正汉(1993)借用混合物理论研究非饱和土，并于1998 年和2001 年先后把非线性本构关系、弹塑性本构模型和弹塑性损伤本构关系引入固结理论。这里仅给出线弹性固结方程。

(1) 平衡方程

通常假定土骨架为各向同性的线性弹性体。将本构方程(11.13)代入总应力表示的平衡方程

$$\left.\begin{array}{l} \dfrac{\partial \sigma_x}{\partial x} + \dfrac{\partial \tau_{yx}}{\partial y} + \dfrac{\partial \tau_{zx}}{\partial z} - X = 0 \\[2mm] \dfrac{\partial \tau_{xy}}{\partial x} + \dfrac{\partial \sigma_y}{\partial y} + \dfrac{\partial \tau_{zy}}{\partial z} - Y = 0 \\[2mm] \dfrac{\partial \tau_{xz}}{\partial x} + \dfrac{\partial \tau_{yz}}{\partial y} + \dfrac{\partial \sigma_z}{\partial z} - Z = 0 \end{array}\right\} \qquad (11.59\text{a})$$

$$\sigma_{ji,j} - f_i = 0 \qquad (i,j = 1,2,3) \qquad (11.59\text{b})$$

得

$$\left.\begin{array}{l} -\dfrac{G}{1-2\nu}\dfrac{\partial \varepsilon_v}{\partial x} + G\nabla^2 u_x + \beta\dfrac{\partial(u_a - u_w)}{\partial x} - \dfrac{\partial u_a}{\partial x} + X = 0 \\[2mm] -\dfrac{G}{1-2\nu}\dfrac{\partial \varepsilon_v}{\partial y} + G\nabla^2 u_y + \beta\dfrac{\partial(u_a - u_w)}{\partial y} - \dfrac{\partial u_a}{\partial y} + Y = 0 \\[2mm] -\dfrac{G}{1-2\nu}\dfrac{\partial \varepsilon_v}{\partial z} + G\nabla^2 u_z + \beta\dfrac{\partial(u_a - u_w)}{\partial z} - \dfrac{\partial u_a}{\partial z} + Z = 0 \end{array}\right\} \qquad (11.60)$$

其中

$$\varepsilon_v = \varepsilon_x + \varepsilon_y + \varepsilon_z = -\left(\dfrac{\partial u_x}{\partial x} + \dfrac{\partial u_y}{\partial y} + \dfrac{\partial u_z}{\partial z}\right) \qquad (11.61)$$

(2)体变方程

将液相体积应变写成各应力分量的线性组合,即

$$-\frac{\mathrm{d}V_w}{V_0} = \frac{\mathrm{d}(\sigma_x - u_a)}{E_w} + \frac{\mathrm{d}(\sigma_y - u_a)}{E_w} + \frac{\mathrm{d}(\sigma_z - u_a)}{E_w} + \frac{\mathrm{d}(u_a - u_w)}{H_w}$$

其中 E_w 为与净应力有关的水体积模量;H_w 为与吸力有关的水体积模量。将式 (11.13)代入上式,得

$$-\frac{\mathrm{d}V_w}{V_0} = \beta_{w1}\mathrm{d}\varepsilon_v + \beta_{w2}\mathrm{d}(u_a - u_w) \qquad (11.62)$$

其中

$$\beta_{w1} = \frac{E}{E_w(1-2\nu)}, \qquad \beta_{w2} = \frac{1}{H_w} - \frac{3\beta}{E_w} \qquad (11.63)$$

将气相体积应变写成各应力分量的线性组合,即

$$-\frac{\mathrm{d}V_a}{V_0} = \frac{\mathrm{d}(\sigma_x - u_a)}{E_a} + \frac{\mathrm{d}(\sigma_y - u_a)}{E_a} + \frac{\mathrm{d}(\sigma_z - u_a)}{E_a} + \frac{\mathrm{d}(u_a - u_w)}{H_a}$$

其中 E_a 为与净应力有关的空气体积模量;H_a 为与吸力有关的空气体积模量。将式(11.13)代入上式,得

$$-\frac{\mathrm{d}V_a}{V_0} = \beta_{a1}\mathrm{d}\varepsilon_v + \beta_{a2}\mathrm{d}(u_a - u_w) \qquad (11.64)$$

其中

$$\beta_{a1} = \frac{E}{E_a(1-2\nu)}, \qquad \beta_{a2} = \frac{1}{H_a} - \frac{3\beta}{E_a} \qquad (11.65)$$

(3)连续方程

考虑微元体连续条件,可得液相连续方程为

$$\beta_{w1}\frac{\partial \varepsilon_v}{\partial t} + \beta_{w2}\frac{\partial (u_a - u_w)}{\partial t} = -\left[\frac{k_w}{\rho_w g}\nabla^2 u_w + \frac{1}{\rho_w g}\left(\frac{\partial k_w}{\partial x}\frac{\partial u_w}{\partial x} + \frac{\partial k_w}{\partial y}\frac{\partial u_w}{\partial y} + \frac{\partial k_w}{\partial z}\frac{\partial u_w}{\partial z}\right) + \frac{\partial k_w}{\partial z}\right]$$

(11.66)

气相连续方程为

$$\beta_{a1}\frac{\partial \varepsilon_v}{\partial t} + \beta_{a2}\frac{\partial (u_a - u_w)}{\partial t} = -\left[\frac{D_a^*}{\rho_a \bar{u}_a}\nabla^2 u_a + \frac{1}{\rho_w \bar{u}_a}\left(\frac{\partial D_a^*}{\partial x}\frac{\partial u_w}{\partial x} + \frac{\partial D_a^*}{\partial y}\frac{\partial u_w}{\partial y} + \right.\right.$$
$$\left.\left.\frac{\partial D_a^*}{\partial z}\frac{\partial u_w}{\partial z}\right) + \frac{(1 - S_r)n}{\bar{u}_a}\frac{\partial \bar{u}_a}{\partial t}\right]$$

(11.67)

非饱和土体固结方程包括三个平衡方程(11.60)和两个连续方程(11.66)和(11.67),在给定初始和边界条件下联立求解,可得 u_x, u_y, u_z, u_w 和 u_a。

11.5.3　流变固结计算

第7章讲到的土体固结变形计算涉及变形过程和时间,但所采用的本构方程与时间无关,故与流变无关。Folque(1961)在研究流变固结问题时指出,非饱和土的渗透系数明显地受应力的影响,而且固结可能只是土骨架和吸附水的蠕变变形。因此,他提出用图11.10所示的流变模型来模拟非饱和土的流变固结。这个模型表明固体在常应力作用下承受有限变形,并具有部分的应力松弛和部分的弹性后效。

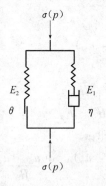
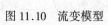
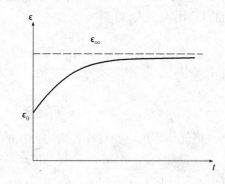

图11.10　流变模型　　　　　　　图11.11　蠕变曲线

设总压力为 p,Hooke 体、Maxwell 体承担的压力分别为 p_H, p_M,显然有

$$0 \leqslant p_H \leqslant \theta$$

(11.68)

$$p = p_H + p_M$$

(11.69)

其中 θ 为 St. venant 元件的阻力。根据 Maxwell 流变模型,有

$$\dot{\varepsilon} = \frac{\dot{p}_M}{E_1} + \frac{p_M}{\eta} \tag{a}$$

即

$$p_M = \eta\left(\dot{\varepsilon} - \frac{\dot{p}_M}{E_1}\right) \tag{b}$$

代入式(11.69)得

$$p = \eta\left(\dot{\varepsilon} - \frac{\dot{p}_M}{E_1}\right) + \varepsilon E_2 \tag{c}$$

若 p 为常数,则由式(11.69)知

$$\dot{p}_M = -\dot{p}_H = -E_2\dot{\varepsilon} \tag{d}$$

代入式(c)得

$$p = \eta\dot{\varepsilon}\left(1 - \frac{E_2}{E_1}\right) + \varepsilon E_2$$

积分上式得

$$\varepsilon = \frac{p}{E_2}\left[1 - \left(1 - \frac{\varepsilon_0 E_2}{p}\right)\exp(-E_2 At)\right] \tag{11.70}$$

其中

$$A = \frac{E_1}{\eta(E_1 + E_2)} \tag{11.71}$$

在式(11.70)中,令 $t \to \infty$,得最终应变

$$\varepsilon_\infty = \frac{p}{E_2} \tag{11.72}$$

而 $t = 0$ 时,Newton 元件的应变为零,故模型的初始应变为

$$\varepsilon_0 = \frac{p_{M0}}{E_1} = \frac{p_{H0}}{E_2}$$

将 p_{M0},p_{H0} 代入式(11.69)得

$$\varepsilon_0 = \frac{p}{E_1 + E_2} \tag{11.73}$$

当 p 大到一定程度时,$p_H = E_2\varepsilon_H = \theta$ 不再增加,即 $\dot{p}_H = 0$。代入式(c)得

$$p = \eta\left(\dot{\varepsilon} - \frac{\dot{p}_M}{E_1}\right) + \theta \tag{11.74}$$

如果 p 是常数,则根据式(d),$\dot{p}_M = -\dot{p}_H = 0$。于是,上式成为

$$p = \eta\dot{\varepsilon} + \theta \tag{11.75}$$

这说明只有作用力大于起始阻力时,土才产生流动。

11.5.4　湿化变形问题

非饱和土体浸水或失水将产生附加变形,典型情况包括:①一般土的湿化变

形;②湿陷性黄土的湿陷变形;③膨胀土的膨胀和收缩变形。黄土湿陷变形和膨胀土胀缩变形的经典计算方法与非饱和土力学理论关系不大,这里不予讨论,而仅简要说明一般黏性土的湿化变形问题。

当水库蓄水、地下水位上升或地表水渗入时,非饱和土体将发生湿化。非饱和土湿化后,负孔隙水压力降低乃至消失,土的变形性增强,抗剪强度降低,在原有荷载的作用下土体将产生附加的湿化变形。湿化变形是在没有施加外荷的情况下由于结构的松软引起的变形,其计算不能采用施加荷载的方法,通常结合常规三轴试验资料进行。试验表明(刘祖德,1982;傅旭东等,2004),湿化变形与初始应力状态有关,不同应力状态下浸水将产生不同的湿化变形量。湿化后的极限强度$(\sigma_1 - \sigma_3)_{max}$比非饱和试样的为低;相同$(\sigma_1 - \sigma_3)$值时曲线的坡度也稍小。这说明湿化使土的变形模量和强度均降低。

试验研究湿化变形有两种方法,即双线法和单线法。双线法分别用非饱和土样和饱和土样进行三轴试验,假定某种应力状态下的湿化应变就是该应力状态下干湿应变之差(图 11.12)。选定本构模型后,根据两种状态下的试验资料整理出两套参数,用以计算湿化变形。单线法是把非饱和土样加荷到某种应力状态,浸水饱和并测定湿化变形量;用多个天然含水量试样在不同应力状态下浸水;组合各种应力状态下的试验资料,可以建立湿化变形量与应力状态之间的关系。这样便可由应力直接求得湿化应变(图 11.13)。由于两种情况下水及荷载的作用次序不同,两种方法得到的湿化变形不同。研究表明(陆士强,1990),湿化附加应变值大于饱和试样与非饱和试样在对应条件下应变的差值,在固结应力偏小时尤为如此。普遍认为,单线法更接近实际,但其试验工作量大,因此目前仍多采用双线法。

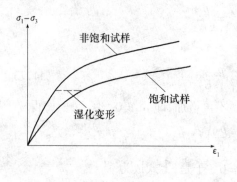

图 11.12　双线法

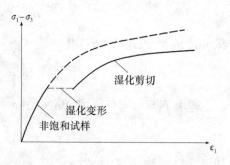

图 11.13　单线法

参 考 文 献

[1]   Alonso E.E., Gens A.and Josa A., A Constitutive Model for Partially Saturated Soils [J].
       Geotechnique,1990,40(3):405 – 430.

[2]   Aubry D.and Hujeux J.C., A Double Memory Model with Multiple Mechanism for Cyclic Soil
       Behaviour[J].In.Int.Symp.on Numerical Models in Geomechanics,Zurich,1982:3 – 13.

[3]   Barron R.A.,Consolidation of fine-grained soils by drain wells[J].Trans.ASCE,1948,113:718 – 733.

[4]   Bazant Z.P.and Krizek R.J., Endochronic Constitutive Law for Liquefaction Sand[J].JEMD,
       ASCE,1976,102(EM2).

[5]   Biot M.A.,General Theory of Three-Dimensional Consolidation[J].J.Appl.Phys.,1941,12:155 – 164.

[6]   Bishop A.W.,The use of the slip circle in the stability analysis of slopes[J].Geotechnique,1955,
       5(1).

[7]   Bishop A.W., Alpan I., Blight G.E.and Donald J.B.,Factors Controlling the Shear Strength of
       Partly Saturated Cohesive Soils[J].ASCE Research Conference on the Shear Strength of Cohesive
       Soils,Univ.of Colorado,1960.

[8]   包承钢等.地基工程可靠度分析方法研究[M].武汉:武汉测绘科技大学出版社,1997.

[9]   Carrilo N.,Simple Two and Three Dimensional Cases in the Theory of Consolidation of Soils [J].
       J.Math.and Physics,1952,21(1).

[10]   Casagrande A.and Wilson S., Effect of Rate Loading on the Strength of Clays and Shales at
       Constant Water Content[J].Geotechnique,1951,3.

[11]   陈生水.土的本构模型研究之浅见[J].岩土工程学报,1992,14(2):89 – 92.

[12]   Chen W F., Limit Analysis and Soil Plasticity[M].Elsevir Science,Amsterdam,1975.

[13]   陈祥福.沉降计算理论及工程实例[M].北京:科学出版社,2005.

[14]   陈瑜瑶.土体屈服条件的理论与试验研究[D].后勤工程学院,2001.

[15]   陈正汉等.非饱和土固结的混合物理论[J].应用数学和力学,1993(2):127 – 137.

[16]   陈正汉等.A Non-Linear Model for Unsaturated Soils[C]//2nd Int.Conf.,Unsaturated Soils,
       Beijing,1998,I:461 – 466.

[17]   陈宗基.固结及次时间效应的单维问题[J].土木工程学报,1958,5(1).

[18]   陈祖煜,邵长明.最优化方法在确定边坡最小安全系数方面的应用[J].岩土工程学
       报,1988,10(4).

[19]   陈祖煜.边坡稳定的塑性力学上限解[C]//中国土木工程学会第七届土力学及基础工
       程学术会议论文集.北京:中国建筑工业出版社,1994.

[20]   陈祖煜.地基承载力的数值分析[J].岩土工程学报,1997,19(5):6 – 13.

[21]   Cooley J.W.and Tukey J.W., An Algorithm for the Machine Calculation of Complex Fourier
       Series[J].Mathematics of Computation,1965,19.

[22]   Dafalias Y.F.and Herrmann L.R., Boundary Surface Formulation of Soil Plasticity[J].Soil
       Mechanics Transient and Cyclic Loading,1982.

[23] Dawson E.M., Roth W.H. and Drescher A., Slope Stability Analysis by Strength Reduction [J]. Geotechnique, 1999, 49(6):835 – 840.

[24] Domaschuk L. and Volliappan P., Non-linear Settlement Analysis by Finite Element [J]. Proc. ASCE, JGTD, 1975, 101(GT7).

[25] 董建国,袁聚云,李蓓. 黏性土剪切带形成的不排水平面应变试验研究[C]∥魏道垛. 岩土工程应用技术新进展. 上海:同济大学出版社,2002.

[26] Drucker D.C. and Prager W., Soil Mechanics and Plastic Analysis or Limit Design[J]. Quartly of Applied Mathematics, 1952, 10(2).

[27] Drucker D.C., Gibson R.E. and Henkel D.H., Soil Mechanics and Workharding Theories of Plasticity [J]. Trans. ASCE, Vol.122, 1957.

[28] Duncan J.M. and Chang C.Y., Non-linear Analysis of Stress and Strain in Soils[J]. Proc. ASCE, SMFD, 1970, 96(SM5).

[29] 德赛 C.S., 克里斯琴 J.T. 岩土工程数值方法[M]. 卢世深等译. 北京:中国建筑工业 出版社,1981(1977 年原著).

[30] Finn W.D., Lee K.W. and Martin G.R., An Effective Stress Model for Liquefaction[J]. J.GE Dn, ASCE, 1977, 103(GT6):517 – 533.

[31] Finno R.J., Harris W.W., Mooney M.A. and Viiggiani G. Shear Bonds in Plane Strain Compression of Loose Sand[J]. Geotechnique, 1997, 47(1):149 – 165.

[32] Folque J., Rheology Properties of Compacted Unsaturated Soils[J]. Proc. 5th IC SMEF, 1961, 1.

[33] Fredlund D.G., Morgenstern N.R. and Widger R.A., The Shear Strength of Unsaturated Soils [J]. Canadian Geotechnical Journal, 1978, 15:313 – 321.

[34] 弗雷德隆德 D.G., 拉哈尔佐 H. 非饱和土土力学[M]. 陈仲颐等译. 北京:中国建筑工 业出版社,1997(1993 年原著).

[35] 伏斯列夫 M.J. 饱和黏土抗剪强度的物理分量[C]∥黏性土抗剪强度译文集. 北京:科 学出版社,1965.

[36] 傅旭东,邱晓红,赵刚等. 巫山县污水处理厂高填方地基湿化变形试验研究[J]. 岩土 力学,2004(10).

[37] Gan J.K.M., Fredlund D.G. and Rahardio H., Determination of the Shear Strength Parameters of an Unsaturated Soil Using the Direct Shear Test[J]. Canadian Geotechnical Journal, 1988, 25:500 – 510.

[38] 高大钊. 土力学可靠性原理[M]. 北京:中国建筑工业出版社,1989.

[39] 高大钊. 上海地基基础设计规范中的可靠度方法[C]∥魏道垛. 岩土工程应用技术新 进展. 上海:同济大学出版社,2002.

[40] 高国瑞. 黄土显微结构与湿陷性[M]. 中国科学,1980,(12):1203 – 1208.

[41] 格里姆 R.E. 黏土矿物学[M]. 许冀泉译. 北京:地质出版社,1960.

[42] Goodman R.E., Methods of Geological Engineering in Discontinuous Rocks[M]. 1976, West Publishing Company.

[43] Griffith D.V. and Lane P.A., Slope Stability Analysis by Finite Element[J]. Geotechnique, 1999, 49(3):387 – 403.

[44] Gueze E.C., W.A.and Tan Tjong-Kie,The Mechanical Behaviour of Clays[C]//Proc.2nd International Congress on Rheology.1953.

[45] 顾慰慈.挡土墙土压力计算[M].北京:中国建材工业出版社,2001.

[46] 郭仲衡.非线性弹性理论[M].北京:科学出版社,1980.

[47] Hansbo S., Consolidation of Clay with Special Reference to Vertical Sand Drains[J].Swedish Geotechnical Institute,1960,18:45 – 50.

[48] Hardin B.O.and Black W.L., Vibration Modulus of Normally Consolidated Clays[J].Proc.Of ASCE,1968,94(SM2).

[49] Hardin B.O.and Drnevich V.P., Shear Modulus and Damping in Soil Design Equations and Curves[J].Journal of Soil Mechanics and Foundation, ASCE,1972,98(7):603 – 642.

[50] 何昌荣.动模量和阻尼的动三轴实验研究[J].岩土工程学报,1997,19(2):39 – 48.

[51] 何广讷.土工的若干新理论研究与应用[M].北京:水利电力出版社,1994.

[52] 胡瑞林,李向全,宫国琳等.黏性土微结构定量模型及其工程地质特征研究[M].北京:地质出版社,1995.

[53] 胡文尧,王天龙.原状饱和黏土在地震作用下的剪切模量和阻尼比[J].岩土工程学报,1980,2(3):82 – 94.

[54] 黄文熙.土的弹性塑性应力-应变模型理论[J].清华大学学报,1979,19(1).

[55] 黄文熙.硬化规律对土弹塑性应力应变模型影响研究[J].岩土工程学报,1980,2(1):1 – 11.

[56] 黄文熙,濮家骝,陈愈炯.土的硬化规律和屈服函数[J].岩土工程学报,1981,3(3):19 – 26.

[57] 黄文熙.土的工程性质[M].北京:水利电力出版社,1983.

[58] 黄熙龄,陈志德,张国霞.房屋地基与基础[C]//第三届土力学及基础工程学术会议论文选集.北京:中国建筑工业出版社,1981.

[59] Janbu N., Slope Stability Computations.Embankment-Dam Engineering,1973.

[60] 蒋彭年.土的本构关系[M].北京:科学出版社,1982.

[61] Kim J.and Salgado R., Limit Analysis of Soil Slopes Subjected to Pore-water Pressures[J].Journal of Geotechnical and Geoenvironmental Engineering,1999,49:49 – 57.

[62] Kondner R.L., Hyperbolic Stress-Strain Response:Cohesive Soils[J].Proc.ASCE,JSMFD,1963,89(SM1).

[63] 孔令伟,罗鸿禧,谭罗荣.红黏土孔隙分布的分形特征研究[C]//第七届土力学及基础工程学术会议论文集.北京:中国建筑工业出版社,1994:276 – 279.

[64] 孔令伟,罗鸿禧,袁建新.红黏土有效胶结特征的初步研究[J].岩土工程学报,1995,17(5):42 – 47.

[65] Lambe T.W., Stress Path Method[J].Proc.ASCE,SM.1967,6.

[66] Lade P.V.and Duncan J.M., Elastoplastic Stress-Strain Theory for Cohesionless Soil [J].Proc.ASCE,JGED,1975,101(GT10).

[67] Lade P.V., Elasto-plastic Stress-Strain Theory for Cohesionless Soil with Curved Yield Surfaces [J].Intern.J.Solids Structures,1977,13.

[68] 雷晓燕.岩土工程数值计算[M].北京:中国铁道出版社,1999.

[69] 冷伍明,赵善锐. 土工参数不确定性的计算分析[J]. 岩土工程学报,1995,17(2):68 - 74.

[70] 冷伍明. 基础工程可靠度分析与设计理论[M]. 长沙:中南大学出版社,2000.

[71] Lee E.H., Stress Analysis in Visco-Elastic Bodies[J]. Quart. of Applied Math., 1955,13.

[72] 李亮,迟世春,林皋等. 利用潘家铮极值原理与和声搜索算法进行土坡稳定分析[J]. 岩土力学,2007,28(1):157 - 162.

[73] 李宁,Swoboda G., 当前岩石力学数值方法的几点思考[J]. 岩石力学与工程学报,1997, 16(5):502 - 505.

[74] 李妥德. 裂隙软土堑坡设计方法[J]. 岩土工程学报,1990,12(2):47 - 56.

[75] 李兴高,刘维宁. 刚性挡土墙土压力不确定性的计算研究[J]. 岩土工程学报,2007,29 (3):353 - 359.

[76] 梁钟琪. 土力学及路基[M]. 北京:中国铁道出版社,1993.

[77] 刘国楠,冯满. 一种击实膨胀土抗剪强度的试验研究[C]∥岩土力学与工程的理论与 实践. 杭州:浙江大学出版社,1992,312 - 315.

[78] 刘汉东. 边坡失稳定时预报理论与方法[M]. 北京:黄河水利出版社,1996.

[79] 刘加才,赵维炳,宰金珉等. 双层黏弹性地基一维固结分析[J]. 岩土力学,2007,28(4): 743 - 746.

[80] 刘祖德. 土坝风化砂坝壳材料的湿化变形试验研究[C]∥全国土坝压实和变形学术讨 论会论文,1982.

[81] 刘祖典. 黄土力学与工程[M]. 西安:陕西科学技术出版社,1997.

[82] 路德春,姚仰平. 砂土的应力路径本构模型[J]. 力学学报,2005,37(4):451 - 459.

[83] 陆士强. 湿化对黏性填土的应力应变关系的影响[C]∥第五届土力学及基础工程学术 会议论文选集. 北京:中国建筑工业出版社,1990.

[84] 卢廷浩,刘祖德等. 高等土力学[M]. 北京:机械工业出版社,2005.

[85] 卢肇钧,饶鸿雁. 土压力和边坡稳定[C]∥第三届土力学及基础工程学术会议论文选 集. 北京:中国建筑工业出版社,1981.

[86] 卢肇钧. 土的变形破坏机理和土力学计算理论问题[J]. 岩土工程学报,1989,11(6).

[87] 卢肇钧,张惠明,陈建华等. 非饱和土的抗剪强度与膨胀压力[J]. 岩土工程学报, 1992,14(3):1 - 8.

[88] 卢肇钧. 卢肇钧院士科技论文选集[M]. 陈善继选编. 北京:中国建筑工业出版社, 1997.

[89] 卢肇钧. 关于土力学发展与展望的综合述评[C]∥中国土木工程学会第八届年会论文 集. 北京:清华大学出版社,1998.

[90] 罗汀,路德春,姚仰平. 考虑应力路径影响下砂土的三维本构模型[J]. 岩土力学, 2004,25(5):688 - 693.

[91] Lysmer J. and Kuhlemeyer R.L., Finite Dynamic Model for Infinite Media [J]. Jr. Engrg. Mech. Div., ASCE,1969,95(EM4).

[92] Lysmer J., Limit Analysis of Plane Problems in Soil Mechanics[J]. J. Soil Mech. & Found. Div., ASCE,1970,96(SM4):1311 - 1334.

[93] Lysmer J. and Drake L. A. , A Finite Element Method for Seismology[J]. Methods in Computational Physics, 1972, 11.

[94] Lysmer J. , Analytical Procedures in Soil Dynamics[R]. Report No. EERC 78 – 29, University of California, Berkeley, 1978.

[95] Martin G. R. , Finn W. D. and Seed H. B. , Fundamentals of Liquefaction under Cyclic Loading [J]. J. Geot. Eng. Div. , ASCE, 1975, 101(5):423 – 438.

[96] Matsui T. and San K. C. , Finite Element Slope Stability Analysis by Shear Strength Reduction Technique[J]. Soils and Foundations, 1992, 32(1):59 – 70.

[97] Matsuoka H. and Nakai T. , Stress-Deformation and Strength Characteristics of Soil under Three Different Principal Stresses[J]. Proc. of Japan Society of Civil Engineers. 1974, 232:59 – 70.

[98] Matsuoka H. , On the Significance of the"Spatial Mobilized Plane"[J]. Soils & Foundations. 1976. 6 (1):91 – 100.

[99] Mindlin R. D. , Force at a Point in the Interior of a Semi-infinite Solid[J]. Physics, 1936:195 – 202.

[100] Mitchell J. K. , Fundamentals of Soil Behavior[M]. 1976, John Wiley & Sons, Inc. U. S. A.

[101] 缪林昌. 非饱和土的本构模型研究[J]. 岩土力学, 2007, 28(5):855 – 860.

[102] Morgenstern N. R. and Price V. , The Analysis of the Stability of General Slip surface [J]. Geotechnique, 1965, 15(1):79 – 93.

[103] Mroz Z. , On the Description of Anisotropic Harding[J]. Jr. Mech. and Physics of Solids, 1967, 15.

[104] Mroz Z. , Norris V. A. and Zienkiewicz O. C. , Application of an Anisotropic Harding Model in the Analysis of Elasto-plastic Deformation of Soils[J]. Geotechnique, 1979, 29(1):1 – 34.

[105] Nakai T. and Matsuoka H. , Constitutive Equation for Soils Based on the Extended Concept of "Spatial Mobilized Plane"and Its Application to Finite Element Analysis[J]. Soils and Foundations, 1983, 23(4).

[106] Naylor D. J. , Stress-Strain Law for Soils. In: Development in Soil Mechanics [M], edited by C. R. Scott, 1978.

[107] 潘家铮. 建筑物的抗滑稳定的滑坡分析[M]. 北京:水利出版社, 1980.

[108] Prevost J. H. , Mathematical Modeling of Monotonic and Cyclic Undrained Clay Behavior [J]. Int. J. Num. Ana. Meth. In Geomech. 1977, 1(1):195 – 216.

[109] 普拉卡什. 土动力学[M]. 徐攸在等译. 北京:水利电力出版社, 1984.

[110] 钱家欢. 黏弹性理论在土力学方面的应用[J]. 高等学校自然科学学报(土木水利版), 1966, 2(1).

[111] 钱家欢, 殷宗泽. 土工原理与计算[M]. 第二版. 北京:水利电力出版社, 1994.

[112] Roscoe K. H. , Schofield A. N. and Thurairajah A. , Yielding of Clays in States Wetter Than Critical [J]. Geotechnique, 1963, 13(3).

[113] Roscoe K. H. and Burland J. B. , On the Generalized Stress-Strain Behavior of'Wet Clay'[C]// Engineering Plasticity(ed. Heyman, J. and Leckie, F. A.). Cambridge Univ. Press, 1968.

[114] Sandhu R. S. and Wilson E. L. , Finite Element Analysis of Seepage in Elastic Media[J]. Journal

of Engineering Mechanics Division, ASCE, 1969, 95.

[115] Schiffman R.L., The Use of Visco-Elastic Stress-Strain Laws in Soil Testing[J]. ASTM, STP. No. 254, 1959.

[116] Schmertmann J.H., The Undisturbed Consolidation Behavior of Clay[J]. Trans. ASCE, 1955, 120.

[117] Scott R.F., Principles of Soil Mechanics[M]. Addison-Wesley Publishing Company Inc., 1963.

[118] Seed H.B. and Lee K.L., Liquefaction of Saturated Sands during Cyclic Loading[J]. ASCE, Jr. of SMFD, 1966, 92(6).

[119] Seed H.B. and Idriss I.M., Influence of Soil Conditions on Ground Motions during Earthquake [J]. Proc. of ASCE, 1969, 95(SM1).

[120] Seed H.B. and Idriss I.M., Soil Moduli and Damping Factors for Dynamic Response Analysis [R]. Report No. EERC 70 – 10, University of California, Berkeley, 1970.

[121] 邵俊江,李永盛,冯晓腊. 高速公路软土地基工后沉降问题的探讨[C]//魏道垛. 岩土工程应用技术新进展. 上海:同济大学出版社,2002.

[122] 沈珠江. 散粒体极限平衡理论及其应用[J]. 水利学报,1962(3).

[123] 沈珠江. 土的弹塑性应力应变关系的合理形式[J]. 岩土工程学报,1980a,2(2):11 – 19.

[124] 沈珠江. 饱和砂土的动力渗流变形计算[J]. 水利学报,1980b(2):14 – 22.

[125] 沈珠江. 砂土动力液化变形的有效应力分析方法[J]. 水利水运科学研究,1982(4).

[126] 沈珠江. 土的三重屈服面应力应变模式[J]. 固体力学学报,1984(2):163 – 174.

[127] 沈珠江. 土体变形特性的损伤力学模拟[C]//第五届全国岩土力学数值分析及解析方法讨论会论文集. 武汉:武汉测绘科技大学出版社,1994:1 – 8.

[128] 沈珠江. 土体结构性的数学模型——21世纪土力学的核心问题[J]. 岩土工程学报,1996a,18(1):95 – 97.

[129] 沈珠江. 当前非饱和土力学研究中的若干问题[C]//区域性土的岩土工程学术讨论会论文集. 北京:原子能出版社,1996b.

[130] 沈珠江. A Granular Medium Model for Liquefaction Analysis of Sands[J]. 岩土工程学报,1999,21(6):742 – 748.

[131] 沈珠江. 结构性黏土的堆砌体模型[J]. 岩土力学,2000a,21(1):1 – 4.

[132] 沈珠江. 理论土力学[M]. 北京:中国水利水电出版社,2000b.

[133] Shield R. and Drucker D.C., The Application of Limit Analysis to Punch Indentation Problem [J]. Journal of Applied Mechanics, 1953, 20(4).

[134] Skempton A.W., Effective Stress in Soils, Concrete and Rocks[C]//Pore Pressure and Suction in Soils. Butterworths, 1961.

[135] Skempton A.W., Long-Term Stability of Clay Slopes[J]. Rankine Lecture, Geotechnique, 1964, 14:77 – 101.

[136] Sloan S.W., Lower Bound Limit Analysis Using Finite Elements and Linear Programming [J]. International Journal for Numerical and Analitical Methods in Geomechanics, 1988, 12:61 – 67.

[137] Sloan S.W., Upper Bound Limit Analysis Using Finite Elements and Linear Programming [J].

International Journal for Numerical and Analitical Methods in Geomechanics,1989,13:263 - 282.

[138] Sloan S.W., Upper Bound Limit Analysis Using Discontinuous Velocity Fields[J]. Computer Methods Application Mechanics Engineering,1995,127:293 - 314.

[139] 松冈元. 土力学[M]. 罗汀等编译. 北京:中国水利水电出版社,2001.

[140] 松尾稔. 地基工程学——可靠性设计的理论和实际[M]. 万国朝等译. 北京:人民交通出版社,1990.

[141] 宋雅坤,郑颖人,赵尚毅. 有限元强度折减法在三维边坡中的应用与研究[J]. 地下空间与工程学报,2006(5).

[142] Spencer E.,A Method of Analysis of the Stability of Embankments Assuming Parallel Inter-Slice Forces[J]. Geotechnique,1967,17(1).

[143] 苏彤,成晓平. 粉土抗液化性能的微观分析[J]. 山西建筑,2001,10(30).

[144] Suklje L.,Rheology Aspect of Soil Mechanics[M]. Wiley-Interscience,London,1969.

[145] 孙广忠. 岩体结构力学[M]. 北京:科学出版社,1988.

[146] 塔罗勃 J. 岩石力学[M]. 北京:中国工业出版社,1965(1957 原著).

[147] 谭罗荣. 土的微观结构研究概况和发展[J]. 岩土力学,1983,4(1):73 - 86.

[148] 谭罗荣,孔令伟. 特殊岩土工程土质学[M]. 北京:科学出版社,2006.

[149] Tavenes F. and Leroudeil S.,Effects of Stress and Time on Yielding of Clays[J]. In:9 IC SMFE, 1977,1:319 - 326.

[150] Terzaghi K.,The Shear Resistance of Saturated Soils[C] // Proc.1st Int.Conf.Soil Mech. Found.Eng.Harvad,1936a,1:54 - 56.

[151] Terzaghi K.,Stability of slopes of natural clay [C] // Proc.1st Int.Conf.Soil Mech. Found.Eng.Harvad,1936b,1:161 - 165.

[152] Terzaghi K.,Theoretical Soil Mechanics[M]. John Wiley & Sons,New York,1943(中译本:理论土力学. 徐志英译. 北京:地质出版社,1960).

[153] Terzaghi K. and Peck R.B.,Soil Mechanics in Engineering Practice[M]. John Wiley & Sons, New York,1948(中译本:工程实用土力学. 蒋彭年译. 北京:水利电力出版社,1960).

[154] 铁木生可 S.P. 材料力学史[M]. 常振概译. 上海:上海科学技术出版社,1961(1953 年原著).

[155] Vanmarcke E.H.,Probabilistic Modeling of Soil Profiles[J]. Journal of Geotechnical Engineering Division,ASCE,1977,103(11):1227 - 1246.

[156] Walker L.K.,Undrain Creep in a Sensitive Clay[J]. Geotechnique,1969,19(4).

[157] 王汉辉,王均星,王开治. 边坡稳定的有限元塑性极限分析[J]. 岩土工程学报,2003, 24(5):733 - 738.

[158] 王继庄. 游离氧化铁对红黏土工程特性的影响[J]. 岩土工程学报,1983,5(1):147 - 155.

[159] 王志良,王余庆,韩清宇. 不规则循环剪切荷载作用下土的黏弹塑性模型[J]. 岩土工程学报,1980,2(3):10 - 20.

[160] 魏汝龙. 正常压密黏土的本构定律[J]. 岩土工程学报,1981,3(3):10 - 18.

[161] 魏汝龙. 软黏土的强度和变形[M]. 北京:人民交通出版社,1987.

[162] 谢海澜,武强,赵增敏等.考虑非达西流的弱透水层固结计算[J].岩土力学,2007,28(5):1061 – 1065.

[163] 谢康和,周健.岩土工程有限元分析理论与应用[M].北京:科学出版社,2002.

[164] 谢定义.土动力学[M].西安:西安交通大学出版社,1988.

[165] 徐志英,沈珠江.土坝地震孔隙水压力产生、扩散和消散的有限单元法动力分析[J].华东水利学院学报,1981(4).

[166] 徐志英,周健.土坝地震孔隙水压力产生、扩散和消散的三维动力分析[J].地震工程与工程振动,1985(4).

[167] 薛守义.红土的结构与工程性质[D].北京:中国水利水电科学研究院(硕士学位论文),1984.

[168] 薛守义,卞富宗.红土的结构与工程特性[J].岩土工程学报,1987,9(3).

[169] 薛守义,王俊奇,叶朝良.黏性土地基极限承载力标准值表及变异系数[J].石家庄铁道学院学报,1999,12(4):1 – 6.

[170] 薛守义,刘汉东.岩体工程学科性质透视[M].郑州:黄河水利出版社,2002.

[171] 薛守义.有限单元法[M].北京:中国建材工业出版社,2005a.

[172] 薛守义.弹塑性力学[M].北京:中国建材工业出版社,2005b.

[173] Yang D. and Shen Z. J., Laboratory Investigation on the Strength and Stress-Strain Relationship of an Unsaturated Compacted Clay[C] // Proc. 7th IC Expansive Soils. Texas, 1992.

[174] 杨光华.岩土类材料的多重势面弹塑性本构模型理论[J].岩土工程学报,1991,13(5):99 – 107.

[175] 杨光华.21 世纪应建立岩土材料的本构理论[J].岩土工程学报,1997,19(3):116 – 117.

[176] 姚仰平,路德春,周安楠等.广义非线性强度理论及其变换应力空间[J].中国科学(E辑),2004,34(11):1283 – 1299.

[177] 殷建华,陈健,李焯芬.考虑孔隙水压力的土坡稳定性的刚体有限元上限分析[J].岩土工程学报,2003,25(3):273 – 277.

[178] 殷宗泽.一个土体双屈服面应力-应变模型[J].岩土工程学报,1988,10(4):64 – 71.

[179] Yoshiaki Y., Settlement of Building on Saturated Sand during Earthquake[J]. Soil and Foundation, 1997,17(1).

[180] 俞茂宏,何丽南,宋凌宇.双剪应力强度理论及其推广[J].中国科学,A 辑,1985,28(12):1113 – 1120.

[181] 俞茂宏.岩土类材料的统一强度理论及其应用[J].岩土工程学报,1994,16(2):1 – 10.

[182] 俞茂宏.双剪理论及其应用[M].北京:科学出版社,1998.

[183] 曾国熙教授科技论文选集编委会.曾国熙教授科技论文选集[M].北京:中国建筑工业出版社,1997.

[184] 赵尚毅,郑颖人,时卫民等.用有限元强度折减法求边坡稳定安全系数[J].岩土工程学报,2002,24(3):343 – 346.

[185] 赵尚毅,郑颖人,邓卫东.用有限元强度折减法进行节理岩质边坡稳定分析[J].岩石力学与工程学报,2003,22(2).

[186] 赵锡宏,孙红,罗冠威.损伤土力学[M].上海:同济大学出版社,2000.

[187] 赵震英.节理岩体数值分析及模型试验研究[J].岩石力学与工程学报,1991,10(1):55－62.

[188] 张克绪.饱和非黏性土坝坡地震稳定性的分析[J].岩土工程学报,1980,2(3):1－9.

[189] 张学言.岩土塑性力学[M].北京:人民交通出版社,1993.

[190] 张征,刘淑春,鞠硕华.岩土参数空间变异性分析原理与最优估计模型[J].岩土工程学报,1996,18(4):40－46.

[191] 折学森.软土地基沉降计算[M].北京:人民交通出版社,1998.

[192] 郑颖人,龚晓南.岩土塑性力学基础[M].北京:中国建筑工业出版社,1989.

[193] 郑颖人,陈瑜瑶,段建立.广义塑性力学的加卸载准则与土的本构模型[J].岩土力学,2000,21(4):426－429.

[194] 郑颖人,高玮.岩土塑性理论与岩土工程位移预测软科学方法[C]∥魏道垛.岩土工程应用技术新进展.上海:同济大学出版社,2002.

[195] 郑颖人,陈祖煜,王恭先,等.边坡与滑坡工程治理[M].北京:人民交通出版社,2007.

[196] 周健,白冰,徐建平.土动力学理论与计算[M].北京:中国建筑工业出版社,2001.

[197] 周维垣,杨延毅.节理岩体的损伤断裂模型及验证[J].岩石力学与工程学报,1991,10(1):43－54.

[198] 周维垣,杨若琼,杨强.复杂地基上二滩双曲拱坝整体稳定分析[J].岩石力学与工程学报,1992,11(1):25－34.

[199] 朱伯芳.大体积混凝土温度应力与温度控制[M].北京:中国电力出版社,1999.

[200] 祝玉学.边坡可靠性分析[M].北京:冶金工业出版社,1993.